Hauke Friederichs
Spielball der Politik

HAUKE FRIEDERICHS

SPIELBALL DER POLITIK

Eine kurze Geschichte der Bundeswehr

dtv

MIX
Papier | Fördert gute Waldnutzung
FSC® C083411

Satz: Fotosatz Amann, Memmingen
Gesetzt aus der Minion Pro
Druck und Bindung: CPI books GmbH, Leck
Printed in Germany · ISBN 978-3-423-28341-0

Für Peter,
der eine gute Zeit als Soldat der Bundeswehr hatte,
obwohl er politisch meist sehr viel weiter links stand
als alle Kameraden

Für Martina,
die mittlerweile mehr über Panzer weiß
als so mancher Gedienter

Für Jonathan,
der selbst nie Krieg erleben möge

INHALT

EINLEITUNG

Von Blank zu blank

An einem sonnigen Vormittag im August 2022 klettert der Bundeskanzler in einen Panzer. Der »Gepard« mit Zwillingskanone und zwei Radaranlagen steht auf einem Truppenübungsplatz in Putlos an der Ostsee. Olaf Scholz besucht den Standort der Bundeswehr in Schleswig-Holstein, um sich den Flugabwehrkanonenpanzer zeigen zu lassen. Daran werden gerade ukrainische Soldaten von Mitarbeitern des Rüstungsunternehmens Krauss-Maffei Wegmann (KMW) ausgebildet. Vor vielen Jahrzehnten hat KMW den Panzer hergestellt. Das erste Exemplar übergab die Firma 1976 an die Bundeswehr. Nun erläutern deren Angestellten dem Kanzler wie der Gepard funktioniert. Als Scholz mühsam durch die enge Luke eingestiegen ist, dreht sich der Turm rasch, von links nach rechts, hebt und senkt sein Zwillingsgeschütz.

Einige hundert Meter entfernt, Richtung Meer, stehen weitere Flak-Panzer, in denen ukrainische Besatzungen sitzen. Sie lernen, Ziele zu erfassen und sie dann vom Himmel zu holen. Das Geknatter feuernder Zwillingsgeschütze schallt herüber. Die Ukrainer schießen auf einen Schleppsack am Himmel, den ein weißer Learjet hinter sich herzieht. 30 dieser Flak-Panzer hat die Bundesregierung in die Ukraine geschickt. Sieben weitere folgen Anfang 2023. Ihr Training erhalten die ukrainischen Schützen, Fahrer und Kommandanten des Gepard in der Bundesrepublik, aber nicht von der Bundeswehr. Denn sie hat keinen dieser Flugabwehrpanzer mehr im Dienst, keine Munition im Depot und keine Ausbilder parat. Also springt KMW ein.

Im Krieg gegen Russland helfen die »Geparden« dabei, ukrainische Städte vor den russischen Luftschlägen zu schützen. Bis 2010 verfügte auch die Bundeswehr über das Flugabwehrsystem. Aus fehlender politischer Weitsicht und wegen zu geringer finanzieller Mittel wurde der Flak-Panzer aussortiert. Luftangriffe auf Deutschland und auf die Soldaten in den Auslandseinsätzen wie im Kosovo oder am Hindukusch schienen unwahrscheinlich. In Afghanistan oder Mali setzen die Gegner keine Flugzeuge, keine Kampfhubschrauber oder gar Marschflugkörper ein. Deutschland fühlte sich ohnehin von Freunden umgeben, woher sollte eine Bedrohung kommen?

Selbst die völkerrechtswidrige Annexion der Krim durch Russland 2014 änderte an dieser Haltung nichts, ebenso wenig die Besetzung von Teilen der Oblaste Luhansk und Donezk, zwei Verwaltungsbezirke im Osten der Ukraine, durch aus Moskau gelenkte Separatisten. Obwohl damit erstmals seit dem Zweiten Weltkrieg gewaltsam Grenzen in Europa versetzt wurden, machte Deutschland weiterhin Erdgasgeschäfte mit dem Kreml und rüstete im Gegensatz zu vielen Verbündeten kaum auf. Erst der russische Einmarsch in die Ukraine am 24. Februar 2022 ließ Olaf Scholz die »Zeitenwende« ausrufen, von der aber niemand so genau zu sagen vermag, wie nachhaltig sie wirklich sein wird. Bis Anfang 2023 jedenfalls hat die Bundeswehr wenig davon gemerkt. Außer warmen Socken und ein wenig mehr »persönliche Ausrüstung« ist bei den Soldaten nach zwölf Monaten »Zeitenwende« noch keine neue Ausstattung angekommen.

Für die Bundeswehr gilt das Primat der Politik. Bundesregierung und Bundestag legen fest, wo und wie die Parlamentsarmee eingesetzt, womit sie ausgestattet wird, wie groß und wie schlagkräftig sie ist. Die Abgeordneten entscheiden nicht nur über die Auslandmissionen, sondern auch über die Höhe des »Einzelplans 14«, wie der Wehretat genannt wird. Alle Beschaffungsprojekte, die 25 Millionen Euro überschreiten, müssen vom Haushaltsausschuss abgesegnet werden. Der Verteidigungsausschuss begleitet die Truppe und kann, wenn dessen Mitglieder Missstände entdeckt haben, als Untersuchungsausschuss einzelne Probleme durchleuchten. Zudem wählt der Bundestag den Wehrbeauftragten, an den sich Soldaten bei Mobbing durch Vorgesetzte, bei Diskriminierungen, bei Ärger über die schlechte Ausstattung oder andere Sorgen wenden können.

Stets waren und sind die Streitkräfte von der Politik gelenkt und beeinflusst. Schon Carl von Clausewitz, der preußische General und Kriegstheoretiker, stellt in seinem 1831 erschienenem Hauptwerk »Vom Kriege«

fest: »So sehen wir also, dass der Krieg nicht bloß ein politischer Akt, sondern ein wahres politisches Institut ist, eine Fortsetzung des politischen Verkehrs, ein Durchführen desselben mit anderen Mitteln.« Was Clausewitz über die militärischen Konflikte und damit auch über die Streitkräfte seiner Zeit sagt, gilt auch für die Bundeswehr seit ihrer Gründung bis heute. Stets ist sie ein Mittel der Politik, oft genug auch ein Spielball.

So braucht der erste Kanzler der Bundesrepublik, Konrad Adenauer, die Soldaten nicht für die Verteidigung, er stellt eine Armee auf, um die Souveränität der Bundesrepublik zu erlangen. Der Christdemokrat sieht die Westbindung seines jungen Staates gefährdet ohne eine Aufnahme in die NATO – und das geht nur mit eigenen Streitkräften. 1945 hatten die Alliierten das Militär in Deutschland aufgelöst. Zehn Jahre lang gab es nach der bedingungslosen Kapitulation der Wehrmacht keine regulären deutschen Truppen im Land. 1955 schuf das Kabinett Adenauer dann eine neue Armee, um das wichtigste außenpolitische Ziel zu erreichen, die Integration in das westliche Verteidigungssystem als souveräner Staat.

Deutschlands erster Verteidigungsminister, Theodor Blank, erklärt 1955 vor dem Bundestag in Bonn: »Die Bundesregierung ist sich der Schwierigkeiten und der Bedeutung der vor ihr stehenden Aufgaben bewusst. Sie hätte den Weg, der jetzt beschritten wird, die Aufstellung von Streitkräften, gern vermieden, wenn sich eine andere Möglichkeit gezeigt hätte.« Das Protokoll des Parlaments vermerkt Gelächter bei den Sozialdemokraten. Blank ist vor den Abgeordneten im Plenarsaal ehrlich, die Gründung der Bundeswehr ist für ihn ein notwendiges Übel. Hier zeigt sich von 1955 bis ins Heute hinein eine durchgehende Linie: Verschiedene Bundesregierungen nutzen die Truppe immer wieder als Mittel der Politik – oft auch kurzfristig, ohne die Soldaten für ihre Aufträge ausreichend auszurüsten oder ihnen neue Strategien zu erklären.

Die Bundeswehr besteht seit bald sieben Jahrzehnten. Damit existiert sie länger als jede andere deutsche Armee seit der Gründung des Deutschen Reiches 1871. Auf knapp 48 Jahre Existenz kommt die kaiserliche Truppe, die Reichswehr auf 13 und die Wehrmacht auf zwölf. Mehr als drei Jahrzehnte lang wussten die Angehörigen der Bundeswehr genau, wozu sie gebraucht wurden. Im Kalten Krieg waren die Streitkräfte zur

Abschreckung da. Mit dessen Ende setzten das Schrumpfen und das Sparen ein. Im wiedervereinigten Deutschland geriet die Armee in eine Sinnkrise. Zahlreiche Auslandseinsätze begannen in den Neunzigerjahren, einige davon laufen bis heute. Nun dient die Bundeswehr erneut als Mittel der Außenpolitik. Mit ihr zeigt die Bundesregierung ihre Bereitschaft, auf dem internationalen Parkett mehr Verantwortung zu übernehmen. Schließlich strebt das wiedervereinigte Deutschland selbstbewusst einen Sitz im Weltsicherheitsrat an. Doch diese ehrgeizigen Ambitionen werden nicht finanziell im Wehretat hinterlegt. Seit Jahrzehnten fehlt es der Bundeswehr nicht nur an geeigneter Rüstungstechnik wie großen Transportflugzeugen, einsatzbereiten schweren Hubschraubern, Uniformen für unterschiedliche Klimazonen, sondern auch an klaren Bekenntnissen aus der Politik zu laufenden Missionen, Reformen und Aufgaben.

Der Gepard, der dem Bundeskanzler gezeigt wird, steht exemplarisch für die kurzsichtige und fehlgeleitete Sicherheitspolitik in Deutschland. Politik und militärische Führung haben ab 2010 wider besseren Wissens den Flak-Panzer aufgegeben, weil dessen Modernisierung zu teuer schien. Für den dringend benötigten Nachfolger fehlten allerdings ebenfalls die finanziellen Mittel. Also löste die Bundeswehr 2012 die Heeresflugabwehr auf, deren Aufgabe es war, die eigenen mobilen Verbände vor gegnerischen Luftschlägen zu schützen. Der Gepard ist nur ein Fall von vielen, in dem die Politik den Soldaten einen lebensnotwendigen Schutz weggespart hat, wehrbürokratisch wird das als »Fähigkeitslücke« verbrämt.

Diese Panzer und anderes Material auszusortieren und sie ins Ausland und an die heimische Industrie zu verkaufen, das gehe schnell. Aber eine neue Heeresflugabwehr aufzubauen, das dauere mindestens ein Jahrzehnt, sagen Experten. Bereits 2021 stellte Hans-Peter Bartels, der frühere Wehrbeauftragte des Bundestages, fest: »In der Mitte Europas braucht die NATO ein größeres, einsatzbereites deutsches Heer. Es muss schnell verlegfähig sein und sich in der Bewegung selbst schützen können, auch gegen Luftbedrohung.« Nach dem 24. Februar 2022 haben in Deutschland viele verstanden, dass die Bundesrepublik eben doch nicht nur von Freunden umgeben ist. Beim Heer weiß die Spitze natürlich, dass sie eine eigene Flugabwehr braucht, die den Schutz der Panzertruppe und Infanterie vor feindlichen Luftangriffen übernimmt. Im Kalten Krieg unterhielt die Landstreitkraft noch zwei Waffensysteme dafür: den Flugabwehrraketenpanzer »Roland« und den »Gepard«. Damals war diese mobile Flugabwehr der Bundeswehr herausragend innerhalb der NATO. Heute kann die Truppe auf dem Gefechtsfeld kleine Drohnen und Schwärme der ferngelenkten Flieger kaum abwehren. Vorhanden sind Ende 2022 nur noch 19 altersschwache »Wiesel«-Panzer, die mit »Stinger«-Raketen bestückt sind und bei der Bundeswehr als »leichtes Flugabwehrsystem Ozelot« bezeichnet werden. Sie unterstehen der Luftwaffe, die damit das Heer beschützen soll. Von den 19 Exemplaren sind aber wegen des hohen Alters nie alle dauerhaft einsatzbereit. Bodentruppen der Bundeswehr können damit außerhalb von Feldlagern kaum verteidigt werden.

Der Umgang mit der Heeresflugabwehr zeigt, dass die Politik immer wieder leichtfertig sicherheitspolitische Entscheidungen fällt, die langfristige Auswirkungen auf die Verteidigungs- und Einsatzfähigkeit der Bundeswehr haben. Ein Fachmann kritisiert das deutlich: »Die Strukturänderungen mit Blick auf die Heeresflugabwehr und die Verlagerung der Aufgaben an die Luftwaffe war einer der schwersten organisatorischen Fehler der vergangenen 20 Jahre«, stellt Generalleutnant a. D. Kersten Lahl fest. »Es wäre ein Irrglaube anzunehmen, einmal vollzogene Strukturänderungen seien locker von heute auf morgen wieder zurückzunehmen. Nein, jeder Fehler hier dauert Jahre, um ihn halbwegs wieder auszubügeln. Leider.«

Als Russland die Ukraine überfällt, wird deutlich, wie wichtig die Heeresflugabwehr ist. Die Ukrainer hatten zunächst zu wenig Schutz vor feindlichen Luftschlägen. Dann kamen Flugabwehrsysteme aus dem Westen, darunter die »Geparden« aus Deutschland. Nach einem Jahr Krieg sieht die Lage für die ukrainischen Streitkräfte nun wesentlich besser aus. Bei ihren erfolgreichen Gegenoffensiven im September und Oktober 2022 bei Charkiw im Nordosten und Cherson im Süden gibt es kaum noch russische Luftangriffe auf die vorrückenden Verbände, die russische Führung hatte schon so viele Flugzeuge und Helikopter verloren, dass sie ihre restliche Luftwaffe schont. Sie beschießt stattdessen monatelang ukrainische Städte mit Raketen sowie Marschflugkörpern und attackiert mit Kamikazedrohnen. Von diesen Angriffen fängt die ukrainische Luftverteidigung oft mehr als 70 Prozent ab. In Deutschland wären die Streitkräfte dazu nicht in der Lage. Die Bundeswehr könnte wohl keine einzige deutsche Großstadt vor Luftschlägen schützen.

Die Fähigkeitslücke bei der Flugabwehr soll mit der von Scholz ausgerufenen »Zeitenwende« behoben werden. 100 Milliarden Euro gibt es als Sondervermögen für die Truppe. Aber Anfang 2023 sind noch keine Verträge unterschrieben, und bis ein so komplexes System aufgebaut ist und Soldaten daran ausgebildet sind, werden viele Jahre vergehen. In diesem Bereich hätten Deutschland und Europa akute Lücken und großen Nachholbedarf, räumt Verteidigungsministerin Christine Lambrecht Ende 2022 ein. Nun würden die Herausforderungen aber wirklich angegangen. Das sei die Zeitenwende.

Ihr Nachfolger hat sich dem Problem bereits angenommen. Verteidigungsminister Boris Pistorius, seit dem 19. Januar 2023 im Amt, kündigte nun an, die »Gepard-Lücke« schließen zu wollen und generell die Luftverteidigung zu stärken. Deutschland hat sich dazu mit 14 anderen europäischen Staaten zusammengetan. Fehlende Flugabwehr ist nicht nur in der Bundesrepublik ein Thema.

Die Sozialdemokraten, in der Ampel-Koalition für die Bundeswehr zuständig, weisen immer wieder daraufhin, dass die Probleme der Truppe von den Verteidigungsministern aus CSU und CDU verursacht worden seien. Tatsächlich wurde die Bundeswehr seit dem Ende des Kalten Krieges von vielen Politiker kaum beachtet und geachtet. Oft genug schlug ihr aus der Politik Desinteresse entgegen. So gilt der Verteidigungsausschuss bei Parlamentariern als unattraktiv, das Amt des Verteidigungsministers als Schleudersitz und für große Nähe zur Truppe oder der Rüstungsbranche werden Abgeordnete in den Medien und von Friedensgruppen regelmäßig kritisiert. »Wir alle sind in den letzten Jahren den sicherheitspolitischen Mainstream mitgegangen, die Landes- und Bündnisverteidigung zu vernachlässigen«, räumt Lars Klingbeil, Parteivorsitzender der SPD, 2022 ein. »Nur die wenigsten sind davon ausgegangen, dass Putin die Ukraine angreift. Wenige Tage später hat Putin seinen Angriff gestartet. Mich beschäftigt bis heute, dass wir das alle nicht gesehen haben.«

Die Bundeswehr ist auf die Aggression der russischen Armee nicht vorbereitet – auch nicht darauf, kurzfristig die Bündnisverteidigung zu verstärken. Seit Jahrzehnten reiht sich eine Reform an die nächste. In viel zu kurzen Abständen soll die Bundeswehr neu erfunden werden. Meist geht es darum, ihre Struktur an die von politischer Seite beschlossenen Sparpläne anzupassen.

Wohin das geführt hat, macht Alfons Mais, der Inspekteur des Heeres, am 24. Februar 2022 klar. Er schreibt, das Heer stehe »mehr oder weniger blank da«, ausgerechnet in dem Moment, in dem in Europa ein Krieg beginnt. »Die Optionen, die wir der Politik zur Unterstützung des Bündnisses anbieten können, sind extrem limitiert.« Seine kurze Nachricht von wenigen Zeilen löst große Aufmerksamkeit aus, bei manchem auch Empörung oder Entsetzen.

Mais gehört seit 1981 zum Heer. Er lernt die Bundeswehr im Kalten Krieg kennen, Der heutige Spitzengeneral ist in Koblenz aufgewachsen, damals die größte Garnisonsstadt in der Bundesrepublik. Militär und Panzer waren allgegenwärtig auf den Straßen. Seine Schule bekam regelmäßig Besuch von Jugendoffizieren. Und einmal im Jahr machte seine Klasse einen Ausflug in eine Kaserne. Damals hatte die Bundeswehr einen klaren Auftrag, die Landes- und Bündnisverteidigung. Die Truppe war mit zahlreichen Waffensystemen gut ausgestattet, mit mehr als 7000 Kampf-, Schützen- und sonstigen Panzern, gut 1000 Kampfflugzeugen, 40 Raketenschnellbooten, 24 U-Booten sowie einigen Zerstörern und Fregatten.

Als Mais seine Sorge über den Zustand der Truppe äußert, verfügt die Bundeswehr über weniger als 300 Kampfflugzeuge. 266 Kampfpanzer sind einsatzbereit. Russland hingegen kann zum Zeitpunkt seines Angriffs auf die Ukraine 12 400 solcher Kolosse auf Ketten aufbieten – und die Vereinigten Staaten immerhin halb so viele. Deutschland steht weltweit auf Platz 55 der Staaten mit den meisten Kampfpanzern.

41 Jahre dient Mais bereits als Soldat, für ihn ist der russische Angriff ein tiefer Einschnitt, vergleichbar mit dem Fall der Berliner Mauer und den Terroranschlägen am 11. September 2001, sagt er in einem Video, das das Verteidigungsministerium veröffentlicht hat. Der Generalleutnant lobt die Versuche, die Einsatzbereitschaft der Armee zu verbessern, stellt

aber auch fest, dass die Bundeswehr nicht mehr die Möglichkeit habe, auf eine unerwartete Situation unmittelbar zu reagieren, also nicht wie die Feuerwehr bei einem Alarm sofort aufbrechen zu können.

Ende März 2022 wendet er sich in einem Inspekteurbrief an seine Soldaten. Er beschreibt die Folgen des russischen Angriffskrieges, das Leiden in der Ukraine, persönliche Tragödien, auch den Bruch der festgefügten Ordnung in Europa. Mit dem »erneuten völkerrechtswidrigen Handeln der Russischen Föderation« sei »für Europa eine Zeitenwende eingetreten. Der Krieg ist nach Europa zurückgekehrt«. Vorbereitet ist das Heer darauf nicht. »Ausbildung und Einstellung alleine reichen jedoch zur Auftragserfüllung nicht aus«, heißt es weiter. »Nur die Verbindung gut ausgebildeter und in ihrem Wertefundament gestärkter wehrwilliger Soldatinnen und Soldaten mit einer angemessenen Ausstattung und hoher materieller Einsatzbereitschaft unserer Waffensysteme führt letztlich zur Verteidigungsfähigkeit des Heeres.« Eine klare Forderung an die Politik.

Deutliche Worte findet auch die Wehrbeauftragte des Bundestages, Eva Högl, in ihrem Jahresbericht 2022. »Um die Bundeswehr bei Material, Personal und Infrastruktur bestmöglich aufzustellen, braucht es Investitionen. Sie muss modernisiert werden, insbesondere um für ihren Kernauftrag der Landes- und Bündnisverteidigung gerüstet zu sein. Die Dringlichkeit und Notwendigkeit dessen legt Putins Angriff auf die Ukraine schonungslos offen.« Tatsächlich haben die Streitkräfte der Bundesrepublik so viele Mängel, dass Deutschland nicht verteidigungsbereit ist. 1962, bei der »›Spiegel‹-Affäre«, galt Westdeutschland immerhin noch als »bedingt abwehrbereit«.

Verschiedenen Bundesregierungen waren und sind diese Mängel durchaus bewusst. 2019 stellte das Bundeskabinett unter Kanzlerin Merkel in seinem »Weißbuch zur Sicherheitspolitik« fest: »Die stärkere Akzentuierung von Landes- und Bündnisverteidigung einschließlich der Abschreckung – insbesondere an der Peripherie der Allianz – verlangt von der Bundeswehr, ihre Einsatzorientierung auf diese anspruchsvolle Aufgabe und die hierzu notwendige Vorbereitung zu erweitern. Hieraus resultierende Verpflichtungen und Maßnahmen haben mit den jüngsten sicherheitspolitischen Veränderungen eine neue Dimension erreicht. Sie werden absehbar verstärkt die Fähigkeiten der Bundeswehr in der gesamten Bandbreite fordern.« Passiert ist trotz dieser Erkenntnis allerdings nur wenig.

Im Interview mit »ZEIT ONLINE« im Sommer 2022 sagte Alfons Mais: »Dass der Zustand der Bundeswehr so ist, wie er heute ist, ist ja kein Zufall, sondern das geht auf bewusste Entscheidungsprozesse von vor zwölf Jahren zurück. In Folge der Finanzkrise standen wir damals unter erheblichem Spardruck. Unter den Verteidigungsministern Karl-Theodor zu Guttenberg (CSU) und Thomas de Maizière (CDU) wurde die Frage aufgeworfen, was wir uns leisten können, welche Streitkräfte wir eigentlich brauchen und was der Hauptauftrag der Bundeswehr sein soll.« Mais beleuchtet die Rolle der Politik: »Im Ergebnis verlor die Landes- und Bündnisverteidigung drastisch an Bedeutung. In der Annahme, dass wir nur von Freunden umgeben wären, wurde entschieden, dass das keine prioritäre Aufgabe der Streitkräfte mehr sein sollte. Auch die Abschaffung der Flugabwehr beim Heer und die Aussetzung der Wehrpflicht waren bewusste Entscheidungen.«

Nun sind es klare politische Entscheidungen, die Regierung in Kiew im Krieg gegen Russland zu unterstützen. Die Bundeswehr gibt dafür viele Waffensysteme ab, die sie eigentlich selbst für die Landesverteidigung braucht. So erhalten die ukrainischen Streitkräfte »Panzerhaubitzen 2000«, von denen das Heer nur wenige einsatzbereite Exemplare hat, um die eigenen Soldaten ausreichend auszubilden, dazu Mehrfachraketenwerfer vom Typ »MARS II«, die Mangelware bei der Truppe sind, oder eben die »Geparden«, deren Reaktivierung so mancher deutscher Soldat erhofft hatte.

Fast schon ironisch mutet es an, dass ausgerechnet der vor fast 20 Jahren ausgemusterte Gepard nun eine Rolle in einem Krieg spielt, der Scholz dazu gebracht hat, die Zeitenwende auszurufen, der Landesverteidigung eine neue Priorität einzuräumen und die bedeutende Rolle der Bundeswehr für die Sicherheit und Freiheit der Bundesrepublik zu betonen. »Zeitenwende« wurde 2022 zum »Wort des Jahres« gewählt. Für die Soldaten der Bundeswehr ist das ein großes Wort, das bisher nur zu sehr kleinen Änderungen ihres Alltags in Uniform geführt hat.

KAPITEL 1

Ein Tag im November – 101 Soldaten werden vereidigt

Auf Schmuck, Pomp, Trommelwirbel, Stechschritt und die Präsentation von Waffen verzichtet die neue Armee an diesem Samstag, dem 12. November 1955, an ihrem Gründungstag. Noch ist sie namenlos und wird von der Bevölkerung mehrheitlich abgelehnt. Sie verfügt noch über keine Panzer, Flugzeuge oder Kriegsschiffe und hat gerade einmal so viel Personal wie die Schweizer Garde im Vatikan. Die Geschichte der »neuen Wehrmacht«, wie sie zunächst aus Verlegenheit genannt wird, beginnt in einer schlichten Kasernenhalle in der provisorischen Hauptstadt Bonn.

Dennoch ist das Interesse in der Öffentlichkeit groß. 50 Journalisten berichten über die Zeremonie. Radioreporter und Kamerateams zeichnen den Festakt auf, strecken den neuen Soldaten ihre Mikrofone entgegen. Fotografen drängen sich in der Halle der Ermekeil-Kaserne, die früher der Kavallerie zum Trainieren diente. Das Bundesministerium für Verteidigung nutzt das Gebäude als Garage. An diesem Samstag allerdings haben sich Männer vor einem Rednerpult aufgereiht. Sie sind angetreten, um als erste Soldaten in die westdeutschen Streitkräfte aufgenommen zu werden. Militärisches Zeremoniell kennen sie aus der Reichswehr und der Wehrmacht. Sie erinnern sich an »Große Zapfenstreiche« und Paraden, mit denen Siege und besondere Anlässe gefeiert wurden, mit Fackeln, Militärmusik und Ehrenformationen. So schlicht wie heute ging es noch bei keiner deutschen Armee an einem solch bedeutenden Tag zu. Die Wand hinter dem Rednerpult schmückt eine schwarz-rot-goldene Fahne, die Dienstflagge der Bundesrepublik, ein paar Kübelpflanzen mit Chrysanthemen stehen vor dem Rednerpult. An der Wand hängt ein riesiges Eisernes Kreuz.

Damit verweist die Truppe auf die Befreiungskriege gegen Napoleon.

1813 stiftete der preußische König Friedrich Wilhelm III. das Eiserne Kreuz. Entworfen hat den Orden der Architekt Karl Friedrich Schinkel nach einer Zeichnung des Monarchen. Auszeichnen will der Herrscher damit den »vaterländischen Verdienst«, der »in dem jetzt ausbrechenden Kriege, entweder im Kampf mit dem Feinde oder außerdem im Felde oder daheim, jedoch in Beziehung auf diesen großen Kampf um Freiheit und Selbstständigkeit erworben wird«. Vor dem Angriff auf Polen im September 1939 schuf Adolf Hitler den Orden neu, in mehreren Klassen. Bei den westdeutschen Streitkräften soll das Eiserne Kreuz den Soldaten ein »Sinnbild sittlich gebundener Tapferkeit« sein. Es wird als Hoheitszeichen künftig die Kampffahrzeuge und Flugzeuge der neuen Armee zieren. Das Eiserne Kreuz wird zu ihrem zentralen Symbol.

Zehneinhalb Jahre lang, seit der deutschen Kapitulation im Mai 1945, verfügt Deutschland über kein Militär. Dann bekommen die ersten 101 Freiwilligen von Verteidigungsminister Theodor Blank ihre Ernennungsurkunden für den Dienst in den Streitkräften überreicht. Dass es überhaupt dazu kommt, ist nicht unumstritten. In Westdeutschland wird über die Wiederbewaffnung kontrovers diskutiert. Nicht nur Pazifisten lehnen es ab, dass abermals Deutsche als Soldaten dienen sollen. Auch Veteranen des Weltkrieges schwören »nie wieder«. Dennoch schafft die Bundesregierung unter Konrad Adenauer nun Fakten.

Seit 1950 lässt der Bundeskanzler die Wiederbewaffnung planen. In den Jahren und Monaten zuvor war der Kalte Krieg eskaliert. Sowjetische Truppen hatten Westberlin abgeriegelt, das kommunistische Nordkorea den Süden der Halbinsel überfallen. Auch die Bundesrepublik scheint durch die Truppen des Ostblocks bedroht zu werden. Durch Deutschland und Europa ziehe sich ein »Eiserner Vorhang«, wie Winston Churchill 1946 sagte und damit einen Begriff prägt. Die Konfrontation der Supermächte kann hier, so fürchten die Verantwortlichen in Bonn, an der Frontline rasch von kalt in heiß übergehen. »Asien steht an der Elbe«, warnt Kanzler Adenauer und meint damit die sowjetischen Kräfte. Im Mai 1955 tritt die Bundesrepublik der North Atlantic Treaty Organisation, der NATO, bei. Im Gegenzug fordern die Bündnispartner von der Regierung Adenauer, dass diese Streitkräfte aufbaut. Nun muss das neugegründete Verteidigungsministerium liefern.

Der erste Dienstsitz des Ministeriums befindet sich in der Ermekeil-Kaserne. Die Bonner verspotten die historische Anlage als »Ärme-Kääls-Kaserne« – die Heimat der »Armen Kerle«. Früher wurden in der Liegenschaft in der Südstadt in der Nähe des Rheins die Rekruten von preußischen Infanterieregimentern gedrillt, nun sind dort zunächst die gesamten neuen Streitkräfte untergebracht. Die Zentrale der Wiederbewaffnung liegt in einem Wohnviertel des neuen Regierungssitzes. In verwinkelten alten Gebäuden aus rotem Backstein und einigen neueren Bürohäusern mit hellverputzter Fassade beginnt die Wiederbewaffnung. In der Kaserne planen ehemalige Offiziere der Wehrmacht als Beamte oder als militärische Berater, wie die Armee der Demokratie aussehen soll.

Im Juni 1955 wird aus dem Amt Blank das Bundesministerium für Verteidigung. Nun hat Westdeutschland mit Theodor Blank wieder einen für die Armee zuständigen Minister, aber noch keine Soldaten. Das ändert sich am 12. November. Bereits einen Monat zuvor, am 10. Oktober 1955, hatte Bundespräsident Theodor Heuss die Urkunden für die ersten Männer der Streitkräfte unterzeichnet. Aber bis zur Übergabe lassen die Verantwortlichen sich Zeit. Sie warten auf ein besonderes Datum, den 200. Geburtstag des Generalleutnants Gerhard von Scharnhorst.

In seiner Ansprache vor den Freiwilligen verweist Blank an diesem Tag auf den preußischen General, der manchem als erster moderner Berufssoldat gilt. Der Minister sagt, dass der Reformer Scharnhorst die Armee und die Nation vereinigen wollte. »Dann hat er mit seiner nie ermüdenden, großen inneren Kraft seine Ideen gegen eine vielfach widerstrebende Umwelt durchgesetzt.« Blank war 1939 wie so viele andere Männer zur Wehrmacht einberufen worden. Er stieg bis zum Oberleutnant auf und kehrte nach Kriegsende rasch aus der Gefangenschaft zurück. Der studierte Ingenieur gehört zu den Mitbegründern der Christlich Demokratischen Union (CDU).

Blank scheint in Scharnhorst einen Seelenverwandten zu sehen – oder spricht er ein wenig über sich selbst? Schließlich kämpft er seit mehr als fünf Jahren für die Wiederbewaffnung, gegen die es Widerstände in vielfacher Form und allen Gesellschaftsschichten gibt. Sogar ein Bundesminister ist aus Protest gegen die Aufrüstung bereits zurückgetreten. Gustav Heinemann, für das Innenressort zuständig, fühlte sich von Adenauer übergangen, als der den Aufbau einer Armee ankündigte. »Wir legitimieren unser Deutschland selbst als Schlachtfeld, wenn wir uns in die Aufrüstung einbeziehen«, schrieb er in seiner Begründung. »Es kommt darauf an, dass die Chance für eine friedliche Lösung nicht verlorengeht. Unsere Beteiligung an der Aufrüstung würde das Aufkommen einer solchen Chance kaum mehr offen lassen.« Heinemann befürchtet zudem, dass der Staatsapparat noch so wenig eingespielt und gefestigt sei, dass die militärische Macht nahezu unvermeidlich wieder eine eigene politische Willensbildung entfalten werde.

Blank weiß, wie kontrovers die neuen Streitkräfte gesehen werden. Und so warnt er die Soldaten: »Angesichts der vor uns liegenden Aufgaben wollen wir aber auch nicht vergessen, dass Scharnhorsts Werk nach einigen Jahren nach dem Wiener Kongress einen erheblichen Rückschlag erlitt durch Kräfte, die sich vom Gestern nicht lösen konnten. Diese Entwicklung mahnt uns mit allem Nachdruck, den eingeschlagenen Weg fortzusetzen und uns nicht von ihm abbringen zu lassen.« Nun sei in »den Neubau unseres Staates« das zehn Jahre »fehlende Element der Verteidigung« einzufügen.

Der Minister verspricht den vor ihm angetretenen Männern keine goldene Zukunft. Er prophezeit ihnen stattdessen harte Arbeit und schwere Aufgaben. »Ich möchte Sie bitten, diesen, ihren Auftrag niemals aus dem Auge zu lassen: Durch Erhöhung der Verteidigungsbereitschaft, zur Sicherung des Friedens beizutragen. Nur darin kann der Sinn soldatischer Existenz gesehen werden.«

Nach Blank tritt Generalleutnant Adolf Heusinger ans Mikrofon. Er antwortet für die Armee. 58 Jahre ist er alt. »Dem Herren Bundespräsidenten und der Bundesregierung danken wir für das Vertrauen, das sie uns durch die Ernennung zu Soldaten ausgesprochen haben. Dieses Vertrauen verpflichtet uns, all' unsere Kräfte für den Frieden, unser Volk und Vaterland einzusetzen«, sagt der Offizier mit ruhiger Stimme und nüchterner Sachlichkeit. Das Gedenken an Millionen deutscher Soldaten der Vergangenheit und die tiefe Verbundenheit mit ihnen verlange Gehorsam, Kameradschaft und Treue. Und weiter: »Das geloben wir in dieser Stunde.«

Weder an die Reichswehr in der Weimarer Republik noch an die

Wehrmacht soll die neue Armee anknüpfen. Sie erhält eine Traditionslinie mit Brüchen und Lücken. Heusinger hebt ebenfalls mit Scharnhorst nur einen früheren Militär namentlich hervor. Und der starb etwas mehr als ein Jahrhundert vor dem Beginn des Ersten Weltkrieges. Als Vorzeigedemokrat kann der Adelige, der 1755 geboren wurde und 1813 gestorben ist, kaum gelten. Aber Scharnhorst war ein Reformer, der die preußische Truppe effizienter und schlagkräftiger gemacht hat, dabei auf Bildung setzte, altes Elitedenken ablehnte und das Leistungsprinzip bei Beförderungen einführte. Außerdem gilt der preußische General als Schöpfer der allgemeinen Wehrpflicht in Deutschland. Von ihm ist der Satz überliefert: »Alle Bewohner des Staates sind geborene Verteidiger desselben.« Das reicht 1955, um als geeignetes Symbol für die neue Truppe zu dienen.

An Scharnhorsts Geburtstag also werden die neuen Soldaten, die große Mehrzahl von ihnen sind Veteranen des Zweiten Weltkrieges, auf die zweite Demokratie auf deutschem Boden eingeschworen. Erst wenige der Männer haben schon ihre grauen und blauen Ausgehuniformen erhalten. Sie tragen große Schirmmützen, Handschuhe und polierte Lackschuhe. Ihre Kameraden müssen im »Straßenanzug« antreten, in ihrer Zivilkleidung. Es gibt schlicht zu wenige Uniformen für alle. Und selbst diejenigen, die bereits ausstaffiert wurden, erhalten nicht immer passende Teile. Generalleutnant Heusinger ist seine Mütze zu groß, sie rutscht ihm über die Ohren. Er hält sie in der Hand, als die Fotografen ihn ablichten.

Die neuen Uniformen der Streitkräfte gefallen den meisten Soldaten nicht wirklich. »Affenjäckchen« nennen sie verächtlich das Oberteil. Das Aussehen soll sich von der Wehrmacht deutlich unterscheiden, aber auch nicht zu stark an die Uniformen der neuen Verbündeten oder gar der Russen erinnern.

Heusinger gehört bereits der vierten Armee an. Sein ganzes Leben lang ist er Militär. Er hat als junger Frontoffizier im Ersten Weltkrieg gekämpft, gehörte zu den Streitkräften der Weimarer Republik, zur Reichswehr. Nach dem Scheitern der ersten deutschen Demokratie und der Machtübergabe an Adolf Hitler benannte das NS-Regime die Truppe in Wehrmacht um. 1935 führte Hitler die Wehrpflicht wieder ein, eine massive Aufrüstung begann und die Armee wuchs rasch. Und auch in ihr diente Heusinger treu. Als Chef der Operationsabteilung im Generalstab des Heeres trug er dem Diktator fast täglich die aktuelle Lage vor. Am 20. Juli 1944 berichtete er seinem obersten Befehlshaber in der Lagebaracke des Führerhauptquartiers »Wolfschanze« über die dramatische Situation der unter sowjetischem Druck stehenden Heeresgruppe Nord. Hitler, der direkt links neben dem General über den Tisch gebeugt auf die Karte schaute, unterbrach ihn wieder einmal brüsk, raunzte ihn an, das habe sich die Heeresgruppe selbst zuzuschreiben und beugte sich dann weiter über den sechs Meter langen Tisch aus Eichenholz.

Ganz in der Nähe hatte Claus Schenk Graf von Stauffenberg seine Aktentasche mit einer Bombe darin platziert. Um 12:42 Uhr detonierte der Sprengsatz. Heusinger überlebte den Anschlag, genau wie Hitler. Sie rettete die massive Eichenplatte. Die Explosion verletzte den General am Kopf, an den Armen und den Beinen, er kam ins Lazarett. Vier andere Anwesende starben und viele wurden schwer verwundet.

Heusinger wusste von den Anschlagplänen einiger hochrangiger Offiziere, er hegte durchaus Sympathie für deren Ziele, er stand Hitler kritisch gegenüber, gehörte selbst aber nicht zum Widerstand. Drei Tage nach dem Attentat nahmen ihn Gestapo-Beamte im Lazarett fest und brachten ihn nach Berlin in ihre Zentrale. Dort verhörten ihn die Geheimpolizisten, stellten ihn Zeugen gegenüber, drohten. Die Behörde verdächtigte ihn, ein »Mitwisser« zu sein, aber Beweise gab es dafür nicht und ein Geständnis legte Heusinger nicht ab. Er verfasste eine Denkschrift für Hitler über die militärische Lage, mit der er sich entlasten wollte. Einmal noch empfing ihn der Diktator, dann entfernte er Heusinger aus dem aktiven Dienst und versetzte ihn in die »Führerreserve«. Er erhielt die Auflage, dass er seinen Wohnsitz in Walkenried am Rand des Harzes nicht verlassen dürfe.

Elf Jahre später zählt Heusinger zu den höchsten Soldaten der neuen Truppe. In der Vorgängerarmee hat er es bis zum Generalleutnant geschafft und trägt diesen Rang nun auch in den westdeutschen Streitkräften. Hans Speidel, der ebenfalls bereits im NS-Staat zum General aufstieg, hat genauso viele goldene Sterne auf den Schultern. Die Spitzenmilitärs sind im Ausland nicht unumstritten. Aus sozialistischen

Staaten werden ihnen Kriegsverbrechen vorgeworfen. So heißt es in der Zeitschrift »Kaserne«, die in der DDR hergestellt und an Soldaten in der Bundesrepublik als »Zersetzungsmaßnahme« versandt wurde, über Heusinger: »Seine Befehle waren Mordbefehle.« Heusinger hätte in Nürnberg auf der Anklagebank sitzen müssen, steht in einem Text über den General. »Denn er ist ein Kriegsverbrecher. Er hat nicht nur die Angriffspläne gegen friedliche Völker ausgearbeitet – er ist auch vieler Verbrechen gegen die Menschlichkeit schuldig.« Über Speidel erscheint ein Film der DEFA, der staatlichen Filmproduktion der DDR, der ganz ähnliche Vorwürfe erhebt. Der Streifen wird in verschiedene europäische Sprachen übersetzt.

Konrad Adenauer hält an beiden fest. Sie beraten ihn seit Jahren in Sicherheitsbelangen. Er könne der NATO schließlich keine 18-jährigen Generäle präsentieren, sagt der Kanzler gewohnt schlagfertig. Deswegen stechen Heusinger und Speidel aus der Masse der 101 Soldaten hervor, die an diesem Samstag den Eid leisten. Beide kennen sich seit Jahrzehnten, sie besuchten 1930 gemeinsam den Generalstabslehrgang, hatten Kontakt zum militärischen Widerstand. Speidel, der im Krieg als Chef des Stabes bei Erwin Rommel wirkte, wurde inhaftiert, nachdem sein Vorgesetzter 1944 von den Nationalsozialisten gezwungen worden war, sich selbst zu töten. Zwar konnte ihm keine Beteiligung an den Putschplänen nachgewiesen werden, dennoch kam er in ein Gefängnis am Bodensee. Dort wurde er schließlich von französischen Soldaten befreit.

Speidel unterstützte seinen Kameraden bei der Entnazifizierung. Heusinger sei »eine nach Charakter, Haltung und Leistung gleichermaßen außergewöhnliche Erscheinung, ein wahrhafter honourable man, der für den Wiederaufbau unserer Heimat und damit Europas eingesetzt werden sollte«, hatte Speidel 1947 festgestellt. Heusinger kam daraufhin aus US-amerikanischer Kriegsgefangenschaft frei und spielte eine zentrale Rolle beim Aufbau der westdeutschen Streitkräfte.

Adenauer braucht, um die Bedingungen der Alliierten für die Westanbindung zu erfüllen, schnell eine große Armee. Schon in der Planungsphase wird Heusinger und seinen Generalskameraden klar, dass die vorgegebenen Ziele nicht in dem verlangten Tempo zu erreichen sind. Aber ihm gelingt es nicht, Adenauer und Blank bei dem ehrgeizigen Vorhaben zu bremsen. Heusinger folgt den Anweisungen von oben und nimmt die Folgen hin: Die Truppe wird von Anfang an überfordert und die überhastete Aufstellung verursacht unlösbare strukturelle und personelle Probleme.

Heusinger und Speidel sind die Ersten, die vereidigt werden. Dann sind die anderen 99 Soldaten an der Reihe. Sie sprechen an diesem Sonnabend die Eidesformel: »Ich verpflichte mich, das Grundgesetz für die Bundesrepublik zu wahren und meine Dienstpflichten gehorsam zu erfüllen.« Unter den ersten Soldaten finden sich 18 Oberstleutnante, 30 Majore und 40 Hauptmänner. Der niedrigste Dienstgrad ist Oberfeldwebel, Mannschafter sind nicht dabei.

»Diese Soldaten werden nun in dieser Stunde offiziell in ihren soldatischen Beruf eingewiesen. Sie bekommen eine Ernennungsurkunde, und diese Ernennungsurkunde unterscheidet sich in und durch nichts von den üblichen Urkunden, die ein Beamter bekommt, wenn er endgültig in den Staatsdienst übernommen wird«, berichtet ein Journalist des Radiosenders NWDR aus der Kraftwagenhalle seinen Hörern. So wenig spannungsgeladen wie die Rundfunkreportage fällt auch der ganze Akt aus.

Die Staatsspitze bleibt den Feierlichkeiten fern. Der Bundespräsident ist nicht dabei, als die ersten deutschen Soldaten ihren Dienst beginnen, auch der Kanzler nimmt am Akt nicht teil. Jahrelang haben Adenauer und sein Kabinett in harten politischen Verhandlungen im In- und Ausland dafür gestritten, dass Westdeutschland eine eigene Armee erhält. Für ihn ist sie ein Mittel zum Zweck, die chancenreichste Möglichkeit, die Bundesrepublik als souveräne Republik in das westliche Staatensystem zu integrieren. Die »neue Wehrmacht« soll ein Instrument der Politik sein. Er selbst war nie Soldat und kann sich für die Welt des Militärs nur wenig begeistern. Für ihn ist das »Soldatsein« ein Beruf »der gleichgeachtet neben anderen steht«, sagt er einmal. Eine Dominanz der Generäle in der Bonner Republik will er auf jeden Fall verhindern: »Der Militarismus ist tot.«

Als »erfreulich zivil« beschreibt die »Frankfurter Rundschau« den ersten Tag der Armee. Dass die gesamte Presse vor Ort gewesen sei, aber »leider kein sonstiger Angehöriger des Hauses« sorgt für »rechte Verstimmung«, notiert der Offizier Ulrich de Maizière über den wenig feierlichen Akt. Er kritisiert, dass nur wenige Mitarbeiter des Ministeriums in der Kraftwagenhalle dabei waren, weil so viel Platz für die Journalisten benötigt wurde. Im Bundesministerium für Verteidigung unterstellt so mancher dem Minister, dass dieser die Truppe zur Selbstinszenierung missbraucht habe. Die Kritiker sehen »das Ganze als politischen Akt, als Schaunummer für die Presse«. So sieht es auch Konrad Adenauer, der über den Akt schimpft, der so gar nicht feierlich abgelaufen sei, sogar ohne die Nationalhymne, das »Deutschlandlied«.

Unter Beamten und Offizieren bleibt auch das Eiserne Kreuz als Signet umstritten. So lehnt Wolf Graf von Baudissin, Unterabteilungsleiter im Bundesverteidigungsminister und ein früherer Offizier der Wehrmacht, der nun für eine neue militärische Führungskultur eintritt, dieses preußische Symbol ab. Mit ihm werde das »ewige Soldatentum« verherrlicht. Das Eiserne Kreuz sei kein »Sinnbild unserer Grundordnung«, sagt Baudissin. Seine Gegner im Ministerium, die seine geplanten Reformen ablehnen und auch das Konzept der »Inneren Führung«, das für ein neues, modernes Menschenbild in der Truppe sorgen soll, haben das bislang verhindert.

Nach der Ernennung der ersten 101 Soldaten spielt das Musikkorps des Bundesgrenzschutzes aus Kassel im Innenhof der Kaserne deutsche Militärmärsche – ein wenig traditionelles Zeremoniell gibt es an diesem Tag dann doch. Die Streitkräfte haben noch kein eigenes Orchester. Die neuen Armeeangehörigen haben allerdings nicht viel Zeit. Ob in Uniform oder im dunklen Anzug, wie alle Angestellten des jungen Verteidigungsministeriums müssen sie zurück an ihre Schreibtische. Es gibt so viel zu tun. Schon bald sollen die neuen Streitkräfte maßgeblich die Bundesrepublik schützen – unterstützt von den Alliierten.

KAPITEL 2

Das Amt Blank – Die Bundesrepublik bereitet die Wiederbewaffnung vor

Am 8. Mai 1945 um 23:01 Uhr endet der Zweite Weltkrieg in Europa. Die deutsche Wehrmacht hat bedingungslos kapituliert. Mehr als 60 Millionen Menschen sind weltweit gestorben und ermordet worden, lauten Schätzungen, die genaue Zahl kennt niemand. Deutschland war gleich dreifach geschlagen worden, nicht nur militärisch, sondern auch politisch und moralisch.

Wie die Nachkriegsordnung aussehen soll, darüber haben die Siegermächte bereits auf mehreren Konferenzen während des Krieges gesprochen. Vom 17. Juli bis 2. August 1945 treffen sich die Alliierten ein weiteres Mal, diesmal im besiegten Deutschland. Im Potsdamer Schloss Cecilienhof sprechen Harry S. Truman, Josef Stalin und Winston Churchill, der nach seiner Wahlniederlage während der Konferenz von seinem Nachfolger Clement Attlee abgelöst wird, über die Zukunft der Besiegten. Einig sind sich die Vertreter der Vereinigten Staaten, Großbritanniens und der UdSSR, das von Deutschland keine militärische Gefahr mehr ausgehen dürfe. Innerhalb von nur 25 Jahren hatte das Land in Zentraleuropa zweimal Nachbarstaaten überfallen. Eine erneute deutsche Aggression wollen Amerikaner, Briten und Sowjets für alle Zeiten verhindern. So beschließen die Alliierten in Potsdam: »Alle deutschen Land-, See- und Luftstreitkräfte [...] seien völlig und endgültig aufzulösen, und zwar so, dass die Wiederbelebung oder Neuorganisation des deutschen Militarismus und Nazismus auf Dauer verhindert wird.«

In vielen Punkten sind sich die Verbündeten aus den Vereinigten Staaten, aus Großbritannien und der Sowjetunion uneins. Die Gemeinsamkeiten sind aufgebraucht. Truman informiert Stalin während der Potsdamer Konferenz über den erfolgreichen Test einer Atombombe, einem neuen Instrument im Arsenal des Schreckens, das schon bald die weltweite Sicherheitsarchitektur bestimmen wird. Kurz darauf beendet diese neue Massenvernichtungswaffe den Zweiten Weltkrieg endgültig. Amerikanische Flugzeuge werfen über Hiroshima und Nagasaki Atombomben ab. Danach kapituliert auch Japan. Die Regierung in Washington sieht sich durch das eigene Kernwaffenprogramm in ihrem globalen Führungsanspruch gestärkt.

Gemeinsam sorgen die Alliierten für den Beginn der juristischen Aufarbeitung der nationalsozialistischen Verbrechen. Im Herbst 1945 kommen in Nürnberg die noch lebenden Verantwortlichen der NS-Diktatur vor Gericht. Auf einen Prozess gegen die Hauptkriegsverbrecher hatten sich die Alliierten bereits 1943 geeinigt. Generalfeldmarschall Wilhelm Keitel und Generaloberst Alfred Jodl werden zum Tode verurteilt und gehängt. Hermann Göring ist neben weiterer Verbrechen auch für Vergehen als Oberbefehlshaber der Luftwaffe angeklagt. Er hat ebenfalls ein Todesurteil erhalten, nimmt sich vor dessen Vollstreckung aber selbst das Leben. Der Oberbefehlshaber der Kriegsmarine, Erich Raeder, erhält lebenslänglich, sein Nachfolger, Großadmiral Karl Dönitz, eine Haftstrafe von zehn Jahren. Das Oberkommando der Wehrmacht (OKW) und der Generalstab werden von der Anklage als »verbrecherische Organisation« eingestuft. Allerdings sehen die Richter in diesem Punkt einen Formfehler, weder die Führung noch die Armee selbst gelten als »verbrecherische Organisation«. Ehemalige deutsche Soldaten werten das als einen Freispruch für ihre Streitkräfte. Weitere Verfahren gegen ehemalige deutsche Spitzenmilitärs folgen.

Nach dem Prozess gegen die Hauptkriegsverbrecher machen die vier Besatzungsmächte in ihren jeweiligen Zonen allein mit Verfahren weiter. Gemeinsame Ziele finden die Sieger kaum noch, ihre Zusammenarbeit endet bald nach den Nürnberger Prozessen gegen die Hauptkriegsverbrecher. Die ideologischen Gegensätze treten immer deutlicher zu Tage. In den Vereinigten Staaten wird die Sowjetunion zunehmend als Gefahr und als Konkurrenz wahrgenommen. Die Regierung in Washington versucht, den Kreml daran zu hindern, seinen Einfluss in Europa und Asien auszuweiten. Das sorgt zwischen den Supermächten für weitere Spannungen. Es entstehen zwei Blöcke im Westen und Osten.

Die Westtalliierten wissen, dass auf dem Gebiet der Sowjetischen Besatzungszone (SBZ) ein beeindruckendes Truppenkontingent stationiert ist. Mehr als 30 sowjetische Divisionen mit Panzern und Militärfahrzeugen sollen dort stehen, ausgerüstet mit Munition, Treibstoff und Verpflegung, um in kürzester Zeit losmarschieren zu können. Je schlechter sich die Beziehungen mit dem Kreml entwickeln, desto bedrohlicher wirken die in der SBZ bereitgestellten Verbände. Und noch beeindruckender ist das Gesamtpotenzial der sowjetischen Streitkräfte: Bis zu 180 Divisionen mit mehr als 4 Millionen Soldaten.

Im März 1946 warnen amerikanische und britische Geheimdienste vor einer militärischen Konfrontation zwischen den Blöcken. Präsident Truman fordert seine Spitzenmilitärs zu einer Lagebeurteilung auf. Er will wissen, was über die Truppen in der SBZ bekannt ist. In Westdeutschland bauen die Amerikaner einen Dienst auf, der im Geheimen operiert. Die »Organisation Gehlen«, die 1946 unter Aufsicht der amerikanischen Armee von ehemaligen Angehörigen der Wehrmacht gegründet wird, soll Informationen über die Sowjets besorgen. Benannt wird der Dienst nach einem seiner Gründer, Reinhard Gehlen, der im Zweiten Weltkrieg in der Armee für die Aufklärung und Spionage in der Sowjetunion zuständig war. Seine Abteilung hieß »Fremde Heere Ost«. Sie lieferte Meldungen und Beurteilungen an die Wehrmachtsführung, die daraus ihr militärisches Lagebild erstellte. Gehlen, Generalmajor a. D., hat Kameraden von früher, dazu Informanten und Agenten um sich gesammelt. Auch einige frühere Angehörige des NS-Sicherheits- und Verfolgungsapparats waren dabei.

Ein wichtiger Mitarbeiter Gehlens wird Adolf Heusinger, der als Chef der Auswertung für Lageanalysen zuständig ist. Bereits im Juli 1947 will die »Organisation Gehlen« ihn einstellen, aber sein Entnazifizierungsverfahren läuft noch und die US-Armee hat ihn noch nicht offiziell aus ihrer Kriegsgefangenschaft entlassen. Er arbeitet für die »Historical Division« der Amerikaner, eine militärhistorische Forschungsgruppe, die den Verlauf des Zweiten Weltkriegs analysiert. An ihrer Spitze stehen Generaloberst a. D. Franz Halder und der frühere Generalfeldmarschall Erich von Manstein. Anfang 1948 kommt Heusinger dann frei und im März übernimmt er in Pullach bei München schließlich die »Evaluation

Group«. Der frühere General soll für Gehlen vor allem Informationen über die militärischen Möglichkeiten der UdSSR auswerten.

Heusinger kam am 4. August 1897 in Holzminden als Sohn einer gutbürgerlichen Familie zur Welt. Sein Vater Ludwig war Direktor am Gymnasium, seine Mutter Charlotte hat einige Beamte und Militärs unter ihren Vorfahren. Adolf Heusinger glänzte als Schüler, seine Lehrer bescheinigten ihm eine überdurchschnittliche Begabung. Er wollte Förster werden, wie so mancher Verwandter aus der Linie des Vaters. Nach dem frühen Tod seiner Mutter 1913 und dem Beginn des Ersten Weltkriegs im Jahr darauf änderte er aber seinen Berufswunsch. Er trat am 17. Juni 1915 als Fahnenjunker in das 7. Thüringische Infanterieregiment 96 in Gera ein. Er hatte sich freiwillig als Offiziersanwärter gemeldet. An der Westfront nahm er an einigen der schlimmsten Schlachten teil: Er kämpfte in Verdun, an der Somme, bei Arras. Zweimal erlitt Heusinger Verwundungen, er erhielt das Eiserne Kreuz 1. Klasse, eine der höchsten Tapferkeitsauszeichnungen des kaiserlichen Heeres.

In Flandern geriet er 1917 in britische Kriegsgefangenschaft, kam in ein Lager in Yorkshire. Dort verbesserte er sein Englisch. Nachdem er in Gefangenschaft von der Oktoberrevolution erfahren hatte und begriff, dass die Ereignisse im zerfallenden Zarenreich große Auswirkungen auf die nächsten Jahrzehnte haben würden, lernte er auch noch Russisch. Im November 1919 durfte Heusinger nach Hause zurückkehren. Er musste abermals die Idee verwerfen, als Förster zu arbeiten, die Wirtschaftslage war fatal und bezahlte Stellen waren rar.

Also blieb der junge Offizier in der Truppe. In der Reichswehr diente er nun als Leutnant. 1927 durfte er die dreijährige »Führergehilfenausbildung« beginnen. So nannte die Reichswehr aus Tarngründen die durch den »Versailler Vertrag« verbotene Generalstabsausbildung. Einer seiner Kameraden im Hörsaal war Hans Speidel. Die Sieger des Ersten Weltkriegs hatten Deutschland zahlreiche Auflagen gemacht. Das Heer durfte nur 100 000 Mann umfassen, Panzer, U-Boote und Kampfflugzeuge waren verboten. Aber Teile der Politik und die Reichswehrführung setzten sich darüber hinweg, rüsteten heimlich auf, kooperierten dabei mit der Sowjetunion und in Deutschland mit rechtsradikalen Milizen.

Nach der Machtübertragung an die Nationalsozialisten und dem raschen Ausbau der Streitkräfte machte Heusinger zügig Karriere. Er hatte 17 Jahre gebraucht, um vom Leutnant zum Hauptmann befördert zu werden. Nun stieg er in wenigen Jahren in die höchste Dienstgradgruppe auf: Am 1. Dezember 1941 wurde er zum Generalmajor befördert. Heusinger leitete die Operationsabteilung, die dem Generalstab des Heeres unterstand. Er überzeugte durch eine kluge Analyse, klare Lagevorträge und einen schier unermüdlichen Arbeitseifer. Sein Tag begann in aller Regel um acht Uhr morgens. Dann nahm er die Feindlagemeldungen entgegen und wertete sie aus. Nachts zwischen ein und drei Uhr trafen dann die Tagesabschlussmeldungen bei ihm ein, die er noch lesen musste.

Nach der Niederlage von Stalingrad versuchte Heusinger vehement, sich versetzen zu lassen, aus dem Umfeld Hitlers wegzukommen. Aber der Diktator wollte nicht auf den analytischen Kopf und dessen Lagevorträge verzichten. Erst nach dem gescheiterten Attentat 1944 entfernte ihn Hitler aus dem Führerhauptquartier. Heusinger erlebte das Kriegsende im Harz, wurde dort von Amerikanern festgenommen und blieb drei Jahre lang in Gefangenschaft. Erst 1948 durfte er zurückkehren – und die »Organisation Gehlen« bekam endlich ihren Leiter der Auswertung. Bis Ende 1950 bleibt der Generalleutnant a. D. in Pullach beim Geheimdienst. Seine wichtigste Aufgabe bleibt der Blick nach Osten. Was er und seine Kollegen dort sehen, beunruhigt sie und ihre Auftraggeber in Washington.

Josef Stalin schlägt eine zunehmend expansive und aggressive Außenpolitik ein. Die US-Regierung reagiert im März 1947 darauf mit der Truman-Doktrin. Der Präsident sagt in einer Rede vor dem Kongress allen »freien Völkern« der Welt die Hilfe der Vereinigten Staaten zu. »Die Saat totalitärer Regime lebt zu ihrem Gedeihen von Elend und Mangel«, sagt Truman. »Sie wächst und verbreitet sich im bösen Boden von Armut und Unfrieden. Sie wächst zu ihrer vollen Höhe, wenn die Hoffnung eines Volkes auf besseres Leben gestorben ist.« Jedes Land müsse selbst wählen dürfen, für welche Regierungsform es sich entscheide, für ein repräsentatives System mit freien Wahlen oder für »Terror und Unterdrückung«, Zensur und manipulierte Wahlen.

Die Vereinigten Staaten geben damit ihre Politik der »Nichteinmischung« endgültig auf, die mit der »Monroe-Doktrin« aus den 1820er-Jahren festgeschrieben worden war. Die USA gehen zum Konzept der

Eindämmung über, dem »Containment«, mit dem sie die Ausbreitung des Kommunismus aufhalten wollen. Sie setzen auf eine Doppelstrategie von wirtschaftlicher und militärischer Unterstützung ihrer Partner, bieten Kredite und Waffen an. Mit dem »European Recovery Program«, dem Europäischen Wiederaufbauprogramm, auch »Marshall-Plan« genannt, fließen in den nächsten Jahren mehr als zwölf Milliarden Dollar nach Europa. Dazu bleiben US-Truppen in Westdeutschland, Italien, Japan und Südkorea stationiert, um zu verhindern, dass dort der Kommunismus um sich greift.

Am 20. März 1948 bricht der Alliierte Kontrollrat auseinander, mit dem die Vereinigten Staaten, Frankreich, Großbritannien und die Sowjetunion die Entwicklungen im besetzten Deutschland bestimmt haben. Der sowjetische Vertreter verlässt das Gremium. Damit beginnt der Kalte Krieg offiziell. Einige westliche Staaten schließen sich nun enger zusammen. Vertreter Großbritanniens, Kanadas und der Vereinigten Staaten vereinbaren, eine Militärallianz zu gründen, den »Nordatlantikpakt«. Er soll auf einem Verteidigungssystem gegenseitiger Hilfeleistung basieren. Sie laden weitere Regierungen aus Westeuropa ein, sich zu beteiligen.

Währenddessen erhöht Stalin den Druck in Zentraleuropa. Westdeutschland hat mit der D-Mark eine neue Währung eingeführt, sie gilt auch im Westen Berlins. Stalin empfindet das als Provokation und reagiert mit der Blockade Berlins. In der Nacht zum 24. Juni 1948 sperren Soldaten der Roten Armee die Zugangswege an Land und auf dem Wasser zur früheren deutschen Hauptstadt ab. Lebensmittel und Kohle gelangen nicht mehr in den Westteil, der Personenverkehr ist unterbunden. Auch die Versorgung mit Gas und Strom der Westberliner schränken die Sowjets ein.

Die Westalliierten verteidigen die Metropole. Dabei setzen sie nicht auf Panzer oder Kampfjets. Amerikaner, Briten und Franzosen sorgen dafür, dass Westberlin nicht von den Sowjets oder der DDR geschluckt wird – ohne Krieg zu riskieren. Sie schicken auf abertausenden Flügen kleine Flugzeuge und schwere Frachtmaschinen nach Berlin. Bereits zwei Tage nach dem Beginn der Blockade landet der erste »Rosinenbomber«, wie die Einwohner die Transporter nennen, in der Stadt.

Von Oktober 1948 bis April 1949 klagen die Amerikaner in Nürnberg im Prozess »Oberkommando der Wehrmacht« 14 Generäle als Kriegsverbrecher an. Neben drei hochrangigen Militärs aus dem OKW stehen Oberbefehlshaber von Heeresgruppen und Armeen vor den Richtern. Keiner von ihnen wird zum Tode verurteilt. Zwei Angeklagte erhalten das Urteil »lebenslange Haft«, die anderen müssen für mehrere Jahre ins Gefängnis.

Konrad Adenauer, Präsident des Parlamentarischen Rates, informiert sich nun intensiv über die militärische Lage. Er bittet Vertraute, ihm Kontakt zu früheren Militärs herzustellen. Im Dezember 1948 trägt Hans Speidel dem CDU-Politiker seine Gedanken über die Sicherheit der künftigen Bundesrepublik vor.

Stalins Griff nach Berlin schweißt den Westen zusammen. In Washington unterzeichnen die Vertreter von zwölf Staaten am 4. April 1949 den Nordatlantikvertrag. Die Alliierten versichern sich gegenseitig, das Bündnisgebiet zusammen zu verteidigen. Ein Angriff auf ein Mitglied der NATO zieht eine Reaktion der gesamten Allianz nach sich. So will der Westen die Sowjets auf Abstand halten, ihre Grenzen in Europa sichern, den Status quo dort erhalten.

Vergeblich versucht die Sowjetführung mit der Totalblockade, den Abzug der Westmächte aus Berlin zu erzwingen und ein Zeichen der Stärke zu senden. Die geteilte Stadt wird von einem Synonym für Schreckensherrschaft zu einem Symbol der Freiheit. Berlin ist nun »der Vorposten der freien Welt«. Die westlichen Siegermächte bringen mit mehr als 270 000 Flügen gut 2,1 Millionen Tonnen lebenswichtiger Güter in die bedrängte Stadt. Mit der Operation beweisen die Westalliierten, wozu sie in der Lage sind. Auf den drei Westberliner Flughäfen setzt alle zwei bis drei Minuten eine Maschine auf. Mit ihrem Durchhaltewillen erlangen die Menschen in Westberlin den Respekt der freien Welt.

Schließlich knickt Stalin im Mai 1949 ein, er gibt die Blockade auf. Diese machtpolitische Niederlage gegenüber den Amerikanern, Briten und Franzosen macht allerdings wett, dass den sowjetischen Wissenschaftlern ein Durchbruch gelungen ist. Ende August 1949 zieht die UdSSR mit den Vereinigten Staaten gleich und zündet in der kasachischen Steppe ihre erste Atombombe. Nun verfügen Ost und West über ein Nuklearsarsenal. Beide Kontrahenten können sich gegenseitig komplett zerstören – und einen Großteil des Planeten.

Dieses Gleichgewicht des Schreckens prägt den Kalten Krieg. Von Albert Einstein stammt die Mahnung, er wisse nicht, wie der Dritte Weltkrieg ausgetragen werde, aber im Vierten Weltkrieg kämpfen die Menschen mit Steinen und Stöcken. Die Vereinigten Staaten und ihre Verbündeten auf der einen und die Sowjetunion mit ihren Partnern auf der anderen Seite rüsten weiter. Aber niemand wagt einen heißen Konflikt, um nicht den Erstschlag der anderen Seite zu riskieren.

In den USA überlegen Generäle und Spitzenbeamte währenddessen, wie Westdeutschland zum Schutz des NATO-Gebietes beitragen könnte. Im Pentagon, dem US-Verteidigungsministerium in Arlington bei Washington, gibt es viele Befürworter der westdeutschen Wiederbewaffnung. Allerdings sehen das die Mitarbeiter des State Departments ganz anders, dem US-Außenministerium kommt dieser Schritt zu früh. Noch gibt es zudem keinen deutschen Staat, der Truppen unterhalten kann.

Das ändert sich im Mai 1949, als die Bundesrepublik entsteht. Der Parlamentarische Rat verabschiedet das Grundgesetz und wählt zudem Bonn zur vorläufigen Bundeshauptstadt. Auch die drei Militärgouverneure aus dem Westen bestätigen die neue Verfassung. Darin betonen deren Mütter und Väter mehrfach die Bedeutung des Friedens. Sie geben ein klares Bekenntnis zu einer gewaltlosen Außenpolitik ab. Bereits in der Präambel heißt es, das deutsche Volk sei von dem Willen beseelt, dem Frieden in der Welt zu dienen. Und Artikel 26 verbietet, einen Angriffskrieg vorzubereiten und zu führen.

Zum ersten Mal geben Menschen zwischen Nordsee und Bodensee am 14. August 1949 ihre Stimmen für eine Wahl zum Bundestag ab. Sieger sind CDU und CSU. Und so können die Parlamentarier der Union gemeinsam mit den Abgeordneten der FDP und der Deutschen Partei am 15. September Konrad Adenauer zum Kanzler wählen. 73 Jahre ist der neue Regierungschef alt. Er hat im Parlament nur eine Stimme Mehrheit – seine eigene.

Deutlich distanziert sich die junge Bundesrepublik vom Nationalsozialismus – aber nicht zwingend von einzelnen Tätern. Diese Doppelstrategie, die gleichzeitig auf die Integration der Belasteten und auf eine klare

Westbindung als Demokratie setzt, geht auf. So zählt für Adenauer nicht, was jemand in der Vergangenheit getan hat, sondern nur, was er für den jungen Staat leisten kann und wie loyal derjenige ist. An der Spitze des Kanzleramtes dient ihm Hans Globke, der im NS-Staat am Verfassen der antisemitischen »Nürnberger Gesetze« beteiligt gewesen war. Täter und Parteigänger der NS-Herrschaft werden durch Amnestie und Amnesie in die neue Republik integriert.

Die Wehrmacht und ihre Kriegsführung gelten als sauber und unbelastet, so lautet die Legende, die auch von der Bundesregierung gepflegt wird, weil sie die Veteranen für die Wiederbewaffnung braucht. Eine Verdrehung der Geschichte. Denn die Streitkräfte des NS-Staates waren an der verbrecherischen Kriegsführung beteiligt, sie tragen eine Mitverantwortung am Massenmord an den Juden sowie anderen Opfergruppen, der inhumanen Behandlung von Millionen Kriegsgefangenen, dem brutalen Kampf gegen Partisanen, der Belagerung von Städten und deren Aushungern.

Alte Militärs geben dafür einem Mann die Schuld: Adolf Hitler habe das Soldatentum für sein persönliches Machtstreben missbraucht. Eine weitere Lüge. Denn die Armeeführung folgte bereitwillig den Kriegszielen des Diktators. Darüber schweigt die Generalität nach 1945 lieber. Sie wirft dem »Führer«, dem einfachen Gefreiten, lieber vor, mit seinen zahlreichen Eingriffen in strategischen und taktischen Fragen, sowie mit seinen häufigen Personalrochaden im Generalstab, entscheidend zur Niederlage beigetragen zu haben.

Im August 1949 beginnt in Deutschland ein weiterer Kriegsverbrecherprozess. Kurz vor der Bundestagswahl muss sich Erich von Manstein vor britischen Richtern verantworten. Damit steht ein alter Mentor von Adolf Heusinger vor Gericht. Viele ehemalige Wehrmachtsoffiziere lehnen das rigoros ab. Der Kalte Krieg überlagert bereits die juristische Wahrheitsfindung. Manstein genießt hohes Ansehen im Westen. Er hat Kanzler Adenauer beraten und enge Kontakte nach England. Die Familie Churchill spendet Geld, damit Manstein gute britische Juristen als Verteidiger gewinnen kann. Die Ankläger werfen Manstein Kriegsverbrechen in 17 Fällen vor, darunter das Erschießen von Kriegsgefangenen, Geiseln und Zivilisten, dazu Massenmorde an Juden sowie Sinti und

Roma. In neun Anklagepunkten spricht das Gericht Manstein schuldig, 18 Jahre Haft lautet das Urteil. Seine Strafe wird bald auf zwölf Jahre reduziert. Der Generalfeldmarschall a. D. kommt ins britische Gefängnis für Kriegsverbrecher in Werl.

Auch wenn Manstein 1952 bereits wegen einer Krankheit Haftverschonung erhält und im Jahr darauf offiziell aus dem Gefängnis entlassen wird, fällt er als Kopf der neuen Streitkräfte aus. In dieser Rolle hatten ihn einige führende Ex-Militärs und Planer der Wiederbewaffnung durchaus gesehen. Lediglich als Berater der Bundesregierung nimmt er Anteil am Aufbau des Heeres. Als er freikommt, läuft die Wiederbewaffnung bereits auf Hochtouren.

Adenauer hat den Bundesminister für Wiederaufbau, Eberhard Wildermuth, ein Ritterkreuzträger des Zweiten Weltkrieges, gebeten, die Aufrüstung zu unterstützen. Ehemalige Wehrmachtsoffiziere entwickeln bereits Ideen für die Bewaffnung Westdeutschlands. Sie arbeiten als »Deutsches Büro für Friedensfragen«. Offizielle Politik ist das nicht. Im November 1949 besucht US-Außenminister Dean Acheson den Westen Deutschlands. Er spricht mit Adenauer über die Westintegration des neuen Staates. Einen militärischen Beitrag der Bundesrepublik zur Verteidigung des freien Europas versucht der Kanzler zu umgehen: Er habe kein Interesse an der Wiederbewaffnung. Stattdessen setzt er auf eine massive Präsenz von US-Truppen in seinem Land. Aber er ahnt bereits, dass er an eigenen Streitkräften als Preis für die Westintegration nicht vorbeikommen wird.

Einen Monat später spricht der Kanzler mit der US-Zeitung »Cleveland Plain Dealer« aus Ohio über die »Remilitarisierung«. Adenauer gewährt dem Korrespondenten des Provinzblattes eine Audienz von 50 Minuten. In dem Exklusivgespräch sagt er, es sei »untragbar«, dass die Diskussionen, in denen Deutschland als künftiger Kriegsschauplatz in Betracht gezogen wird, von »Nicht-Deutschen« geführt werde. Außerdem seien die beabsichtigten Verteidigungslinien am Rhein oder an der Elbe durch die Entwicklung der Kriegstechnik überholt. Sie dienten nur dazu, das russische Selbstvertrauen zu stärken. Der einzig sichere Weg für den Westen die Russen aufzuhalten, sei, so stark zu sein, dass der Gegner einen Krieg erst gar nicht beginnen könne. Wenn die Russen einmal den Rhein erreicht hätten, würden sie ganz Europa überrollen. Der

Kanzler lehnt es zudem ab, deutsche Soldaten für westliche Armeen zu rekrutieren. Denn das hieße »ein Volk kaufen, um Söldner zu haben«, sagt Adenauer. »Eigene deutsche Streitkräfte würden nicht mehr als eine Abteilung unter einem europäischen Kommando bilden.« Leicht verklausuliert sagt der Kanzler damit, dass die Bundesrepublik einen militärischen Beitrag zu europäischen Streitkräften leisten könne – und wolle.

Am 5. Dezember 1949, einen Tag nach dem Erscheinen des aufsehenerregenden Artikels mit den durchaus selbstbewussten und brisanten Aussagen Adenauers, bringt das Bundespresseamt eine Richtigstellung. Demnach habe der Kanzler ausgeführt, dass er »grundsätzlich gegen jede deutsche Wiederaufrüstung« sei. Wenn aber auf eine Beteiligung Westdeutschlands an der Verteidigung Europas bestanden würde, dann könne dies nur im Falle eines deutschen Kontingents innerhalb einer europäischen Armee geschehen.

Kurz darauf fordert der Kanzler seinen Minister Wildermuth auf, eine Gruppe von Experten zusammenzustellen, die für Sicherheitsfragen zuständig sein soll. Den Auftrag gibt der liberale Politiker wohl an den früheren Generalleutnant Speidel weiter, mit dem er befreundet ist und der mit dem »Büro für Friedensfragen« ohnehin bereits mehrere Denkschriften zum westdeutschen Verteidigungsbeitrag erstellt hat. Der erfahrene Offizier baut nach und nach einen Arbeitsstab auf. Dazu gehören auch Adolf Heusinger und Hermann Foertsch, ein General der Wehrmacht, der wegen Kriegsverbrechen angeklagt, aber im Vorjahr freigesprochen und aus US-Haft entlassen worden war. Speidel, Heusinger und Foertsch nutzen ein informelles Netz aus alten Kameraden, um Mitstreiter zu finden.

Anfang 1950 erstellen die Herren Generäle a. D. einen »Besprechungsplan«, dessen Zweck es sein soll, die »Klärung der Frage eines Wehraufbaus in Westdeutschland im engsten Rahmen« für die Bundesregierung zu erarbeiten. In dem achtseitigen Dokument stellen sie einige Forderungen an die Westalliierten, darunter die Sicherung des deutschen Wehraufbaus gegen einen russischen Vorstoß, die politische, psychologische und militärische Gleichberechtigung. Damit formulieren Speidel, Heusinger, Foertsch und ihre Mitstreiter durchaus selbstbewusst die Ansprüche der Bundesrepublik, deren Vorgängerstaat erst fünf Jahre zuvor bedingungslos kapituliert hatte.

Für Adenauer geht es aber um weit mehr als militärische Gleichberechtigung. Für ihn stellt die Armee ein notwendiges Mittel dar, um seine Außenpolitik umzusetzen. Eine enge Orientierung an die Westmächte soll dem jungen Staat Souveränität und Sicherheit bringen. Er bekennt sich daher klar zum westlichen Verteidigungssystem. Im Mai richtet Adenauer im Bundeskanzleramt die »Zentrale für Heimatdienst« ein, seinen militärischen Planungsstab, der nur nicht so heißen darf, um die Bevölkerung und die politische Opposition nicht zu provozieren. Seinen Vertrauten Herbert Blankenhorn beruft er zu ihrem politischen Leiter. Gleichzeitig ernennt der Regierungschef im Mai 1950 den General der Panzertruppe a. D., Gerhard Graf von Schwerin, zu seinem »Berater in technischen Fragen der Sicherheit«.

Im Juni 1950 trifft sich Konrad Adenauer nacheinander mit den drei Hohen Kommissaren aus Großbritannien, Frankreich und den Vereinigten Staaten. Die Regierungen in Washington und London wollen, dass die Bundesrepublik sich an der Verteidigung des Westens beteiligt. Frankreich fordert aber, an der Demilitarisierung des Nachbarlandes festzuhalten. Adenauer kennt die Widerstände im In- und Ausland. Er möchte zunächst eine paramilitärische Bundespolizei aufstellen, die in der Lage sein soll, die Grenzen zu sichern. Dann aber verändert ein Krieg in Korea schlagartig die weltweite Sicherheitsarchitektur. Der kommunistische Norden attackiert am 25. Juni überraschend den Süden, der unter dem Schutz der USA steht. Schon nach zwei Tagen nehmen die Kommunisten die Hauptstadt des Südens, Seoul, ein. Noch einmal zwei Tage später verkündet US-Präsident Truman, Truppen nach Korea zu schicken, die den Norden aufhalten werden. Fünf Jahre nach dem Ende des Zweiten Weltkrieges kämpfen US-Soldaten wieder in Asien. Als die UN-Truppen unter US-Kommando die nordkoreanischen Truppen fast bis zur chinesischen Grenze zurückgedrängt haben, greifen die Regierungen in Moskau und Peking ein. Stalin schickt Fliegerstaffeln und chinesische »Freiwillige« unterstützen die Partner in Pjönjang. Es kommt zu einem ideologisch aufgeheizten Stellungskrieg. Der Krieg in Korea verschärft die Spannungen zwischen den Blöcken.

Gerade Deutschland, das wie Korea ein ideologisch geteiltes Land ist, scheint ein mögliches Ziel für einen kommunistischen Angriff zu sein.

Im Osten steht nicht nur die Sowjetmacht, sondern auch die 70 000 Mann starke kasernierte »Volkspolizei«, die mit Panzern, Mörsern und Haubitzen bewaffnet ist. Stalin hatte bereits im Frühsommer 1948 angeordnet, dass Ost-Berlin 10 000 kasernierte Polizisten und zusätzlich 10 000 Grenzschützer aufstellen müsse. Sie sollten als »sichere Stütze der demokratischen Entwicklung« in der SBZ dienen. Die in Potsdam beschlossene Entmilitarisierung des besiegten Deutschlands ist damit Geschichte. Die Sowjetunion stellt der Polizei und dem Grenzschutz 5000 Kriegsgefangene zur Verfügung, die frei gelassen werden, um in den Formationen zu dienen. Die ehemaligen Wehrmachtsangehörigen erklärten sich bereit, zum Teil unter heftigen Druck gesetzt, eine neue Uniform anzulegen. Unter ihnen befinden sich auch einige Generäle und andere hochrangige Offiziere, die sich in den Lagern als politisch zuverlässig erwiesen haben oder politisch umerzogen wurden.

An der Spitze der ostdeutschen Paramilitärs steht die »Hauptverwaltung für Ausbildung« (HVA). Ihr Leiter ist Heinz Hoffmann, ein früherer Funktionär der KPD, Offizier der sowjetischen Armee und Mitarbeiter des Geheimdienstes NKWD, der zusätzlich als Inspekteur die Volkspolizei anführt. Die Polizeitruppe wächst schnell, zur Sorge Adenauers und seines Kabinetts. Schließlich ging die nordkoreanische Volksarmee ebenfalls aus kasernierter Polizei hervor. Den Regierungen in Washington, London, Paris und Bonn ist bewusst, dass im Westen zu wenige Soldaten stehen, um einen Angriff aus der Sowjetischen Besatzungszone aufzuhalten, wenn die Kommunisten sich dort zu einem ähnlichen Vorgehen wie in Korea hinreißen lassen. Und allein in der SBZ, so meldet es EUCOM, das Europäisches Kommando der Vereinigten Staaten, stünden sieben sowjetische Armeen.

Dieses Ungleichgewicht bei den konventionellen Streitkräften in Mitteleuropa, der Ostblock hat deutlich mehr Soldaten und Kampfpanzer an den Grenzen stehen, bringt die Westalliierten dazu, die Sicherheitslage neu zu bewerten. Auch die Bundesrepublik soll einen Beitrag zur Verteidigung leisten.

Am 9. August 1950 kommt der Europarat zusammen, erstmals darf die Bundesrepublik als assoziiertes Mitglied dabei sein. Winston Churchill, der frühere britische Premierminister, der nun Oppositionsführer ist, hatte das zuvor gefordert. Er bringt eine westeuropäische Armee ins Spiel und will deutsche Kontingente daran beteiligen. In New York tagen dann die Außenminister der Westmächte. Sie garantieren, jeden Angriff auf die Bundesrepublik abzuwehren. Die meisten Staaten zeigen sich zudem damit einverstanden, dass die Bundesrepublik, die noch nicht die vollständige Souveränität erlangt hat, einen militärischen Beistand zur Verteidigung leistet. Ein Beschluss in dieser Frage scheitert jedoch an einem Veto aus Frankreich. US-Außenminister Dean Acheson schlägt am 26. September 1950 während der Sitzung des Nordatlantikrates vor, dem höchsten politischen Gremium der NATO, Deutschland in das Bündnis aufzunehmen. Einige Verbündete wie die niederländische Regierung unterstützen die Idee. Frankreich aber lehnt auch diesen Vorstoß ab. Der französische Ministerpräsident René Pleven entwickelt stattdessen die Idee, europäische Streitkräfte aufzustellen, zu denen auch Deutsche gehören sollen. Am 24. Oktober 1950 präsentiert der Regierungschef in Paris seinen Vorschlag für eine integrierte Europa-Armee und damit für die Europäische Verteidigungsgemeinschaft (EVG).

Gerhard Graf von Schwerin spricht im Herbst 1950 mit Vertretern der Alliierten über die Rekrutierung früherer Soldaten und Angehöriger der Waffen-SS für eine westdeutsche Armee. Laut Aktennotiz erhebt niemand dagegen Einspruch. Dabei war die Waffen-SS in Nürnberg in allen drei Anklagepunkten, Verbrechen gegen den Frieden, Kriegsverbrechen und Verbrechen gegen die Menschlichkeit, als Organisation schuldig gesprochen worden.

Adenauer, der stets mit der Welt des Militärs fremdelt, sucht sich zusätzliche Berater mit Fachwissen. Zu ihnen gehört Graf von Schwerin, der im Kanzleramt tätig ist, aber auch weitere Experten, die als Externe ihre Kenntnisse zur Verfügung stellen. Die »Zentrale für Heimatdienst« bringt sie im Herbst 1950 zusammen. So treffen sich Anfang Oktober im abgeschiedenen Eifelkloster Himmerod 15 ehemalige Offiziere, die noch vor wenigen Jahren in der Wehrmacht gedient haben, um im Auftrag des Bundeskanzlers und mit dem Wissen der Westalliierten den Aufbau von Streitkräften zu planen.

Gleich mehrere dieser Militärs arbeiten für die »Organisation Gehlen«, der deutschen Spionageorganisation, die von den Amerikanern aufgebaut und kontrolliert wird. Hermann Foertsch, Adolf Heusinger, Eberhard Graf Nostitz und Alfred Schulze-Hinrichs gehören zum Nachrichtendienst. Auch Hans Speidel, der ehemalige Generalleutnant, der ebenfalls zu den Teilnehmern zählt, steht in Kontakt mit den Gehlen-Leuten. Er wird bei dem Geheimdienst auf einer Liste für »Sonderverbindungen« geführt. Einige der Offiziere, die sich im Kloster versammeln, werden nicht nur als Berater eine große Rolle beim Aufbau von westdeutschen Streitkräften spielen. Sie legen es auch darauf an, die militärische Führung zu übernehmen. Einer der jüngsten und der mit dem niedrigsten Dienstgrad ist Wolf Graf von Baudissin. Er stammt aus einem alten Adelsgeschlecht, hat 1938 die Generalsstabsausbildung absolviert und gilt als Experte für Menschenführung und »Inneres Gefüge.«

Die »Himmeroder Tagung« soll geheim bleiben. Nicht einmal sein Kabinett informiert Adenauer darüber. Der abgelegene Ort scheint ideal zu sein, um nicht zu viel Aufmerksamkeit zu erregen. Um ganz sicher zu sein, geben die Militärexperten sich als »Versicherungsvertreter« aus. Mehrere Tage lang diskutieren sie über den künftigen westdeutschen Wehrbeitrag, sprechen darüber, wie die neuen Streitkräfte in das westliche Verteidigungssystem eingebunden und fest in der Demokratie verwurzelt werden können. Aus dem Kanzleramt nimmt Blankenhorn teil, der als ehemaliger Diplomat einer der wichtigsten außenpolitischen Einflüsterer Adenauers ist. Er hält in Himmerod den ersten Vortrag über die aktuelle sicherheitspolitische Lage. Später spricht Heusinger über die strategischen Folgen, die er daraus ableitet. In fünf Ausschüssen beschäftigen sich die Offiziere dann mit wesentlichen Themen: militärpolitische Grundlagen, Operative Lage, Organisation, Ausbildung und Inneres Gefüge.

Die Fachleute erarbeiten die »Denkschrift über die Aufstellung eines deutschen Kontingents im Rahmen einer internationalen Streitmacht zur Verteidigung Mitteleuropas«. Damit liefern sie eine Blaupause, wie die neuen Streitkräfte aussehen sollen. Die gedankliche Vorarbeit stammt maßgelblich von Foertsch, Heusinger und Speidel. Im Auftrag der Bundesregierung haben sie sich schließlich bereits seit Anfang des Jahres mit den Aufbauplänen für eine Armee beschäftigt und auch Anregungen aus der Dienststelle 35 der »Organisation Gehlen« aufgegriffen. Die Planer sind stark geprägt von Erfahrungen der Ostfront, Panzerschlachten gegen die Rote Armee bestimmen ihr Denken.

Was die Militärs in der Abtei geplant haben, erfährt nur das Kanzleramt. Die »Himmeroder Denkschrift«, als geheime Bundessache eingestuft, skizziert die westdeutschen Streitkräfte groß, modern, hoch motorisiert und schlagkräftig: Zwölf Heeresdivisionen mit gut 258 000 Mann, dazu die Luftwaffe mit 821 Flugzeugen und die Marine mit weiteren 20 000 Angehörigen sollen die Rote Armee stoppen. Bei diesen Zahlen bleibt es aber nicht. Vorgesehen ist schon bald eine Gesamtstärke von 500 000 Soldaten als Beitrag der Bundesrepublik zur Verteidigung der freien Welt. Damit wäre die westdeutsche Armee nach der französischen die stärkste in Westeuropa. Bis 1960 sollen die neuen Streitkräfte aufgestellt sein.

Nach Indiskretionen über die geheime Wiederbewaffnung entlässt der Kanzler seinen militärischen Berater Graf zu Schwerin. Adenauer präsentiert stattdessen am 17. Oktober 1950 dem Kabinett mit dem CDU-Bundestagsabgeordneten Theodor Blank einen »Beauftragten des Bundeskanzlers für die mit der Vermehrung alliierter Truppen zusammenhängenden Fragen«. Blank gilt als fleißig und beflissen. Erfahrene Offiziere der Wehrmacht beraten ihn, darunter sind erneut Heusinger und Speidel, aber auch Graf von Baudissin und der ehemalige Oberst Johann Adolf Graf von Kielmansegg, der seit Oktober 1950 zur »Zentrale für Heimatdienst« gehört. Sie alle prägen die westdeutschen Streitkräfte in ihrer Entstehungsphase und teilweise weit darüber hinaus.

Heusinger und Speidel besitzen das Vertrauen der Bundesregierung. Sie setzen sich als Duo gegen andere frühere Generäle durch, die ebenfalls eine führende Rolle beim Aufbau der Streitkräfte übernehmen wollen, und gehen dabei fintenreich und entschlossen vor. Wer ihnen vorwirft, beim raschen Aus von Graf von Schwerin eine Rolle gespielt zu haben, irrt wohl nicht. Gemeinsam mit dem Beauftragten des Kanzlers bringen sie nun die Wiederbewaffnung voran.

Blanks Mission lautet, geräuschlos und effektiv die neuen Streitkräfte aufzustellen. Eine schwere Aufgabe, denn in Deutschland lehnen die Wiederbewaffnung viele Menschen ab. Sie haben die Luftangriffe, die Angst um Angehörige, den Hunger, die Flucht und die Gefechte an der Front nicht vergessen und sind dagegen, dass erneut deutsche Soldaten rekrutiert werden. Zudem warten abertausende Familien darauf, dass Väter, Söhne oder Brüder aus der Kriegsgefangenenschaft freikommen. Vor allem Sozialdemokraten und Kommunisten agieren gegen die Wiederbewaffnung. Sie fürchten, dass so eine Wiedervereinigung der beiden deutschen Teilstaaten unmöglich werden könnte, und wollen, dass die Kontakte zu den Sowjets nicht abgebrochen werden.

Eine Friedensbewegung aus Anhängern linker Parteien, Mitgliedern von Gewerkschaften und Vertretern der Kirchen entsteht. Alle diese unterschiedlichen Gruppen sprechen sich gegen jegliche Form der Wiederbewaffnung aus. »Nie wieder« steht auf einem Plakat der SPD. Vor einem knallroten Hintergrund geht ein Veteran auf Krücken, der ein Bein verloren hat. »Darum verhandeln« steht darunter. Die Angst vor einem weiteren Krieg ist groß in Deutschland.

Die Verantwortlichen sind sich der geringen Zustimmung zur neuen Armee bewusst. Theodor Blank sagt, dass in dieser unvollkommenen Welt sich die Völker gegen mögliche Angriffe schützen müssten. »Das gibt aber nicht das Recht, den Soldaten als ein Übel zu betrachten. Eine solche Einstellung zum Soldaten führt nur zu einer Absonderung der Streitkräfte«, sagt der Minister. »Dadurch würde gerade das verhindert, was wir erreichen wollen, nämlich der Einbau der Streitkräfte in die Gemeinschaft.«

Vor dem Bundestag gibt Adenauer am 8. November 1950 eine Regierungserklärung ab. »Sowjetrussland hat sich in diesen wenigen Jahren ein ungeheures Gebiet unterworfen, zum Teil durch direkte Einverleibung, zum Teil durch Umwandlung der betreffenden Länder in ihm hörige Satellitenstaaten«, sagt der Kanzler. »Russland ist dabei immer nach dem gleichen Rezept vorgegangen: zunächst Schaffung einer Fünften Kolonne in dem betreffenden Lande von ihm blind gehorchenden, zu jeder Gewalttat fähigen Personen, gleichzeitig Einschüchterung und Lähmung der ihm ablehnend gegenüberstehenden Kreise durch jede Art von Terror, Wahlen auf Grund von Einheitslisten, Bildung einer Sowjetrussland hörigen Regierung durch das auf Grund der sogenannten Einheitswahlen zustande gekommene Parlament.« Die Deutschen müssten sich darüber klar sein, dass sie unmöglich erwarten können, dass die Vereinigten Staaten, Kanada und die westeuropäischen Länder die Opfer, die mit der Schaffung einer Abwehrfront verbunden sind, auf sich nehmen, während Deutschland selbst nichts dazu beiträgt. »Für jeden Deutschen, meine Damen und Herren, mit gesundem Empfinden, muss es auch ein zwingendes Gebot sein, seine Heimat und seine Freiheit zu verteidigen.«

Währenddessen rekrutiert das Amt Blank weitere Helfer. So trifft am Heiligen Abend 1950 bei Ulrich de Maizière ein Brief von Graf von Kielmansegg ein. Die beiden kennen sich von Treffen im Generalstab des Heeres. Der Oberst a. D. fragt, ob de Maizière als Mitarbeiter für Fragen der militärischen Organisation bereitstünde, und bittet ihn um eine Unterredung in Hannover. Dort arbeitet de Maizière als Buch- und Musikalienhändler. Der Besucher lockt mit einem Posten in der Dienststelle. »Die finanzielle Seite des Vorschlags klang befriedigend«, erinnert sich de Maizière später. Aber es bestand das persönliche Risiko. Wenn ein deutscher Wehrbeitrag aus politischen Gründen nicht zustande kommen sollte, würden die Veteranen nicht mehr gebraucht.

Im Amt Blank treffen extrem herausfordernde Vorgaben aus der Politik ein, die für die Planer kaum umzusetzen sind. Die Wiederbewaffnung soll so schnell und umfangreich erfolgen, dass dies im kriegszerstörten und kriegsmüden Westdeutschland unmöglich scheint. Die militärische Spitze schafft es nur selten, sich unrealistischen Zielvorgaben aus dem Kanzleramt und der politischen Spitze des Amtes Blanks zu widersetzen. Adenauer drängt die Verantwortlichen immer wieder zu einem höheren Tempo. Er will die Gunst der Stunde nutzen.

Am 9. Januar 1951 beginnen auf dem Petersberg bei Bonn Gespräche zwischen Westdeutschen und den Hohen Kommissaren über den Wehrbeitrag der Bundesrepublik. Sie sollen die politischen und militärischen Grundlagen legen für die Wiederbewaffnung. Blank, Heusinger, Speidel und Graf Kielmansegg präsentieren den Bevollmächtigten der Westalliierten, einem US-amerikanischen General, dem britischen Botschafter und seinem französischen Kollegen, ihre Ideen für das Aufstellen eigener Verbände, aus deutschen Soldaten unter deutschem Kommando, eingegliedert in europäische Streitkräfte.

»Obwohl wir vorsichtig vorgingen, waren unsere Gesprächspartner nicht bereit, klare Antworten auf unsere Fragen, Bitten und Forderungen zu geben«, erinnert sich Hans Speidel später. Die schwierigen Verhandlungen bleiben zunächst geheim. Lange laufen die Gespräche. Im Sommer bildet Adenauer einen Kabinettsausschuss für den Dialog mit den Alliierten. Der Kanzler spricht sich nun für eine Europa-Armee aus. Im »Petersberger Abkommen« verpflichtet sich die Bundesregierung dennoch, an der Entmilitarisierung festzuhalten und die Neubildung irgendwelcher Streitkräfte zu verhindern. Offiziell bestehen Amerikaner, Briten und Franzosen noch darauf, dass die Regierung in Bonn keine eigenständige Sicherheit- und Außenpolitik betreibt. Hinter den Kulissen geht gleichzeitig die Vorbereitung der Wiederbewaffnung weiter – mit dem Wissen der Amerikaner und der Briten.

Heusinger und Speidel haben im selben Monat noch ein wichtigeres Treffen mit einem US-General. Sie können mit der Unterstützung Adenauers, den NATO-Oberkommandierenden in Europa, Dwight D. Eisenhower, davon überzeugen, sich positiv über die Wehrmacht zu äußern. So wollen sie das Bild der Truppe verbessern und Veteranen motivieren, beim Aufbau von Streitkräften zu helfen.

Am 23. Januar 1951 erklärt Eisenhower vor Journalisten in Frankfurt am Main: »Ich für meinen Teil glaube nicht, dass der deutsche Soldat als solcher seine Ehre verloren hat.« Er sei zu der Überzeugung gekommen, dass ein wirklicher Unterschied zwischen deutschen Soldaten und Hitler sowie seiner kriminellen Gruppe bestehe. Eisenhower geht damit einen weiteren Schritt auf den ehemaligen Gegner zu. 1945 hatte er noch bei einem Besuch des Konzentrationslagers Buchenwald gesagt, er werde nie wieder einem Deutschen die Hand geben, geschweige denn mit ihm sprechen. Im Kalten Krieg sieht die Welt nun anders aus. Diesem Projekt der Ehrenrettung der Wehrmacht, das bereits bei der Tagung in Himmerod angestoßen worden war, hat sich auch Konrad Adenauer angeschlossen, um kriegserfahrene Männer für die neuen Streitkräfte und auch um Wähler zu gewinnen.

Noch während in Westdeutschland die Planer beim Aufstellen von Verbänden ins Detail gehen, kommen in Paris Vertreter aus westeuropäischen Staaten zusammen. Gemeinsam erarbeiten sie einen Fahrplan für die militärische Zusammenarbeit. Politiker und Militärs aus Belgien, Frankreich, Holland, Italien, Luxemburg und der Bundesrepublik beraten über die Aufstellung gemeinsamer Streitkräfte in der Europäischen Verteidigungsgemeinschaft. Noch haben die Parlamente nicht dem Vertrag zugestimmt, aber die Militärs erarbeiten bereits Konzepte und Strukturen. Der Delegation aus der Bundesrepublik dient der ehemalige Wehrmachtsgeneral Speidel als Militärischer Chefdelegierter.

Gerd Kobe, ein altgedienter Offizier der Wehrmacht, verfolgt die sicherheitspolitischen Entwicklungen genau, wie so viele seiner alten Kameraden. Bereits als 19-Jähriger, damals im Dienstgrad eines Fahnenjunkers, eines Offiziersanwärters, hat er Soldaten der Reichswehr geführt. Er hat im Zweiten Weltkrieg als Kompaniechef an der Front seine Infanteristen im Gefecht befehligt und dann Generalstabsarbeit geleistet, galt als einer der Ausbildungsexperten des Heeres und hat zahlreiche Pläne und die entscheidende Dienstvorschrift für den Drill von Rekruten der alten Armee verfasst.

Als Oberstleutnant geriet er in amerikanische Kriegsgefangenschaft, kam mit 200 Generälen und 65 anderen Offizieren in das Lager Neu-Ulm. Am Nikolaustag 1945 entließ ihn die US-Armee ins Zivilleben. Seine Familie hatte vor dem Krieg in der Nähe der Grenze zu Polen gelebt und war vor der Roten Armee nach Westen geflohen. Kobe war nach dem Abitur zur Armee gegangen. Ohne gelernten Beruf musste er nach seiner Haftentlassung einen Job finden und arbeitete auf dem Gut eines Vetters bei Rotenburg an der Wümme. Er legte eine landwirtschaftliche Prüfung ab und war weiterhin auf dem Gut tätig, dann wechselte er als Vertreter zu einem Seifenhersteller.

Immer wieder traf Kobe sich mit einem alten Kameraden, Oberstleutnant Ernst Golling, und diskutiert die Wiederbewaffnung. Sie bekommen von den Plänen Wind, in Westdeutschland Streitkräfte aufzustellen, eine richtige Armee, nicht mehr nur den paramilitärischen Bundesgrenzschutz, der seit dem Frühjahr 1951 besteht und eine Sollstärke von 10 000 Mann hat. Bald schon plant Golling selbst mit. Er wird zunächst von der Dienststelle Blank damit beauftragt, einige Ideen zu internationalen Lehrgängen für die Offiziersausbildung zu entwickeln und Vorschläge aufs Papier zu bringen. Schließlich hat er lange in der Ausbildungsabteilung des Heeresgeneralstabs gearbeitet. Golling bittet Kobe, ihm zu helfen. Sie setzen sich eines Abends an den Esstisch und skizzieren einen

Plan. Golling wird daraufhin von der Dienststelle Blank angeworben, und auch Kobe könnte dort anfangen, aber bei seinem Job als Vertreter läuft es gut und seine Chefs in der Seifenfabrik haben ihm angeboten, dort mehr Verantwortung zu übernehmen.

Wie einige seiner Kameraden, die gut im Zivilleben angekommen sind, schwankt Kobe zwischen dem Reiz, wieder Soldat zu werden, und dem Risiko, das er dafür eingehen müsste. Ihm ergeht es wie Ulrich de Maizière, der seine Karriere als Buchhändler aufgegeben hat. Als Kobe bei einer Pause auf einer seiner vielen Fahrten als Vertreter durch Norddeutschland einen Trupp des Bundesgrenzschutzes im Gelände bei der Infanterieausbildung sieht, merkt er, wie sehr ihm das Militär fehlt. Dennoch fällt es Kobe schwer, seinen gutbezahlten Vertreterjob mit Firmenwagen gegen die ungewisse Zukunft eines Mitarbeiters in der Behörde einzutauschen, zumal er zunächst nur befristete Gutachterverträge erhält, weil es nicht genügend feste Stellen gibt und vor allem noch keine eigene Armee. Dennoch zieht er nach Bonn und beginnt, für die Dienststelle Blank zu arbeiten.

Seine Kollegen tragen Anzüge oder Kombinationen aus hellen Jacken und dunklen Hosen, niemand hat hier eine Uniform. Viele von ihnen sind zwischen 30 und 40 Jahre alt, dennoch hat so mancher bereits graue Schläfen. Alle haben den Krieg erlebt und überlebt, nach der Kapitulation haben sie andere Berufe zum Broterwerb ergriffen, nun wollen sie wieder Soldaten werden.

Viele andere, die im Krieg sozialisiert wurden, haben für immer genug vom Marschieren, Schießen, vom Drill in Kasernen und von Gefechten. Als die Wiederbewaffnung konkreter wird, sagen viele frühere Wehrmachtsangehörige: »ohne mich«. Kobe analysiert für sich die Argumente der Aufrüstungsgegner: »Während aber die Linken ihre Ablehnung mit einer politischen Vorstellung verbanden und diese zum Ausdruck brachten, hegten die Rechten im Grund nur den dumpfen Groll der Enttäuschung und Verbitterung«, schreibt er in seinen Memoiren. »Er richtete sich gegen die früheren Gegner im Osten wie im Westen, gegen die Besatzung, sogar gegen die eigenen Männer, welche sich bemühten, einen neuen Staat zu schaffen, und zäh um jedes bisschen mehr an Souveränität rangen.«

In Westdeutschland gibt es bereits wieder uniformierte Kräfte. Die unbewaffneten Minenräumverbände, die Ost- und Nordsee von Sprengkörpern befreien sollen, und den Bundesgrenzschutz. Dazu bestehen Sicherheitsbehörden, die im Geheimen operieren wie die »Organisation Gehlen«. Seit 1949 untersteht sie dem US-Auslandsgeheimdienst CIA. Adolf Heusinger verlässt im Januar 1951 den Geheimdienst, wird Sachverständiger bei den EVG-Verhandlungen und wechselt dann offiziell zum Amt Blank. Er bleibt nicht der Einzige. Mehr als 70 kriegserfahrene hochrangige Offiziere, die von der »Organisation Gehlen« zum Amt Blank kommen, werden später Generäle und Admiräle.

Die Dienststelle Blank hat viel zu tun. Kobe gehört zur Ausbildungsabteilung. Im Stockwerk über ihm arbeitet eine Gruppe von Offizieren unter der Führung von Graf von Baudissin am Konzept der »Inneren Führung«. Von ihnen erhält Kobe viele Anregungen für die Ausbildung. Die Streitkräfte dürfen keinesfalls wieder ein Staat im Staate werden. Von Anfang an sollen die Rekruten lernen, als Soldaten der Demokratie zu dienen. So denken wahrlich nicht alle Mitarbeiter der Dienststelle Blank. Aber Kobe unterstützt die Ideen Baudissins.

Für Adenauer bleiben die Soldaten ein Mittel zum Zweck. Er nutzt sie, um seinen Staat an den Westen binden zu können. Der Kreml versucht allerdings, das zu verhindern. Freundliche Grüße aus Moskau kommen im März 1952 überraschend bei den Westmächten an. Der sowjetische Diktator Stalin bietet ihnen ein neutrales Gesamtdeutschland an. Die »Stalin-Note« sieht vor, Deutschland zu verkleinern, die Grenze im Osten soll künftig an Oder und Neiße verlaufen. Keiner der Blöcke dürfte sein Militär dort stationieren. Die Wiedervereinigung gibt es demnach nur zum Preis der politischen Neutralität. Adenauer hält das Angebot für eine Finte und lehnt ab. Er fürchtet, dass die Partner im Westen hinter seinem Rücken einen Deal mit Stalin eingehen könnten, und beschleunigt das Tempo der Westanbindung.

Im Mai 1952 liegt das Konzept einer »Europäischen Verteidigungsgemeinschaft« vor. Darin sollen die Streitkräfte Frankreichs, Italiens, Belgiens, der Niederlande, Luxemburgs und der Bundesrepublik gemeinsam wirken. Vertreter der beteiligten Staaten unterzeichnen am 27. Mai 1952 ein Abkommen über die supranationale Armee. Zu den

Unterzeichnern gehört Adenauer, der auch deutscher Außenminister ist. Die Parlamente müssen dem EVG-Vertrag noch zustimmen. Dazu bleiben wichtige Details offen, über operative und territoriale Organisation, Logistik und inneres Gefüge sollen die Delegationen weiterverhandeln.

Der Bundestag begleitet den Aufbau der Streitkräfte seit 1952. Das erste Gremium, das dafür zuständig ist, trägt einen komplizierten Namen, so als wollen die Abgeordneten, den im Volk unbeliebten Akt der Wiederbewaffnung verschleiern. Im »Ausschuss zur Mitberatung des EVG-Vertrags und der damit zusammenhängenden Abmachungen« und dann im Jahr darauf im »Ausschuss für Fragen der europäischen Sicherheit« bringen die Parlamentarier die Gesetze für den Aufbau der neuen Streitkräfte auf den Weg.

Den außenpolitischen Kurs der bundesrepublikanischen Regierung honorieren Amerikaner, Briten und Franzosen. Im Mai 1952 werten sie die Bundesrepublik auf. Mit dem Deutschlandvertrag endet das Besatzungsstatut. Westdeutschland erhält mehr Souveränität. Die Wiederbewaffnung schreitet voran, das Amt Blank arbeitet konzentriert am deutschen Beitrag zur europäischen Armee. So erstellen die Planer seit 1952 eine Bestandsaufnahme aller möglichen Standorte in Westdeutschland. Welche Kasernen der Wehrmacht gibt es noch, wer nutzt diese aktuell und in welchem Zustand befinden sie sich? Das Ergebnis sorgt für Ernüchterung. Mehr als die Hälfte der früheren Armeequartiere verwenden die Alliierten: von 560 bestehenden Kasernen nutzen sie 380. Weitere 180 Kasernen dienen als Unterkünfte für Flüchtlinge oder als Ausweichquartiere für Behörden und Wirtschaftsbetriebe. Wo sollen die abertausenden neuen Soldaten der Bundeswehr untergebracht werden? Für den Aufwuchs der Streitkräfte entpuppen sich die fehlenden Unterbringungsmöglichkeiten als gravierendes Problem.

Denn die neue Armee braucht größere Übungsplätze und Garnisonen als ihre Vorgängerin, da das neue Heer motorisiert und mechanisiert wird. Für jede der zwölf geplanten Heeresdivisionen soll es mindestens zwei Plätze geben, auf denen Kompanien trainieren können. Große Manöverareale werden die westdeutschen Streitkräfte sich mit den Alliierten teilen müssen. Es gibt schlicht zu wenig freie Flächen im Land, um ganz neue Gefechtsübungszentren aufzubauen.

Konrad Adenauer bringt sich selbst aktiv in die Wiederbewaffnung ein. Er versucht, die Veteranen für die neuen Streitkräfte zu begeistern. So bemüht er sich, ihr Vertrauen zu gewinnen, etwa mit seiner »Ehrenerklärung« Ende 1952 vor dem Bundestag. »Wir möchten heute vor diesem Hohen Haus im Namen der Regierung erklären, dass wir alle Waffenträger unseres Volkes, die im Rahmen der hohen soldatischen Überlieferungen ehrenhaft zu Lande, zu Wasser und in der Luft gekämpft haben, anerkennen«, sagt Adenauer. »Wir sind überzeugt, dass der gute Ruf und die große Leistung des deutschen Soldaten trotz aller Schmähungen während der vergangenen Jahre in unserem Volk noch lebendig geblieben sind und auch bleiben werden. Es muss auch gemeinsame Aufgabe sein, und ich bin sicher, wir werden sie lösen, die sittlichen Werte des deutschen Soldatentums mit der Demokratie zu verschmelzen.«

Im Sommer 1953 protestieren Arbeiter in der DDR gegen ihre Regierung. Am 17. Juni kommt es zu einem Aufstand in mehreren ostdeutschen Städten. Panzer der Roten Armee rollen gegen die Regimegegner und schlagen die Proteste nieder. In Westdeutschland verfolgen Politiker mit großer Sorge das Eingreifen des sowjetischen Militärs. Stalin zeigt mit dem harten Schlag gegen die Bevölkerung, dass er auch in Deutschland eisern herrscht. Zwischen Ost und West verschlechtert sich die Beziehung weiter.

Anfang 1953 hatte Stalin umfassende Rüstungsvorhaben genehmigt. So soll die Zahl der Bomberdivisionen von 32 auf 106 im Jahr 1955 vergrößert werden. Die Luftwaffe der UdSSR erhält nach den Plänen weitere 290 000 Mann. Die gesamten Streitkräfte haben sich seit 1949 verdoppelt: 1953 dienen 5,8 Millionen Soldaten in der Roten Armee. Auf den Westen, der ebenfalls entschlossen rüstet, wirkt das bedrohlich.

Zumal in Korea die Kämpfe weitergehen. Erst nach Stalins Tod im März 1953 können dort Waffenstillstandsverhandlungen beginnen. Im Sommer 1953 enden die unmittelbaren Kriegshandlungen, aber Frieden schließen die beiden koreanischen Staaten bis heute nicht. Das Land bleibt geteilt und hochgerüstet.

Trotz der im Westen bestehenden Furcht vor kommunistischen Übergriffen scheitert der Traum von einer europäischen Armee. 1954 zerschellt die Europäische Verteidigungsgemeinschaft im französischen Parlament. Am 30. August entscheidet die Nationalversammlung nicht wie geplant über das Vertragswerk, sondern setzt die Abstimmung von der Tagesordnung ab. Es gibt dafür keine Mehrheit mehr. Die von Frankreich einst vorgeschlagene EVG scheitert damit an den französischen Parlamentariern. Nun schlägt die Stunde der Diplomaten. Zahllose Konferenzen auf der internationalen Bühne stehen an. US-Außenminister John Forster Dulles fliegt von Hauptstadt zu Hauptstadt, um die militärische Einbindung Westdeutschlands voranzubringen. Auch sein britischer Kollege Sir Anthony Eden arbeitet daran.

Die Westmächte berufen im Herbst 1954 die Londoner Neun-Mächte-Konferenz ein. Belgien, Großbritannien, Frankreich, Italien, Luxemburg, die Niederlande, Kanada und die USA verhandeln mit der Bundesrepublik über die Aufnahme in die NATO. Am 3. Oktober laden die Mitglieder des Bündnisses schließlich Westdeutschland ein, der Allianz beizutreten. Im Gegenzug erkennt die Regierung Adenauer die Charta der Vereinten Nationen an und verzichtet auf ein gewaltsames Vorgehen in der Außenpolitik. Am 23. Oktober schließen Frankreich, Großbritannien, die USA sowie weitere Staaten aus dem Westen mit der Bundesrepublik die »Pariser Verträge«. Damit erreicht der Bundeskanzler das Ende des Besatzungsstatutes. Die junge Bundesrepublik kann nun eine eigenständige Außenpolitik betreiben und steht kurz davor, ihre Souveränität zu erlangen.

Währenddessen laufen die Aufrüstungsbemühungen weiter. Aus der SPD, den Gewerkschaften und den Kirchen gibt es daran Kritik. Im Januar 1955 lädt Erich Ollenhauer, der sozialdemokratische Oppositionsführer im Bundestag, Gegner der Wiederbewaffnung in die Paulskirche nach Frankfurt. Das Motto der Konferenz: »Rettet Einheit, Frieden und Freiheit«. Die Teilnehmer verabschieden das »Deutsche Manifest«. Darin heißt es: »Die Aufstellung deutscher Streitkräfte in der Bundesrepublik und in der Sowjetzone muss die Chancen der Wiedervereinigung für unabsehbare Zeit auslöschen und die Spannung zwischen Ost und West verstärken.« Das furchtbarste Schicksal für viele Familien wäre, dass sich Geschwister in verschiedenen Armeen mit der Waffe in der Hand gegenüberstehen würden.

Pastor Martin Niemöller, der als U-Boot-Kommandant am Ersten Weltkrieg teilnahm, die Weimarer Republik ablehnte und von den Nationalsozialisten wegen seines Widerstandes gegen ihr Regime im Kirchenkampf in ein Konzentrationslager gesperrt wurde, wendet sich öffentlich gegen die Rekrutierung für die Bundeswehr. Er sieht darin eine Gefahr für den Frieden. »Wir können im Augenblick mit Gewalt nichts besser machen«, sagt Niemöller. »Ja, wenn es so wäre, dass ich Aussicht hätte, wir könnten die Brüder im Osten heraushauen, weil es gar keine andere Möglichkeit gäbe, ich glaube, da ginge der alte Soldat wieder mit mir durch, oder nicht der alte Soldat, sondern die Liebe Christi für meine Brüder da drüben.« Seit Oktober 1954 führt Niemöller als Präsident die Deutsche Friedensgesellschaft. Er gehört zu den bekanntesten Gegnern der Wiederbewaffnung in Deutschland. Der Pfarrer lehnt auch den 1957 zwischen der evangelischen Kirche und dem Staat geschlossenen Militärseelsorgevertrag ab. Er warnt, dass die evangelische Seelsorge in der Bundeswehr zu einer »Militärkirche« führen könnte. Mit seiner polarisierenden Art provoziert er viele Soldaten.

Verhindern können die Gegner die Wiederbewaffnung nicht. Die Bundesrepublik tritt der Westeuropäischen Union (WEU) bei, einem Zusammenschluss von Staaten, die sich gegenseitig militärischen Beistand im Angriffsfall zugesichert haben. Er ging aus dem 1948 geschaffenen »Brüsseler Pakt« hervor, der ursprünglich wegen der Sorge vor einem Wiederaufleben des deutschen Militarismus entstanden war. Die WEU soll nun als europäischer Pfeiler der NATO dienen. Die Bundesregierung akzeptiert, dass die Union die Wiederbewaffnung überwacht. Damit akzeptiert sie eine Rüstungskontrolle durch die Partner. Am 5. Mai 1955 treten die »Pariser Verträge« in Kraft. Die Bundesrepublik kann nun auch offiziell in den »Nordatlantikpakt« aufgenommen werden.

Zehn Jahre und einen Tag nach der offiziellen Kapitulation Deutschlands unterzeichnet Bundeskanzler Adenauer am 9. Mai 1955 in Paris die Beitrittsurkunde zur NATO. Als 15. Mitglied tritt die Bundesrepublik der Allianz bei. Zuvor muss die Bundesrepublik ihren Verzicht auf Atom-,

Bio- und Chemiewaffen erklären – gleichzeitig aber ihre konventionelle Aufrüstung versprechen.

Zum ersten deutschen Repräsentanten beim Bündnis wird General Hans Speidel bestimmt. Er stammt aus der Kleinstadt Metzingen in Württemberg. Seine Familie kann ihre Wurzeln bis 1368 zurückverfolgen. Sein Vater war Oberförster und außerordentlicher Professor an der Universität Tübingen. Direkt nach dem Notabitur zieht er 1914 zum ersten Mal in den Krieg gegen Frankreich und Großbritannien, Russland und später auch gegen die Amerikaner. Nur ein Vierteljahrhundert später kämpft er abermals gegen die Alliierten. Für Hans Speidel wirkt die Aufnahme in das Bündnis auch deswegen wie ein Wunder. Aus alten Feinden können tatsächlich Verbündete werden.

Nur fünf Tage nach dem Beitritt der Bundesrepublik zur NATO gründen mehrere Ostblockstaaten den Warschauer Pakt. Auch die DDR gehört als Erstunterzeichnerin dazu, daneben die UdSSR, die ČSSR, Polen, Bulgarien, Ungarn, Rumänien und Albanien. Der Kreml spricht von einer Abwehrmaßnahme gegen die westdeutsche Wiederaufrüstung.

Konrad Adenauer ernennt Theodor Blank am 7. Juni 1955 zum Verteidigungsminister. Aus seiner Dienststelle entsteht das neue Ministerium. 20 Tage später tritt der Bundestag zusammen, um über das Freiwilligengesetz zu beraten. Damit sollen die ersten 6000 Männer im kommenden Jahr eingestellt werden. »Der Soldat hat die Pflicht, treu zu dienen und Vaterland und Freiheit unter Einsatz seiner Person tapfer zu verteidigen«, heißt es im Gesetzestext. Und in der Begründung hält die Regierung fest: »Der Aufbau deutscher Streitkräfte wird sich in Abschnitten vollziehen. Zunächst müssen Freiwillige als künftiges militärisches Ausbildungs- und Führungspersonal eingestellt werden. Der Entwurf des Freiwilligengesetzes enthält eine vorläufige Regelung der Rechtsstellung der freiwilligen Soldaten einschließlich ihrer Besoldung und Versorgung.«

Der Verteidigungsminister gibt eine Regierungserklärung ab. »Wir stehen vor einer neuen und schweren Aufgabe. Wir müssen Streitkräfte aus dem Nichts heraus neu aufbauen, ohne jede Anknüpfung an bestehende Truppeneinheiten«, sagt Blank vor dem Bundestag. »Wir bauen sie zudem in einem Staat auf, der an einer kaum bewältigten Vergangenheit zu tragen hat, in einer jungen Demokratie, die um ihr Ansehen oft noch im eigenen Volk zu ringen hat.«

Der Bundestag billigt zudem im Juli 1955 ein weiteres Gesetz, das ein neues Gremium vorsieht, das hohe Offiziere vor ihrer Einstellung überprüft. Der Personalgutachterausschuss besteht aus 38 unabhängigen Persönlichkeiten. Bei Generälen und Obersten wollen die Abgeordneten sichergehen, dass sie auf demokratischem Boden stehen.

Ausgeschlossen werden alle früheren hochrangigen Führungskräfte der Waffen-SS. Auch wenn das im Bundesverteidigungsministerium durchaus auf Kritik stößt. Die neuen Landstreitkräfte der Bundeswehr sollen viele Panzerdivisionen aufbieten. Bei dieser Waffengattung bringen die Ehemaligen der Waffen-SS Expertise mit. Deswegen, so heißt es in einer Notiz aus dem Ressort vom 21. November 1955, sei »vom militärischen Standpunkt aus festzustellen, dass auf die Heranziehung der jüngeren Kriegsteilnehmer der ehemaligen Waffen-SS nicht verzichtet werden kann«.

Obwohl im Ministerium allen klar ist, dass es im Ausland auf Kritik stoßen wird, wenn frühere Waffen-SS-Angehörige in die Armee aufgenommen werden, halten das Beamte für militärisch notwendig. Sie können sich aber nicht durchsetzen – zumindest nicht beim Rekrutieren von hohen Offizieren. Mannschaftsdienstgrade und Unteroffiziere allerdings können sich bewerben. Und so kommen 465 Mann, die zur Waffen-SS gehört haben, in den ersten Jahren zur Truppe. Die Zahl steigt bis auf 700, dann stellt die Bundeswehr keine Männer dieser NS-Organisation mehr ein. Die Hoffnung auf eine breite Wiedereinstellung von Veteranen der SS erfüllt sich nicht. Mit der Rekrutierung von SS-Angehörigen steht die Bundeswehr nicht allein da. So sind im Bundeskriminalamt zu dieser Zeit von 57 leitenden Stellen immerhin 33 mit ehemaligen Angehörigen der SS besetzt. Und auch im Bundesamt für Verfassungsschutz arbeiten mehr als ein Dutzend frühere SS-Männer, ebenso bei den Polizeibehörden der Länder und der »Organisation Gehlen«, aus der der Bundesnachrichtendienst (BND) hervorgeht.

Bei einer Reise im Sommer 1955 nach Moskau gelingt es Konrad Adenauer, den Kreml dazu zu bewegen, die noch 9628 gefangengehaltenen deutschen Soldaten freizulassen. Unter ihnen befinden sich ehemalige

Nationalsozialisten und Kriegsverbrecher. Auch 54 amnestierte Generäle der Wehrmacht schicken die Sowjets nach Westdeutschland. Zu dieser Gruppe gehört der 55-jährige Friedrich Foertsch. Nach mehr als zehn Jahren hinter Stacheldraht und Mauern kehrt der frühere Generalleutnant in die Heimat zurück. Und er schließt sich, nachdem der völlig abgemagerte Offizier wieder zugenommen und einige Krankheiten auskuriert hat, der neuen Bundeswehr an. Und etliche andere frühere Kriegsgefangene treten ebenfalls in die neuen Streitkräfte ein.

Als am 12. November 1955 die 101 Soldaten vereidigt werden, ist Ernst Golling mit dabei. Er gehört zu den ersten neuen Offizieren. Nach dem Krieg hat er als Vertreter für Fertighäuser gearbeitet. Nun wird er Oberst der »neuen Wehrmacht«. Sein alter Kamerad Kobe muss noch zwei Wochen warten, aber auch er wird noch im November Offizier. In seiner neuen Uniform spaziert er nach der Zeremonie durch die Weberstraße zum Rhein. Die meisten Bonner nehmen ihn zunächst gar nicht wahr, bleiben dann aber stehen und staunen. Fast zehneinhalb Jahre haben sie keine deutschen Soldaten mehr gesehen. Kobe versteht die Reaktionen: »Es war zu viel an Erinnerungen, die bei dem Anblick der Uniformen plötzlich auf sie einstürmten, auf die Männer wie auf die Frauen, und sie mussten erst ihre zwiespältigen Gefühle ordnen, ehe sie weitergingen.«

Kobe und Golling haben im Amt Blank sehr viel zu tun. Der von der Politik vorgegebene Zeitplan für die Truppenaufstellung erweist sich als zu ehrgeizig und als unrealistisch. Als politisch verantwortlich für den misslungenen Aufbau gilt Theodor Blank. Ihm gelingt es nicht, genügend Baumaßnahmen für Kasernen anzustoßen, und es gibt zu wenige Wohnungen für Familien der Soldaten an den Standorten.

Bundeskanzler Adenauer befürchtet, dass seine Regierung deswegen außenpolitischen Schaden nehmen könnte. Vor dem Parteivorstand der CDU beklagt Adenauer die schleppende Wiederbewaffnung. »Wenn wir einem Engländer, einem Franzosen, einem Italiener, einem Amerikaner sagen: Wir haben keine Kasernen, und infolgedessen können wir keine Leute einziehen, dann sagt uns jeder von denen: Fabriken der modernsten Art könnt ihr bauen, ihr könnt unendlich vieles andere tun auf dem Gebiet des Wohnungsbauwesens und der sonstigen öffentlichen Bauten, nur Kasernen wollt ihr nicht bauen können! Das glauben wir euch nicht, dass ihr das nicht könnt.« Der Bundeskanzler erhöht den Druck auf den zuständigen Minister.

Einfach so bauen kann Blank nicht. Schließlich hat das Kabinett Adenauer den Ministerpräsidenten versprochen, sich mit ihnen abzustimmen, bevor neue Kasernen entstehen: »Die Bundesregierung wird sich mit den Landesregierungen ins Benehmen setzen, bevor sie Garnisonen einrichtet oder bestehende Garnisonen aufhebt, und im Rahmen der ihr selbst gezogenen Grenzen den Wünschen der Länder Rechnung tragen. Dasselbe gilt für die Anlage von Flugplätzen und für den Bau von sonstigen Verteidigungsanlagen.« Diese Rücksichtnahme auf die Bundesländer soll die Akzeptanz der Bundeswehr erhöhen, sie erschwert aber auch den Aufbau der Streitkräfte. Der Aufstellungsplan, vom Bundeskanzler vorgegeben, ist von Anfang an zum Scheitern verurteilt.

Begeistert sind zudem viele Städte und Kreise nicht, wenn sie erfahren, dass bei ihnen alte Kasernen reaktiviert oder neue errichtet werden sollen. So will Hamburg nach dem Krieg keinesfalls wieder Garnisonsstadt werden. Mehr als 20 Liegenschaften hatte die Wehrmacht in der Hansestadt betrieben, damit war die Metropole an der Elbe einer der größten Standorte der Streitkräfte im Reich. Im Westen der Stadt sind noch viele alte Standorte intakt und könnten genutzt werden.

Als mit der Wiederbewaffnung auch Hamburg ins Blickfeld der Planer gerät, versucht der Senat, größere Standorte für Panzertruppen oder Infanterie zu verhindern. In einem Entwurf eines Schreibens zur Stationierungsfrage hält die Regierung des Stadtstaates fest, dass Hamburg die Nutzung von alten Kasernen nur verhindern könnte, wenn es die Areale kaufen würde. »Die damit verbundene gewaltige Belastung des Haushalts auf viele Jahre hinaus hätte jedoch die vielen zivilen Vorhaben ernsthaft gefährdet.« Und weiter: »Der Senat hat deshalb geglaubt, das geringere Übel der Stationierung von Truppen unter bestimmten Voraussetzungen in Kauf nehmen zu müssen.«

Die Bundeswehr bleibt für Teile der Politik und Gesellschaft ein notwendiges Übel.

KAPITEL 3

Die neue Truppe – Wieder Wehrpflicht und langsamer Aufbau

Am 2. Januar 1956 rücken weitere 1500 Freiwillige in Kasernen in Andernach, Nörvenich und Wilhelmshaven ein. Viele der ersten Rekruten des Heeres, der Luftwaffe und der Marine, die an diesem Tag ihre Grundausbildung beginnen, sind Ungediente, sie kennen Kampfeinsätze nur aus Erzählungen, haben den Krieg als Kinder in Deutschland erlebt. Ihre Ausbilder und Vorgesetzten hingegen gehörten fast alle der Wehrmacht an. Das Führungskorps besteht überwiegend aus den Jahrgängen 1913 bis 1921. Die neue Truppe nimmt auch einige Rückkehrer aus sowjetischer Kriegsgefangenschaft auf.

In Wilhelmshaven besucht Karl-Adolf Zenker, Kapitän zur See und Chef der Marineplanungsabteilung im Verteidigungsministerium, die neuen Soldaten. Er blickt am 16. Januar 1956 auf der Gründungsfeier der Marine in seiner Rede mehr zurück als nach vorn. So ehrt er die in Nürnberg verurteilten Großadmiräle Dönitz und Raeder. Sie hätten sich »sauber, anständig und ehrenhaft« ihren Aufgaben gestellt. »Kein Makel« hafte an ihnen. Zenker versucht, die als stramme Nationalsozialisten bekannten Admirale reinzuwaschen. Dabei stand Dönitz seinem »Führer« so nah, dass Hitler den Marineoffizier vor seinem Suizid in der eingekesselten Reichskanzlei zum Nachfolger ernannte. Der Admiral sitzt noch im Kriegsverbrechergefängnis in Spandau, während Zenker versucht, den Ruf seines früheren Vorgesetzten aufzupolieren. Der Auftritt irritiert Politiker im In- und Ausland, nicht aber die Marine. Das Ringen um die richtige Tradition wird das deutsche Militär in den folgenden Jahrzehnten begleiten – und dauert bis heute an. Zenker wird später Vizeadmiral und Inspekteur der Marine.

Vier Tage später freuen sich Mädchen und Jungen über den »Tag der

Streitkräfte«. Sie bekommen an diesem Freitag schulfrei. Auf öffentlichen Gebäuden wird die Bundesflagge gehisst. Nach dem bescheidenen Start in der Wagenhalle der Ermekeil-Kaserne in Bonn vor drei Monaten, zelebriert der Staat nun die Aufstellung der ersten Verbände der Streitkräfte.

In Andernach steht am 20. Januar beim Heer hoher Besuch an. Konrad Adenauer trifft dort auf die Soldaten des Heeres. Mit klingendem Spiel, der »Yorcksche Marsch« ertönt, den Ludwig van Beethoven komponiert hat, treten fast 1500 Männer zum Appell an. Gemeinsam mit Theodor Blank sowie den Generalleutnanten Heusinger und Speidel schreitet der Kanzler die Front der stillstehenden Soldaten ab, hält in Mantel und Hut seine Ansprache. Für die zahlreichen Pressevertreter hat das Kanzleramt eine große Tribüne errichten lassen. Geladen wurden auch die Diplomaten aus den verbündeten Staaten, die westlichen Militärattachés sind nach Andernach gekommen. Nicht erschienen sind die Repräsentanten der obersten Bundesorgane, sie hatten ebenso keine Einladungskarte aus dem Kanzleramt erhalten wie Vertreter des Bundestages. Adenauer betont zwar den Primat der Politik, lässt das Parlament dabei aber außen vor und unterstreicht seinen Anspruch, politischer Taktgeber des Militärs zu sein.

»Nach Überwindung großer Schwierigkeiten sind Sie die ersten Soldaten der neuen deutschen Streitkräfte geworden. Das deutsche Volk sieht in Ihnen die lebendige Verkörperung seines Willens, seinen Teil beizutragen zur Verteidigung der Gemeinschaft freier Völker, der es heute wieder mit gleichen Rechten und Pflichten wie die anderen angehört«, sagt Adenauer. »Sie stehen vor einer Aufgabe, die durch manche Schatten der Vergangenheit und Probleme der Gegenwart besonders schwierig ist. Die zeitliche Lücke von zehn Jahren bedeutet zugleich die einmalige Möglichkeit zu neuem Beginn, wie auch die Verpflichtung, in unermüdlicher Arbeit Versäumtes nachzuholen. Das deutsche Volk erwartet von Ihnen, dass Sie in treuer Pflichterfüllung Ihre ganze Kraft einsetzen für das über allem stehende Ziel, in Gemeinschaft mit unseren Verbündeten den Frieden zu sichern.«

Einige Meter hinter dem 80-jährigen Regierungschef steht ein Kampfpanzer des Typs M47 Patton, ein US-amerikanisches Modell. Kurz nach dem Zweiten Weltkrieg hatte die US-Army den Panzer als Zwischenlösung eingeführt. Noch während die Produktion anlief, bestellte sie bereits den Nachfolger, den M48. Schon bald gibt es für den M47 keine Verwendung mehr, er geht an die Verbündeten. Und so stattet die Regierung in Washington damit die Bundeswehr aus, mehr als 1100 Stück sollen die Westdeutschen erhalten. Neben dem M47 stehen auch noch Haubitzen aus amerikanischer Produktion. Anders als bei der Feier zur Gründung der Armee drei Monate zuvor, treten die Soldaten nun klar militärisch auf. Alle tragen Uniform und das Heer zeigt seine Waffen.

Die USA kündigen an, dass sie die volle Ausstattung einer westdeutschen Armee von zwölf Divisionen bereitstellen, dazu Flugzeuge für die Luftwaffe und Kriegsschiffe an die Marine übergeben werden. Und so stammen die ersten Fahrzeuge, Waffen und auch das Material vor allem aus den Vereinigten Staaten. Die Regierung in Washington stellt Rüstungstechnik im Wert von 3,8 Milliarden Deutsche Mark bereit. So erhält die Truppe unter anderem Schützenpanzer M39 und Flak-Panzer M42. Die Marine übernimmt Zerstörer der »Fletcher-Klasse«. Dazu kommen auch viele Handwaffen aus den USA. So gehen an die Bundeswehr fast 47 000 M1-Selbstladegewehre. Das Sturmgewehr 44, das die Wehrmacht im Zweiten Weltkrieg eingesetzt hat, das so mancher deutscher Soldat bevorzugt hätte, kommt nicht in die Truppe. Die NATO hat sich für ein anderes Kaliber entschieden, das 7,62 mm der Amerikaner. Deutsche Rekruten trainieren künftig mit dem »M1 Garand«, dem »M1 Carbine«, dem Lee-Enfield No. 4, dem sogenannten »Canadian Rifle«, und dem belgischen FN-G1. Aus Frankreich übernimmt das Heer Hotchkiss-Spähpanzer.

In der Anfangszeit weist die Bundeswehr eine große Vielfalt bei den Uniformen, der Ausrüstung der Soldaten und der Bewaffnung aus. Für die Instandhaltung und die Logistik stellt das einen Albtraum dar, aber Priorität hat für die Politik, schnell starke Streitkräfte aufzustellen. Am 1. April 1956 erhält die Truppe ihren Namen, der bis heute gilt: Bundeswehr. So wird die Armee im »Gesetz über die Rechtsstellung des Soldaten« genannt. Die neue Bezeichnung geht auf den FDP-Bundestagsabgeordneten Hasso von Manteuffel zurück, einem ehemaligen Wehrmachtsgeneral. Ihn hatte Daniel Friedrich Gottlob Teichert, ein preußischer Offizier und Parlamentarier der Frankfurter Nationalversammlung, dazu inspiriert. Teichert hatte 1848 vorgeschlagen, die geplanten Streitkräfte, die aus Bürgerwehren der Staaten gebildet werden sollten, »Bundeswehr« zu nennen. Auch damit verweist die Politik auf einen demokratischen Vorläufer – der zumindest in den Köpfen der Abgeordneten der Paulskirche bestanden hat.

Um die Freiwilligen auszubilden und zu führen, entstehen Lehrbataillone, Schulen und Stäbe. Zudem erarbeiten die Beamten im Bundesministerium für Verteidigung zahlreiche Verordnungen und Erlasse, die den rechtlichen Rahmen schaffen.

Nicht alles, was in den Vorgängerarmeen funktioniert hat, verändern die Verantwortlichen. So setzt die Bundeswehr weiterhin auf die Auftragstaktik, die Soldaten und Einheiten ein Ziel vorgibt, das sie eigenständig erreichen sollen. Bereits in der Reichswehr gab es die »Auftragstaktik«, sie galt auch in der Wehrmacht. Baudissin greift das Prinzip auf, er passt zu seinem Verständnis vom mitdenkenden Soldaten, der bereit ist, Verantwortung zu übernehmen. Auftragstaktik steht im Gegensatz zum »Kadavergehorsam«, dem stumpfen Ausführen von Ordern. In den Armeen des Ostblocks herrscht die »Befehlstaktik« vor. Selbst hochrangige Offiziere bekommen ihr Vorgehen exakt beschrieben und dürfen von dieser Vorgabe der Vorgesetzten nicht abweichen, selbst wenn sich die militärische Lage ändert.

Mit sechs Booten des »British Baltic Fishery Protection Service« und des Bundesgrenzschutzes See stellt die Marine einen seefahrenden Verband auf: Am 1. April 1956 bildet sich in Kiel das Schnellboot-Lehrgeschwader. Seine Ausbilder stammen vom BGS. Die NATO schreibt der Marine vier Aufgaben vor: Sie soll die Ostseeausgänge sichern, feindlichen Schiffsverkehr unterbinden, die norddeutsche Küste und die dänischen Inseln beschützen sowie die Seeverbindungslinien der Allianz im Konfliktfall offen halten.

Die Luftwaffe hat große Probleme, fliegende Verbände aufzustellen. Ihr fehlt es an Flugplätzen, Maschinen und genügend ausgebildeten Piloten. Also entstehen zunächst Schulen für Flugzeugführer, Offiziere und für das technische Personal sowie Ausbildungsregimenter.

Im Frühjahr 1956 schafft der Bundestag mit einer Verfassungsänderung das legislative Fundament der neuen Streitkräfte. Am 22. März wird das Grundgesetz mit dem Artikel 87a ergänzt: Die zahlenmäßige Stärke der vom Bunde zur Verteidigung aufgestellten Streitkräfte und die Grundzüge ihrer Organisation müssen sich aus dem Haushaltsplan ergeben.« Später wird der Artikel noch einmal überarbeitet und beginnt danach mit dem Satz: »Der Bund stellt Streitkräfte zur Verteidigung auf.« Weiter heißt es: »Außer zur Verteidigung dürfen die Streitkräfte nur eingesetzt werden, soweit dieses Grundgesetz es ausdrücklich zulässt.« Zudem passen Regierung und Parlament weitere Artikel des Grundgesetzes an und schaffen so die »Wehrverfassung« der Bundesrepublik.

Übernommen werden nun tausende Soldaten, die bereits in der Wehrmacht gedient haben. Bei den entstehenden Streitkräften gilt ein Prinzip, das auch in vielen Behörden und Organisationen angewendet wird: vergessen und verdrängen. Dennoch sind die Streitkräfte immer noch klein – nach Meinung von Konrad Adenauer viel zu klein. Das ändert auch nicht ein Transfer anderer Uniformierter. Am 1. Juli 1956 treten mehr als die Hälfte der 16 600 Männer des Bundesgrenzschutzes zu den neuen Streitkräften über, 9752 von ihnen werden Soldaten. Im Anschluss muss der BGS ebenfalls fast neu aufgestellt werden. Konrad Adenauer hatte sie dazu eingeladen, »bei der Wiedergeburt deutschen Soldatentums« dabei zu sein.

Auch von anderen Sicherheitsbehörden wechselt Personal die Uniform und kommt zur Truppe. Dennoch stockt das Werben neuer Rekruten, es fehlen tausende Soldaten. Mitte der 1950er-Jahre setzt das starke Wirtschaftswachstum, ein. Es gibt wieder Stellen in der Industrie, im Handwerk und Dienstleistungssektor. Genügend Freiwillige finden sich für die Bundeswehr nicht. Bis Jahresende 1956 wird die Bundeswehr eine Zahl von 67 000 Mann erreichen – und liegt damit weit unter der angestrebten Marke. Bis zu 500 000 Bewaffnete sollen bis Ende 1958 eingezogen worden sein. So hat es die Bundesrepublik dem Kommando der nordatlantischen Verteidigungsorganisation versprochen. Nun werden die Argumente derer, die eine allgemeine Wehrpflicht fordern, immer stärker.

Darüber allerdings gibt es politischen Zwist. Auch über Struktur und Aufgaben der Truppe streiten die Parteien. Letztlich steht fest: Die Bundeswehr wird doch keine Berufsarmee, die nur aus Freiwilligen besteht, sondern setzt auf die allgemeine Wehrpflicht. Nur so glauben die Verantwortlichen, lasse sich das Versprechen an die Alliierten, eine Armee mit mehreren hunderttausend Soldaten zu bilden, auch erfüllen. 21 Jahr zuvor hatte Adolf Hitler die Wehrpflicht wieder eingeführt und auch damit 1935 den Versailler Vertrag gebrochen. Damit bereitete der Diktator das Land für seine Kriegspläne vor. Die Wehrpflicht hat auch deswegen viele Gegner im Nachkriegsdeutschland.

Dennoch stimmt der Bundestag am 7. Juli 1956 über das »Gesetz zur Einführung der allgemeinen Wehrpflicht« ab, das Männer vom 18. bis zum 45. Lebensjahr einen Zwangsdienst in der Truppe vorschreibt. Unter allen Wehrgesetzen war diese die von der Opposition am meisten kritisierte Vorlage. Es kommt zu einer wahren Marathonsitzung, 18 Stunden lang debattieren die Parlamentarier. Schließlich votiert eine Mehrheit mit Stimmen von Union, FDP, DP und dem Gesamtdeutschen Block/Bund der Heimatvertriebenen und Entrechteten dafür. Die SPD lehnt sie ab, ihre Fraktion stimmt gegen das Gesetz. Am 5. Dezember legt der Bundestag die Dauer des Wehrdienstes dann auf zwölf Monate fest – trotz Einspruch des NATO-Rates, der für eine längere Zeitspanne votiert hatte.

Für das Haushaltsjahr 1957 stellt der Bundestag einen Etatansatz von 5,4 Milliarden Mark für den Verteidigungshaushalt, den Einzelplan 14 bereit. Das macht einen Gesamtanteil an den Staatsausgaben von 16,6 Prozent aus. Der Haushaltsausschuss prüft nun zahlreiche Ausgaben für die Bundeswehr. Dabei geht es nicht nur um neue Waffen, sondern auch um die Personalgröße der wehrtechnischen Forschung, das Einrichten von Soldatenbüchereien, den Neubau von Truppenschulen, Kliniken und Flugplätzen. Im selben Jahr laufen der Zerstörer »Hamburg« und das Schulschiff »Deutschland« vom Stapel. In diesen Jahren bauen westdeutsche Werften die ersten größeren Marineschiffe nach Kriegsende. Dieses Rüstungsprogramm hat der Haushaltsausschuss freigegeben, das zuständige Gremium des Bundestages.

Um die Anliegen der Militärpersonals kümmert sich seit dem Sommer 1956 der Deutsche Bundeswehrverband (DBwV). Er sieht sich als Interessenvertretung von Soldaten für Soldaten. Bald schon ist eine große

Mehrheit der Zeit- und Berufssoldaten Mitglied im DBwV, der wie eine Gewerkschaft auftritt.

Die Abgeordneten bringen eine Änderung des Grundgesetzes auf den Weg, die ab dem 1. April 1957 gelten wird. Artikel 12a ermöglicht aber Pazifisten, aus Gewissensgründen einen Ersatzdienst anzutreten. Das Recht auf Kriegsdienstverweigerung leiten die Juristen aus Artikel 4 des Grundgesetzes ab: Niemand darf gegen sein Gewissen zum Dienst an der Waffe gezwungen werden. Dazu kann es Rückstellungen vom Dienst aus gesundheitlichen und persönlichen Gründen geben, wie eine laufende Ausbildung. Als verpflichtend gilt nicht nur der 18 Monate dauernde Grundwehrdienst, zu dem Männer meist mit 20 Jahren einberufen werden, sondern später auch Wehrübungen als Reservisten. »Im Ernstfall wird die Pflicht, Wehrdienst zu leisten, unbefristet sein müssen«, stellt das Kabinett Adenauer fest.

Während Personal fehlt, kommt neue Rüstungstechnik bei der Truppe an. So erhält die Luftwaffe 40 »Piper L-18C«, unbewaffnete Propellerflugzeuge der US Air Force. Mit ihnen sollen Piloten Auffrischungskurse absolvieren. Sie gehören im September 1956 zu den ersten Maschinen, die an die Bundeswehr übergeben werden. Dazu kommen 135 »Harvard Mk. IV«. Die ersten 19 werden 1956 ausgeliefert, im Jahr darauf 69. Die üppige Zahl an Schulflugzeugen zeigt, wie groß die neue Luftwaffe werden sollte.

Unterstützt wird die werdende Armee von der amerikanischen »Military Assistance and Advisory Group«. Einige westdeutschen Offiziere der ersten Stunde reisen nun durch die Vereinigten Staaten, ihnen wird die Struktur der US-Army erklärt, sie besichtigen Ausbildungseinrichtungen und Truppenübungsplätze. In Landsberg, beim »Flying Training Wing« der US Air Force, beginnt im September 1956 die Ausbildung deutscher Flugzeugführer. Am 24. September 1956 fliegen erstmals Maschinen mit deutschem Hoheitsabzeichen.

Am 16. Oktober 1956 verliert Blank seinen Posten, da der Aufbau der Bundeswehr dem Bundeskanzler nicht schnell genug vorangeht. Der erste Bundesminister für Verteidigung sieht sich selbst als Opfer der unrealistischen Pläne. Adenauer setzt ihn ab und beruft einen Jüngeren aus der Schwesterpartei, der dem alten Kanzler eigentlich viel zu dynamisch und ehrgeizig ist. Franz Josef Strauß von der CSU soll das Aufstellen der Streitkräfte nun energischer voranbringen. Noch im Sommer 1956 hatte Adenauer dem Christsozialen versichert: »Solange ich Kanzler bin, werden Sie nie Verteidigungsminister.« Zwei Monate später revidiert der Regierungschef seine Ankündigung. Er kommt an Strauß nicht mehr vorbei.

Am 23. November zieht Adenauer ein kritisches Resümee. Bei der Aufrüstung habe man vollständig versagt. Damit habe die Bundesrepublik schwere Sünde gegenüber der NATO begangen. Fallen lässt er Theodor Blank dennoch nicht vollständig. 1957 übernimmt dieser im Kabinett das Ressort Arbeit und Soziales.

Strauß, der ehemalige Oberleutnant der Wehrmacht und nun Hoffnungsträger der Christlich Sozialen Union, soll die Wiederbewaffnung beschleunigen. Nach seiner Kriegsgefangenschaft war er einige Wochen lang in einem Lager, dann machten die Amerikaner ihn zum stellvertretenden Landrat von Schongau, weil er Englisch kann.

Wer Generalinspekteur werden soll, lässt Strauß zunächst offen. Generalfeldmarschall Manstein, der erst vor drei Jahren aus britischer Kriegsgefangenschaft entlassen wurde, hat einige Fürsprecher, aber er gilt für das höchste militärische Amt als zu stark politisch belastet. Weitere Kandidaten sind die Generäle Ludwig Crüwell und Walther Wenck. Auch Heusinger werden Chancen eingeräumt, aber er gilt als wenig charismatisch und im Krieg war er nur kurz Truppenführer, er hat nie ein Bataillon, ein Regiment oder eine Division kommandiert.

Franz Josef Strauß sucht mehrfach Wenck auf, um mit ihm über einen Spitzenposten in der Truppe zu sprechen. Der Panzergeneral ist wohl sein Favorit für das Amt als Generalinspekteur. Aber Wenck will sich nicht dem Gutachterausschuss stellen, den viele hochrangige Offiziere als Zumutung empfinden. Und er stellt Bedingungen an seine Machtfülle. Er will militärischer Oberbefehlshaber sein, nicht ein den Staatssekretären des Bundesverteidigungsministeriums unterstellter Generalinspekteur. Damit kommt Wenck für die neuen Streitkräfte nicht in Frage. Er übernimmt stattdessen einen Führungsposten in der Rüstungsindustrie. Strauß entscheidet sich schließlich für Heusinger, der als deutlich pflegeleichter im persönlichen Umgang gilt und weniger autoritär auftritt. Am

1. April 1957 erhält Heusinger den Rang General und den Titel »Leiter der Streitkräfte«. Exakt zwei Monate später bekommt er offiziell die Ernennung zum Generalinspekteur. Gegenüber den Inspekteuren von Heer, Luftwaffe und Marine besitzt er keine Weisungsbefugnis, er bleibt »Primus inter pares«.

Öffentliche Auftritte überlässt der neue GI, wie der Posten intern genannt wird, gern seinem Minister, der über einen großen Geltungsdrang verfügt. Heusinger hingegen bleibt gern im Hintergrund. Er wägt ab, trifft ausgewogene Entscheidungen, geht selten ins Risiko. Der General wirkt oft distanziert, still und unscheinbar. Seine Stärken sind sein strategisches Denken, ein unglaublich exaktes Gedächtnis und seine unerschütterliche Ruhe, selbst in Stressmomenten. Heusinger lobt seine Untergebenen selten, allerdings geht er auch mit Tadel sparsam um.

Als Strauß ihn auffordert, beim Aufbau der Bundeswehr weniger auf Quantität als auf Qualität zu setzen, ändert Heusinger rasch den Kurs. Statt 500 000 Mann in nur drei Jahren aufzustellen, was ohnehin nicht machbar gewesen ist, soll er nun 350 000 Soldaten in sechs Jahren aufbieten, statt zwölf Divisionen wird es beim Heer noch sieben geben. Der Generalinspekteur fügt sich den neuen Wünschen und plant alles um. Intern kritisieren ihn Kameraden dafür, er habe kein Rückgrat, habe nicht für die bereits mühsam erarbeiteten Konzepte gekämpft. Aber Heusinger erweist sich als geschmeidig und schafft es letztlich, sowohl die politische Führung als auch die Truppe zu beruhigen. Gegen Widerstände der eigenen Leute setzt er zudem das Konzept der »Inneren Führung« durch, verpflichtet die Reformer aber, nicht zu viele Traditionen zu verdammen.

Im Februar 1957 dienen bereits 70 000 Mann in der Bundeswehr. Der Aufwuchs geht voran, wenn auch nicht schnell. Für die neuen Verbände, die aufgestellt werden, bilden die Streitkräfte die militärischen Führer in Truppenschulen aus. Ganz oben in der Hierarchie stehen die Generäle und Admiräle. Angeführt wird die Bundeswehr von einer kleinen Führungselite, die aus dem Generalsinspekteur, den Inspekteuren der Teilstreitkräfte und den Kommandeuren besteht. Diese meist etwa 20 Spitzenoffiziere werden speziell von der Politik ausgewählt. Wichtig sind hierbei die politische Orientierung der Generäle, aber auch Loyalität und Vertrauenswürdigkeit.

In den ersten Jahren der Bundeswehr sind alle militärischen Führer durch die Schule der Wehrmacht gegangen. Sie dienten auch in der NS-Zeit bereits als hochrangige Offiziere, mindestens im Rang eines Obersts. In der Reichswehr herrschte noch eine Auslese aus »erwünschten Kreisen«, meist aus dem Adel und der Oberschicht. In der Wehrmacht stieg der Bedarf an militärischen Führern erheblich, so erreichten auch Aufsteiger aus dem Mittelstand und aus Arbeiterfamilien den Generalsrang, vor allem im Weltkrieg als es unter Offizieren hohe Verluste gab.

In der Bundeswehr erreichen fähige Offiziere um das 50. Lebensjahr die höchste Ranggruppe. Sie haben dann noch knapp zehn Jahre, bis sie den Ruhestand erreichen. Brigadegeneral oder Konteradmiral zu werden ist kein Automatismus. Entscheidend sind gute Bewertungen sowie exzellente Beziehungen.

Während an der Spitze das Personal handverlesen ausgewählt wird, soll für den militärischen Unterbau möglichst breit rekrutiert werden. Die allgemeine Wehrpflicht macht das möglich. Für die ersten eingezogenen Rekruten des Geburtsjahrs 1937 fängt ihre Zeit bei der Bundeswehr am 1. April 1957 an. 10 000 Wehrpflichtige beginnen den Dienst. Zweifler und Kritiker, die prophezeit haben, dass ein Großteil der jungen Männer verweigern werde, irren sich. 62 198 Angehörige des Jahrgangs 1937 ziehen die Uniform der Bundeswehr an. Ihre Ausbilder sind alte Haudegen, diese kriegserfahrenen Unteroffiziere schleifen oft die Rekruten, zwingen sie zu einer überharten Ausbildung.

Wie weit mancher Zugführer von den offiziellen Werten der Bundeswehr entfernt ist, zeigt sich im Juni 1957 als 28 Rekruten der 2. Kompanie des Luftlande-Jäger-Bataillons 19 aus Kempten im Allgäu die Iller durchqueren müssen. Für den Abschluss einer Übung hat sich der Unterführer an diesem Montag, dem 3. Juni, eine besondere Prüfung überlegt. Sein Trupp soll durch den Fluss waten, mit kompletter Ausrüstung und Waffen. Er selbst geht mit einem Maschinengewehr auf den Schultern voran in das »kleine Abenteuer«. Er führt viele seiner Fallschirmjäger in den Tod. Denn in der Mitte der Iller geraten sie in eine untergründige Strömung. 15 Wehrpflichtige ertrinken beim Durchwaten des Flusses.

Der Verteidigungsminister erfährt um 17 Uhr aus den Nachrichten, die aus dem Autoradio schallen, von dem Unglück. Er lässt sich in diesem Augenblick von München, wo er den Tag über in der CSU-Parteizentrale gearbeitet hat, nach Rott chauffieren. Der Ort im Inntal liegt gut eine Stunde entfernt. Franz Josef Strauß hat dorthin zum Polterabend geladen, am nächsten Tag will er Marianne Zwicknagel heiraten.

Strauß sagt die Feier nicht ab. Doch die Katastrophe an der Iller überschattet den Polterabend. Verhalten begrüßt der Minister die Gäste. Der Chor des Sanitätsbataillons 5 aus Deggendorf darf das einstudierte Ständchen nicht singen, das Musikkorps nur gedämpfte Töne spielen. Rasch bricht Strauß wieder auf und lässt seine entsetzte Verlobte allein zurück. Der CSU-Politiker eilt zur Unfallstelle. Immer noch werden Fallschirmjäger vermisst, Tote geborgen. Suchscheinwerfer sind auf die Iller gerichtet, Nebelschwaden erschweren die Suche, ebenso Dauerregen.

Um sechs Uhr morgens am 4. Juni kehrt Strauß übermüdet und abgekämpft nach Rott zurück. Fünf Stunden später beginnt in der Klosterkirche die Trauung. Die Fahnen in dem Ort und überall sonst in der Bundesrepublik hängen auf Halbmast. Die Hochzeitsgesellschaft diniert dann im Gasthof »Zur Post«, aber richtig gefeiert wird nicht. Es kommt keine Stimmung auf. Die Braut, die den schönsten Tag ihres Lebens begehen will, reagiert bestürzt. Ihre Ehe beginnt für sie mit verweinten Augen. Und auch Franz Josef Strauß erlebt, wie hart die Politik sein kann, wie bedrohlich für das private Glück.

Selbst an diesem Tag muss der Minister arbeiten. Während des Festes gibt Strauß eine Presseerklärung ab. »Zutiefst erschüttert und bewegt gedenkt mit mir in dieser Stunde die gesamte Bundeswehr in Ehrfurcht ihrer heimgegangenen Kameraden. Ihre Opfer und das Leid ihrer Angehörigen verpflichten uns in unserem Dienst zum Schutz der Heimat. Sie mahnt jeden Soldaten zum höchsten Verantwortungsbewusstsein.«

Für die Gegner der Wiederbewaffnung verdeutlicht die Katastrophe, wie wenig die Militärs in Sachen Menschenführung gelernt haben. Das »Iller-Unglück« beschert der Bundeswehr negative Schlagzeilen und sorgt für Debatten im Bundestag. Die Opposition nutzt den Fall, um Kanzler und Verteidigungsminister anzugreifen. In drei Monaten steht die nächste Bundestagswahl an und im Parlament beklagt die SPD die ersten toten deutschen Soldaten seit dem Ende des Weltkriegs. Der Sozialdemokrat Fritz Eschmann, ehemaliger Hauptmann der Wehrmacht und Träger des Ritterkreuzes, einer bedeutenden Tapferkeitsauszeichnung, sagt als Redner im Plenarsaal: Wenn die »Dinge oben nicht in Ordnung sind, wie sollen sie dann unten in Ordnung sein?«

Bei der Erstattung der Beerdigungskosten der Toten gibt es Verzögerungen. Die Bürokratie braucht lang, um das Geld freizugeben, ein für das Verteidigungsministerium peinlicher Vorgang. Generalinspekteur Adolf Heusinger und der Inspekteur des Heeres, Hans Röttiger, schalten sich ein und sorgen dafür, dass mit dem »Soldatenhilfswerk der Bundeswehr« eine Institution entsteht, die Soldatenfamilien in Notfällen hilft.

Der attackierte Verteidigungsminister befindet sich nicht in Deutschland, als die Kritiker ihn unter Dauerfeuer nehmen. Er ist trotz der Katastrophe zu seiner Hochzeitsreise in Richtung Italien aufgebrochen. Nun muss er die Tour abbrechen und nach Bonn zurückkehren. Strauß spricht von einer »Verquickung besonders tragischer Umstände«. Für diese Verharmlosung kritisieren Politiker und Journalisten den CSU-Politiker. »In Wahrheit jedoch ist der absurde Tod der 15 Jäger ohne Beispiel in der deutschen Heeresgeschichte«, schreibt »Der Spiegel« nach der Katastrophe. »Ihrem prätentiösen Anspruch, etwas ganz Neues bieten zu wollen, was in Deutschland auf militärischem Gebiet kein Vorbild hat, ist die Bundeswehr – ungewollt – an der Iller im Allgäu auf eine makaber dilettantische Weise gerecht geworden.«

Und Strauß droht weiteres Ungemach. Die Presse in der DDR beginnt eine Schmutzkampagne gegen den westdeutschen Verteidigungsminister, wie sie die Bundesrepublik noch nicht erlebt hat. Die »Berliner Zeitung« bringt eine Woche nach dem Eheschluss eine Enthüllungsgeschichte. Am 12. Juni titelt das Blatt: »Kriegsminister als Heiratsschwindler«. Und die Unterzeile schreit die nächste Sensation dem Leser entgegen: »CSU-Journalistin an den Rand des Selbstmords getrieben / Fünf Frauen blieben sitzen / Franz Josef Strauß – der Bordellstammgast / Wer bezahlt die Liebes- und Alkoholtouren des Mannes, der die UdSSR ›von der Landkarte streichen‹ möchte / Ein feines Vorbild für die westdeutsche Jugend«.

Über diese Vorwürfe aus dem Osten berichten auch bundesrepublikanische Zeitungen, zwar ohne sich mit den Anklagepunkten gemein zu machen, aber so erfahren auch die Wähler in Bayern von den angeblichen Skandalen. Während die Opposition zu den Attacken aus der DDR weitgehend schweigt, nutzen Strauß' parteiinterne Kritiker die Vorwürfe für bitterböse Nachfragen und öffentliche Empörung über den Sünder aus den eigenen Reihen. Der Bundesverteidigungsminister ist angeschlagen, durch das Iller-Unglück und den Vorwurf privater Eskapaden. Im Juli sagt Adenauer bei einem Vier-Augen-Gespräch mit Bundespräsident Theodor Heuss, dass die Propagandaangriffe aus der Sowjetzone seinen Minister tief getroffen hätten. Strauß habe sich völlig in sich selbst zurückgezogen, komme zu keinen Sitzungen mehr und halte keine Reden.

Im April 1957 wird Hans Speidel zum Oberbefehlshaber der Alliierten Landstreitkräfte Europa Mitte berufen. Nur zwölf Jahre nach dem Ende des Zweiten Weltkriegs steht ein Deutscher an der militärischen Spitze der NATO im Zentrum Europas. Für Speidel und die Bundeswehr ist das durchaus als Auszeichnung zu verstehen.

Der Aufbau der westdeutschen Streitkräfte steht weiterhin unter einem starken Zeitdruck. Denn die westdeutschen Wiederbewaffnungsbemühungen bleiben weit hinter den Erwartungen der NATO-Partner zurück. Im Juli 1957 kann die Bundeswehr die ersten Verbände dem Bündnis unterstellen, zwei Minensuchgeschwader. Es folgen noch drei Grenadierdivisionen.

Wie stark die sowjetische Rüstungsindustrie in manchen Bereichen ist, zeigt sich am 7. Oktober 1957. Eine Rakete bringt den Satelliten Sputnik 1 ins All. Die ganze Welt sei erregt, notiert Herbert Blankenhorn, der einflussreiche deutsche Diplomat. Die Vereinigten Staaten stehen unter dem Sputnik-Schock. Wer Trägerraketen bauen kann, die Last in den Orbit transportieren, der kann auch Interkontinental entwickeln, die mit Atomsprengköpfen die USA erreichen. Die Regierung im Weißen Haus verstärkt daraufhin die Aufrüstungsbemühungen.

Nach 27 Monaten beendet der Personalgutachterausschuss im Oktober 1957 seine Arbeit. Dessen 38 Mitglieder haben alle Kandidaten für militärische Führungspositionen überprüft, vom Oberst an aufwärts. So manchen Wehrmachtsoffizier haben sie aussortiert. Ende des Jahres 1957 verfügt die Bundeswehr über 118 000 Mann, ein Großteil von ihnen, 75 000, dient im Heer, bei der Luftwaffe sind es knapp 24 000 und bei der Marine 13 000.

In Hamburg findet die Bundeswehr schließlich nach zweijähriger Planung eine geeignete Kaserne für ein wichtiges Projekt. Im Westen der Stadt, in der Nähe der Elbe, kommt es 1958 zum Aufbau der Führungsakademie. Sie zieht in die Liegenschaft des ehemaligen Luftgaukommandos XI. in Blankenese. Dort müssen neue Gebäude für Seminarräume und Hörsäle errichtet werden. Ein Vorteil des Standortes ist, dass Häuser in der Nähe bereitstehen, in die Lehrgangsteilnehmer mit ihren Familien ziehen können.

Ende 1960 führt eine weitere Personalentscheidung der NATO zum Ende einer Ära bei der Bundeswehr. Am 13. Dezember wählen die Generalstabschefs Adolf Heusinger zum Vorsitzenden des Militärausschusses, der die zivile Führung berät. Damit zeigen die Verbündeten nicht nur, wie hoch sie den deutschen Generalinspekteur schätzen, sondern drücken abermals ihren Respekt vor der immer noch wachsenden Bundeswehr aus. Erstmals steigt ein Deutscher in die höchste militärische Karrierestufe der Nordatlantischen Allianz auf. Für Adolf Heusinger bedeutet diese Berufung die Krönung seiner langen Soldatenlaufbahn, die ihn zu vier Armeen und drei politischen Systemen geführt hat. Am 31. März 1961 übergibt er sein Amt an General Friedrich Foertsch, mit dem er beim Aufbau der Streitkräfte eng zusammengearbeitet hat. Die Bundeswehr verfügt zu diesem Zeitpunkt über 291 000 Soldaten, viel weniger als ursprünglich vorgesehen war.

KAPITEL 4

Eine bessere Armee – Staatsbürger in Uniform unter dem Primat der Politik

»Die einen möchten das in Trümmer gegangene Haus dem alten Plan gemäß wiedererrichten, die anderen suchen nach einem neuen Entwurf«, schreibt Wolf Graf von Baudissin 1966. Zehn Jahre lang gehört der Offizier zu diesem Zeitpunkt bereits zur Bundeswehr, noch einige Jahre länger beschäftigt er sich mit der »Inneren Führung«. Dafür war er bereits im Amt Blank als Beamter zuständig gewesen. Baudissin bedauert, dass die Bundeswehr bei der Gründung nicht die Chance für einen kompletten Neuanfang genutzt habe und kritisiert die unreflektierte Anknüpfung der Bundeswehr an die Vorgängerin. »Die Wunden, die die Vergangenheit schlug, sind tief, und die Wandlung ist zu bestürzend.«

Baudissin gehört wie viele seiner Generation zu denjenigen, die überzeugt sind, mit dem Zweiten Weltkrieg einen tiefen historischen Einschnitt erlebt zu haben. In der Wehrmacht brachte er es bis zum Major, dann gerät er 1941 in Afrika in Kriegsgefangenschaft und landet in einem Lager in Australien. Den Vernichtungskrieg in Osteuropa hat er nicht mitgemacht. Am 8. Mai 1951 war er als Referent für das »Innere Gefüge« in das Amt Blank eingetreten.

»Kriegerische Schlachten verherrlichen, den Soldaten heroisieren und seinen Tod glorifizieren: All das kam für Baudissin nicht mehr in Frage«, hält der Militärhistoriker Jörg Echternkamp fest. »Das war eine klare Absage an das überkommene Kriegs- und Soldatenbild.« Der Krieg, hält Baudissin fest, könne für den »Staatsbürger in Uniform« kein Feld ersehnter Bewährung sein, wo erst die Mannestugenden geweckt und bestätigt würden.

Baudissin gehört zu einer Gruppe von Militärreformern, die mit den bundesrepublikanischen Streitkräften einen wirklichen Neubeginn wagen will. Alles soll in der Bundeswehr anders sein: das Bild des Soldaten nicht mehr als heroischer Kämpfer verklärt, die überharte Ausbildung der Vergangenheit nicht mehr als sinnvolle Manneszucht verherrlicht und das Befolgen selbst von verbrecherischen Befehlen nicht mehr als Loyalität gesehen werden. Von Vorgesetzten erwarten die Reformer, dass sie auf ihre Untergebenen eingehen, deren Menschenrechte achten und keinen »Kadavergehorsam« einfordern.

Weder die Kaiserliche Armee, die 1914 in den Ersten Weltkrieg und damit in ein vierjähriges Gemetzel zog, noch die Reichswehr der Weimarer Republik, die der Demokratie bestenfalls neutral gegenüberstand, geheime Aufrüstungspläne verfolgte und nichts gegen die Machtübertragung an die NSDAP tat, und schon gar nicht die Wehrmacht, die sich bereitwillig Adolf Hitler unterordnete und in den Vernichtungskrieg zog, dürfen als Vorbilder dienen. Die westdeutschen Streitkräfte sollen die Demokratie verteidigen, einem neuen Soldatenbild verpflichtet sein. Kurzum, eine neue DNA muss für die westdeutsche Armee erfunden werden.

Und so tritt die Bundeswehr 1955 zumindest nach außen als eine Reformarmee an, als bessere Streitkräfte. »Ohne Anlehnung an die Formen der alten Wehrmacht heute grundlegend Neues zu schaffen« lautet das Ziel. Davon halten die Gegner der Reform wenig, die es bereits im Amt Blank gibt, dann auch im Bundesverteidigungsministerium und in der Truppe. »Traditionalisten« werden diejenigen genannt, die mit den Vorschlägen der Modernisierer nicht nur fremdeln, sondern sich aktiv dagegen wehren. Außerhalb der Bundeswehr erhalten Baudissin und die anderen Reformer viel Zuspruch. Aber unter den eigenen Kameraden stoßen sie oft auf Skepsis.

Das soll auch für Soldaten der entstehenden Streitkräfte gelten. Wolf Graf von Baudissin greift die politische Ethik des Grundgesetzes auf und überträgt sie auf die Bundeswehr. In der Tradition von Scharnhorst, dem beim Gründungsakt der bundesrepublikanischen Streitkräfte gehuldigt wurde, sollen die Soldaten »Staatsbürger in Uniform« sein. Baudissin und die Reformer vertreten ein positives Menschenbild. Sie sehen den Soldaten als einen politisch denkenden und handelnden Citoyen, der die Fähigkeit und den Willen besitzt, am politischen Geschehen bewusst teilzunehmen. Alle Soldaten sollen von ihren Vorgesetzten besser behandelt werden als bislang in der deutschen Militärgeschichte. Baudissin will nicht provozieren, aber sein Versuch, einem der ältesten Berufe ein neues Selbstverständnis zu geben, sorgt dennoch für Kritik bei manchem Kameraden. Statt von der »Inneren Führung« spotten Konservative bereits im Amt Blank über das »Innere Gewürge«. Und leicht lässt sich die von den Reformern entwickelte Theorie auch nicht in die Praxis umsetzen.

Zwar macht die Verfassung zwischen Bürger in Zivil und Bürger in Uniform keinen Unterschied. Dennoch sind die Rechte von Soldaten durchaus eingeschränkt. Militärangehörige haben im Dienst keine Rede- und Versammlungsfreiheit, das Post- und Fernmeldegeheimnis kann für sie eingeschränkt werden, und Freizügigkeit besteht für sie nur bedingt, der Dienstherr bestimmt weitgehend, wo sie eingesetzt werden. Aber Menschenrechte gelten ganz klar auch für Uniformierte. Das Quälen von Rekruten durch Vorgesetzte, der Kommiss, stundenlanges Strammstehen, drakonische Strafen durch die Militärgerichtsbarkeit, überlange Einsatzzeiten, all das soll der Vergangenheit angehören. Soldaten sind keine reinen Befehlsempfänger.

Der Blick auf die Vorgängerarmeen zeigt die Probleme klar auf. In der Weimarer Republik hatten Generäle aktiv Politik gemacht. »Truppe schießt nicht auf Truppe«, sagte Hans von Seeckt, einer der höchsten Generäle der Reichswehr, als ihn die Reichsregierung zum Niederschlagen eines Militärputsches aufforderte. Es war kein Zufall, dass der Chef der Heeresleitung jedes Jahr den Feierlichkeiten am Tag der Republik fernblieb, obwohl er als Repräsentant der militärischen Führung eigentlich zur Teilnahme verpflichtet war. 1922 schrieb Reichsinnenminister Adolf Köster von der SPD an Kanzler Joseph Wirth, dass »endlich einige Maßnahmen ergriffen werden« müssten, »die den ernsten Willen der Regierung beweisen, aus der Reichswehr eine Truppe der Republik zu machen«. Das sahen die Vertreter der Armee allerdings ganz anders. So hielt Oberstleutnant Werner Freiherr von Fritsch 1924 fest, später Oberbefehlshaber des Heeres unter Hitler, letzten Endes seien »Ebert, Pazifisten, Juden, Demokraten, Schwarzrotgold und Franzosen alles das gleiche, nämlich Leute, die die Vernichtung Deutschlands wollen«. Mit dieser

Meinung stand der Offizier nicht allein. Die Reichswehr entwickelte sich zu einem eigenständigen politischen Machtfaktor und stand der Republik mit Distanz gegenüber. Das Offizierskorps ragte mit ihrem elitär-konservativen Selbstverständnis wie ein Fremdkörper aus der Vergangenheit in die Gesellschaft hinein.

An der Spitze des Staates stand ab 1925 der greise Feldmarschall a. D. Paul von Hindenburg, der als Reichspräsident auch Oberbefehlshaber der Streitkräfte war. Bereits im Ersten Weltkrieg hatte Hindenburg als Chef der Obersten Heeresleitung gemeinsam mit General Erich Ludendorff eine Militärdiktatur errichtet. Bis dahin hatten Militärs keinen unmittelbaren Einfluss auf die Politik bekommen. Nun, nach 1925, verteidigte er die Unabhängigkeit der Reichswehr gegenüber allen politischen Eingriffen. Zu Hindenburgs engsten Beratern zählten Kurt von Schleicher, Leiter der Wehrmachtsabteilung, und der Major a. D. Franz von Papen, dessen alter Regimentskamerad der Sohn des Reichspräsidenten war, der nun im Rang eines Obersten als Adjutant des Vaters diente. Dieser Kreis um Hindenburg traf einige Entscheidungen, die der ersten deutschen Republik extrem schadeten.

In der Schlussphase der Weimarer Republik ergriffen ehemalige und aktive Soldaten das Kommando. Zunächst hatten Zivilisten die Truppe führen sollen. So wurde 1919 der Sozialdemokrat Gustav Noske zum ersten Reichswehrminister ernannt. Am 28. Januar 1928 übernahm erstmals ein Militär das Ministerium. Wilhelm Groener, Generalleutnant a. D., einst Abteilungschef im Großen Generalstab und Erster Generalquartiersmeister der Obersten Heeresleitung, rückte an die Spitze des für die Armee zuständigen Ressorts. Im Oktober 1931 wurde er in Personalunion auch noch Reichsinnenminister. In den folgenden fünf Jahren, bis zur Machtübertragung an Adolf Hitler, blieb das Wehrministerium in den Händen von Soldaten. Sie fühlten sich nur dem Reichspräsidenten und nicht dem Parlament gegenüber verantwortlich.

Am 1. Juni 1932 folgte Generalmajor Kurt von Schleicher seinem Mentor und Förderer Groener auf den Posten, nachdem er gegen ihn intrigiert hatte. 50 Jahre war er alt, seine Gegner nannten ihn den »Schreibtischgeneral«, seit Jahrzehnten bewegte er sich in der Sphäre der Politik.

Der Wehrminister, der meist Uniform trug, sorgte dann für das Ende der Regierung Heinrich Brünings und dafür, dass sein Freund Franz von Papen zum Kanzler ernannt wurde. Als Schleicher vorgehalten wurde, dass Papen doch kein Kopf sei, soll er gesagt haben: »Das soll er auch nicht sein. Aber er ist ein Hut.« Der starke Mann des Kabinetts war der General.

Die Reichswehr war im Sommer 1932 daran beteiligt, beim »Preußenschlag« die geschäftsführende preußische Regierung mit Gewalt abzusetzen – ein vom Reichspräsidenten und der Reichswehrführung tolerierter Putsch von oben. Schleicher spielte dabei eine wesentliche Rolle, ebenso wie einige Monate später beim Sturz seines alten Weggefährten von Papen. Der Kanzler wollte, wenn nötig, mit einem Verfassungsbruch im Amt bleiben und ohne parlamentarische Mehrheit regieren. Schleicher und die ihm loyale Heeresführung aber lehnten es ab, die Reichswehr gegen die Bevölkerung marschieren lassen.

Anfang Dezember 1932 wurde Schleicher selbst zum Reichskanzler ernannt. Sein Konzept, mit einer breiten Front von links bis rechts, von moderaten Nationalsozialisten bis zu sozialdemokratischen Gewerkschaftern, Hitler als Reichskanzler zu verhindern, ging nicht auf, er trat zurück. Am 30. Januar 1933 ernannte Hindenburg dann Adolf Hitler zum Reichskanzler. Und am selben Tag wurde General Werner von Blomberg, der mit dem Nationalsozialismus sympathisierte, zum Reichswehrminister berufen. Papen, nun Vizekanzler, plante, Hitler in die Regierung einbinden, um ihn zu zähmen. »Reichswehrführung und Rittergutbesitzer, die den Regimewechsel herbeigeführt hatten, wollten die Nationalsozialisten gewissermaßen als Juniorpartner engagieren – nicht um sie herrschen zu lassen, sondern um sie in einen Rückhalt ihrer eigenen Herrschaft zu verwandeln«, stellt der Historiker Heinrich August Winkler fest. Ein fataler Plan.

Wenige Tage nach seiner Berufung zum Kanzler skizzierte Hitler seine politischen Pläne vor Generälen der Reichswehr, offenbarte seinen Willen zum Beenden der Demokratie, kündigte die »straffste autoritäre Staatsführung«, die »Ausrottung des Marxismus mit Stumpf und Stiel« an sowie das Ziel, neuen »Lebensraum im Osten« zu gewinnen. Dennoch erhoben die Teilnehmer der Runde keinen Einwand. Sie folgten Hitler sechseinhalb Jahre später willig in den Zweiten Weltkrieg.

Wie in der Bundesrepublik die Streitkräfte mit der Militärtradition des NS-Staates umgehen sollten, darüber haben bereits Mitarbeiter der Dienststelle Blank in der ersten Planungsphase gestritten. 1955 veröffentlicht die Behörde ihre erste Publikation »Vom künftigen deutschen Soldaten«. Darin heißt es, dass die neue Zeit mit vielen Überlieferungen gebrochen habe. »Einrichtungen und Vorstellungen sind gestürzt oder erschüttert, die Jahrhunderte hindurch das Leben unseres Volkes und seiner Soldaten bestimmt haben«, schreiben die Autoren. »Angesichts dieser Lage ist es für die zukünftige Armee nicht möglich, Überkommenes ungeprüft zu übernehmen.«

Die Bundeswehr tut sich mit dem Trennstrich schwer. Und so weist das Offizierskorps beim Bewerten der soldatischen Leistungen der Wehrmacht große Zerrissenheit auf. Statt Distanz zur Wehrmacht zu wahren, fordern viele ältere Militärs, die Armee, dessen Soldaten Adolf Hitler unbedingte Treue geschworen hatten, in die Traditionspflege aufzunehmen.

Aber die Verantwortlichen im Bundesverteidigungsministeriums greifen weit in der Geschichte zurück, um Vorbilder zu finden, die als repräsentabel für die neue, die bessere Armee gelten können. Neben Scharnhorst beruft sich die Truppe auf August Neidhardt von Gneisenau und Hermann von Boyen, zwei weitere Reformer in Uniform. Die westdeutsche Armee identifiziert sich in einem hohen Maß mit adeligen Militärs aus dem 18. und 19. Jahrhundert. Die Napoleonischen Befreiungskriege von 1813 bis 1815 stehen ebenso hoch im Kurs wie das Militär Friedrich des Großen. Eine geschichtsvergessene Huldigung, denn der preußische Monarch entfesselte einen internationalen Krieg, ließ die vom Vater geerbte Armee zügig nach seiner Thronbesteigung Ende 1740 in Schlesien einmarschieren. Damit löste er einen jahrelangen Konflikt mit den Habsburgern aus, in dem mehrere europäische Mächte involviert waren. Ein Herrscher, der das Militär bedenkenlos nutzte, um seine politischen Ziele zu erreichen, das Leben Tausender opferte und den Bestand seines Staates riskierte, um in die erste Riege der europäischen Adelshäuser aufzusteigen, wird von der neuen Truppe verehrt.

Die Bundeswehr soll alles anders machen als die anderen deutschen Armeen bislang: demokratisch sein, als Parlamentsarmee unter Kontrolle der Abgeordneten stehen. Es gilt das Primat der Politik. In den Streitkräften dienen »Staatsbürger in Uniform«, die als freie Persönlichkeiten und verantwortungsvoll handelnde Demokraten für den Staat und das politische System eintreten, so stellen es sich die Gründerväter vor.

Eine reformierte Armee fordern auch viele Politiker im Bundestag ein. So soll der politische Einfluss der Generäle stark beschränkt sein. Die militärischen Anführer in der Bundesrepublik dürfen Ratgeber sein, keine Entscheider. Und so wird der Generalinspekteur, der höchste Soldat, in der Hierarchie des Bundesverteidigungsministeriums, unter den Staatssekretären angesiedelt. Die Bundeswehr erhält anders als ihre Vorgängerin keinen militärischen Oberbefehlshaber und keinen Generalstab.

Es gibt eine zivile Leitung des Ressorts, an der Spitze steht ein Minister, kein aktiver Soldat, so soll der Vorrang der Politik gesichert werden. Der Inhaber der Befehls- und Kommandogewalt ist ein Politiker, im Frieden der Verteidigungsminister, im Kriegsfall der Bundeskanzler. »Wir wollen Streitkräfte in der Demokratie, die sich dem Vorrang der Politik fügen. Sie sollen die Grundsätze der Rechtsstaatlichkeit achten, die staatsbürgerlichen Grundrechte und Grundpflichten ernst nehmen und die Würde des Menschen anerkennen«, erklärt Theodor Blank im Juni 1955, einige Monate vor der Gründung der Armee im Plenarsaal des Bundestages in Bonn. »Sie sollen bereit sein zur Verteidigung gegen jeden, der den Frieden bricht.«

Die Bundesregierung sieht die Armee als einen Teil der Exekutive. Sie dürfe kein Staat im Staate sein, erklärt Blank, der vom »Inneren Gefüge«, spricht. Später setzt sich der von Wolf Graf von Baudissin geprägte Begriff der »Inneren Führung« durch. Erstmals benutzt Blank diese Bezeichnung Anfang 1953, als »Sammelbegriff für die organisatorische Zusammenfassung der Arbeitsgebiete Inneres Gefüge, Information und Erziehung sowie Truppenbetreuung«. Das klingt bürokratisch und wenig leidenschaftlich, Blank geht es um eine Organisationskultur, die manchem Soldaten verordnet werden muss.

Baudissin und anderen Reformern geht es um sehr viel mehr. Sie wollen eine neue Führungskultur für die Armee schaffen, ein Traditionsbild installieren, das auf die Wehrmacht verzichtet. Er weiß, dass viele seiner Kameraden, die wie er in der Wehrmacht gedient haben, in Ruhe gelassen werden wollen mit Reformen und Erneuerungen. Sie wollen eigentlich die Bundeswehr nach dem Vorbild der von den Alliierten aufgelösten Armee errichten, dieselbe »Manneszucht« bei den Rekruten anwenden, die Verbrechen im Ostfeldzug ausblenden, den Kadavergehorsam gegenüber den Nationalsozialisten verdrängen, den ein Großteil des Offizierskorps im »Dritten Reich« gezeigt hatte.

Baudissin aber will mit dem Konzept der »Inneren Führung« für eine Abgrenzung zur Vorgängerarmee sorgen, trotz aller personeller Kontinuitäten. Mit Vorschriften für den Umgang in der Truppe, das Verhalten der Vorgesetzten, die Ausbildung will er einen Rückfall der neuen Truppe zu alten Unsitten verhindern – und mit ständiger Überzeugungsarbeit. Er setzt die politischen Vorgaben in Vorschriften und Planungen um. So gibt der Erlass »Erzieherische Maßnahmen« den militärischen Anführern einige Regeln für den Umgang mit Untergebenen im Dienstbetrieb an die Hand. »Baudissin, dieser Spiritus Rector der Militärreform, erkannte ebenso faszinierend wie genial die Zeichen der Zeit und stellte sich im schwierigen Prozess der allgemeinen Demokratisierung der Republik als Wortführer an die Spitze jener Kräfte, die das Militär auf den Kurs der Erneuerung brachten«, stellt Detlef Bald in seiner kritischen Geschichte der Bundeswehr fest.

Leicht hatte es Baudissin in seiner Bundeswehr nie. Er fordert selbstdenkende Soldaten, die in der Demokratie verankert sind, aber auch dem Prinzip von Befehl und Gehorsam folgen. Das neue Bild des Soldaten passt so gar nicht zur NS-Propaganda, mit der die Veteranen aufgewachsen sind und die sie verinnerlicht haben, die von Männern aus Stahl geschwärmt hat, die jeder Herausforderung mit Entschlossenheit begegnen, Härte gegenüber sich selbst und gegenüber dem Gegner zeigen.

Anders als die Nationale Volksarmee im anderen Deutschland gibt es für die Bundeswehr keinen ideologischen Auftrag. Sie soll Freiheit und Demokratie verteidigen, sie kämpft aber nicht für eine Weltanschauung wie die NVA. Und anders als in den Streitkräften der DDR gibt es bei der Bundeswehr auch keine Politoffiziere oder die Anlehnung an eine Partei.

Stattdessen entsteht ein »Beirat für Fragen der Inneren Führung«, der die militärische Führung berät.

Baudissin setzt sich zunächst durch, die von ihm angestoßenen Reformen werden verbindlich. Dabei unterstützen ihn seine Vorgesetzten allerdings nicht immer so entschlossen wie nötig, auch Heusinger nicht. Und daher hoffen seine Gegner, die Reformen zurückdrehen zu können. Ständig liegt Baudissin im Streit mit den Traditionalisten. Er ist nicht unumstritten, nimmt wenig Rücksicht auf Bedenkenträger, stößt altgediente Offiziere vor den Kopf, die Modernisierungen kritisch sehen. »Wenn sie ihn hören oder von ihm lesen, bekommen sie immer das Gefühl, als hielte er die ganze Art und Weise, in der sie ihre Soldaten behandelt und durch den ganzen langen Krieg hindurchgeführt haben, für schlecht und erfolglos«, hält Gerd Kobe in seinen Memoiren fest. »Das mag sich aber keiner, der seine Männer fünf Jahre lang geführt und in den schwersten Lagen zusammengehalten hat, sagen lassen.« Darin sieht Kobe den Grund für die vielen negativen Reaktionen auf Baudissins Ideen, die er generell richtig findet. In einer von Kobe mitverfassten Zentralen Dienstvorschrift 3/1 aus dem Dezember 1955 heißt es beispielsweise: »Die ihm anvertrauten Soldaten achtet der Ausbilder als Menschen und schätzt sie als Kameraden.« Und weiter: »Er stärkt den Willen seiner Soldaten, ohne ihn zuvor zu brechen, und lenkt ihn in die rechte Bahn. Nicht nur die Leistung, auch guter Wille ist anzuerkennen. Lob soll häufiger sein als Tadel.«

Kobe leidet darunter, dass die neuen Streitkräfte in der Gesellschaft auf so großes Misstrauen stoßen. »Am Anfang jeder Aussage über die Soldaten steht doch immer das Negative, also das, was sie nicht sein, was sie nicht tun, wie sie nicht denken sollen, sogar seitens der Männer, die diese neue Streitmacht konzipiert haben.« So äußert er sich gegenüber einem Kameraden im Herbst 1955. »Das macht mich manchmal ganz verzweifelt. Was kann man denn von einer solchen Armee erwarten?«

Wie anders die neuen Streitkräfte sein sollen, zeigen auch die Pläne für die »Führungsakademie« der Bundeswehr. Im Frühjahr 1955 diskutieren die Verantwortlichen und ihre Berater über die künftige Generalstabsausbildung bei der Bundeswehr. Auf eine umfassende Schulung der Offiziere, die über taktische Einweisungen am Sandkasten hinausgeht, legt die militärische Leitung großen Wert. Das Bildungswesen der nationalsozialistischen Streifkräfte gilt nicht mehr als vorbildlich, nicht nur wegen der Verstrickung des militärischen Führungspersonals in den Vernichtungskrieg, sondern wegen der fehlenden Kenntnisse der Absolventen. In den 1930er-Jahren sei zu viel Wert auf Taktik sowie Operationsführung und zu wenig auf Bildung gelegt worden, lautet ein Kritikpunkt. Dazu haben die Akademien des Heeres, der Luftwaffe und der Marine sehr unterschiedlich ausgebildet und sich über Ziele und Lehrinhalte nicht abgestimmt. Das sollte bei der Bundeswehr besser werden.

Die neuen westdeutschen Spitzenoffiziere sollten auch Einblicke in die Kriegsgeschichte, in den Aufbau des Staates und in die Funktion von Gesetzgebung und Justiz erhalten. Dazu sollen Pädagogik und Psychologie eine größere Rolle spielen, so hält es eine Merkschrift im Frühjahr 1955 fest. Und: »Neben dem eigenen Land und Volk, seiner Geschichte und Lebensart, seinen Kraftquellen und seinen Fähigkeiten müssen ebenso die Verbündeten und auch die möglichen Gegner erkannt werden.«

Im Mai und Juni 1956 kommt es in Sonthofen zum ersten Offizierslehrgang. Mitarbeiter aus der Abteilung von Baudissin stellen das Konzept der »Inneren Führung« vor. Ihr Chef referiert über »Situation und Leitbild: Staatsbürger in Uniform«. Ein paar Monate später, im Oktober 1956, nimmt die »Schule für Innere Führung« in Koblenz ihren Betrieb auf, die den Vorgesetzten das Leitbild des »Staatsbürgers in Uniform« näherbringen soll. Zudem wird dort weiter geforscht, die Ideen der Reformer werden weiterentwickelt. Für Baudissin und seine Mitstreiter ist der Beginn des Lehrbetriebs ein großer Erfolg. Kontrovers werden auch diese Pläne diskutiert. Es gibt hochrangige Offiziere, die sich dagegen aussprechen, die künftigen Generäle und Oberste mit Wissen zu überfrachten. Sie setzen auf die traditionelle Ausbildung der Wehrmacht.

Aber die Skeptiker können sich zunächst nicht behaupten. Ihnen gelingt es auch nicht, den Aufbau eines unabhängigen »Beirats für Fragen der Inneren Führung« zu verhindern, dessen Mitglieder aus dem öffentlichen Leben, aus Wissenschaft und Lehre kommen. Der Beirat unterstützt Baudissin und seine Mitstreiter dabei, weitere Reformen zu verankern, wie mehr Beteiligungsrechte für Soldaten, die Bildung in den

Streitkräften zu verbessern und zentrale Erlasse über die Traditionspflege auf den Weg zu bringen.

1957 erscheint erstmals das »Handbuch Innere Führung«, das in der Truppe »Schleifertum« und andere Entgleisungen durch Vorgesetzte verhindern soll. Generalinspekteur Heusinger bezeichnet die Schrift als »eine Übersicht über Grundlagen, Aufgaben, Ziele und Wege der ›Inneren Führung‹ in der deutschen Bundeswehr«. Sie soll allen Offizieren der westdeutschen Streitkräfte ausgehändigt werden. Baudissin hinterfragt in dem Handbuch das Menschenbild der Altgedienten: »Jeder, der sich neuen Wegen mit dem Hinweis auf die unbestreitbare Bewährung der Menschenführung an der Front verschließt, sollte sich fragen, ob dort noch das alte Leitbild von zackig-strammen Soldaten und von der Paradekompanie, die nach der Größe eingeteilt war, galt und ob nicht gerade dort der Wert der Truppe durch anderes bestimmt wurde als durch bloße äußerliche Disziplin.« Der überstürzte Aufbau der Bundeswehr verhindert aber, dass jeder Truppenführer in die Reformideen eingeführt wird.

Baudissin und seine Mitstreiter überzeugen außerhalb der Bundeswehr auch Skeptiker. Im Oktober 1958 hält Max Brauer, der sozialdemokratische Bürgermeister Hamburgs, eine Rede zur Grundsteinlegung von Neubauten der Führungsakademie. Er gibt den Offizieren einige Forderungen mit auf dem Weg. »Unser demokratischer Staat ist nach dem Zweiten Weltkrieg noch in der Entwicklung begriffen. Die Sicherung und Festigung der Demokratie ist eine Aufgabe, die alle Deutsche angeht. Die Bundeswehr ist berufen, in diesem Bemühen zu helfen«, sagt der Sozialdemokrat, der vor den Nationalsozialisten ins Exil geflohen war. Er hat nicht in Uniform an der Front gekämpft, aber dennoch gegen das Hitler-Regime gestritten, als Berater und Autor.

Die SPD stand kritisch zur Wiederbewaffnung und generell auch zum Militärischen. Nun spricht Brauer zu den künftigen Führungskräften der neuen Armee, die in seiner Heimatstadt ausgebildet werden. Er mahnt die Soldaten, sich nicht als abgekapselte Elite zu sehen: »Jetzt gilt nicht mehr das Wort aus der Vergangenheit, dass das Heer über dem Volk steht. Es ist ein Teil des Volkes.«

Generalinspekteur Heusinger betont in seiner Ansprache die neuen Anforderungen an die Offiziere. Sie müssten Träger der Idee der freiheitlichen Lebensordnung des Westens sein, »zu deren Bewahrung wir in der NATO zusammenarbeiten. Wir können hier zwar anknüpfen an die Kontinuität der deutschen Generalsausbildung, an die überlieferten Werte der Persönlichkeitsbildung, wie sie nun bald seit 150 Jahren auf deutschen Kriegsakademien vermittelt worden sind. Aber sie bedürfen in unserem Zeitalter und angesichts der völlig neuen Situation, in der wir seit 1945 stehen, einer außerordentlichen Erweiterung im Ideellen und Materiellen«. Wie wichtig die Führungsakademie für die Bundeswehr ist, zeigt der feierliche Rahmen der Grundsteinlegung. Auch Verteidigungsminister Franz Josef Strauß gibt sich die Ehre, dazu hochrangige Vertreter der Streitkräfte.

Neuen Ideen, gerade denen Baudissins, stehen viele altgediente Generäle weiterhin ablehnend gegenüber. So schlägt Generalleutnant Hans Röttiger im Herbst 1958 vor, die neuen Streitkräfte »grundsätzlich an die Wehrmachtstradition« anknüpfen zu lassen. Röttigers Wort hat Gewicht, als erster Inspekteur des Heeres gehört er zu den ranghöchsten Soldaten der Bundeswehr. Im NS-Staat war er bis zum General der Panzertruppe aufgestiegen. Für ihn ist es selbstverständlich, dass die neue Armee die Geschichte der Vorgängerin fortschreibt, einen Bruch der Traditionslinie will er nicht akzeptieren. Dennoch bleiben die Grundsätze der Streitkräfte bestehen, der »Staatsbürger in Uniform« ist weiterhin das Idealbild eines Soldaten in der Demokratie. Und dieses Konzept passt nicht zur Tradition der Wehrmacht.

Ideal und Realität liegen bei der »Inneren Führung« weit auseinander. Die Gesetze und die Dienstvorschriften zur Ausbildung und zum Umgang in der Truppe wirken modern. Die Beharrungskräfte der alten Wehrmachtsangehörigen sind aber beachtlich. Die verordneten Richtlinien und Gesetze heften Vorgesetzte oft sorgfältig ab und gehen dann wieder zu den Methoden über, die sie selbst als junge Soldaten gelernt haben – in der Wehrmacht.

Am 19. Februar 1959 wählt der Bundestag mit Helmuth von Grolman den ersten Wehrbeauftragten. Mit diesem Amt wollen die Parlamentarier ebenfalls die Innere Führung stärken. Der Posten wurde auf Druck der SPD geschaffen. Ihre Abgeordneten wollen so die Grundrechte der Soldaten besser schützen, gerade auch der Wehrdienstleistenden. Bereits fast drei Jahre zuvor hatte der Bundestag zugestimmt, einen Vertreter für die parlamentarische Kontrolle der Truppe zu benennen. Das Wehrbeauftragtengesetz vom 26. Juni 1957 legt dessen Kompetenzen fest. Aber Verteidigungsminister Strauß hat lange versucht, den Aufbau des Amtes zu verhindern.

Sich in der Truppe, gegenüber der Politik und in der Öffentlichkeit das nötige Gehör zu verschaffen, fällt von Grolman schwer, obwohl er als Generalleutnant a. D. und als Abgeordneter sowohl das Militär als auch den parlamentarischen Betrieb kennt. Konservative, Traditionalisten und Technokraten in Uniform lehnen es ab, dass die Truppe sich gegenüber dem Parlament, also Externen, so weit öffnen muss. Schließlich kann der Wehrbeauftragte unangemeldet in Kasernen auftauchen, einfache Soldaten dürfen sich an ihn wenden, ohne vorher ihre Vorgesetzten zu konsultieren, und in seinen Berichten kann er offen Missstände in der Truppe ansprechen. Für viele Altgediente geht diese Transparenz zu weit.

Weiterhin bestehen in der Truppe unterschiedliche Auffassungen, was unter »Innerer Führung« verstanden werden sollte. »Das ursprüngliche Konzept Baudissins wurde in den fünfziger und sechziger Jahren zwar zur ›offiziellen Doktrin‹, jedoch anscheinend mehr aus Public Relations-Erwägungen heraus beziehungsweise aus Rücksichtnahme auf eine kritische, öffentliche Meinung, denn als ernsthafte Grundlage zur Prägung einer demokratisch orientierten Kultur innerhalb der Bundeswehr«, stellt der damalige Hauptmann und spätere Brigadegeneral Helmut W. Ganser 1980 fest: »Den wenigen Reformern um Graf Baudissin fehlte von Anfang an die politische und militärische Unterstützung zur Durchsetzung ihrer Vorstellungen.« So bleibt die »Innere Führung« die offizielle Doktrin der Bundeswehr. Aber in weiten Teilen der Streitkräfte wird das Prinzip nicht gelebt, solange die Ausbilder und Führungskräfte in der NS-Zeit sozialisiert worden sind.

Hauptmann Ganser studiert unter anderem bei Wolf von Baudissin, der nach Ende seiner Dienstzeit Gründungsdirektor des und Professor am Hamburger Institut für Friedensforschung und Sicherheitspolitik war. Der kritische Offizier schreibt ein Buch über die Zustände der Bundeswehr. In »Technokraten in Uniform« bemängelt Ganser vor allem den

Umgang mit Wehrpflichtigen. Die Rekruten kämen »eher neugierig und hoffnungsvoll zur Bundeswehr«, um dann demotiviert und demoralisiert zu werden. »Statt Vermittlung der Sinnhaftigkeit des militärischen Dienstes erreicht sie, dass die Wehrpflichtigen am Ende ihrer Dienstzeit weniger vom Sinne ihres Dienstes überzeugt sind als vorher«, stellt Ganser fest. Er sieht als einen der Gründe die schlechte Ausbildung bei Gruppenführern, jungen Unteroffizieren und Zugführern. Sie seien nicht ausreichend in der Lage, »ihr Führungsverhalten an sozial- und gruppenpsychologischen Überlegungen zu orientieren«. Gansers Fazit: »Die Bundeswehr ist ein technischer Riese, aber ein pädagogischer Zwerg.«

Schon 1973 kam das Sozialwissenschaftliche Institut der Bundeswehr in einer Umfrage zu dieser nüchternen Erkenntnis: 50,6 Prozent der befragten Wehrpflichtigen empfinden ihren Dienst als mehr oder weniger sinnlos. Das Institut stellt 1974 fest: »Die Tatsache, dass die Bundeswehr ihren Sinn und Zweck nicht zureichend darzustellen vermag, liegt wohl an der Unterbewertung und der Überforderung der Gruppenführer.« Deutlicher wird das Bundesverteidigungsministerium zwei Jahre später: »Es besteht allgemeine Übereinstimmung darüber, dass die als Teileinheitsführer und Ausbilder eingesetzten jungen Unteroffiziere den ständig gestiegenen Anforderungen ihres Dienstpostens nicht mehr gewachsen sind«, hält der Führungsstab der Streitkräfte fest. »Die Vorbereitung der Gruppenführer auf ihre pädagogische Funktion ist unzureichend.« Werbung für den Arbeitgeber Bundeswehr ist das nicht.

KAPITEL 5

Blau gegen Rot – Die verfeindeten Brüder bringen sich in Stellung

Während in Westdeutschland die Wiederbewaffnung anläuft, planen die Verantwortlichen im Osten ebenfalls, Streitkräfte aufzustellen. Zunächst setzt die SED auf Paramilitärs. Ende 1951 gibt es bereits 50 000 kasernierte Polizisten in der DDR. Daraus soll eine reguläre Armee entstehen. Im Juli 1952 verkündet die Führung der SED das Aufstellen »Nationaler Streitkräfte«. Wilhelm Pieck begründet die Aufrüstung auf dem II. Parteikongress der SED mit der vom Westen ausgehenden Kriegsgefahr. »Die Schaffung nationaler Streitkräfte der Deutschen Demokratischen Republik bedeutet durchaus nicht, dass wir gegen Irgendjemand zu Felde ziehen müssen.« Pieck, Präsident der DDR und ein Kommunist der alten Schule, gibt sich kämpferisch: »Wenn aber die Imperialisten den dritten Weltkrieg entfesseln, so muss und wird dieser Krieg zum Grab nicht nur einzelner westeuropäischer kapitalistischer Staaten, sondern des Weltimperialismus werden.«

Pieck hat sich zuvor in Moskau abgesichert. Er hält fest, wie der Plan aussieht. »Nicht Miliz, sondern ausgebildete Armee«, notiert er sich. Für ihn und seine Genossen an der Spitze des Staates und der Partei geht es um die Sicherheit der DDR – aber nicht nur vor den Kapitalisten auf der anderen Seite des Eisernen Vorhangs. Sie wollen auch ein Instrument aufbauen, mit dem sie ihre Macht nach Innen verteidigen können.

»Mit dem ›Schlüsseljahr 1952‹ beschleunigte sich ein Aufrüstungsprozess, der die wirtschaftlichen und personellen Möglichkeiten des noch jungen Staates auf das Äußerste beanspruchte«, stellt Matthias Rogg fest, Oberst der Bundeswehr und Militärhistoriker. Die »Freunde«, wie die Verbündeten aus Moskau in der DDR genannt werden, verlangen einen »angemessenen Beitrag« der Ostdeutschen zur Verteidigung.

Bis tatsächlich reguläre Streitkräfte durch die Regierung in Ost-Berlin aufgestellt werden können, dauert es aber noch Jahre. Ähnlich wie im Westen des geteilten Landes, sind auch die Pläne im Osten ehrgeizig und überambitioniert. Für die kleine DDR sehen die Verantwortlichen eine 300 000 Mann starke Armee vor, die über Kampfpanzer, Jets und U-Boote verfügen soll. Noch bleibt es aber bei der bisherigen Tarnung, die entstehenden Streitkräfte heißen Kasernierte Volkspolizei (KVP). Ende 1952 dienen in ihr bereits 90 000 Bewaffnete. Die Sowjetunion liefert fast 700 Kampfpanzer, Schützenpanzer und Sturmgeschütze. Dafür lässt die Regierung in Moskau sich von den Genossen in Ost-Berlin bezahlen, die Aufrüstung hat ihren Preis. Die Marine der Kasernierten Volkspolizei verfügt bereits über 69 Boote, darunter Minenleger. Ab 1953 erhält auch die KVP-Luft mehrere Übungsjäger vom Typ Jak-11.

Walter Ulbricht, der Erste Sekretär des Zentralkomitees der SED, nutzt die bewaffneten Kräfte, um das Regime zu stabilisieren und Gegner niederzuhalten. Beim Arbeiteraufstand in der DDR, der am 17. Juni 1953 beginnt, erhält die KVP den Befehl, die Unruhen niederzuschlagen, notfalls unter Einsatz scharfer Waffen. Den »Schießbefehl« verweigert kaum einer der Männer. 15 000 KVP-Angehörige unterstützen sowjetische Soldaten beim Vorgehen gegen die rebellierenden DDR-Bürger und streikenden Arbeiter. Mehr als 50 Menschen sterben beim Volksaufstand, 10 000 nehmen die Sicherheitsbehörden fest. Die Unruhen bestärken das Regime bei den Aufrüstungsplänen.

Der Arbeiteraufstand schreckt die Staatsführung der Deutschen Demokratischen Republik auf. Sie will ihre Macht nun mit regulären Soldaten absichern. Am 18. Januar 1956 tagt die Volkskammer der DDR in Ostberlin. Kurzfristig setzt die SED-Führung dem Parlament einen wichtigen Punkt auf die Tagesordnung. Das »Gesetz über die Schaffung der Nationalen Volksarmee und des Ministeriums für Nationale Verteidigung«. Den Entwurf erhalten die Abgeordneten erst in der Mittagspause. Am Nachmittag begründet dann Willi Stoph, Mitglied des Politbüros und Stellvertreter des Vorsitzenden des Ministerrates, den Antrag. Als er ans Mikrofon tritt, trägt er die Uniform eines Generalobersten. In Schnitt und Farbe erinnern Hose und Jacke an die Wehrmacht. Für Stoph macht es die »Aufstellung einer westdeutschen Söldnerarmee«

und die »Einbeziehung Westdeutschlands in den aggressiven Nordatlantikpakt« nötig, »Maßnahmen zu treffen, die die Verteidigungsfähigkeit unserer Republik gewährleisten«.

Das »Nationale« betonen die Verantwortlichen so stark, weil sie die »Amerikanisierung« der Bundeswehr kritisieren wollen. Die NVA knüpft bewusst an die Traditionen der Reichswehr und Wehrmacht an. Der Generalmajor der Nationalen Volksarmee, Bernhard Bechtler, der im Kessel von Stalingrad gegen die »Bolschewiken« gekämpft hat und nun dem Kommunismus in Ostdeutschland dient, betont: »Das äußere Bild sollte stärker die nationale Frage herausstellen. Und das war vielleicht für uns deutsche Menschen hier insgesamt ein stärkerer Magnet, als wenn wir uns hier rein nach sowjetischem Vorbild gerichtet hätten.« Die Genossen in der UdSSR drängten ihre gelehrigen Schüler in Ost-Berlin dazu, für ihre Streitkräfte eine eigene Identität zu suchen – aber nur äußerlich. Bei taktischen und operativen Grundsätzen muss die NVA sich an der Roten Armee orientieren.

Anders als die Bundeswehr, die ab 1956 Wehrpflichtige zieht, stellt die DDR-Führung die NVA zunächst als Freiwilligenarmee auf. Damit sind die ostdeutschen Truppen im Ostblock einzigartig. Die SED-Spitze nutzt die »Freiwilligkeit« des Militärdienstes im Sozialismus zur Propaganda, kritisiert den Zwang für junge Männer im Westen, zur Bundeswehr gehen zu müssen. So will das Regime das kapitalistische System auf der anderen Seite der Grenze diskreditieren.

Wie auch die Bundeswehr strebt die NVA den Aufbau eines modernen, mobilen, stark motorisierten Heeres an. Getreu der sowjetischen Militärdoktrin liegt die Hauptstoßkraft bei der Panzertruppe. Die schweren Kettenfahrzeuge sollen die Verteidigungsstellungen des Gegners durchbrechen. Begleitet werden die Kolosse von der motorisierten Schützentruppe, auf deren Ausbau die ostdeutsche Generalität ebenfalls starkes Gewicht legt. Diese Soldaten rücken in Schützenpanzern vor und nutzen, wie auch andere Heeressoldaten, vor allem die Kalaschnikow AK-47, die in den ersten Jahren nach ihrer Gründung von der NVA eingeführt wird. In der DDR wird diese nach ihrem Konstrukteur Michail Timofejewitsch Kalaschnikow benannte Waffe als Maschinenpistole bezeichnet, im Westen gilt sie als Sturmgewehr. Davon benötigt die NVA so viele Exemplare, dass ein Nachbau Sinn macht. In Wiesa in der DDR entsteht eine Fabrik für die Lizenzfertigung der AK-47.

Stoph wird zum ersten Verteidigungsminister berufen. Als Chef des Hauptstabes steht ihm Vincenz Müller zur Seite, der wahrlich kein lupenreiner Kommunist ist, sondern in der Wehrmacht als Generalleutnant einen hohen Rang erreicht hat, an der Ostfront ein Armeekorps führte und mit dem Ritterkreuz ausgezeichnet worden war. Die DDR muss beim Aufbau ihrer Streitkräfte auf erfahrenes Personal der Wehrmacht zurückgreifen. Die »Freunde« in Moskau stimmen dieser Rekrutierungspraxis ohne Bedenken zu.

Müller gilt zunächst als unverzichtbar, er hat sich bereits beim Aufbau der KVP bewährt. Lange behält er seine Spitzenfunktion jedoch nicht. Im März 1958 muss er ausscheiden, offiziell wegen Krankheit. Er engagiert sich in der National-Demokratischen Partei Deutschlands, einer der von der SED akzeptierten Blockparteien. Drei Jahre nach dem unfreiwilligen Ende seiner Militärkarriere begeht er Suizid. Sein Sohn flieht in den Westen.

Nicht nur Müller sortiert die Staatsspitze der DDR aus, sie trennt sich schließlich von fast allen Führungskräften, die bereits unter Hitler gedient haben. Sie akzeptiert ausschließlich politisch zuverlässige Generäle. 1960 dienen kaum noch frühere Wehrmachtsoffiziere in der NVA, Unterführer und Mannschaftsdienstgrade, die bereits im Zweiten Weltkrieg gekämpft haben, bleiben aber in der Truppe. Die Nationale Volksarmee hätte ansonsten schlicht zu wenige erfahrene Soldaten. Genügend alte Spanienkämpfer oder deutsche Angehörige der Roten Armee finden sich in der DDR nicht, um damit eine Armee aufzubauen.

Denn in der NVA sieht die SED einen bedeutenden Machtfaktor für die Innen- und Außenpolitik. Ihr Kernauftrag ist, genau wie bei ihrem Gegenüber auf der anderen Seite der deutsch-deutschen Grenze, die Landesverteidigung. Zudem soll sie die »sozialistischen Errungenschaften« schützen. Im Gegenzug gilt die Bundesrepublik als militaristischer, von Imperialisten hochgerüsteter Staat und die NATO als eine Bedrohung des Friedens. Als »amerikanische Söldnerarmee« bezeichnen Vertreter der DDR die westdeutschen Streitkräfte. Für ihre Propaganda ist es ein Geschenk, dass an der Spitze der Bundeswehr zahlreiche alte

Wehrmachtsgeneräle stehen. Faschisten führen in der Logik der SED die Streitkräfte des Klassenfeindes an.

Hunderttausende sowjetische Soldaten bleiben in der DDR stationiert. Auch in Polen, Rumänien und Ungarn stehen Verbände aus der UdSSR, sichern das Bündnisgebiet des Warschauer Paktes und den Einfluss des Kreml auf die Partner vor Ort. Die Streitkräfte der Deutschen Demokratischen Republik bleiben von der Sowjetunion abhängig, die »Freunde« prägen die Volksarmee. Es gibt gemeinsame Manöver, Ausbilder kommen aus der UdSSR, leitende Offiziere für die Streitkräfte schickt die SED zu zweijährigen Studien an Militärakademien in der Sowjetunion. Und das Material der NVA stammt von russischen und ukrainischen Rüstungsproduzenten. So erhält sie eine größere Zahl von Kampfpanzern T-34. Dieser Typ wurde bereits im Zweiten Weltkrieg eingesetzt und auch von den Nordkoreanern 1950 genutzt.

Von der Roten Armee übernimmt die Nationale Volksarmee deren hohen Grad der Gefechtsbereitschaft. Mindestens 85 Prozent des Militärpersonals muss daher ständig in den ostdeutschen Kasernen präsent sein. Das Leben der Soldaten ist von dieser Doktrin geprägt. Sie leben hinter Mauern und Stacheldraht, verlassen diese Welt kaum, kommen so selten aus der Kaserne heraus, dass es dort Besuchsräume gibt, in denen Uniformierte ihre Familien oder Freunde treffen können.

Dem »Klassenfeind« ergeht es besser. In Westdeutschland dürfen die Angehörigen der Bundeswehr meist bereits am Freitagnachmittag aufbrechen, um das Wochenende zu Hause zu verbringen, wenn keine Wachschichten, Manöver oder sonstigen Dienste anstehen. Wehrpflichtige sollen zudem möglichst heimatnah verwendet werden. Sie behalten so den Kontakt zum Freundeskreis.

Zwar unterhält das Militär der DDR eigene Kulturhäuser, Sportzentren, Ferienheime und Wohnanlagen. Aber der Umgang mit den Uniformierten offenbart große Mängel. »Innere Führung«, das Ideal der Bundeswehr, existiert bei der NVA nicht. Durchschnittlich kommen jedes Jahr mehr als 100 Soldaten durch Unfälle und »besondere Vorkommnisse« im Dienst ums Leben. Wer nicht angepasst genug auftritt, wird oft Opfer brutaler Schikanen. Noch schlechter ergeht es Kritikern des Systems oder politisch Andersdenkenden. Der Repressionsapparat beruht auf Disziplinierungen, Parteierziehung und strafrechtlicher Verfolgung.

Nach außen generiert sich die NVA als die fortschrittlichste deutsche Armee, die es jemals gab. Dennoch sieht sie sich in der Militärtradition verankert. Nicht nur ihre Uniform, auch der Drill erinnert an die Wehrmacht. Die NVA beruft sich jedoch offiziell auf Kräfte, die mehr revolutionär und sozialistisch wirken. Sie stellt sich in einer Linie mit den Milizen des Bauernkrieges im 16. Jahrhundert, der badisch-pfälzischen Revolutionstruppe 1849 und der Volksmarinedivision 1918/19. »Die NVA sah sich als Erbin und Fortsetzerin alles Progressiven und Revolutionären in der deutschen Militärgeschichte«, stellt Rüdiger Wenzke in seiner »Geschichte der Nationalen Volksarmee« fest. »Daher verwundert es nicht, wenn die Gründung der NVA in der früheren DDR-Militärgeschichtsschreibung als Ausdruck der Wende in der deutschen Militärgeschichte bezeichnet wurde.«

Das sieht man im Westen anders. Dort gilt die NVA als Instrument der Unterdrückung. Auf beiden Seiten ist das Feindbild klar – und ideologisch hinterlegt. In den Manövern der Bundeswehr heißt der Gegner nicht DDR oder UdSSR. Die Militärs lassen stets den Kampf von »Blau« gegen »Rot« üben. Die Bundeswehr muss beim Training den Angriff der »Roten«, der Kommunisten, abweisen. Aus Sicht der Bundeswehr muss Blau siegen, damit der Verlauf eines Manövers als erfolgreich gelten kann.

Die NVA soll offiziell den Sozialismus verteidigen und die Arbeiterklasse schützen. Als Gegner stehen die Bundesrepublik und die Staaten des NATO-Bündnisses fest. Anfang der Sechzigerjahre erklärt Nikita Chruschtschow den massiven Einsatz von Raketen zur neuen Strategie der UdSSR. Damit reagiert er auf die starke Aufrüstung des Westens mit konventionell und nuklear bestückten Flugkörpern. Aber auch für das Vorgehen am Boden existieren bereits detaillierte Ausarbeitungen. In den Tresoren des sowjetischen Generalstabs liegen Pläne, die dem strategischen Grundprinzip folgen, dass ein energischer Angriff besser sei als starre Verteidigung. Die Militärdoktrin des Warschauer Paktes setzt auf Offensive.

Die NVA ist kein Staat im Staate, aber auch keine Armee des Volkes, wie die SED immer behauptet. Die Gesellschaft hat keinen Einfluss auf die Streitkräfte. Alle wichtigen Entscheidungen für das Militär trifft die ostdeutsche Parteiführung, meist nach Absprachen mit den »Freunden« in der Sowjetunion.

Wie unzufrieden viele DDR-Bürger mit ihrem Staat sind, zeigt die »Abstimmung mit den Füßen«. Zwischen 1949 und 1961 sind bereits 2,6 Millionen Menschen aus der SBZ und der DDR geflohen. Die Nationale Volksarmee erhält den Auftrag, die »Republikflucht« zu stoppen. Am 13. August 1961 riegeln Soldaten des selbsternannten Arbeiter- und Bauernstaates das letzte offene Stück der Grenze zur Bundesrepublik ab. In Berlin beginnt der Bau der Mauer. Einen Monat später, am 15. September, unterstellt die SED-Spitze die Grenzpolizei dem Verteidigungsministerium. Der Schutz der innerdeutschen Grenze gehört nun zu den Aufgaben des Militärs. Zwischen DDR und Bundesrepublik entstehen »Todesstreifen« mit Selbstschussanlagen, Stromzäunen und Soldaten, die auf Flüchtlinge feuern müssen. An der deutsch-deutschen Grenze sterben mindestens 238 Menschen bei der Flucht.

Zwei Tage nach dem Beginn des Mauerbaus flieht der Grenzsoldat Conrad Schumann in den Westen. An der Stelle, die er in Berlin bewachen muss, Ecke Ruppiner und Bernauer Straße, besteht die Absperrung zu diesem Zeitpunkt nur aus 80 Zentimeter hohen Stacheldrahtrollen. Schumann nimmt kurzen Anlauf und setzt darüber, schmeißt in der Luft sein Sturmgewehr weg und rennt zu einem Auto der Westberliner Polizei, in das er einsteigen kann. Das Foto seiner Flucht geht um die Welt. Es ist eine der bekanntesten Aufnahmen aus der Zeit des Kalten Krieges. Der Westen sieht in dem 19-Jährigen ein Symbol: Dem Gegner laufen die eigenen Soldaten davon.

Der Bau der Berliner Mauer macht den Bürgern im Westen den Wert der Sicherheit bewusst. So zeigt es eine Umfrage des Meinungsforschungsinstituts Allensbach. Sie ergibt, dass im August 1961 die Zahl der Befürworter der Bundeswehr bei 60 Prozent liegt, im Oktober 1956 waren es nur halb so viele. Allerdings würden 24 Prozent die Streitkräfte wieder abschaffen, wenn das noch möglich wäre.

Vier Wochen nach dem Mauerbau sorgen zwei Jagdbomber der Bundeswehr für weitere Anspannung zwischen Ost und West. Am 14. September 1961 heben Peter Pfefferkorn und Stabsunteroffizier Hans Eberl vom Jagdbomber-Geschwader 32 mit ihren beiden Maschinen in Lechfeld bei Augsburg ab. An diesem Donnerstag nehmen sie am multinationalen Luftwaffen-Manöver CHECKMATE (»Schachmatt«) teil. Sie sollen einen Dreieckskurs fliegen, von Würzburg über Laon nach Memmingen, verfliegen sich jedoch gehörig und finden sich auf einem der drei Korridore nach Berlin wieder, den alliierte Maschinen zum Anflug auf die Hauptstadt nutzen können, aber keine Jets der Bundeswehr.

Den beiden F-84 droht der Abschuss durch die NVA oder die Sowjets. Und tatsächlich steigen MiG-Jäger auf. Pfefferkorn und Eberl schützt wohl nur ein dichtes Wolkenfeld vor den Verfolgern. Sie schaffen es, in Tegel zu landen. Ihre Maschinen werden zunächst in einem Hangar versteckt, dann ausgeschlachtet und die Technik mit einer Militärmaschine zurück nach Westen geflogen. Die Piloten kommen in Arrest, sie werden als Strafe zur Bodencrew versetzt und dürfen nicht mehr fliegen. Auf dem Flughafen Tegel werden die Überreste der Jagdbomber später vergraben. Die DDR-Presse höhnt über die schlechte Rüstungstechnik des Westens und die »bejammernswerten Schwachköpfe« in den Cockpits.

Noch härtere Töne kommen aus Moskau. Der Kreml schickt mehrere Protestnoten: Sollte es erneut zu einem solchen Angriffsakt kommen, dann würden anfliegende Maschinen »mit allen Mitteln, einschließlich Raketen« abgeschossen. Die Machthaber in der UdSSR und in der DDR gehen von einem absichtlichen Eindringen in den Luftraum aus. Sie vermuten, dass ein Akt der Spionage oder schlicht eine Provokation vorliegt.

Gut 40 000 zusätzliche Soldaten verlegen die Vereinigten Staaten nach West- und Mitteleuropa. Im Oktober 1961 kommt es zur nächsten Eskalation zwischen Ost und West. Diesmal stehen sich in Berlin die Supermächte gegenüber. Panzer der US-Berlin-Brigade richten ihre Kanonen am Checkpoint Charlie auf im Ostteil aufgefahrene sowjetische Militärfahrzeuge. Nach bangen Stunden lassen die Regierungen in Washington und Moskau ihre Truppen in der geteilten Stadt langsam rückwärts rollen

Ein Problem begleitet die DDR in ihren ersten Jahren. Es fehlt der Truppe stets an Soldaten. Um den Personalbedarf zu decken, braucht die

NVA zwischen 1956 und 1960 gut ein Fünftel aller männlichen Jugendlichen eines Jahrgangs. So viel Nachwuchs für sich zu gewinnen, gelingt der Armee nicht. Ihr fehlen vor allem die einfachen Dienstgrade. Und so wird die Truppe zu kopflastig, auf einen Offizier kommen im ersten Jahr nur 1,4 Unteroffiziere und 2,4 Mannschaftsdienstgrade. Ein Schnitt, der keine kampfkräftige Truppe zulässt: Offiziere bedienen keine Maschinengewehre, fahren keine Panzer oder Lastwagen, lackieren keine Schiffsdecks. Immer gravierender wirken die Personalprobleme der NVA. Im April können die Streitkräfte von den benötigten 17 400 Freiwilligen lediglich 9724 rekrutieren. 45 Prozent der Stellen bleiben damit unbesetzt.

Der Deutschen Demokratischen Republik bleibt nichts anderes übrig als einen ähnlichen Weg zu gehen wie der Klassenfeind. Ohne Wehrpflicht fehlt es der Truppe an genügend Rekruten. Der Mauerbau im August 1961 hilft der DDR-Spitze, den Zwangsdienst einzuführen. Denn zur »Republikflucht« haben junge Männer, die einberufen werden sollen, nun deutlich weniger Möglichkeiten. Solange die Ausreise leicht möglich war, sah die DDR-Führung keine Möglichkeit, die Wehrpflicht einzuführen. Das hätte zu einer Massenflucht führen können. Nach dem Schließen der Grenze sieht das anders aus.

Für das Jahr 1962 führt die Regierung einen Grundwehrdienst von 18 Monaten für alle Männer zwischen 18 und 26 Jahren ein. Eine zivile Alternative dazu, wie im Westen, gibt es nicht. Einzige Möglichkeit der Truppe zu entgehen ist, als »Bausoldat« einen uniformierten und kasernierten Dienst abzuleisten, der ohne Waffenausbildung läuft. Als einziger Staat im Warschauer Pakt bietet die DDR eine solche Option. Wer auch zu diesem Ersatzdienst nicht erscheinen will, muss ins Gefängnis. Totalverweigerer verurteilen Gerichte zu Haftstrafen zwischen 18 und 22 Monaten. Jedes Jahr sind es gut 150 junge Männer, die aus diesem Grund weggesperrt werden.

Auf dem VI. Parteitag der SED Anfang 1963 brüstet sich Verteidigungsminister Heinz Hoffmann in seiner Rede mit der erfolgreichen Aufrüstung der Streitkräfte. »In der Nationalen Volksarmee vollzog und vollzieht sich im Rahmen der uns im Warschauer Vertrag gestellten Aufgaben eine nachhaltige Umwälzung im Militärwesen«, stellt der Minister fest, der gleichzeitig Armeegeneral ist. Die NVA habe ihre Feuerkraft, Manövrierfähigkeit und Beweglichkeit in den vergangenen Jahren erheblich steigern können, sie werde auch mit Raketen ausgestattet. Regierung und Volk könnten sich auf ihre Armee verlassen. Im Programm des Parteitages heißt es: »Solange die imperialistischen Kräfte das Wettrüsten betreiben, sich dem Verbot der Kernwaffen, der Auflösung ihrer aggressiven Militärblocks und der allgemeinen Abrüstung widersetzen, ist die militärische Überlegenheit des sozialistischen Lagers für die Erhaltung des Friedens und den Schutz des sozialistischen Aufbaus unerlässlich.«

Wie die beiden deutschen Armeen aufgestellt sind, versuchen die Geheimdienste der jeweils andere Seite herauszufinden. Neben der NVA interessiert sich die Bundeswehrführung für die sowjetischen Truppen, die in der DDR und anderen Ostblockstaaten stationiert sind. Sensible Informationen soll der Bundesnachrichtendienst (BND) besorgen, etwa wo die Verbände der Gegner stehen, wie groß sie sind, mit welchen Waffen und Fahrzeugen sie ausgestattet sind, wie ihre Manöver laufen, welche Marschwege sie nutzen, wo Raketen und Nuklearwaffen stationiert sind, wo Flugabwehr vorhanden ist. Seine wichtigste Aufgabe ist die Militärspionage. Mit den Erkenntnissen des Nachrichtendienstes bereitet sich die Generalität auf den Ernstfall vor. In Planspielen und Übungen geht es darum, einem Angriff aus dem Osten zu begegnen.

Auf der anderen Seite sind die Agenten ebenfalls aktiv. Das ostdeutsche Ministerium für Staatssicherheit muss den »großen Bruder« bei Spionage- und bei Abwehraufgaben unterstützen. So fordert die sowjetische Militärabwehr im Bezirk Leipzig das MfS auf, Personen, die aus Bad Tölz, Hof oder Pullach einreisen, als Informanten zu gewinnen. Denn diese Orte liegen in der Nähe von Militärstützpunkten oder der Zentrale des BND, des Auslandsgeheimdienstes. In Dresden kümmern sich KGB-Agenten um Besucher aus Westdeutschland, die in der Nähe von Standorten der US-Armee leben, um Mitarbeiter der NATO und Angehörige der Bundeswehr. Ein KGB-Offizier aus der Dienststelle in Dresden, der in den Achtzigerjahren mit diesen Aufgaben betraut ist, heißt Wladimir Putin.

Für den Schutz der Bundeswehr vor Spionage ist der Militärische Abschirmdienst (MAD) zuständig, der 1956 gegründet wird. Seine Aufgaben ähneln denen des Bundesverfassungsschutzes, des bundesdeutschen Inlandsgeheimdienstes. Der MAD überprüft das Personal der Bundeswehr und der Rüstungsindustrie. Dessen Mitarbeiter soll zudem Einflüsse von Links- und Rechtsradikalen auf die Truppe unterbinden.

Der Kampf Blau gegen Rot findet auch publizistisch statt. Die DDR-Medien werfen der Bundeswehr immer wieder vor, wie viele hochrangige Soldaten aus der Wehrmacht sich in ihren Reihen befinden. Tatsächlich dienen in der westdeutschen Armee zunächst 44 Generäle, die den Eid auf Adolf Hitler geschworen haben. Bis Anfang der Sechzigerjahre gehen aber die meisten Offiziere dieser Generation in den Ruhestand.

Gegen Heusinger richtet sich eine persönliche Schmutzkampagne des Ostens. In der DDR berichtet die Presse Anfang 1959, dass der westdeutsche Vier-Sterne-General den Widerstand um Stauffenberg verraten habe. So titelt die »Berliner Zeitung« am 15. Februar 1959: »Heusinger arbeitete für Hitler. Neue Einzelheiten über den Verrat des Generalinspekteurs der NATO-Bundeswehr«. Beweise gibt es in dem Artikel nicht zu lesen, nur Gerüchte vom Hörensagen. Blau gegen Rot, dieser Kampf läuft auf vielen Ebenen.

KAPITEL 6

»Massive Vergeltung« – Pläne für den Nuklearkrieg auf dem Gebiet der Bundesrepublik

Die Feindlage in den ersten Jahrzehnten der Bundeswehr scheint klar zu sein: Der Gegner steht ausschließlich im Osten, allen voran die sowjetischen Verbände, dazu die paramilitärischen Einheiten und später die regulären Streitkräfte der DDR, zudem die anderen Armeen der Warschauer-Pakt-Staaten wie Polen und die Tschechoslowakei. Westdeutsche Streitkräfte dienen dazu, den Frieden zu erhalten. Sie werden zu einer auf Mitteleuropa fokussierten, panzerabwehrstarken Kontinentalarmee aufgebaut. Die Bundeswehr sieht sich selbst als das Herzstück der konventionellen Verteidigung der NATO in Europa. Sie soll den Gegner abschrecken, damit gar nicht erst gekämpft werden muss. Dabei steht die Bundeswehr an der Seite der Verbündeten. Im Kriegsfall wird sie zur Abwehr der sowjetischen Streitkräfte an der Grenze beitragen. So sehen die meisten Westdeutschen die sicherheitspolitische Lage in den Jahren nach der Gründung der Bundeswehr.

Was wenige Menschen in der Bundesrepublik damals realisieren: Die eigenen Streitkräfte sollen tatsächlich die Panzer des Warschauer Paktes so verlangsamen, dass der Gegner notfalls mit Atomschlägen in Westdeutschland gestoppt wird. Die NATO schreibt vor, dass die Bundeswehr den Vormarsch angreifender Verbände des Ostblocks verzögern soll. Verteidigungslinien, die entschieden gehalten werden, planen die Strategen der Allianz erst tief im Westen einzurichten. Ab Dezember 1952 sehen die NATO-Verantwortlichen vor, die Sowjets massiv am Rhein aufzuhalten. Dort liegt die »Main Defence Line« für Zentraleuropa.

Zwar soll die Vorwärtsverteidigung so weit im Osten beginnen, wie möglich. Aber dafür sehen die Strategen der Allianz die gewaltige Zahl von 97 Divisionen vor, die eine Hälfte davon soll sofort verfügbar sein, die andere innerhalb von 30 Tagen nach der Mobilmachung ins Gefecht ziehen können. Bis 1956 sollen diese Verbände aufgestellt sein, das gelingt den NATO-Mitgliedsstaaten aber nie. Damit bleibt die Linie am Rhein die realistischste Option, auf einen massiven Angriff zu reagieren. Die Bundesrepublik wird demnach nicht energisch verteidigt, ihr Territorium nutzt die NATO vor allem, um strategische und taktische Vorteile gegen die Invasoren erzielen zu können. Die Allianz geht von einem Überraschungsangriff des Ostblocks aus, der mit einem massiven Kernwaffeneinsatz beginnt. Die danach vorrückenden Verbände des Gegners will die NATO ebenfalls nuklear bekämpfen.

Im Sommer 1955 erfährt Hans Speidel von der NATO in Paris, dass die konventionelle Überlegenheit der Sowjetunion so groß sei, dass eine nach Osten vorgelagerte Verteidigung nur möglich sei, wenn Atomwaffen eingesetzt würden – auf deutschem Boden. Das Verteidigungskonzept der NATO wird zunehmend »nuklearisiert«, aus der konventionellen Schwäche des Bündnisses heraus. Da für eine Vorwärtsverteidigung auf breiter Fläche zu wenig Truppen zur Verfügung stehen, scheint eine Defensive ohne den Einsatz von Atomwaffen nicht mehr möglich – selbst wenn der Angreifer zunächst keine nuklearen Sprengköpfe verwendet.

Seit 1954 liegt beim SACEUR, dem Alliierten Oberkommandierenden in Europa, der »Atomic Strike Plan« vor. Er bestimmt die Ziele für Nuklearwaffen und wird immer wieder angepasst. Priorität für Angriffe mit eigenen Kernwaffen haben die Basen der gegnerischen Nuklearstreitkräfte, die Stellungen ballistischer Raketen, Gefechtsstände sowie Hauptquartiere, Fernmeldeeinrichtungen, Häfen und Radaranlagen.

Wie weit die Westdeutschen daran beteiligt werden sollen, bleibt umstritten. Die ganzen Aufbaujahre der Bundeswehr hindurch laufen Diskussionen über die »nukleare Teilhabe«, die Ausstattung der westdeutschen Streitkräfte mit Atomwaffen, und die richtige Strategie für die Verteidigung Europas. Das »Fulda Gap« war einer der Schlüsselbegriffe. Denn in Hessen sollte der angreifende Gegner unter dem Einsatz von atomaren Waffen gestoppt werden. Die Bundeswehr will weiterhin einem Angriff des Warschauer Paktes bereits an den Grenzen begegnen. Mit der »Forward Strategy«, der »Vorwärtsstrategie«, die im Dokument MC 14/1 festgehalten ist, soll diese Verteidigung an der innerdeutschen Grenze beginnen.

Mit dem Konzept »Massive Vergeltung«, das erstmals im Januar 1954 von US-Außenminister John Forster Dulles skizziert wird, reagiert die Allianz auf das sowjetische Atomprogramm und die Überlegenheit des Warschauer Paktes bei Panzern, Geschützen und Mannschaften. Es wird im Mai 1957 offiziell vom NATO-Militärrat verabschiedet. Nun gilt das »Overall Strategic Concept for the Defense of the North Atlantic Treaty Organisation«, als MC 14/2 bezeichnet. Es ergänzt die Strategie der Vorwärtsverteidigung.

Die Strategie der »massiven Vergeltung« will die Verluste für jeden Angreifer von vornherein als selbstmörderisch wirken lassen. Für jede auf das Bündnisgebiet abgefeuerte Rakete aus der Sowjetunion, so kündigt die Allianz an, werde sie mit einem vielfach stärkeren Gegenschlag reagieren. Wenn diese Abschreckung nicht funktioniert, soll ein ins Bündnisgebiet eingedrungener Feind von den NATO-Streitkräften aufgehalten und zurückgeschlagen werden.

Für die Westdeutschen ist das eine destruktive Strategie, schließlich wird ihr Staatsgebiet dadurch verstrahlt. Sie bestürmen die Verbündeten, dass die NATO mit der Verteidigung so weit wie möglich im Osten beginnt. Ab 1956 gelingt es deutschen Spitzenmilitärs und Politikern, die Allianz dazu zu bringen, die Verteidigung entlang der Ostgrenzen der Bundesrepublik zu organisieren. Vor allem Heusinger und Speidel drängen die Verbündeten, dass bereits unmittelbar am »Eisernen Vorhang« die Truppen des Ostblocks zurückgeschlagen oder aufgehalten werden müssen.

Als im Sommer 1957 die erste westdeutsche Heeresdivision unter das Kommando der NATO gestellt wird, verlangt Generalinspekteur Heusinger von den Alliierten, dass die »Forward Strategy« auch tatsächlich umgesetzt wird. Die Verantwortlichen in der Bundesrepublik in Militär und Politik irritiert, dass der »Emergency Defence Plan« immer noch vorsieht, die erste starke Verteidigungsstellung an der Rhein-Ijssel-Linie einzurichten.

Weiterhin machen sich die Experten große Sorgen über einen Atomkrieg auf deutschem Boden. Das nukleare Schreckgespenst schwebt über

Europa. Die Amerikaner haben 1952 die erste Wasserstoffbombe getestet. Ihr technologischer Vorsprung bei den Massenvernichtungswaffen besteht allerdings nur kurz. Die Sowjetunion folgt ein Jahr später mit dem erfolgreichen Test einer Wasserstoffbombe. Für die Stadt Köln berechnen 1954 Experten, was die Detonation dieser Waffe mit einer Sprengkraft von zwei Megatonnen TNT bedeuten würde. Im schlimmsten Fall, ohne vorherige Evakuierung und Warnung an die Bevölkerung, sterben 430 000 Menschen und 260 000 werden verletzt. Die Einwohnerzahl beträgt damals 690 000.

Um die Menschen im europäischen Bündnisgebiet zu schützen, will die NATO eine umfassende Luftverteidigung aufbauen. Ihr geht es darum, die eigenen Truppen kampffähig zu erhalten, die kritische Infrastruktur zu verteidigen und zudem dem Gegner zu zeigen, dass Angriffe mit Flugzeugen und Raketen aussichtslos wären. Mit dem Strategiepapier MC 54 legt das Bündnis 1955 fest, dass ein doppeltgestaffeltes System aufgebaut werden soll, dass sowohl hoch- wie tieffliegende Gegner ausschalten kann. In der Bundesrepublik soll ein Flugabwehrraketengürtel entstehen, entlang der Zonengrenze von Nord nach Süd. Weiter im Westen plant die NATO 19 Luftverteidigungszonen, um hochwertige Ziele, vor allem die Flugplätze der US Air Force, zu schützen.

Als das Bündnis beschließt, die bodengebundenen Abwehrsysteme zu errichten, existiert im Westen nur ein System: NIKE, benannt nach der altgriechischen Siegesgöttin. Entwickelt, um hoch anfliegende Ziele abzuschießen, wurde es 1954 erstmals in den Vereinigten Staaten eingeführt. Einige Jahre später kommen Abfangraketen dazu, die nukleare Gefechtsköpfe tragen können, um möglichst viele anfliegende Bomber gleichzeitig zu zerstören.

Ab 1956 sollen zunächst sechs mit NIKE ausgerüstete US-Bataillone in Westdeutschland stationiert werden. Das teilt die Regierung in Washington ihren Partnern in Bonn kurzfristig mit. Aber es fällt dem Bundesverteidigungsministerium schwer, Standorte für die Raketen zu finden. Die meisten Gemeinden wollen keine solchen Stellungen in ihrer Nähe. Der »Raketenschreck« geht um. Die NATO hat übersehen, wie stark die Kriegserfahrung die Deutschen noch belastet und wie kritisch Nuklearwaffen gesehen werden. Im Sommer 1957 ermitteln Meinungsforscher, dass 77 Prozent der Bundesdeutschen jegliche Stationierung von Atomwaffen ablehnen. Rücksicht nehmen die Amerikaner darauf nicht. Sie fordern ihre Partner auf, Standorte für die NIKE-Raketenstellungen zu beschaffen, »unter Anwendung der erforderlich erscheinenden Mittel«.

Aber nicht nur bei der Abwehr gegnerischer Raketen sollen Kernwaffen eine Rolle spielen. Die NATO will die Bundeswehr mit Kurzstreckenraketen vom Typ »Honest John« ausstatten. Die dazu passenden Atomsprengköpfe sollen aber stets unter amerikanischer Aufsicht bleiben. Im Verteidigungsfall wird eine US-Einheit der Bundeswehr übergeben. Öffentlich fordert der NATO-Oberbefehlshaber Europa, Lauris Norstad, die nukleare Bewaffnung der Bundeswehr und sorgt damit für eine Belebung der Friedensbewegung in der BRD.

Nachdem der Bundestag im März 1958 einer atomaren Bewaffnung der Bundeswehr zustimmt, gibt es weitere Proteste im Rahmen der Kampagne »Kampf dem Atomtod«. Bei Volkswagen treten im März 1958 mehr als 10 000 Arbeiter in den Streik, um eine Bundeswehr mit Nuklearwaffen zu verhindern. Auch bei Gewerkschaften und Sozialdemokraten gibt es Protest gegen den Plan, die westdeutschen Streitkräfte so auszurüsten, dass sie im Verteidigungsfall amerikanische Kernwaffen einsetzen kann. Dennoch bekommt die Armee schließlich Raketen, die in der Lage sind, nukleare Sprengköpfe zu tragen. Während in London am 2. April 1958 Demonstranten zum ersten Ostermarsch aufbrechen, unterzeichnen die Verteidigungsminister aus Frankreich, Italien und der Bundesrepublik ein geheimes Abkommen, das den Bau einer gemeinsamen Atombombe vorsieht. Dazu kommt es aber nicht.

Eine Übung der »Central Army Group« der NATO, die für den Schutz Süddeutschlands zuständig ist, verdeutlicht im Herbst 1960, welche Folgen die nukleare Verteidigung Deutschlands hätte. Die Planer gehen von 240 eigenen und 170 feindlichen Atomschlägen aus, die den süddeutschen Raum treffen. Dadurch würde das Gelände so stark zerstört, dass bisher vorhandenes Kartenmaterial keine Orientierung mehr geben könnte, selbst Panzer auf Ketten nicht mehr über die Trümmerfelder rollen könnten, das Gelände gilt als unpassierbar, und eine Rückeroberung des Terrains als unmöglich.

Die NATO verlegt ihre Hauptverteidigungslinie 1963 an die Flüsse Weser, Fulda, Main und Lech. Nun will sie hier die Sowjets aufhalten. Von Hamburg im Norden führt sie über Bremen, entlang der Weser, nach Fulda, Gmünden, Würzburg, Schweinfurt, Bamberg an der Regnitz entlang bis nach Nürnberg, Ingolstadt und München. Im selben Jahr tritt zudem ein Verteidigungsplan der Allianz in Kraft, der vorschreibt, dass in Mitteleuropa kein Territorium mehr kampflos aufgegeben werden soll. Nun werden die Bundeswehr und ihre Verbündeten ihren Abwehrkampf unmittelbar an den Grenzen zur DDR und zur ČSSR aufnehmen.

In der zweiten Hälfte der Sechzigerjahre wird den NATO-Verantwortlichen endgültig klar, dass ihr Konzept der »Massiven Vergeltung« überholt ist. Die Allianz benötigt eine neue Strategie, flexiblere Reaktionen auf sowjetische Provokationen. 1967 erarbeiten Stäbe der NATO eine Neuausrichtung. Im Bericht vom 14. Dezember zur Lage des Bündnisses, den der belgische Außenminister Pierre Harmel angeregt hat, heißt es: »Die Atlantische Allianz hat zwei Hauptfunktionen. Die erste besteht darin, eine ausreichende militärische Stärke und politische Solidarität aufrechtzuerhalten, um gegenüber Aggression und anderen Formen von Druckanwendung abschreckend zu wirken und das Gebiet der Mitgliedsstaaten zu verteidigen, falls es zu einer Aggression kommt.«

Ab Januar 1968 lautet die Devise »flexible Antwort« (MC 14/3). Statt der Drohung, jeden Angriff des Warschauer Paktes mit dem massiven nuklearen Gegenschlag zu beantworten, setzt die Allianz nun auf eine Doppelstrategie: Glaubhafte Abschreckung soll mit gleichzeitigen Entspannungssignalen gekoppelt werden. Einem Aggressor soll auf der von ihm gewählten Eskalationsstufe mit denselben Mitteln geantwortet werden können – bis hin zum Einsatz von Atomwaffen. Eine Reaktion auf begrenzte Konflikte kann aber auch konventionell erfolgen. MC 14/3 sieht weiterhin eine Vorwärtsverteidigung vor. Die Streitkräfte des Westens sollen so tiefengestaffelt positioniert sein, dass ihre taktische Beweglichkeit sichergestellt werden kann. Mit der Strategie der »Flexiblen Antwort« steht ein erneuter Umbau der Bundeswehr an. Zahlreiche neue Beschaffungsvorhaben sollen die Leistungsbereitschaft der Truppe verbessern. So beginnt die Entwicklung des »Tornado«-Kampfjets und die F4 »Phantom« wird beschafft.

Als am 21. August 1968 Truppen des Warschauer Paktes an den Grenzen der Tschechoslowakei aufmarschieren, wird die neue Strategie der NATO gleich in der Realität erprobt. Die Ostblock-Staaten rücken offiziell in die ČSSR ein, um die Gefahr für die Errungenschaften des Sozialismus zu beseitigen, tatsächlich aber, um Reformen zu verhindern und den »Prager Frühling« niederzuschlagen. Für die Bundeswehr gilt die höchste Alarmierungsstufe. In der DDR stehen ebenfalls NVA und Volkspolizei in Bereitschaft. In der Sonderausgabe der Militärzeitung »Volksarmee« heißt es im August 1968: »In harten Stunden der Bewährung erfüllt die NVA ihren Klassenauftrag.« Die Invasion der Ostblock-Truppen in die ČSSR bedroht das europäische Kräftegleichgewicht und den Entspannungsprozess, der mit dem »Signal von Reykjavik« am 24. und 25. Juni 1968 ausgelöst worden ist.

Im April 1969 feiert die NATO ihren 20. Gründungstag. Hans Speidel, General a. D., hinterfragt kurz vor dem Jubiläum den Wert der Allianz in Gegenwart und Zukunft. In Zürich sagt er vor Schweizer Offizieren, dass ein modernes militärisches Bündnis nur dann sinnvoll sei, wenn es »einigermaßen sicher abschreckend wirkt«. Dafür brauche es das richtige Mischverhältnis von Atomwaffen und konventioneller Rüstungstechnik. »Der innere Zustand der Allianz ist nicht zufriedenstellend«, zieht er im Herbst 1968 in einer Rede als Fazit. »Die politische Zusammenarbeit im Bündnis lässt zu wünschen übrig; die Mitgliedstaaten stimmen ihr Vorgehen auf wichtigen Gebieten der Außenpolitik gegenüber der Sowjetunion nicht genügend miteinander ab.«

»Ein den derzeitigen Kräfteverhältnissen Rechnung tragendes Konzept der Allianz wollen unter dem Stichwort ›flexible response‹ die USA entwickelt haben«, stellt er leicht spöttisch fest. »Die früher gültige Abschreckung durch die Drohung mit der ›massiven Vergeltung‹ wird als unglaubwürdig bezeichnet.« Nicht nur bei Speidel, auch bei anderen Militärs kommt das neue Verteidigungsprinzip nicht gut an. Der General außer Dienst kann offener sprechen als aktive Offiziere. Der Schwerpunkt werde auf die konventionelle Reaktionsfähigkeit gelegt. Nukleare Kampfmittel sollen nicht gleich zu Beginn eines Konfliktes eingesetzt werden. Bei einem starken Gegner hält Speidel es für möglich, dass auch erbitterter Widerstand nicht hilft und der begrenzte Einsatz von US-

Atomwaffen als Ultima Ratio nötig wird. Denn konventionell sind die Streitkräfte des Warschauer Paktes dem Westen gegenüber weiterhin drückend überlegen.

Genügend Nuklearsprengköpfe dafür haben die Amerikaner und ihre Verbündeten in der Bundesrepublik stationiert. 1971 verfügt die NATO über 7300 Atomwaffen in Europa, von denen die Hälfte in Westdeutschland bereitstehen.

Im Mai 1972 vereinbaren die Vereinigten Staaten und die UdSSR immerhin einen bedeutenden Abrüstungsvertrag. Mit den »Strategic Arms Limitation Talks« (SALT) sichern sich beide Parteien zu, ihre jeweiligen Verteidigungssysteme zu begrenzen. Damit schreiben sie ihre gegenseitige Verwundbarkeit fest, das Gleichgewicht des Schreckens bleibt gewahrt.

Die Pläne zur Verteidigung Europas durch Kernwaffeneinsatz in der Bundesrepublik bleiben dennoch lange bestehen. So sieht ein Taktiklehrbuch des Generalstabs-College in Fort Leavenworth in den Vereinigten Staaten noch 1976 vor, dass mit dem Szenario »Zebra« 141 nukleare Sprengköpfe eingesetzt werden, um sowjetische Truppen aufzuhalten. 114 sollten im »Fulda Gap« und weitere 27 im hessischen Kinzigtal explodieren. Danach wären zumindest Teile Westdeutschlands unbewohnbar.

KAPITEL 7

Bedingt abwehrbereit – Der Verteidigungsminister stolpert über eine Affäre

1962 erlangt die Bundeswehr eine Personalstärke von 390 000 aktiven Soldaten. Damit fehlen ihr zwar immer noch 110 000 Mann, um die einst der NATO zugesagten Größe zu erreichen. Aber der Personalzuwachs in den vergangenen sieben Jahren ist beeindruckend. Für die meisten Soldaten ist der Dienst in den Streitkräften kein Lebensberuf. Die Mehrheit dient auf Zeit. 85 Prozent der Männer kehren nach maximal 20 Jahren ins Zivilleben zurück. Nur Berufssoldaten tragen bis zur Pensionierung die Uniform.

Das Herbstmanöver der NATO soll eine erste Zwischenbilanz des Streitkräfteaufbaus ergeben. Mit der Stabsrahmenübung »Fall Exercise 62« (Fallex) wollen Bundeswehr und NATO überprüfen, wie gut die Bundesrepublik auf einen massiven sowjetischen Angriff mit Atomwaffen vorbereitet ist. Der Bau der Berliner Mauer im August 1961 hat den Westdeutschen gezeigt, wie rasch sich das Verhältnis zwischen West und Ost verschlechtern kann. Nun gibt es eine Eskalation, zum Glück nur während des Planspiels.

Das Szenario gibt Atomschläge gegen Standorte der NATO in Westdeutschland, Großbritannien, Italien und der Türkei vor, allein in der Bundesrepublik und England gebe es zehn bis 15 Millionen Tote. Das Sanitäts- und Gesundheitswesen sowie das Fernmeldesystem brechen ebenso zusammen wie die Lebensmittelversorgung in Deutschland. In der Übung verstopfen Flüchtlinge die Straßen, überall herrscht Chaos, Schleswig-Holstein kann die Bundeswehr wegen fehlender oder schlecht besetzter Verbände nicht verteidigen, und Hamburg will sie nicht halten, um den Häuserkampf zu meiden. Die Verbände der Territorialverteidigung haben zu wenige schwere Pioniereinheiten, um ihre Aufgaben zu erfüllen und um durchgebrochene Panzer des Warschauer Paktes zu bekämpfen, es fehlen passende westdeutsche Einheiten.

An »Fallex 62« nehmen 14 Bundesressorts teil, darunter das Innenministerium. Bei dem bedeutenden Manöver lässt sich Verteidigungsminister Franz Josef Strauß vertreten. Der CSU-Politiker erholt sich gerade im Urlaub. Mit seiner Abwesenheit überrascht er Mitarbeiter und Militärs. Sein US-Kollege Robert McNamara hingegen kommt extra für zwei Tage in die Bundesrepublik, um den Verlauf des Manövers zu beobachten. Auch zivile Behörden wie Regierungspräsidien und Landratsämter sind an der Übung beteiligt.

»Fallex 62« zeigt, wie problematisch die ersten Jahre des Bundeswehraufbaus gelaufen sind. Die große Hast beim Aufstellen der Verbände hat Spuren hinterlassen. Personalengpässe, Kompetenzgerangel zwischen den Inspekteuren der Teilstreitkräfte, der Mangel an Ausrüstung und das Fehlen von Unterkünften verhindern, dass die einzelnen Verbände als Gemeinschaft funktionieren. Die Truppe ist kaum in der Lage, ihre wichtigste Aufgabe zu erfüllen: die Bündnis- und Landesverteidigung.

»Die amerikanischen Heeresverbände auf dem westeuropäischen Halbkontinent waren binnen zwei Stunden mit 85 Prozent ihrer Mannschaftsstärke kampfbereit. Die neun mobilen Divisionen der Bundeswehr hingegen, die bereits auf NATO-Kommando hören, waren personell nicht aufgefüllt; es fehlte zudem an Waffen und Gerät«, stellt das Nachrichtenmagazin »Der Spiegel« über »Fallex 62« fest. Das Blatt Rudolf Augsteins hat detaillierte Informationen über den Ablauf des Planspiels erhalten. Außerdem haben die Journalisten von Unstimmigkeiten innerhalb der Bundeswehr sowie von einem Streit zwischen Bonn und der NATO erfahren. In Heft 41/1962 erscheint am 10. Oktober der Artikel »Bedingt abwehrbereit«. Darin heißt es: »Die Bundeswehr hat heute – nach fast sieben Jahren deutscher Wiederbewaffnung und nach sechs Jahren Amtsführung ihres Oberbefehlshabers Strauß – noch immer die niedrigste Nato-Note: zur Abwehr bedingt geeignet.«

»Der Spiegel« hat kaum übertrieben. Den neun westdeutschen Divisionen, die unter Kommando der NATO stehen, fehlen Offiziere, vor allem Militärärzte, aber auch Waffen und Material. Statt diese Probleme zu beheben, geht Verteidigungsminister Franz Josef Strauß gegen den »Spiegel« vor. Das Blatt hatte sehr kritisch über Strauß' Rolle bei der »Fibag-Affäre« berichtet. Die deutsche »Finanzbau Aktiengesellschaft« wollte für die 7. US-Armee in Westdeutschland neue Unterkünfte und Wohnungen bauen, der Verteidigungsminister aus Bayern empfahl den Amerikanern offenbar die Fibag, die von einem seiner Spezi geführt wurde.

Doch das Geschäft kam trotz des prominenten Fürsprechers nicht zustande. Stattdessen nahm ein Untersuchungsausschuss des Bundestages den Fall und Strauß' Rolle unter die Lupe. In der medialen Berichterstattung, gerade im »Spiegel«, ging es um den Verdacht der Vorteilsnahme im Amt. Bewiesen werden kann dem Minister nichts, aber er vergisst die Enthüllungsberichte nicht. Nach dem Erscheinen des Textes über die mangelnde Verteidigungsbereitschaft, sieht Strauß wohl eine Gelegenheit gekommen, die Redaktion abzustrafen.

Ein Gutachter im Verteidigungsministerium prüft den Artikel und wittert Landesverrat – an mehreren Dutzend Stellen. Die Bundesanwaltschaft leitet ein Ermittlungsverfahren ein. Polizisten durchsuchen am 26. Oktober 1962 die Redaktionsräume in Hamburg. Mehrere Redakteure nehmen die Beamten fest. Augstein und Conrad Ahlers, einer der beiden Verfasser des Artikels, stehen im Fokus der Ermittler. Ahlers, der Pressereferent im Amt Blank gewesen ist und von Strauß geschasst worden war, macht gerade Urlaub in Spanien. Dort lässt ihn der Verteidigungsminister festnehmen und nach Deutschland ausliefern. Auch gegen den Herausgeber des Magazins geht die Justiz mit Härte vor. Er stellt sich der Polizei, als er erfährt, dass nach ihm gefahndet wird. Beide Journalisten verlieren vorübergehend ihre Freiheit. Augstein sitzt 103 Tage in Untersuchungshaft. Aber lange kann Strauß das selbsternannte »Sturmgeschütz der Demokratie« damit nicht ausbremsen.

Das Nachrichtenmagazin hat sich vor der Veröffentlichung über Kontakte beim BND abgesichert und offenbar viel Material von dem Dienst erhalten. Einer der beteiligten Redakteure hatte zuvor für die Bundesbehörde in Pullacher gearbeitet. Die Bundesanwaltschaft stößt in den Redaktionsräumen auf Dokumente, die eigentlich nur vom BND stammen können. Adenauer will kurzfristig sogar Gehlen verhaften lassen.

Gustav Heinemann, der aus Protest gegen die Wiederbewaffnung das erste Kabinett Adenauer verlassen hat, vertritt nun als Anwalt die »Spiegel«-Mitarbeiter. Ein Hauptverfahren wird nie eröffnet. Adenauer bekommt Druck von der Opposition, aber auch vom Koalitionspartner FDP. Offensichtlich hat Strauß sich in die Ermittlungen eingemischt und ein hartes Vorgehen gegen den »Spiegel« verlangt.

Für den Bundeskanzler ist der Fall klar. Er sieht beim »Spiegel« einen »Abgrund von Landesverrat«, so sagt er in einer Rede vor dem Plenum des Bundestages am 7. November 1962. Er fällt damit ein Urteil, bevor sich Richter mit dem Fall beschäftigt haben. Ihm scheint es nicht um den Schutz von Geheimnissen oder das Ansehen der Bundeswehr zu gehen. Seine Mission dürfte vielmehr sein, den Verteidigungsminister zu retten, um sich selbst nicht zu beschädigen. Aber seine Tage als Kanzler sind ebenso gezählt wie die von Strauß als Minister. Als alle fünf Bundesminister der FDP zurücktreten und die Koalition zwischen Union und FDP hinfällig wird, kann auch der Kanzler nicht länger an Strauß festhalten.

Inzwischen sorgt die Kuba-Krise für eine heiße Phase im Kalten Krieg. Die Insel steht seit Jahren im Fokus der US-Politik. In einem Bürgerkrieg hatten linke Guerillas 1958/59 den Diktator Fulgencio Batista gestürzt. Sie standen unter dem Kommando von Fidel Castro und Ernesto »Che« Guevara, die Kuba zum Verbündeten der Sowjetunion machten. Im April 1961 genehmigte John F. Kennedy, der erst drei Monate Präsident der USA ist, eine Geheimoperation gegen die Insel. Exil-Kubaner, unterstützt von der CIA, sollen in der »Schweinebucht« an Land gehen und die sozialistische Regierung stürzen. Doch die kubanischen Verteidiger waren zuvor von der UdSSR mit Waffen, darunter Kampfpanzern, aufgerüstet worden. Die Invasion scheitert. Chruschtschow sieht darin eine Schwäche des neuen US-Präsidenten. Er hält die Zeit dafür reif, Atomwaffen auf Kuba aufzustellen.

Kuba bietet dem Kreml die Chance, die Vereinigten Staaten von Amerika in deren Hinterhof herauszufordern. Die sowjetischen Anführer fühlen sich von den Atomwaffen des Westens bedroht, die auch in der Bundesrepublik und in der Türkei stehen. In ihrer Reichweite liegen Leningrad, Kiew, Minsk oder Moskau. Um Ziele in den USA zu zerstören, müssten Interkontinentalraketen erst einmal den Atlantik überqueren. Von Kuba aus allerdings erreichen selbst Kurzstreckenraketen das Staatsgebiet der rivalisierenden Supermacht. Und Mittelstreckenraketen kommen von dort bis nach Washington. Nikita Chruschtschow lässt SS-4-Raketen mit einer Reichweite von fast 1900 Kilometern und außerdem SS-5-Raketen, die gut 4000 Kilometer weit fliegen können, nach Kuba verlegen.

Moskau riskiert im Oktober 1962 den Dritten Weltkrieg. Die Welt steht am Rand eines atomaren Schlagabtauschs. US-Aufklärungsflugzeuge entdecken Abschussrampen auf der Insel. Daraufhin fordert Kennedy deren Abzug und verhängt am 22. Oktober eine Seeblockade gegen Kuba. Er versetzt außerdem seine Streitkräfte in die höchste Alarmstufe unterhalb der Schwelle eines Nuklearkriegs: »Defense Condition 2« hat ein Präsident noch nie ausgerufen. Strategische Bomber, die in der Lage sind, die UdSSR zu erreichen, steigen auf und bleiben in der Luft, Langstreckenraketen mit Mehrfachsprengköpfen stehen bereit.

Auch in Mitteleuropa sorgt die Kuba-Krise für eine Verschärfung des Kalten Krieges. Im geteilten Deutschland werden Bundeswehr und NVA in Alarmbereitschaft versetzt. Sollte es zum Schlagabtausch zwischen den Supermächten kommen, würde Europa zum Schlachtfeld werden. In der Bundesrepublik setzen in Lebensmittelgeschäften Hamsterkäufe ein, in Banken wird Gold knapp, in Apotheken und Drogerien sind Verbandskästen und Brandsalbe stark gefragt, besorgte Eltern rufen ihre in Berlin studierenden Kinder nach Hause.

Der BND informiert in Westdeutschland ständig die Regierung und die Bundeswehr über die Lage auf Kuba. In Europa bleibt es allerdings bei Alarmierungen der Streitkräfte. Letztlich gibt Nikita Chruschtschow nach und verspricht, die SS-4 und SS-5 abzuziehen. Im Gegenzug sagt Kennedy zu, US-Atomraketen aus der Türkei zu entfernen.

Für das Bonner Kabinett ergibt sich ein Nebeneffekt der Kuba-Krise. Es kann nun die Verlängerung der Wehrpflicht auf 18 Monate besser begründen. Bereits Ende 1961 hat sie diesen Schritt beschlossen. Die Lage im Oktober liefert nun aus seiner Sicht den Beleg, wie dringend nötig das war.

Die Wiederbewaffnung der Bundesrepublik ist weit vorangeschritten.

Daran hat Franz Josef Strauß ein großes Verdienst. An der Spitze des Verteidigungsministeriums allerdings steht bald ein anderer. Der CSU-Politiker muss, wie zuvor Theodor Blank, bereits nach wenigen Jahren abtreten. Sein Vorgehen gegen die Presse während der »›Spiegel‹-Affäre« hat die Öffentlichkeit empört, vor allem Studenten und Jugendliche. Aber nicht der Eingriff in die Pressefreiheit kostet Strauß letztlich das Amt, sondern seine Unwahrheiten gegenüber dem Parlament. Er verliert am 30. November 1962 seinen Posten – offiziell durch eine Kabinettsumbildung.

Auf ihn folgt Kai-Uwe von Hassel von der CDU, früherer Ministerpräsident von Schleswig-Holstein. Er führt nun das Bundesministerium der Verteidigung, das »für« im Namen wird offiziell gestrichen. Der Christdemokrat will für mehr Stabilität und Stetigkeit in der Bundeswehr sorgen. Sein Programm skizziert der neue Minister so: »Innere Solidarität, Festigung der Verbände, Sicherung der Kampfkraft sowie die Voraussetzung schaffen und verbessern, die Verwirklichung der Inneren Führung im Alltag zu erleichtern.« Von Hassel leitet eine Phase der Konsolidierung ein. Nun läuft der Streitkräfteaufbau sehr viel langsamer als von seinen Vorgängern geplant, dennoch wächst die Truppe weiter.

Aber es gibt in diesem Jahr auch Signale der Entspannung. Die USA ziehen ihre Jupiter-Raketen aus der Türkei ab. Und um eine Eskalation wie während der Kuba-Krise künftig zu vermeiden, installieren die beiden Supermächte einen »heißen Draht« zwischen dem Pentagon und dem Kreml. Im August 1963 steht die Fernschreiberverbindung, ein Vorläufer des »Roten Telefons«.

Am 12. Oktober 1963 verabschiedet Verteidigungsminister von Hassel den ersten Kanzler der Bundesrepublik mit einer großen Feldparade. Er nennt Adenauer den »Schöpfer und Vater der Bundeswehr«. Hassel ist bereits der dritte Verteidigungsminister in nur sieben Jahren. In seiner Amtszeit wird die Bundeswehr weitgehend von Medien, Politik und Öffentlichkeit in Ruhe gelassen. Die Generalität wirkt mit der Situation zufrieden. Sie legt Wert auf eine gewisse Unauffälligkeit. Gleichzeitig vermisst sie die gesellschaftliche Anerkennung. Diese Hybris bestimmt die Bundeswehr für mehrere Jahrzehnte. In den Sechzigerjahren nimmt der Anteil von Unteroffizieren und Offizieren mit Reichswehr- und Wehrmachtserfahrung deutlich ab. Zu Beginn des Jahrzehnts stellen sie noch 45,8 Prozent aller Bundeswehrangehörige. 1970 machen sie dann nur noch 9,6 Prozent aus. Das neue Führungspersonal kommt aus allen gesellschaftlichen Schichten.

Der Aufbau geht weiter langsam voran. Im April 1965 kann die Truppe die letzte der zwölf geplanten Heeresdivisionen der NATO als aufgestellt melden. Damit endet die Aufbauphase der Teilstreitkraft und der Beitrag der Bundeswehr zur Verteidigung Europas steht, auch wenn nicht alle Großverbände über den vollen Personalumfang verfügen. Die westdeutschen Landstreitkräfte umfassen mehr als 305 000 Männer und drei Korps. Mit 17 Panzergrenadier-, 13 Panzer und jeweils zwei Gebirgsjäger- sowie Luftlandebrigaden ist die Teilstreitkraft gut aufgestellt. Dazu kommen Jägerbataillone und Sicherungskompanien für den Raum- und Objektschutz, die zur »Territorialen Wehrorganisation« gehören. Im selben Jahr rollt der erste Leopard-Panzer vom Band. Die Luftwaffe kommt auf 96 000 Soldaten in drei Jagd-, fünf Jagdbomber-, einem Lufttransport- und einem Aufklärungsgeschwader sowie zwei Flugabwehrraketenbataillonen. Mit 31 000 Mann bleibt die Marine die kleinste Teilstreitkraft. Sie unterhält 165 Schiffe und Boote.

Ab Mitte der Sechzigerjahre nimmt die Zahl der Kriegsdienstverweigerer zu. Seit 1961 können junge Männer, die aus Gewissensgründen keine Uniform tragen wollen, zu einer zivilen Alternative herangezogen werden. Das »Ersatzdienstgesetz« macht das möglich. Von 1965 an nutzen das kontinuierlich immer mehr junge Männer. Ein Krieg, der in Asien an Intensität gewinnt, stärkt diesen Trend noch.

Die US Air Force beginnt am 2. März 1965 mit umfassenden Luftangriffen auf Vietnam. Mit der Operation »Rolling Thunder« attackiert sie die Kommunisten im Norden des Landes, die gegen die von den USA unterstützten Südvietnamesen kämpfen. Zudem schicken die Amerikaner 3500 Marineinfanteristen. Ihre Zahl wird bald drastisch steigen. Für die Vereinigten Staaten beginnt eine Mission, die in einem militärischen Debakel enden wird.

Am 20. und 21. Dezember 1965 besucht Adenauers Nachfolger als Kanzler, Ludwig Erhard, die Vereinigten Staaten. Präsident Johnson lädt ihn zu einem Vier-Augen-Gespräch und zu einem Gala-Dinner ins

Weiße Haus ein. Öffentlich versichern sich Gastgeber und Besucher gegenseitig des Werts ihrer Freundschaft. Aber im Hintergrund wird Johnson deutlich. Er fordert Westdeutschland, das bisher den Krieg in Vietnam lediglich mit Entwicklungshilfe und Geld unterstützt hat, zu direkter militärischer Hilfe auf. Die Bundeswehr solle eine Sanitätskompanie und ein Pionierbataillon nach Vietnam entsenden. Erhard versucht, sich mit »Scheckbuchdiplomatie« aus der Affäre zu ziehen. Am 11. Januar 1966 macht Verteidigungsminister Robert McNamara allerdings erneut deutlich, was die Amerikaner erwarten: eine Unterstützung »durch deutsche militärische Einheiten«. Denn die militärische Aktivität des Vietcongs lasse nicht nach. Und die Amerikaner hätten bereits 185 000 Mann in dem asiatischen Land stehen.

Die Bundesregierung teilt den Amerikanern mit, dass die Bundeswehr in Vietnam nicht aktiv werden dürfe. Innenpolitische Gründe sprächen dagegen, Auslandseinsätze seien nicht vorstellbar. Im Grundgesetz heißt es schließlich: Der Bund stellt Streitkräfte zur Verteidigung auf. Stattdessen beginnt im Herbst 1966 das Rot-Kreuz-Schiff »Helgoland« vor der vietnamesischen Küste eine Hilfsmission.

Im selben Jahr löst Frankreich eine Erschütterung der NATO aus. Präsident Charles de Gaulles erklärt im Februar 1966, dass sein Land im Sommer aus der Militärorganisation des Bündnisses austreten werde. Er lehnt es ab, dass die französischen Streitkräfte unter ausländischem Befehl stehen, und will mehr Einfluss im Bündnis. Bereits 1959 hatte de Gaulle die Mittelmeerflotte dem Kommando der NATO entzogen, später auch die Flotte auf dem Atlantik. Mit dem Verweis auf »la gloire de la France« kämpft er um Zustimmung im eigenen Land. Alle NATO-Truppen, die nicht aus Frankreich stammen, sollen die Republik verlassen. Französische Offiziere würden nicht mehr in den Stäben der Allianz mitarbeiten. Und die Institutionen des Bündnisses sollen verlegt werden, so zieht das Supreme Headquarters Allied Powers Europa (SHAPE) von Paris nach Belgien.

Am 14. September 1966 kommt es zum schwersten Unfall in der fast elfjährigen Geschichte der Bundeswehr. Gegen 18 Uhr sinkt das U-Boot »Hai« in der Nordsee. Ein Besatzungsmitglied wird von dem britischen Fisch-Trawler St. Martin aus dem Meer gerettet. Er gibt an, dass Wasser auf einer Übungsfahrt eingebrochen sei. Kein anderes Mitglied der 20 Mann starken Besatzung überlebt. Das Unterseeboot war alt, es stammt aus dem Zweiten Weltkrieg, war damals von seiner Crew versenkt worden, damit es nicht in die Hände der Alliierten fällt, und 1956 von der neuen Marine geborgen und wieder für die Ausbildung in Dienst gestellt worden. Ursache der Katastrophe war ein falsch konstruierter Ansaugstutzen des Dieselmotors. Der Fall zeigt, wie dringend die Bundeswehr neue, einsatzfähige Technik benötigt.

Zum Ende des Jahrzehnts nähern sich die westdeutschen Streitkräfte allmählich ihrer geplanten Sollstärke von 500 000 Soldaten. 1968 dienen 472 000 Mann in der Bundeswehr. Neben den Aktiven stehen zudem im Ernstfall gut 1,2 Millionen Reservisten bereit. Allerdings fehlt der Armee qualifiziertes Personal, das sich länger verpflichtet. So sind 1969 immerhin 32 000 Unteroffiziersstellen nicht besetzt. Dennoch stellt die westdeutsche Armee, wie bei der Gründung vor 13 Jahren geplant, für die NATO eine wichtige Kraft der Bündnisverteidigung in Mitteleuropa dar.

1970 endet die Aufbauphase der Bundeswehr endgültig. Im selben Jahr gibt es auf internationaler Bühne weitere Signale der Entspannung. Zahlreiche Staaten stimmen dem Atomwaffensperrvertrag zu. Auch das sozialliberale Bundeskabinett ratifiziert die Vereinbarung. Die unterzeichnenden Regierungen verpflichten sich, die Kernenergie ausschließlich friedlich zu nutzen. Länder, die über Atomwaffen verfügen, sind angehalten, bei den Massenvernichtungsmitteln abzurüsten. Wer noch kein Nuklearasenal unterhält, darf auch keines aufbauen.

KAPITEL 8

»Inneres Gewürge« – Der Umgang mit militärischer Tradition und Kritik an der Armee

Frühe Skandale zeigen deutlich, dass die »Innere Führung« von vielen Vorgesetzten nicht gelebt wird. Nach dem Iller-Unglück von 1957 kommt es wenige Jahre später bei den Fallschirmjägern erneut zu einem aufsehenerregenden Vorfall. Die »Nagold-Affäre« macht Schlagzeilen. Am 1. August 1963 stirbt ein junger Soldat nach einem Leistungsmarsch bei hohen Temperaturen. Zwar stellt der zuständige Oberstaatsanwalt in Tübingen fest, dass sich wegen des Hitzekollaps des Wehrdienstleistenden kein strafrechtlicher Vorwurf gegen die Vorgesetzten herleiten lasse. Weitere Ermittlungen ergeben allerdings zahlreiche Vergehen der Verantwortlichen der Fallschirmjäger-Ausbildungskompanie 6/9 auf dem Eisberg bei Nagold. Sie werden wegen Misshandlung, entwürdigender Behandlung Untergebener und Missbrauch der Befehlsbefugnis verurteilt.

Die juristische Aufarbeitung bringt eine unmenschliche Schinderei bei den Fallschirmjägern zu Tage. »Der Spiegel« enthüllt systematische Misshandlungen von Rekruten, die durch Dreck robben, unter Stühlen hindurchkriechen und tief in der Nacht ihre Spinde einräumen mussten, die vorher von Ausbildern geleert worden waren. Gegen einen der Unterführer, der fristlos entlassen wird, und gegen zehn weitere Ausbilder der Kompanie in Nagold beginnt im Dezember 1963 vor dem Schöffengericht der Stadt Calw eine Serie von neun verschiedenen Strafverfahren wegen fortgesetzter entwürdigender Behandlung von Untergebenen, vorsätzlicher körperlicher Misshandlungen, Missbrauch von Befehlsbefugnis und Dienststellung. In der achtjährigen Geschichte der Bundeswehr seien solche Fälle noch nicht so massiv gerichtskundig geworden, stellt »Der Spiegel« fest.

Er schildert zahlreiche Fälle. Einer davon: »Ein Gefreiter, der wegen seiner Jugend vor dem Jugendschöffengericht erscheinen wird, gebot einer Rekrutengruppe, sich beim Außenrevierreinigen auf den lehmignassen Boden zu legen und im Kriechen Papierfetzen und Unrat aufzusammeln. Die Soldaten durften zur Vorwärtsbewegung ihre Beine nicht gebrauchen, sie mussten sich beim Aufsammeln der Abfälle mit den Händen vorwärts ziehen. Auf diese Weise krochen die Rekruten, eine Stunde lang Unrat sammelnd, im strömenden Regen umher.« Die Bundeswehr löst im Herbst 1963 die Ausbildungskompanie wegen der skandalösen Vorkommnisse auf.

»Innere Führung« und Traditionspflege bleiben in der Truppe permanente Streitpunkte. Im Jahr darauf versucht Ulrich de Maizière, bis September 1964 noch Kommandeur der Führungsakademie in Hamburg, nun Inspekteur des Heeres, einen Mittelweg zwischen Reformern und Traditionalisten zu finden. Er fordert seine Männer auf, zwischen Soldaten der Wehrmacht und der Institution zu unterscheiden. »Die Pflege kameradschaftlicher Beziehungen zu ehemaligen Soldaten der Wehrmacht ist auch ohne eine offizielle und allgemeine Zuteilung von Traditionen möglich und erwünscht«, hält er am 20. November 1964 fest.

De Maizière folgt damit der Linie des früheren Generalinspekteurs Adolf Heusinger, der die »Innere Führung« hochgehalten hat, aber nie alle Traditionslinien kappen wollte und stets vorsichtig agierte. Der General a. D. verfolgt die jüngsten Entwicklungen als Pensionär. Am 29. Februar 1964 endete Heusingers Dienst als Vorsitzender des NATO-Militärausschusses. Zweimal war seine Amtszeit bereits außerordentlich verlängert worden. Mit 66 Jahren geht er in den Ruhestand, lebt in Köln und verliert nie das Interesse an seiner Bundeswehr. Nur wenige Wochen später folgt ihm General Speidel in das Rentnerdasein. Auf dem Ulmer Münsterplatz verabschiedet ihn die Bundeswehr mit dem Großen Zapfenstreich. Angetreten sind auch Ehrenformationen der US-amerikanischen und der französischen Armee.

Heusinger und Speidel sind nicht die Einzigen, die aus Altergründen aus dem Dienst ausscheiden. Mitte der Sechzigerjahre tritt eine ganze Generalsgeneration der Bundeswehr ab. Diese Männer der ersten Stunde, deren Karrierebeginn meist in der kaiserlichen Armee lag, ersetzen nun Frontkämpfer des Zweiten Weltkriegs, die als Bataillonskommandeure, Bootskommandanten, Generalstabsoffiziere, Staffelkapitäne und Zugführer in der Wehrmacht gedient haben. Die meisten sind von ihren Erfahrungen an der Ostfront geprägt. Sie haben die Niederlage, eine anschließende Gefangenschaft und eine meist entbehrungsreiche Nachkriegszeit erlebt. So mancher dieser Generäle verspottet die »Innere Führung« als »Inneres Gewürge«. Das färbt auf untere Dienstgrade ab. Oberstleutnant Heinz Karst, früher ein Mitarbeiter Baudissins und dann an der »Schule für Innere Führung« tätig, hält fest, dass viele Soldaten das Konzept des »Staatsbürgers in Uniform« als »weiche Welle« oder »Quatsch« abwerten. Er spricht damit auch ein wenig die eigene Meinung aus. In der Zeitschrift »Kampftruppen« hält Karst fest, dass der Zweck der Bundeswehr die »hohe Einsatzbereitschaft und harte Ausbildung« sei.

In einem Buch schreibt Karst Anfang der Sechziger, dass Soldaten der entschlossene Wille beseelen müsse, den Feind zu besiegen. »Dazu müssen sie erzogen werden, auch wenn sie den Krieg verachten.« Der Soldat habe nicht die Aufgabe, den Krieg zu verhindern, sondern ihn zu gewinnen, er sei auf Gewalt und Kampf eingestellt.

Die Kritiker der »Inneren Führung« hielten die Grundsätze für wirklichkeitsfremd, stellt der zweite Wehrbeauftragte des Bundestages, Hellmuth Heye, in seinem Jahresbericht 1962 fest. Nach Ansicht der Veteranen seien sie ein Hemmnis für das Herausbilden einer »schlagkräftigen Armee«. Heye befürchtet, dass die Gegner zunehmend Anhänger fänden, die das Prinzip der Rechtstaatlichkeit in den Streitkräften nicht anerkennen. Er beklagt in einer Artikel-Serie in der Illustrierten »Quick« mit dem Titel »In Sorge um die Bundeswehr«, die 1964 erscheint, die unzeitgemäße und mangelhafte Menschenführung in der Truppe.

Der frühere Vizeadmiral, dessen militärische Laufbahn in der kaiserlichen Marine begann, hatte bereits in seinem Jahresbericht auf die unhaltbaren Zustände hingewiesen. 4736 Beschwerden von Bundeswehrangehörigen sowie 666 andere Vorgänge hatten ihn beschäftigt. Darüber hätte er gern das Parlament informiert. Der Bundestag aber nimmt das Dokument ohne Debatte einfach zur Kenntnis. Heye bekommt keine Gelegenheit, vor dem Plenum zu sprechen. Er reagiert enttäuscht, seine

Mahnungen verstreichen weitgehend ungehört. Also sucht er einen anderen Weg in die Öffentlichkeit. In der »Quick« erhebt er schwere Vorwürfe gegen die Verantwortlichen der Bundeswehr und gegen militärische Führer. Der Umgang mit den Soldaten widerspreche dem Geist der »Inneren Führung«. Es wird deutlich, dass weiterhin Methoden aus der Wehrmacht zum Alltag der Uniformierten gehören. »Es ist bedauerlich, es aussprechen zu müssen: Wenn wir das Ruder nicht jetzt herumwerfen, entwickelt sich die Bundeswehr zu einer Truppe, wie wir sie nicht gewollt haben«, stellt der Wehrbeauftragte fest. Der Trend zum Staat im Staate sei unverkennbar.

Aus dem Kabinett gibt es aber prompt Widerspruch: »Die Bundesregierung lehnt die Verallgemeinerung von Verstößen Einzelner ab«, heißt es in einer Pressemitteilung. Der Wehrbeauftragte wird hart kritisiert. Heye stellt daraufhin am 10. November 1964, fast genau drei Jahre nach dem Antritt, sein Amt zur Verfügung.

Am 1. Juli 1965 erlässt das Bundesverteidigungsministerium den ersten Traditionserlass. Nach fast einem Jahrzehnt des Bestehens regelt dieser den Umgang mit der Geschichte der Streitkräfte. Kai-Uwe von Hassel geht vorsichtig zu Werke, das Wort Wehrmacht taucht in dem von ihm herausgegebenen Erlass überhaupt nicht auf. »Traditionspflege ist Teil der soldatischen Erziehung« heißt es gleich im ersten Absatz. »Sie erschließt den Zugang zu geschichtlichen Vorbildern, Erfahrungen und Symbolen; sie soll den Soldaten befähigen, den ihm in Gegenwart und Zukunft gestellten Auftrag besser zu verstehen und zu erfüllen.«

Der Minister geht den größten Konflikten aus dem Weg, versteckt sich hinter Phrasen. »Tradition ist Überlieferung des gültigen Erbes der Vergangenheit« lautet einer der nichtssagenden Sätze. Und das Dokument enthält viele solcher Allgemeinplätze. So erfährt der Leser: »In der Geschichte nehmen alle Menschen teil an Glück und Verdienst wie an Verhängnis und Schuld.« Das klingt nach einem Kalenderspruch. Die Reformer haben sich von dem Erlass sicher mehr versprochen.

Darin geht es auch um die deutsche Wehrgeschichte. In Frieden und Krieg habe es zahllose soldatische Leistungen und menschliche Bewährungen gegeben, »die überliefert zu werden verdienen«. Freiheit im Gehorsam wird als gelungenes Prinzip beschrieben. Immerhin hebt der

Erlass den Wert des militärischen Widerstandes hervor. Über die Verschwörer des 20. Juli 1944 heißt es: »Zuletzt nur noch dem Gewissen verantwortlich, haben sich Soldaten im Widerstand gegen Unrecht und Verbrechen der nationalsozialistischen Gewaltherrschaft bis zur letzten Konsequenz bewährt.«

Fritz Erler, ein langjähriger Abgeordneter der SPD, stellt 1965 fest, dass es nicht leicht für Soldaten ist, Teil der Demokratie zu sein. »Die Demokratie funktioniert durch Diskussion und Abstimmung; die Armee hingegen beruht auf Befehl und Gehorsam. Es gibt dann auch keine demokratische Armee; es gibt nur eine Armee in der demokratischen Gesellschaft: eine Armee als treue Dienerin der demokratischen Regierungen.«

De Maizière beschreibt diesen Konflikt, zwischen der notwendigen hierarchischen Ordnung, die jede Armee benötige, und dem »mitdenkendem Gehorsam«, das ermöglicht unsinnige Befehle oder Anweisungen, die gegen die Menschenwürde verstoßen, zu verweigern. »Zum Ungehorsam berechtigt andererseits nicht eine gegenteilige Meinung über die reine Zweckmäßigkeit eines Befehls. Sie kann und sollte in Gegenvorstellungen vorgebracht werden, entbindet aber nicht vom Gehorsam, wenn der Befehl aufrechterhalten wird.« Der Generalleutnant ruft gleichzeitig aber alle Soldaten dazu auf, verbrecherische Befehle nicht zu befehlen oder weiterzugeben – selbst wenn diese von der Regierung kämen. Eine solche schwere Entscheidung würde den Angehörigen der Bundeswehr leichter gemacht als in der Vergangenheit, da sie kein Eid ihn an eine Führung binde.

Seit dem 1. August 1966 lässt das Verteidigungsministerium zu, dass Gewerkschaften für sich in Kasernen werben, und erlaubt es Soldaten, ihnen beizutreten. Der »Gewerkschaftserlass« ist hoch umstritten. Vergeblich hatte Generalinspekteur Heinz Trettner, seit dem 1. Januar 1964 der höchste Soldat der Bundeswehr, im Vorfeld dagegen gekämpft. Nun zieht er die Konsequenz und tritt nach zweieinhalb Jahren im Amt zurück. Mit ihm erklärt sich Günther Pape, Kommandeur des Wehrbereichs III, solidarisch und scheidet ebenfalls aus. Da gleichzeitig auch noch Werner Panitzki, Inspekteur der Luftwaffe, seinen Posten zur Verfügung stellt, macht der Begriff der »Generalskrise« oder vom »Aufstand der Generäle« die Runde. Aber das Primat der Politik bleibt bestehen.

Die Rücktritte haben keine Folgen. Ulrich de Maizière übernimmt das höchste militärische Amt der Bundeswehr. Der Generalinspekteur erhält nun zusätzliche Kompetenzen gegenüber den Teilstreitkräften Heer, Marine und Luftwaffe. Er sorgt für Ruhe, zumindest nach außen.

1966 tritt ein Vorkämpfer der »Inneren Führung« in die Gewerkschaft Öffentliche Dienste, Transport und Verkehr ein. Graf von Baudissin hat seit Jahren beruflich mit den Reformen nur noch wenig zu tun. Er wurde 1961 ins NATO-Hauptquartier versetzt und machte seine militärische Karriere hauptsächlich außerhalb der Bundeswehr. Von 1963 bis 1965 leitete er das NATO Defence College in Paris. Als Generalleutnant wird er Stellvertretender Chef des Stabes für Planung und Operation beim Oberkommando der NATO in Paris und dann im belgischen Casteau.

1967 geht Wolf Graf von Baudissin in Pension. 60 Jahre ist er alt. Er hat den zweithöchsten Dienstgrad der Bundeswehr erreicht, trotz seiner vielen Gegner in der Truppe. Seine Ideen sind weiterhin gültig – auch wenn sie nicht überall gelebt werden. Baudissin widmet sich nun der Wissenschaft. Er gründet mit Mitstreitern das Institut für Friedensforschung und Sicherheitspolitik an der Universität Hamburg, dessen Direktor er später wird.

Sein wohl unbequemster Kritiker, Heinz Karst, steigt in den Generalsrang auf und wird für Erziehung und Bildung im Heer zuständig. Bis 1970 bleibt er für die »Innere Führung« verantwortlich. Dennoch sorgt er mit kontroversen Äußerungen zum Soldatentum der Bundeswehr für Debatten innerhalb und außerhalb der Streitkräfte. So stellt er fest, dass sein Land »außenpolitisch von dem Ruf des deutschen Soldaten der Vergangenheit, ungeachtet aller Verurteilung des wenig differenzierten Begriffs und der noch unklareren Wirklichkeit dessen, was man bei uns und im Ausland pauschal ›Deutscher Militarismus‹ nennt« zehre. Als Kämpfer habe der deutsche Soldat in beiden Weltkriegen an der Spitze gestanden.

»Wenn sich die Reformoffiziere Ende der sechziger Jahre die Frage vorlegten, ob sich ihre Ideen – und damit auch ihre kritische Einschätzung der Wehrmacht – nicht nur in der Gesetzgebung und in den Lehrbüchern der Bundeswehr durchgesetzt hatten, sondern auch im militärischen Alltag, so mussten sie zu dem Eingeständnis gelangen, dass die

Reform gescheitert war und sich die am Modell Wehrmacht ausgerichtete Restauration in beträchtlichem Maße durchgesetzt hatte«, stellt der Historiker Wolfram Wette fest. Die Vorgängerstreitkräfte der Bundeswehr werden verklärt in der Truppe.

Mit der Achtundsechziger-Bewegung und der Revolte der Jugend, die natürlich auch junge Soldaten beeinflusst, beginnt unter Offizieren eine erneute Diskussion über die »Innere Führung«. Ihre Gegner und Befürworter bezichtigen sich wechselseitig, »Schwarmgeister« oder »Reaktionäre« zu sein. Im Frühjahr 1969 fordert der stellvertretende Inspekteur des Heeres, Hellmut Grashey, die Maske der »Innere Führung« endlich abzulegen. Brigadegeneral Karst verschärft noch einmal seine Kritik an der »Baudissin'schen Konzeption«, die eine »unsoldatische Armee« konstruiert.

Und Bundeskanzler Kurt Georg Kiesinger ermuntert in einer Rede die Soldaten dazu beizutragen, »dass die Bundeswehr eine große Schule der Nation für unsere jungen Leute wird«. Sein Nachfolger Willy Brandt weist das in seiner Regierungserklärung zurück. Der SPD-Politiker sagt am 28. Oktober 1969: »Die Schule der Nation ist die Schule.« Mit der Amtsübernahme des Sozialdemokraten und dem Ende der Großen Koalition gibt es die Chance eines Neuanfangs für die Bundeswehr.

Im Dezember 1969 wird eine vom Inspekteur des Heeres Albert Schnez in Auftrag gegebene Studie bekannt. Hochrangige Offiziere haben »Gedanken zur Verbesserung der internationalen Ordnung des Heeres« verfasst. Sie fordern darin eine »Reform an Haupt und Gliedern, an Bundeswehr und Gesellschaft«. Die »Schnez-Studie«, die bereits im Sommer fertiggestellt wurde, war noch vom CDU-Verteidigungsminister Gerhard Schröder angeregt worden. Ihre Autoren beklagen den »fehlenden Verteidigungswillen im Volk«. Sie verlangen ein Umdenken in der Gesellschaft, um die gesunkene Kampfkraft des Heeres entscheidend zu heben. Die Studie stößt auf breiten Widerstand in der Öffentlichkeit und bei den Reformern in der Truppe. Schnez sieht die Bevölkerung in der Pflicht, die Streitkräfte zu stärken. Einfluss sollen Menschen ohne Uniform auf die Truppe aber nicht erlangen. Er nennt das Militär eine »Kampf-, Schicksals- und Notgemeinschaft«, in der Zivilisten keinen Platz haben.

Als eine Erwiderung darauf liest sich die Schrift »Der Leutnant 1970«. Im Januar des Jahres erscheinen unter diesem Titel neun Thesen zu einem modernen Berufsverständnis des Offiziers. Eine Gruppe von acht jungen Leutnanten, die zum Lehrgang an der Hamburger Heeresoffizierschule II gehören, haben die Schrift erarbeitet. »Spezielle soldatische Tugenden gibt es nicht«, halten die Verfasser fest. »Es gibt auch keine Tugend der Zahnärzte und Hausmeister. Wir können eine Sache nur um des Zieles willen tun. Es entsprach jedoch preußischer Tradition, das Handeln dem Ziel unterzuordnen.« Die »Leutnante 70« wollen weder elitär nach innen, noch abgeschottet vom Aufbruch der Achtundsechziger sein. Und sie wehren sich gegen Versuche aus dem Heer, von den Idealen des »Staatsbürgers in Uniform« und der »Inneren Führung« abzurücken. Auf einer Abendveranstaltung präsentieren sie von Baudissin ihre Ideen. Er findet die Thesen diskussionswürdig und sagt gegenüber Journalisten, dass er das erste Mal von aktiven Offizieren links überholt worden sei.

Verteidigungsminister Helmut Schmidt zeigt sich weniger zufrieden mit der Streitschrift. Er attackiert die Autoren für manche Aussage: »Teils diskutabel, in einigen Punkten falsch, in anderen Punkten provokant«. Die Leutnant-Schrift ist der Auftakt zu einer ganzen Reihe von öffentlichen Wortmeldungen von Militärangehörigen. Auf Thesen folgen Gegenthesen und öffentliche Diskussionen an Akademien und Hochschulen. Schmidt, selbst Kriegsveteran, schickt schließlich einige Hardliner an der Spitze der Bundeswehr in den Ruhestand – auch, um sich selbst der Kritik zu entziehen, er dulde autoritäre, demokratiekritische Kräfte in ihren Reihen.

Viele ältere Generäle zeigen eine Nähe zu Rechtskonservativen und zu Gegnern der Studentenbewegung. In der Öffentlichkeit wird der Streit zwischen jungen Offizieren und Traditionalisten mit Weltkriegserfahrung verfolgt. In dieser Debatte sorgt auch die 16-seitige Schrift der »Hauptleute von Unna« für Aufsehen. Verfasst von 30 Kompaniechefs der 7. Panzergrenadierdivision, die ähnlich wie die »Schnez-Studie« eine Mängelliste präsentieren. »Unter den gegenwärtigen Bedingungen« könne »der Auftrag nicht mehr durchgeführt werden«, halten die Autoren 1971 fest. Sie klagen über die »permanente Überforderung der Truppe«, den Rückgang der Disziplin und eine verfehlte Politik der Integration der Armee in die

Gesellschaft, die »höher veranschlagt werde als der Kampfwert des Soldaten«.

Und die Hauptleute kritisieren die ihrer Meinung nach unzulänglichen politischen, personellen und materiellen Rahmenbedingungen in der Bundeswehr, die eine loyale Auftragserfüllung durch die Einheitsführer erschwerten. Ihre offenkundigen Zweifel an der »Inneren Führung« lassen die demokratische Zuverlässigkeit von Offizieren fraglich erscheinen. Am 29. März 1971 veröffentlicht »Der Spiegel« die Kritik der »Hauptleute von Unna«.

Fünf Wochen später trifft Verteidigungsminister Schmidt eine größere Zahl von Hauptmännern und anderen Offizieren in Koblenz. In einer Turnhalle soll es eine Diskussion über den Zustand der Armee geben. Auch die Hauptleute von Unna sind geladen und sitzen in der ersten Reihe. Sie wagen nicht, dem Minister ihre Kritik ins Gesicht zu sagen. Andere Offizierskameraden beklagen, dass es zu viele Vorschriften gibt, dass der Apparat für alles ewig brauche. Statt um große Linien, geht es um viele kleine Probleme. Nach 30 Minuten hat der Sozialdemokrat genug und ergreift das Wort. »Ich möchte Ihnen deutlich sagen, dass ich mit dieser halben Stunde nicht zufrieden bin.« Er will kein »Herumfummeln« an Kinkerlitzchen. Die Autoren der Schrift aus Unna forderte er auf, »nun langsam zur Kasse zu treten und das loszuwerden, was sie draußen öffentlich verkündet haben. Wenn nicht, dann ist das Mangel an Courage«. Allerdings führt auch das nicht zu einer Aussprache.

»In der Turnhalle wurde es mäuschenstill. Wie aus dem Maschinengewehr folgten dann Schmidts Vorwürfe: Verstöße gegen das Soldatengesetz Paragraph 12 (Pflicht zur Kameradschaft), gegen Paragraph 14 (Verschwiegenheit über dienstlich bekanntgewordene Angelegenheiten), gegen Paragraph 15 (politische Betätigung im Dienst). ›Sie sollten das Gesetz nicht vergessen im Überschwang der Diskussion!‹«, so schildert ein Reporter der »ZEIT« die Aussprache. Schmidt tadelt die Offiziere, die lieber mit Journalisten sprechen als mit ihm.

Später meldet sich auch die Bundesregierung zu Wort. Im »Weißbuch zur Sicherheit der Bundesrepublik Deutschland« hält das Kabinett 1973/74 fest: »Die Bundeswehr ist keine geschlossene Gesellschaft.« Und weiter: »In der demokratischen Gesellschaft gibt es auch für das Militär keinen kritikfreien Schonraum: Die Bundeswehr stellt sich der öffentlichen Diskussion. Diese Grundgedanken bestimmen das Verhältnis von Bundeswehr und Öffentlichkeit, von Bürgern in Zivil und Bürgern in Uniform.«

Das klingt besser als die Realität in der Truppe ist. Baudissin hält sich nach seinen Pensionsbeginn lange mit öffentlichen Äußerungen zurück. Im Sommer 1978 aber meldet er sich zu Wort. »Der Reduzierungsprozess der Inneren Führung scheint fortzuschreiten: Menschenführung verliert die soziale Dimension wieder aus dem Blick«. Zwei Jahre später zieht er eine gemischte Bilanz seines Konzepts, der Aus- und Weiterbildung der »Inneren Führer« sei zu wenig Bedeutung beigemessen worden. »Dementsprechend war die Hierarchie nicht imstande, die in Gesetzen, Verordnungen und Weisungen festgelegten Grundsätze der Inneren Führung auf die Truppenpraxis zu übertragen, situationsgerecht anzuwenden und flexibel weiterzuentwickeln.« Baudissin empören die Berichte von Wehrpflichtigen über »unbegreifliche und unverzeihliche, weil im Grunde menschenverachtende Umgangsformen«.

Bis heute gibt es bei der Bundeswehr immer wieder Skandale im Umgang mit Rekruten. 2010 geraten die Gebirgsjäger in Mittenwald in die Schlagzeilen, nachdem ein Soldat sich über Aufnahmetests wie das Runterschlucken und Hochwürgen roher Schweineleber sowie Besäufnisse bis zur Besinnungslosigkeit beschwert. Solche Rituale würden offensichtlich seit Ende der Achtzigerjahre in Mittenwald praktiziert, stellt der Wehrbeauftragte Reinhold Robbe entsetzt fest. Vorgesetzte hätten davon gewusst, seien aber nicht eingeschritten.

Sieben Jahre später scheint sich der Nagold-Skandal zu wiederholen. Im niedersächsischen Munster lässt ein Ausbilder seine Rekruten so lang und hart marschieren, dass vier Soldaten zusammenbrechen, einer von ihnen überlebt die Strapazen und den Hitzschlag nicht. Die Bundeswehr erstellt einen Bericht und attestiert darin »nicht sachgerechte Entscheidungen« der Vorgesetzten. Die körperlichen Anforderungen hätten nicht dem Leistungsstand der marschierenden Offiziersanwärter entsprochen. Außerdem hätten sie trotz der Hitze ihre Feldjacken über den Splitterschutzwesten tragen müssen. Nur zwei Fälle von vielen die zeigen, dass »Innere Führung« von manchem Ausbilder immer noch nicht gelebt wird.

KAPITEL 9

Witwenmacher und lahme Raubkatzen – Immer wieder Probleme mit der Ausrüstung

In den Jahren zwischen 1956 und 1965 laufen zahlreiche große Beschaffungsprojekte der Bundeswehr an: U-Boote, Flugzeuge, Hubschrauber, Boden-Boden-Raketen und in Deutschland entwickelte Kampfpanzer vom Typ Leopard werden bestellt. Gewaltige Summen des Staatshaushaltes gehen an die Bundeswehr, um Rüstungsprojekte für alle Teilstreitkräfte umzusetzen. Immer stärker wird dabei die deutsche Industrie eingebunden.

Ende 1955 und Anfang 1956 erteilt die Bundeswehr erste Aufträge an Unternehmen in Westdeutschland. So erhält der deutsche Hersteller Dornier eine Order über 469 einmotorige Mehrzweckflugzeuge vom Typ »Do 27«, der später aber noch um 41 Maschinen reduziert wird. Sie sollen als Nahaufklärer und Verbindungsflugzeuge dienen, sowie zur Ausbildung der Piloten.

Die Luftwaffe bestellt dann zwei Jahre später neue Erdkampfflugzeuge. Sie entscheidet sich für das Modell Fiat »G.91«, das im August 1956 seinen Erstflug hatte. Der Jet gilt als robust und unkompliziert. Er kann von Behelfspisten, der Autobahn und sogar von Rasenflächen starten. 100 Stück bestellt die Truppe in Italien und vereinbart dann mit Fiat den Lizenzbau in Deutschland. Dornier, Heinkel, Siebel und Messerschmidt bilden die »Arbeitsgemeinschaft Süd 91«. Insgesamt übernimmt die Luftwaffe mehr als 400 Maschinen. Der deutsche Flugzeugbau bekommt durch solche Lizenzfertigungen langsam den Anschluss an die internationale Konkurrenz.

1956 beginnt das Programm für den neuen Schützenpanzer »HS 30«, eines der größten Projekte der Wiederbewaffnung. Im Jahr darauf stellt die Marine das Schnellboot »Jaguar« in Dienst, das erste Kriegsschiff, das nach dem Zweiten Weltkrieg auf einer deutschen Werft gebaut wurde. Im Jahr darauf kommt das Segelschulschiff »Gorch Fock« zur Flotte. Die weiße Bark dient der Offiziersausbildung. Ebenfalls 1958 beschließt die Bundeswehr, Starfighter, »Alouette«-Hubschrauber und »Nike-Hercules«-Flugabwehr-Raketen zu beschaffen.

Da die Nutzungszeit vieler Waffensysteme um 1960 endet, die von den Verbündeten in den ersten Jahren geliefert worden sind, haben die westdeutschen Streitkräfte keine andere Wahl als zahllose weitere Beschaffungsprojekte anzustoßen. Sie brauchen alles neu. Der Wehretat beansprucht teilweise mehr als 30 Prozent des Gesamthaushalts, also fast jede dritte Mark, die vom Staat ausgegeben wird, landet bei der Armee.

Eine hohe Priorität hat zum Ende der Fünfzigerjahre ein Rüstungsprojekt, mit dem die Bundeswehr beweglicher werden soll. Ein Transportflugzeug mittlerer Größe soll beschafft und dabei die Kooperation mit Frankreich bei der Verteidigung vertieft werden. Im Januar 1959 beginnen die Hamburger Flugzeugbau und die Vereinigten Flugtechnischen Werke mit der Entwicklung der Transall C-160, eine deutsch-französische Kooperation. Sie wird mehr als fünf Jahrzehnte lang für die Bundeswehr fliegen.

Welche Waffen die Bundeswehr wo kauft, entscheidet sie nicht allein. Denn der Haushaltsausschuss des Bundestages muss stets die Mittel freigeben, zumindest wenn die Kosten 50 Millionen Mark überschreiten. Und auch der Verteidigungsausschuss wird gehört. Ein Mitspracherecht haben außerdem bei einigen Systemen die Mitglieder der Westeuropäischen Union. Sie genehmigt die Produktion weiterer Waffensysteme in Westdeutschland, darunter die Herstellung von Panzerabwehrraketen mit einer Reichweite von bis zu drei Kilometern. Später gibt sie auch den in den ersten Jahren der Bundesrepublik untersagten Bau größerer Zerstörer für deutsche Werften frei. Die Alliierten trauen den Deutschen lange nicht vollständig und fürchten, dass die Bundeswehr mit neuen Waffensystemen versuchen könnte, im Zweiten Weltkrieg verlorenes Territorium zurückzuerobern.

Von Anfang an begleiten peinliche Possen den Kauf von Material und Waffen. So bestellt das Heer eine große Menge Ponchos, die Soldaten vor

Regen, Wind und Kontaminierung mit atomaren, biologischen sowie chemischen Kampfstoffen schützen sollen. Außerdem können sie als Behelfszelt und Trage für Verwundete dienen. Allerdings ordert das Heer den Poncho lediglich in einer Einheitsgröße – die vielen Männern dann nicht passt. Im Haushaltsausschuss muss ein General eingestehen, dass so mancher Soldat darin bewegungsunfähig wird.

Dieser Fall verursacht aber deutlich weniger Kosten und Schaden als die großen Rüstungsprojekte der Luftwaffe und des Heeres. In den ersten Jahren der Bundeswehr kommt es zu einem der größten Skandale bei der Beschaffung. Die Vorwürfe gegen Verantwortliche wiegen schwer. Es geht um Bestechlichkeit und Korruption. Beim Kauf des Schützenpanzers HS 30 von Hispano-Suiza stehen schwere Beschuldigungen im Raum. Bereits die Bestellung in der Schweiz ist ungewöhnlich. Schließlich geht die große Order von zunächst geplanten 16 800 Panzern an eine Firma, die bislang keine solchen Fahrzeuge hergestellt hat. »Hispano-Suiza war als ein auf dem Waffen- und Munitionssektor tätiges Unternehmen bekannt. Erfahrungen mit der Serienherstellung von Schützenpanzern hatte die Firma bis zu diesem Zeitpunkt nicht«, räumt die Bundesregierung später ein. Die Ausschüsse für Haushalt und Verteidigung geben im Juli 1956 für den Kauf des Schützenpanzerwagen 1,2 Milliarden Mark frei, obwohl es keinen Prototypen und keine konstruktionsfertigen Pläne gibt. Die Zahl der bestellten HS 30 sinkt allerdings um mehr als die Hälfte.

Wie bei den geringen Erfahrungen von Hispano-Suiza fast zu erwarten war, treten von Anfang an technische Probleme beim HS 30 auf. Die Schweizer fertigen die Panzer nicht selbst, sondern nutzen dafür eine britische Tochter, die wiederum andere Unternehmen einbindet. Die Erprobungsstelle der Bundeswehr meldet zahlreiche Fehler und dazu Verzögerungen in der Erfüllung des Vertrages. Bereits am 20. Mai 1958, ein Jahr nach der Auftragsvergabe, richtet Verteidigungsminister Strauß eine Kommission ein, die wirtschaftliche, technische und organisatorische Fragen rund um den HS 30 prüfen soll. »Nachdem vorübergehend erwogen worden war, die Verträge ganz zu kündigen, führten eingehende Beratungen zu einer Verminderung der an Großbritannien in Auftrag gegebenen Zahl von 2800 Stück auf ca. 1000 Stück, der an deutsche Firmen in Auftrag gegebenen Zahl von 1612 auf 1027 Stück«, stellt die Bundesregierung fest.

Letztlich reduziert Westdeutschland die Zahl der bestellten Schützenpanzer weiter. Zwischen September 1959 bis Februar 1962 erhält die Truppe 2176 HS 30. Damit endet der Ärger mit der Industrie aber nicht. So stellt die Bundesregierung fest: »Die technische und wirtschaftliche Abwicklung der Verträge hat jahrelange Verhandlungen über die gegenseitigen Ansprüche erfordert. Durch Vergleich vom 26. November 1965 sind sie schließlich abgeschlossen worden.«

Die Antworten der Bundesregierung reichen dem Bundestag nicht. Auf Antrag der FDP wird im Februar 1967 ein Untersuchungsausschuss eingerichtet. Abgeordnete überprüfen unter anderem ob »die Bundesregierung bei der Auswahl des Fahrzeugtyps oder ihrer Hersteller ihre Sorgfaltspflicht verletzt hat« und ob »Zuwendungen von der Firma Hispano Suiza an im Bundestag vertretene Parteien, ihr nahestehende Personen, Firmen oder Organisationen direkt oder indirekt gezahlt wurden«. Das Gremium befragt 130 Zeugen – einige davon mehrfach. Auch die ehemaligen Minister Blank und Strauß werden geladen, ebenso der sozialdemokratische Verteidigungsexperte Helmut Schmidt.

Die Arbeit des Ausschusses begleiten zahlreiche Recherchen führender deutscher Medien zum Fall HS 30, die viele Unregelmäßigkeiten enthüllen. »Keine Armee ist vorstellbar, die nicht den Todeskeim in sich trüge, wenn ihre Schöpfer die Korruption nicht nur nicht bekämpfen, sondern ihr Vorschub leisten«, schreibt Rudolf Augstein im »Spiegel«. »Am Anfang der Bundeswehr steht solch ein Akt staatlicher, vom Staat gedeckter, vom Staat vertuschter, vom Staat sanktionierter – nun ja, wie nenn' ich's? Sagen wir Unregelmäßigkeit.« Sein Artikel trägt die Überschrift: »HS 30 – Oder wie man einen Staat ruiniert«.

Einige Ergebnisse des Untersuchungsausschusses zeigen, wie stark das Bundesverteidigungsministerium und die verantwortlichen Politiker den Überblick verloren haben. So erhält der HS 30 einen viel zu schwachen Motor, der ursprünglich für ein nur neun Tonnen schweres Fahrzeug entwickelt worden war. Der HS 30 allerdings wiegt 5,5 Tonnen mehr. »Für das heutige Gewicht von etwa 14,5 t« sei der Motor nicht gedacht«, heißt es im Bericht des Ausschusses. Aber keiner der Planer in den für Beschaffung zuständigen Stellen greift ein, selbst dann nicht, als Probleme erkannt werden. Der Schützenpanzer, der politisch gewollt ist, muss eingeführt werden, trotz aller Fehler. Auch an Fahrwerk, Getriebe, Kühlung des Motors und anderen Stellen gibt es gravierende Mängel, die behoben werden müssen.

Überraschend ist, wie wenig Expertise der Generalunternehmer tatsächlich in das Projekt einbringen kann. Als Zeuge vor dem Untersuchungsausschuss wird Louis Birkigt befragt, der Hauptinhaber von Hispano-Suiza. Er führt aus, dass er sich 1950 entschlossen habe, ein eigenes, leicht gepanzertes Kettenfahrzeug entwickeln zu lassen. Aufgrund der Erfahrung des Russlandfeldzuges der Wehrmacht habe er den Schützenpanzer als das Fahrzeug der Zukunft angesehen. Außerdem habe er Lafetten für die 20- und 30-mm-Waffen seiner Firma gebraucht. Aber ihren eigenen Konstrukteuren trauen die Chefs von Hispano-Suiza einen geeigneten Entwurf nicht zu.

HS beauftragt daraufhin Prinz André Poniatowski, einen ehemaligen französischen Offizier polnischer Herkunft, ein Kettenfahrzeug zu entwickeln. Poniatowski sagt vor der Staatsanwaltschaft Bonn aus, dass er keine Technische Hochschule besucht, aber an einer privaten Fachschule »Spezial Mathematik« studiert und zudem eine Akademie für Artilleristen besucht habe. Keine seiner Panzerentwicklungen hat den Status eines Prototyps überschritten, bis er den HS 30 konzipieren darf.

Im Bundesverteidigungsministerium hat es niemand für nötig gehalten, die Kompetenz des Prinzen zu hinterfragen. So bestätigt der Zeuge Brigadegeneral Ludwig Schanze, der am 1. Dezember 1953 als Panzerspezialist zur Dienststelle für die Wiederbewaffnung gekommen war, »eigentlich nichts« unternommen zu haben, um die Qualifikation des Konstrukteurs nachzuprüfen. Der hochrangige Offizier war immerhin Unterabteilungsleiter »Wehrtechnik Land«. In einem Gespräch mit dem damaligen Minister Strauß hatte Schanze am 30. Mai 1958 erklärt, dass seiner Ansicht nach Poniatowski in der Panzerkonstruktion unerfahren sei. Und der Zeuge Fischer, Ministerialdirektor und promovierter Ingenieur gibt zu Protokoll: »Ich habe Poniatowski in einigen Besprechungen in Hannover erlebt. Er verstand schon etwas, er verstand aber nicht genug. Vor allen Dingen fehlte ihm die nötige Härte, um ein derartiges

Team zu führen.« Fischer war im Verteidigungsministerium immerhin mit der Gesamtsache HS 30 befasst.

Die Produktionsstätten in Großbritannien, die für HS die Panzer bauen sollen, nimmt kein deutscher Beamter unter die Lupe, bevor das Projekt anläuft. Überprüft hat das Verteidigungsministerium die Fabriken in der Grafschaft Lincolnshire erst 1958, also deutlich nach Vertragsabschluss. Ob die HS-Tochter in England in der Lage sein würde, ihren Lieferzusagen auch Taten folgen zu lassen, weiß im Ministerium zu Beginn Programms niemand. Trotz einiger Zweifel bei hochrangigen Beteiligten, wird der Kauf des Schützenpanzers nie gestoppt, lediglich die Stückzahl reduziert.

Und so stellt der Untersuchungsausschuss fest: »Die Bundesregierung hat ihre Sorgfaltspflicht bei der Auswahl der Firma HS verletzt.« Und weiter: »Die Entscheidung für den HS 30 ist nicht mit der gebotenen Sorgfalt vorbereitet worden. Voraussehbare Schwierigkeiten bei der Durchführung der Beschaffung sind entweder nicht erkannt oder nicht mit der ihnen angemessenen Bedeutung berücksichtigt worden.« Auch der auf der Beschaffung lastende Zeitdruck rechtfertige nicht die Art und Weise der HS-30-Auswahl. Zumal es noch Alternativen zu dem Schützenpanzer aus der Schweiz gegeben habe.

Der Abschlussbericht des Untersuchungsausschusses liest sich wie ein Sammelsurium von schweren Fehlern. So sind unzuverlässige Geschäftemacher involviert, denen sogar Geheimdienstkontakte in den Osten vorgeworfen werden, dazu dubiose Waffenhändler, frühere Militärs, deren Agenda unklar bleibt. Und der ehemalige Minister Strauß gibt an, dass er noch als Ressortchef einen Schützenpanzer aus den Vereinigten Staaten beschaffen wollte, sich aber damit im eigenen Haus nicht durchsetzen konnte. »Denn es ist für einen Minister unmöglich, gegen die Meinung der militärischen Fachleute und gegen ihren erbitterten Widerstand ihnen eine Doktrin aufzwingen zu wollen, die sie aufgrund ihrer eigenen und immerhin in einem sehr harten Krieg erprobten Erfahrungen nicht für richtig halten. Ich wäre buchstäblich allein gestanden, und ich glaube sicher, dass die öffentliche Meinung in dem Falle sich auf die Seite der militärischen Experten und nicht auf die Seite des Einzelgängers gestellt hätte.«

Bei anderen Projekten hatte der Minister allerdings keine Bedenken, sich gegen Generäle und Experten zu positionieren. Und Strauß gelingt es immer wieder, unbequeme Entscheidungen durchzusetzen, wie die Verkleinerung der Bundeswehr in der Aufwuchsphase. Sein damaliges Motto »Qualität geht vor Quantität«, galt offenbar nicht für den Kauf des HS 30. Es wirkt so, als ob Strauß versucht, die Verantwortung für die problematische Beschaffung auf Militär und Bundeswehrverwaltung abzuschieben.

Schließlich entspricht der HS 30 in den ersten Jahren wegen seiner technischen Mängel nicht den Erwartungen der Truppe und nicht den beim Kauf vereinbarten Fähigkeiten. 1965 beträgt die Einsatzbereitschaft nur 65 Prozent, drei Jahre später sind es 85 Prozent. Auch wenn nach und nach die schwersten Probleme behoben werden, muss der Schützenpanzer schon recht früh wieder ersetzt werden. Es zeigt sich, dass er zu langsam ist, um mit modernen Kampfpanzern ins Gefecht zu fahren. Der HS 30 ist nicht schnell genug, um den Leopard bei hoher Geschwindigkeit zu begleiten.

Die Vorwürfe wegen Bestechung und Korruption kann der Ausschuss nicht belegen. Das Fazit der ermittelnden Parlamentarier: »Die Bundesregierung hat sich zwar mit den ihr zugegangenen Hinweisen, nach denen die Möglichkeit von Zahlungen seitens der Fa. HS an im Bundestag vertretene Parteien, an Persönlichkeiten des politischen Lebens und an Angehörige der Bundeswehr bestand, befasst, das hierfür im Bundesministerium der Verteidigung zuständige Ermittlungsreferat in Sonderfällen hat jedoch keine eingehenden und sachlich ausreichenden Nachforschungen angestellt.« Anzeige sei von der Bundesregierung in keinem Fall gestellt worden und die Strafverfolgungsbehörden seien auch nicht um die Mithilfe bei Ermittlungen oder die Übernahme noch nicht geklärter Sachverhalte gebeten worden. 1967 rügt der Bundesrechnungshof den Kauf des HS 30. Diese Beschaffung sei in einer Weise betrieben worden, »die mit den Grundsätzen der Wirtschaftlichkeit und Sparsamkeit nicht im Einklang steht«.

Während die Beschaffung des HS 30 zahllose Probleme verursacht, kommt es zu einem weiteren skandalträchtigen Rüstungsprojekt. Im Oktober 1958 beschließt die Bundesregierung, den modernsten Abfangjäger ihrer Zeit zu bestellen, den »F-104«, den »Starfighter«. Zunächst geht eine Order für 96 Stück an den US-Konzern Lockheed. Die Konstrukteure haben den einstrahligen Jet für große Geschwindigkeit sowie rasche Aufstiege konzipiert. Der Starfighter erreicht die zweifache Schallgeschwindigkeit (Mach 2,2), seine maximale Steigrate beträgt 244 Meter in der Sekunde. Testpiloten der Bundeswehr sind beeindruckt von den Flugeigenschaften. Allerdings gibt es viele Gründe, die gegen die Beschaffung sprechen.

Der Starfighter gilt als »Schönwetterjäger«. Er soll sowjetische MiG-Jets und Bomber vom Typ »Mjassischtschew M-50« vom Himmel holen. Die Bundeswehr braucht aber eine Maschine, die mehr Aufgaben übernehmen kann, einen Allrounder – in der Sprache der Militärs ein Mehrzweckkampfflugzeug. Dafür bietet sich die französische »Mirage« eher an, außerdem gibt es bereits bewährte Maschinen auf dem Markt, die auch noch günstiger zu haben sind. Experten sprechen sich gegen die F-104 aus. Der Starfighter hat Schwächen. So weist er nur ein geringes Tankvolumen auf, er kann maximal 670 Kilometer weit fliegen, also nicht einmal von Hamburg nach München. Mit Zusatztank lässt sich die Reichweite mehr als verdoppeln, aber dann wird die Maschine langsamer und ihre Manövrierfähigkeit sinkt. Dennoch votiert Franz Josef Strauß für den Jet »Made in the USA« und setzt dessen Kauf durch.

Der Hersteller des Flugzeugs, die Lockheed Corporation, genehmigt einen Nachbau der Maschine in Westdeutschland. Sie heißt nun F-104G, das G steht für Germany, für die deutsche Produktionslinie. Damit das Flugzeug die deutschen Anforderungen erfüllt, wird es umgebaut. Es soll allwetterfähig werden und auch als Jagdbomber dienen. Dafür war der Abfangjäger ursprünglich nicht konzipiert worden. So verliert der Jet an Dynamik und vor allem aber wird er noch schwieriger zu steuern. Die deutsche Version erhält zudem ein boden- und wetterunabhängiges Navigationssystem. 1961 werden die ersten in Lizenz hergestellten F-104G an die Luftwaffe übergeben. Diese Version ist schwerer und mehr als doppelt so teuer wie das Originalmodell aus den USA.

Bis heute ist nicht eindeutig geklärt, warum Strauß sich für die F-104G entschieden und seinen Willen so vehement durchgesetzt hat. Denn zunächst hatte er sich für den Kauf der Mirage ausgesprochen. Ein ehemaliger Lobbyist von Lockheed berichtet über Millionenzahlungen an die CSU, die als Gegengeschäft geflossen seien. Strauß strebt daraufhin eine Verleumdungsklage gegen den Mann an. Beweise dafür, dass der Verteidigungsminister oder seine Partei bestechlich waren, gibt es nicht. Dennoch beschädigt der »Lockheed-Skandal« Strauß' Ansehen und auch des Starfighters.

Ausgebildet werden die Piloten in den Vereinigten Staaten. Sie nennen den Jet »rasender Bleistift« wegen seines dünnen Rumpfes und den kurzen Tragflächen, die auch »Stummelflügel« heißen. Die Männer im Cockpit lieben die Maschine, auch wenn sie schwer zu beherrschen ist. Sie ist sehr schnell, sehr manövrierfähig, aber auch extrem anfällig. »Der Starfighter verzeiht einem keinen einzigen Fehler«, sagt ein früherer Pilot.

Strauß hat mit der US-Regierung vereinbart, dass die deutschen Starfighter nuklear bewaffnet werden können. Im Kriegsfall sollen sie amerikanische Atombomben tragen. Die »Nukleare Teilhabe« besteht aus zwei Komponenten, einer technischen und einer politischen. Erstere bedingt, dass europäische Staaten die Trägersysteme und Bedienmannschaften für den Einsatz von US-Atomwaffen unterhalten. Letztere bedeutet die Mitarbeit in Gremien der NATO, in denen Informationen über nukleare Fragen diskutiert, nukleare Rüstung organisiert und Einsatzmöglichkeiten vereinbart werden.

Allein 1965 stürzen 26 Maschinen ab, die Bundeswehr betrauert 17 Piloten. »Innerhalb der Staaten des Nasmo-Konsortiums (Bundesrepublik, Italien, Niederlande, Belgien) liegt die deutsche Luftwaffe mit ihren Starfighter-Absturzziffern an der Spitze, innerhalb aller Starfighter-Länder etwa im mittleren Drittel, weit vor den USA, wo nur noch Restbestände der unkomplizierten Originalausgabe des Starfighters F-104 geflogen werden«, bilanziert »Die Zeit« im Januar 1966. »Aber die – vom Verteidigungsministerium ausgegebene – Parole heißt auch für den Bundestag: Mit dem Starfighter leben, koste es, was es wolle. Dass es sehr, sehr viel kosten wird, wenn mit der Supermaschine künftig mehr gelebt und weniger gestorben werden soll, ist inzwischen allen Beteiligten klar geworden.«

Nasmo steht für das NATO Starfighter Management Office, das gegründet wird, um die Lizenz-Produktion in verschiedenen europäischen Staaten abzustimmen. 30 Mitarbeiter von Lockheed sollen gemeinsam mit Vertretern aus den betroffenen Staaten die Probleme in den Griff bekommen.

Vergeblich hat der Inspekteur der Luftwaffe, Werner Panitzki, versucht, die tödliche Unfallserie des Flugzeugs zu beenden. Er muss die Folgen der politischen Entscheidung für seine Teilstreitkraft tragen. Aus der Politik erhält er öffentlichen Druck. Verteidigungsminister von Hassel beklagt etwa, dass die Jets nur bedingt einsatzbereit seien.

Panitzki reicht am 12. August 1966 seinen Rücktritt ein. »Seit Oktober 1962 habe ich in einer Reihe von ausführlichen logistischen Berichten an die Leitung des Hauses und an alle Abteilungen des Bundesministeriums der Verteidigung auf die mit dem Waffensystem 104 zusammenhängenden Schwierigkeiten hingewiesen«, hält er in dem Brief an von Hassel fest, in dem er um seine Entlassung bittet. Und weiter: »Am 18. Oktober 1962 habe ich gefordert, ein dem amerikanischen System Management ähnliches System einzuführen, mit dem allein das Waffensystem F-104 zu meistern wäre. Die Beratung über ein solches System zog sich über Jahre hin und wurde nicht zur Entscheidung gebracht.« Im November 1965 habe er zudem einen detaillierten Bericht vorgelegt, der diese Schwierigkeiten und die Situation im Einzelnen nochmals klarlegte und in dem erneut eine Organisationsänderung gefordert wurde. »Der Bericht wurde auf Ihre Weisung leider aus politischen Gründen auf ein Viertel des Umfangs und auch des sachlichen Inhalts zusammengestrichen. Dieser Streichung fiel auch meine Forderung nach Organisationsänderung zum Opfer.«

Noch bevor Panitzkis Dienstzeit endet, beurlaubt ihn Hassel am 22. August 1966, nach einem kritischen Interview zum Starfighter. Der Generalleutnant hatte von einer »rein politischen Entscheidung« gesprochen, die zum Kauf der Maschine geführt hatte. Er scheint sich als Spielball der Politik zu fühlen. Das Ende seiner Karriere findet sogar einen Widerhall in der »New York Times«. Ihr Korrespondent in Deutschland zitiert einen Vertrauten des Inspekteurs der Luftwaffe: »Aber er sagte mir vor einem halben Jahr, dass er es leid sei, Empfehlungen zum Starfighter und zu anderen Angelegenheiten zu versenden, die dann irgendwo zwischen seinem Büro und den obersten Rängen des Verteidigungsministeriums verloren gehen. Ich glaube nicht, dass er es noch länger aushalten könnte.« Von Hassel, der nicht nur mit Panitzki, sondern auch mit anderen Generälen heftig aneinandergerät, muss bald sein Amt zur Verfügung stellen. Im neuen Kabinett der Großen Koalition unter Kurt Georg Kiesinger steht er nur noch dem kleinen Vertriebenenministerium vor.

Rüstungsindustrie und Bundeswehr versuchen, das Flugzeug sicherer zu machen, ohne großen Erfolg. Die deutsche Version ist so stark aufgerüstet worden, dass sie als überfrachtet gilt. Andere Staaten, die den Charakter des schnellen, agilen Jägers nicht abgeändert haben, weisen deutlich weniger Abstürze auf. Der anfangs eingebaute Schleudersitz hat Schwächen. Wenn er bei hoher Geschwindigkeit in geringer Höhe ausgelöst wird, versagt das System oft. »Hinzu kam seine nicht einfache Handhabung in der Stresssituation eines Notausstiegs«, stellt Ulf Kaack in seinem Buch »Die Marineflieger« fest. »Mehrere Todesfälle ließen sich eindeutig auf den C-2 zurückführen.« Im Juli 1966 ertrinkt ein Pilot des Jagdgeschwaders 71 Richthofen, nachdem er mit dem Schleudersitz aussteigen musste, in die Nordsee stürzte und sich nicht vom Fallschirm lösen konnte. Aber erst 1968, nachdem die Piloten starken Druck auf die Spitze des Verteidigungsministeriums ausgeübt haben, kommt ein neuer Schleudersitz ins Cockpit. Dieser funktioniert einwandfrei. Seitdem er eingeführt ist, geht die Todesrate deutlich zurück.

Richtig sicher wird der F-104G jedoch nie. Aber durch bessere Ausbildung und technische Veränderung sinkt die Verlustzahl ab 1966 langsam. Mit Starfightern verunglücken trotzdem weiterhin Piloten. »Witwenmacher« nennen Öffentlichkeit und auch Soldaten die Maschine. Von 916 beschafften Jets stürzen 269 ab. 116 westdeutsche Piloten kommen dabei ums Leben.

Eine Anhörung des Verteidigungsausschusses des Bundestags ergibt, dass die Piloten des Starfighters weiterhin Vertrauen in ihr Flugzeug haben. »Die Unfälle der letzten Zeit haben ihre Einsatzbereitschaft und ihre Freude am Fliegen nicht beeinträchtigt. Diese Unfälle haben lediglich die ihnen schon immer bewusste Tatsache vor Augen geführt, dass ihr Beruf mit besonderen Risiken verbunden ist«, hält der Bericht des Verteidigungsausschusses im März 1966 fest. »Das von den Piloten zum

Ausdruck gebrachte Selbstvertrauen, diesen Risiken zu begegnen und mit ihnen fertig zu werden, ist ungebrochen geblieben.« Der öffentliche Druck auf die Luftwaffe, die »fliegenden Särge« am Boden zu lassen, ist dennoch immens.

Zu den tödlich verunglückten Piloten gehört Joachim von Hassel. Der Oberleutnant zur See ist der Sohn des früheren Verteidigungsministers, der mittlerweile zum Bundestagspräsidenten gewählt wurde. Vor Dänemark trainiert er am 10. März 1970 mit zwei weiteren F-104G den Luftkampf. Von Hassel übernimmt die Rolle des Angreifers, taucht wie aus dem Nichts auf und simuliert eine Attacke. Auf dem Rückflug bekommt eine Maschine Probleme mit dem Seitenruder. Von Hassel dreht mit seinem Jet, der einwandfrei zu fliegen scheint, eine gesonderte Runde und will danach in Eggebek landen. Sein Starfighter stürzt über einem kleinen Wald ab. Der 24-jährige Pilot kommt dabei ums Leben.

Als ein Wagen mit dem Kommodore, dem Staffelchef und dem Fliegerarzt vor der Wohnung Joachim von Hassels und seiner Frau in Tarp in der Flensburger Straße hält, wissen die Nachbarn, die aus Bundeswehrfamilien kommen, was das bedeutet. Und auch Reporter bekommen mit, was vor sich geht. Sie belagern die Witwe, um exklusive Fotos und Statements zu erhalten. Ein Paparazzi versucht sogar, durch das Kellerfenster einzusteigen. Ehefrauen von tödlich verunglückten Piloten erhalten eine einmalige Versicherungssumme von 20 000 Mark und eine Rente, die zwischen 500 und 800 Mark im Monat liegt. 1987 stellt die Bundeswehr den Jet außer Dienst. Sein Nachfolger, der »Panavia Tornado«, der 1991 zur Luftwaffe kommt, fliegt bis heute, trotz mittlerweile schlechter Einsatzbereitschaft und sehr aufwendigen Inspektionen.

Nach dem Schützenpanzer HS30 erweist sich der F-104G als der wohl schwerste Missgriff der Entscheider bei Rüstungsprojekten in den ersten Jahrzehnten der Bundeswehr. Die Skandale um die beiden Waffensysteme beschädigen das Ansehen der Streitkräfte, des Bundesverteidigungsministeriums und der Verteidigungspolitik erheblich. Das Missmanagement bei der Beschaffung und die Korruptionsvorwürfe, die beide Projekte begleiten, beschäftigen die Öffentlichkeit über viele Jahre. Und Pannen bei der Beschaffung treten bis heute auf.

Oft bleiben Waffensysteme und Material bei der Truppe sehr viel länger im Einsatz als ursprünglich vorgesehen, weil es bei der Beschaffung der Nachfolger Probleme gibt. So manches Rüstungsprojekt der Bundeswehr läuft mit gigantischer Verzögerung. Das führt dazu, dass Flugzeuge wie die Transall, Hubschrauber wie der CH53 oder Schützenpanzer wie der Marder mehr als 50 Jahre von den Streitkräften verwendet werden. Sehr alt sind auch die Seefernaufklärer, Flugzeuge der Marine, die über das Meer patrouillieren und U-Boote aufspüren, aber auch Menschen in Not oder Verursacher von Umweltverschmutzungen finden können. Die Mitglieder des Haushaltsausschusses des Bundestages diskutieren bereits 1975 über den Nachfolger der »Breguet Atlantic«. Sie wird das »fliegende Auge« genannt und wurde bereits 1965 in Dienst gestellt.

Erst 30 Jahre nach den ersten Debatten über den Kauf neuer Seefernaufklärer ersetzt die Bundesrepublik die alten Modelle mit Flugzeugen vom Typ »P-3C Orion«, die gebraucht in den Niederlanden beschafft werden und 2006 den Dienst aufnehmen. 295 Millionen Euro zahlt die Bundesregierung dafür. Zunächst wollte Deutschland eigentlich neue Maschinen beziehen. Bereits 1988 hatten die Planer im Bundesverteidigungsministerium festgelegt, zwölf Orion von Lockheed zu bestellen.

Die Haushälter aber bremsen den Kauf aus. Stattdessen werden die alten Breguet Atlantic mehrfach modernisiert und fliegen weiter, auch wenn ihr »Klarstand«, also die Zahl der einsatzbereiten Flugzeuge, immer weiter zurückgeht und die Instandhaltung immer aufwendiger und teurer wird. Aus 20 Fernaufklärern werden acht. So viele gebrauchte Orion schafft die Bundeswehr an. Die neuen Maschinen sind bereits 20 Jahre für die Niederländer geflogen. Die deutschen Streitkräfte behalten zwei Breguet im Dienst mit Spezialfähigkeiten zur Signalaufklärung. Sie steigen noch bis 2010 auf. Am 20. Juni, nach 45 Jahren, endet dann mit einer Landung in Nordholz die Ära der Breguet Atlantic endgültig. Das »Lebenszeitende« der Orion wird mit 2025 angegeben. Mit den 100 Milliarden Euro Sondervermögen soll Ersatz her. Aber es dauert normalerweise Jahre, bis neue Flugzeuge eingeführt sind. Die alten Seefernaufklärer dürften daher noch länger als geplant für die Marine fliegen.

Ein weiteres Beispiel für eine zähe Beschaffung stellt die militärische Transportmaschine »A400M« von Airbus dar. Sie wird wie die bewährte

Transall von Turbo-Prob-Triebwerken angetrieben, fliegt also mit Propellern, hat aber eine höhere Nutzlast und Reichweite als der Vorgänger. 2003 bestellen zahlreiche europäische Staaten und die Türkei gemeinsam 180 Stück. Bei der deutschen Luftwaffe soll die A400M die alte Transall ersetzen, die bereits länger für die Streitkräfte unterwegs ist als vorgesehen. Denn der Nachfolger kommt viel später in die Truppe als erwartet. Eigentlich soll es 2007 so weit sein, dann 2009, schließlich 2013.

In der Nähe von Sevilla in Spanien stürzt im Sommer 2015 eine Testmaschine ab. In einer Zwischenbilanz der »Agenda Rüstung«, einer Abteilung im Verteidigungsministerium, die das Beschaffungswesen der Bundeswehr verbessern soll, wird der A400M kurz darauf als eines der größten Risiken ausgemacht. Drei Maschinen hat die Bundeswehr bis zum Mai 2016 erhalten – und keine davon kann das, was in den Verträgen vereinbart war. Bis zu neun weitere Flugzeuge sollten in dem Jahr noch bei der Bundeswehr eintreffen. Doch dann bremsen Triebwerksprobleme die Auslieferung weiter aus. Und die Maschine, die dann ankommen, weisen oft weitere Probleme auf. Ende 2021 heißt es im Bundesverteidigungsministerium: »Aus der unbefriedigenden technischen Produktreife bei A400M resultiert weiterhin ein erhöhter Instandhaltungsaufwand, der die Kapazitäten der Luftwaffe deutlich übersteigt.« Eine eingerichtete Steuergruppe, in der Beamte, Soldaten und Industrievertreter zusammenarbeiten, soll die »materielle Einsatzbereitschaft« verbessern.

Ein weiteres Prestigeprojekt der Bundeswehr macht ebenso Probleme: Der »Puma«, ein Schützenpanzer, für dessen Entwicklung und Produktion sich zwei führende Rüstungsunternehmen in Deutschland zusammengetan haben, Krauss-Maffei Wegmann München und Rheinmetall. 1996 haben die Konzerne begonnen, den Puma zu entwickeln – gut 26 Jahre später ist er immer noch nicht fertig. 2002 gibt der Bundestag die ersten Mittel frei. Sieben Jahre später genehmigt das Parlament den Kauf. 2015 kommt der erste dieser Schützenpanzer im Erprobungszentrum der Bundeswehr in Unterlüß an. Euphorie bricht bei der Truppe nicht aus. Zu lange haben die Soldaten auf den Panzer gewartet – und dann belasten die zahlreichen technischen Probleme nicht nur die Männer und Frauen in der Wartung. Während Manövern fallen Fahrzeuge aus, die Elektronik ist anfällig, und wenn der Bordcomputer nicht mehr läuft, bleibt der Panzer stehen, was oft vorkommt.

»Der Weg, den der Puma von der Bestellung bis zur Auslieferung genommen hat, war lang und beschwerlich. Und er ist auch noch nicht zu Ende«, sagt Generalleutnant Rainer Korff bei der symbolischen Schlüsselübergabe 2015 im niedersächsischen Unterlüß. »Aber auch wenn er die volle Einsatzreife noch nicht erreicht hat, so sind wir doch in der Lage, unsere Besatzungen an diesem einzigartigen Schützenpanzer auszubilden.« Der Panzer, der teuerste seiner Art weltweit, produzierte zahlreiche Negativmeldungen. Der Höhepunkt: Bei einer Geschwindigkeit von mehr als 50 Kilometern pro Stunde funktionierten die Bremsen nicht mehr zuverlässig. Die ersten 20 gelieferten Exemplare müssen umgerüstet werden. Zudem wiegt der Puma fast zehn Tonnen mehr als ursprünglich geplant. Das stellt ein erhebliches Problem für den Lufttransport dar. Die A400M, die eigentlich einen kampfbereiten Puma im Einsatzgebiet absetzen können sollte, kann das Ungetüm nun nicht mehr am Stück in die Luft bringen. Für den Transport muss ein Teil der Panzerung abmontiert werden.

Und das High-Tech-Gefährt macht weiterhin Probleme. »Die Herstellung der vollumfänglichen Einsatzreife des Waffensystems dauert bis heute an. Dies ist ein Prozess, in den Ergebnisse aus Einsatzprüfungen, Erfahrungen aus der Truppe sowie technische Weiterentwicklungen und die Realisierung von Systemkomponenten einfließen«, stellt Oberstleutnant Kim Feilcke im August 2020 in der Fachzeitschrift »Europäische Sicherheit und Technik« fest. »Eine enge Zusammenarbeit zwischen dem Nutzer, dem Bundesamt für Ausrüstung, Informationstechnik und Nutzung der Bundeswehr (BAAINBw), sowie der Industrie ist dafür unabdingbar und eine Voraussetzung für das Herstellen der Einsatzbereitschaft des Systems Panzergrenadier sowie die Weiterentwicklung der Panzergrenadiertruppe.«

Zu diesem Zeitpunkt hat der Schützenpanzer gut 58 Monate Verspätung, die Kosten sind um mehr als 1,4 Milliarden Euro gestiegen. Da der Puma für die »Very High Readiness Joint Task Force« (VJTF) vorgesehen ist, die Speerspitze der NATO, deren Führung Deutschland am 1. Januar 2023 übernimmt, drängt die Zeit. Die Bundesrepublik hat den Partnern in der Allianz versprochen, eine schlagkräftige und einsatzbereite Truppe zu stellen. Die VJTF soll besonders schnell in Krisengebiete verlegt werden können. Ihre Vorhut muss innerhalb von maximal drei Tagen bereitstehen. Es sieht nicht so aus, als ob das mit dem neuen Panzer gelingen kann.

»Während der Einsatzprüfung im Juli 2020 wurden am Puma teilweise erhebliche Mängel festgestellt, die Fähigkeiten des Systems waren deutlich eingeschränkt«, stellt das Verteidigungsministerium fest. Ein Einsatz in der VJTF der NATO sei nicht verantwortbar. Im selben Jahr schließen das Verteidigungsministerium und die Hersteller einen Vertrag »zur konsolidierten Nachrüstung«. Das gerade erst eingeführte Kettenfahrzeug muss bereits überholt werden. Es bekommt vom Heer gleich noch neue Aufgaben zugewiesen, für die es ebenfalls angepasst wird. So soll der Puma künftig Kampfpanzer und Bunker ausschalten können, zudem braucht er neue »Sichtmittel«, damit die Besatzung den Gegner besser orten kann. Mit dem Sondervermögen von 100 Milliarden Euro könnten weitere Puma geordert werden, um endlich den Marder abzulösen.

Erst einmal geht es aber darum, die bereits gelieferten Exemplare fit zu bekommen. Im Februar 2021 weist eine »Taktische Untersuchung« endlich die Gefechtstauglichkeit des Puma nach. Damit kann der Schützenpanzer im Rahmen der Eingreiftruppe der NATO eingesetzt werden. Im Oktober 2022 inspiziert Olaf Scholz persönlich den Panzer. Der Bundeskanzler schaut interessiert, als ihm der Schützenpanzer vom Heer bei der Ausbildungs- und Lehrübung Landoperationen vorgeführt wird. Nur zwei Monate nach dem Kanzlerbesuch bei der Truppe kommt heraus, dass der Puma alles andere als überzeugend funktioniert. Ein Generalmajor des Heeres, Ruprecht von Butler, vergleicht dessen Einsatz in einer E-Mail an den Inspekteur des Heeres, aus der »Der Spiegel« zitiert, mit einem »Lotteriespiel«. Von Butler berichtet über eine jüngst gelaufene Übung mit Puma und »Leopard 2«. Die Einsatzbereitschaft der 18 Puma einer Kompanie sei »während der letzten acht Ausbildungstage auf 0 Schützenpanzer« gesunken. Die Mängel seien der Truppe zwar bereits bekannt gewesen, allerdings nie in dieser Häufigkeit aufgetreten.

Der Verteidigungsministerin reicht es. Lambrecht hat die Probleme von ihren Vorgängern und Vorgängerinnen geerbt. 16 Jahre lang stand das Ressort unter Kontrolle von Ministern aus Reihen der Union. »Die neuerlichen Ausfälle des Schützenpanzers Puma sind ein herber Rückschlag«, verkündet die Sozialdemokratin. Sie ordnet eine Analyse durch die zuständigen Stellen im Ministerium, bei der Bundeswehr, der Heeresinstandsetzungslogistik und der Industrie an. Lambrecht grollt, das Projekt Puma stehe »an einer entscheidenden Wegmarke«. Das habe sie »allen Beteiligten unmissverständlich klargemacht«. Weitere Bestellungen gibt es erstmal nicht. Im Januar 2023 meldet das Heer dann, das von den 18 ausgefallenen Panzern bereits 17 repariert seien. Die Ursachenforschung geht weiter, ebenso die gegenseitigen Schuldzuweisungen. War es das Heer, das für den Ausfall verantwortlich ist? Oder doch die Industrie?

Politik und Generalität teilen sich an den Beschaffungspannen die Schuld. Während so mancher Abgeordnete vor allem Arbeitsplätze in seinem Wahlkreis im Auge hat und gezielte Lobbyarbeit für dort ansässige Firmen betreibt, strebt die militärische Führung viel zu oft nach »Goldrandlösungen«, nach moderner, hochwertiger Technik, die besser sein soll als auf dem Markt vorhandene Systeme. Zudem sind die Erwartungen der Truppe oft unrealistisch – und verändern sich bei laufenden Projekten, so dass Konstruktionspläne wieder geändert werden müssen. Das führt zu Verzögerungen und zu steigenden Kosten.

Lambrecht strebt, wie so viele ihrer Vorgängerinnen und Vorgänger, eine Effizienzsteigerung beim Bestellen und Einführen von Wehrtechnik an. Zum 1. März 2022 richtet sie die »Task Force Optimierung Beschaffungswesen« ein. Nach zahlreichen Kommissionen, Stäben und Arbeitsgruppen, die den Kauf von Waffen und Ausrüstung effektiver machen sollten, soll es nun also eine »Task Force« richten. »Wer nicht mehr weiterweiß, gründet einen Arbeitskreis«, spotten Soldaten. Wo immer es möglich ist, sollen nun marktverfügbare Systeme beschafft werden. Und zwar in der Standardversion, ohne teure Ergänzungen und Umbauten der deutschen Rüstungsindustrie wie beim F104G oder dem »Euro Hawk«, der unbewaffneten Aufklärungsdrohne mit großer Reichweite.

Als »Global Hawk« steigt das Modell seit vielen Jahren für die US-Streitkräfte und die NATO auf, fliegt seit dem Jahresbeginn 2022 eng am ukrainischen Luftraum entlang, um die Aktivitäten der russischen Truppen aufzuklären. Die Bundeswehr aber sollte ein eigenes Modell mit deutscher Technik an Bord zur Signalerfassung bekommen. Der Euro Hawk kostet viele hunderte Millionen Euro und kommt über Testflüge nicht hinaus. Heute kann die Drohne im Luftwaffen-Museum in Berlin besichtigt werden. Das Ausstellungsstück steht nicht nur für ein interessantes Kapitel deutscher Technikgeschichte, sondern auch für ein weiteres Beschaffungsprojekt der Bundeswehr, das krachend gescheitert ist.

KAPITEL 10

Einsatz im Inneren – Katastrophenschutz: ja, Terrorbekämpfung: nein

Seit ihrer Gründung wird die Bundeswehr immer wieder »im Innern« eingesetzt. Bei Hochwasser, wenn Erntehelfer fehlen oder alte Weltkriegsbunker gesprengt werden müssen. Aufgaben der Polizei übernehmen Soldaten nicht. Sie müssen sich aus inneren Konflikten heraushalten, ebenso wie die Institution Bundeswehr aus der Tagespolitik.

Die Verfasser des Grundgesetzes hatten von der Machtübertragung an Adolf Hitler und dem Ende der Demokratie gelernt und unternahmen alles, eine weitere Diktatur in Westdeutschland zu verhindern. Soldaten sollten nicht noch einmal eine undemokratische Macht absichern. Im Kaiserreich, in der Weimarer Republik und im NS-Staat hätten sie auf Mitbürger schießen dürfen, um Ruhe und Ordnung sicherzustellen. Das Grundgesetz schreibt eine klare Trennung von äußerer und innerer Sicherheit vor. So sind die Grenzen für den Einsatz der Bundeswehr innerhalb des eigenen Staates klar gezogen. Für die »Verteidigung« des Landes, also die Abwehr von äußeren Gefahren, gibt es Streitkräfte. Die Polizei bleibt für die Innere Sicherheit zuständig. Ein solcher Einsatz im Inneren muss eingestellt werden, wenn Bundesrat oder Bundestag dies verlangen. Im Westen Deutschlands gibt es eine strikte Trennung zwischen Militär und Polizei sowie Geheimdiensten. Die Soldaten dürfen von der Regierung nicht verwendet werden, um Revolten niederzuschlagen, bei aufwendigen Sicherheitslagen wie linksextremistischem Terror einzuschreiten oder gar Streiks zu beenden, wie dies in anderen Ländern Europas vorgesehen ist.

1962 kommt es zum bis dahin größten Katastrophenschutzeinsatz des Militärs im Inland. Am 16. Februar braut sich an der Nordseeküste eine gewaltige Unwetterfront zusammen. Mit bis zu 130 Kilometern pro Stunde rast der Orkan »Vincinette« über Norddeutschland hinweg. Bereits das Mittagshochwasser läuft höher auf als üblich. Und bei der folgenden Ebbe sinken die Pegel kaum. Niedersachsen, Bremen, Hamburg und Schleswig-Holstein sind bedroht. Um 20:25 Uhr senden der Norddeutsche Rundfunk und andere Radiosender eine dringende Warnmeldung: »Für die gesamte deutsche Nordseeküste besteht die Gefahr einer sehr schweren Sturmflut. Das Nacht-Hochwasser wird etwa drei Meter höher als das mittlere Hochwasser eintreten.« Tatsächlich wird die Flut sogar noch höher auflaufen.

In der Nacht zum 17. Februar drückt der Orkan die Wassermassen der Nordsee mit Kraft in die Deutsche Bucht und die Elbmündung hinein. Kurz nach Mitternacht brechen in Hamburg die ersten Deiche. Sie geben an mehr als 60 Stellen nach, etwa ein Sechstel des Stadtstaates überfluten die einströmenden Wassermassen. Auf der Elbinsel Wilhelmsburg, in Finkenwerder, Moorburg und anderen Stadtteilen werden 100 000 Menschen im Schlaf überrascht.

In Hamburg gibt es zu diesem Zeitpunkt noch keine Innenbehörde. Die Zuständigkeiten für den Katastrophenschutz sind auf viele Stellen verteilt. Helmut Schmidt, der sich vor seiner Berufung in die Regierung des Stadtstaates einen Namen in der Verteidigungspolitik gemacht hat, ist Polizeisenator. Ihm unterstehen tatsächlich lediglich die Ordnungshüter, nicht die Feuerwehr und nicht die Rettungskräfte. Der Senator kehrt am Abend des 16. Februar von der Innenministerkonferenz in West-Berlin nach Hamburg zurück. Niemand aus seiner Behörde gibt ihm die Unwetterwarnungen weiter. Er lässt sich im Dienstwagen nach Hause fahren. Dort informieren ihn seine Mitarbeiter erst früh am Morgen des nächsten Tages über die Katastrophe. Im Auto rast er zur Polizeizentrale in der Innenstadt. Dort trifft er gegen 6:40 Uhr ein. In der Behörde, so berichtet er es später, herrscht ein Durcheinander wie in einem Hühnerstall.

Zu diesem Zeitpunkt sind bereits Soldaten an vielen Orten im Norden im Einsatz und helfen unter anderem dabei, Deiche zu erhöhen. Pioniere aus Harburg und ihre Kameraden aus anderen Standorten kämpfen mit freiwilligen Helfern seit Stunden verzweifelt mit Sandsäcken gegen die Naturgewalt an. In den Kasernen werden Notunterkünfte eingerichtet.

Da das Telefonnetz in Teilen zusammengebrochen ist, gibt es kein klares Lagebild. Schmidt, früherer Offizier der Wehrmacht, reißt die Koordinierung der Einsätze an sich. Er organisiert weitere Hilfe des Militärs. Der Polizeisenator bittet die Bundeswehr um zusätzliche Hubschrauber und ersucht auch die britische Royal Army um Unterstützung. Seine Kontakte zur NATO, die er als Mitglied im Verteidigungsausschuss aufgebaut hat, helfen ihm dabei. Schmidt kennt die richtigen Leute persönlich, darunter sind Generäle des Bündnisses. Der Sozialdemokrat fragt die Verbündeten nach weiteren Soldaten, Helikoptern und Pionieren. Spezialtruppen mit schwerem Räumgerät und Hubschrauber-Crews brechen nach Hamburg auf. 135 amerikanische, britische und deutsche Militärhubschrauber sind schließlich im Einsatz.

Obwohl die Piloten bei einem Orkan eigentlich nicht abheben dürfen, steigen sie auf und helfen dabei, von den Wassermassen Eingeschlossene zu retten. Für viele Menschen, die auf ihren Hausdächern hocken, bei Sturm und Regen, sind sie die Erlösung. Wen die Hubschraubercrews nicht an Bord holen können, den versorgen sie mit Lebensmitteln und Trinkwasser aus der Luft oder ihre Kameraden des Heeres kommen mit Sturmbooten angefahren.

Es ist aber nicht Schmidt allein, der seine Kompetenz ausdehnt und einen Einsatz der Streitkräfte im Innern ermöglicht. Auch Vertreter anderer Bundesländer haben das Militär um Hilfe gebeten. Bereits am Nachmittag des Katastrophentages hatte die Bundeswehr ihren Männern im Norden mitgeteilt, dass ein Einsatz auf sie zukommen kann. Bei Katastrophen wie Sturmfluten oder großen Bränden können Soldaten als Helfer eingesetzt werden, das regelt Artikel 35 Grundgesetz, der »Amtshilfe« in solchen Notfällen ermöglicht. Seit 1958 existiert zudem eine Dienstvorschrift des Bundesverteidigungsministeriums, die vorgibt, wie die Truppe im Katastrophenfall verwendet werden kann. Bei der Sturmflut in Norddeutschland werden erstmals die Streitkräfte so massiv im Inneren eingesetzt. Die Truppe zeigt, dass sie nicht nur für die militärische Landesverteidigung nützlich ist. 40 000 Soldaten helfen, retten mehr als 1100 Menschen aus unmittelbarer Lebensgefahr, evakuieren überflutete Gebiete und gefährden dabei das eigene Leben.

Neun Angehörige der Bundeswehr sterben. Auch 340 Zivilisten kommen ums Leben. Der Hilfseinsatz bei der Katastrophe bringt der Truppe neues Ansehen ein. Der Soldat als Helfer oder Retter verbessert das Image der Bundeswehr. 1962 sagen Hamburger nach der Flut in Fernsehinterviews, sie wüssten nun endlich, wozu die Armee gebraucht werde. Auch spätere Einsätze bei Katastrophen in Deutschland stoßen in der Öffentlichkeit auf positive Resonanz.

Nach der Sturmflut erhält die Diskussion unter Politikern und Juristen über den Einsatz der Bundeswehr im Inneren mehr Schwung. Über »Notstandgesetze«, die der Bundesregierung im Krisenfall die Möglichkeit einräumen würden, die Streitkräfte innerhalb der eigenen Grenzen zu verwenden, wird jahrelang erbittert gestritten. Georg Leber, Gewerkschafter und SPD-Bundestagsabgeordneter, beschreibt die Ansichten der beiden Lager. Die Gegner klagen, dass Notstandsgesetze das Grundgesetz und die Demokratie aushöhlen würden. »Sie sind Werkzeuge in der Hand derer, die Macht ausüben und sollen die Freiheit, auch die Freiheit der Gewerkschaften untergraben.« Die andere Seite, zu der auch Leber gehört, argumentiert so: »Wenn es nicht ausgeschlossen ist und wenn niemand verhindern kann, dass doch einmal von außen her ein Notstand über uns kommt, muss rechtzeitig nachgedacht werden, nach welchen rechtlichen Regeln dann der Staat regiert werden soll.«

Um die Streitkräfte für Aufgaben jenseits der Landesverteidigung gegen militärische Gegner von außen einsetzen zu können, müssen Bundesregierung und Parlament das Grundgesetz überarbeiten. Dafür braucht es eine absolute Mehrheit im Bundestag. Erst die Große Koalition, die ab 1966 von Kurt Georg Kiesinger geführt wird, verfügt über die nötige Stimmenzahl. Nun wollen die Volksparteien die Notstandsgesetze auf den Weg bringen. Nicht nur bei der »Außerparlamentarischen Opposition« erregt das Unbehagen. Auch Gustav Heinemann (SPD), Justizminister der Großen Koalition, offenbart Zweifel. Ein Trost für ihn ist, dass es keine diktatorischen Vollmachten geben soll: »Ein Kernpunkt der jetzigen Vorlage ist es, die Mitwirkung des Parlamentes, zumindest in der Form des Gemeinsamen Ausschusses, als Notparlament zu erhalten und die Grundrechte dem Zugriff der Exekutive zu entziehen.«

Trotz Widerstand in den eigenen Reihen, beschließen Union und SPD am 30. Mai 1968 im Bundestag das »17. Gesetz zur Ergänzung des

Grundgesetzes« und damit auch die Notstandsverfassung. So erleichtern sie unter anderem den Einsatz der Bundeswehr im Inneren.

Wenn der »Innere Notstand« ausgerufen ist, dann kann die Bundesregierung zum Schutz ziviler Objekte auch Soldaten einsetzen. Ebenso für den Kampf gegen organisierte und bewaffnete Aufständische. Denn die Notstandsgesetze erhöhen die Kompetenz des Bundes bei inneren Unruhen und Naturkatastrophen. Bedingung dafür ist, dass eine drohende Gefahr für den Bestand der Bundesrepublik oder für die freiheitliche demokratische Grundordnung besteht. Wenn ein betroffenes Bundesland nicht in der Lage oder bereit ist, eine solche Gefahr zu bekämpfen, kann die Bundesregierung ebenfalls den Notstand ausrufen, zumindest wenn die Kräfte der Landespolizei und der Bundespolizei nicht selbst in der Lage sind, sich dem Problem zu stellen.

Das sorgt bei vielen jungen Leuten für eine stärkere Skepsis gegenüber dem Staat, den sie verdächtigen, die Sonderrechte missbrauchen zu wollen. So mancher Kritiker sieht in dem Vorgehen der Großen Koalition den Versuch, ein neues Ermächtigungsgesetz zu schaffen. Zwar werden die Aktivitäten der Truppe innerhalb der Grenzen der Bundesrepublik begrenzt, aber Protest gibt es gegen den Schritt dennoch. »Allerdings ist es in Deutschland bisher zu keinem Fall des ›inneren Notstands‹ gekommen, in dem die Bundeswehr gegen ›organisierte und militärisch bewaffnete Aufständische‹ (Artikel 87a, Absatz 4 des Grundgesetzes) hätte eingesetzt werden müssen«, schreiben Helmut W. Ganser, Brigadegeneral a. D., und Manfred Murck, Soziologe und ehemaliger Leiter des Hamburger Verfassungsschutzes, in einer Studie.

1969 wählt die Bundesversammlung Heinemann zum neuen Staatsoberhaupt. Er steht der Bundeswehr durchaus skeptisch gegenüber. »Parteienstreit über Heinemann« titelt die »Süddeutsche Zeitung« am 10. März 1969. Abgeordnete von CDU und CSU attackieren den Sozialdemokraten wegen seiner kritischen Äußerungen gegenüber den Streitkräften. CSU-Chef Strauß, der frühere Verteidigungsminister, bezeichnete die Wahl als »keine glorreiche Entscheidung«. Die »Bild«-Zeitung schreibt: »Kein Mann in Deutschland hat es nötiger, jeder Musikkapelle freundlich zuzuwinken, als Heinemann. Kein Mann hat es nötiger als er, klarzumachen, dass sein Verhältnis zur Bundeswehr nicht mehr wie einst gestört, sondern besonders nach dem Einmarsch der Russen in Prag stinknormal ist. Und niemand hat weniger Recht, diese Armee in Frage zu stellen als der deutsche Bundespräsident.«

Bei seiner Amtsübernahme sagt der Bundespräsident: »Nicht der Krieg ist der Ernstfall, in dem der Mann sich zu bewähren hat, sondern der Frieden ist der Ernstfall, in dem wir uns alle zu bewähren haben.« Er verzichtet am Ende seiner Amtszeit auf einen Abschied mit dem Großen Zapfenstreich, dem feierlichen militärischen Zeremoniell im Fackelschein. Obwohl Heinemann zeitlebens mit dem Militär gefremdelt hat, wird 1978 eine Kaserne nach ihm benannt. Heinemanns Verhältnis zur Truppe steht für eine gewisse Distanz vieler Deutschen gegenüber den Streitkräften.

Immer wieder gibt es sicherheitspolitische Fälle, die den Ruf nach mehr Rechten für die Bundeswehr im Inneren lauter werden lassen. Dazu gehören die terroristischen Anschläge der »Roten Armee Fraktion« im Herbst 1977. Die Bundesregierung bittet die drei Fraktionen im Bundestag, SPD, FDP und Union, zu gemeinsamen Beratungen über ein Anti-Terror-Gesetz, um politischen Streit zwischen den Parteien zu verhindern. Ein Regierungssprecher sagt, die Parlamentarier könnten eine »Liste mit nahezu allen erdenklichen Vorschlägen« erarbeiten. Allerdings gehöre der Einsatz der Bundeswehr im Inneren nicht dazu.

1993 besetzen kurdische Aktivisten einige Autobahnen und Brücken. Daraufhin fordert der Vorsitzende der Unionsfraktion im Bundestag, Wolfgang Schäuble, den Einsatz der Streitkräfte zur Gewährleistung der Sicherheit zu prüfen. Ihm schlägt allerdings breiter Protest entgegen. Nicht nur aus der Opposition gibt es vehementen Widerspruch, auch der liberale Koalitionspartner kritisiert Schäuble für solche Ideen. Politische Mehrheiten gibt es für schnelle und leichtfertige Einsätze von Soldaten im Innern nicht.

Das sieht beim Kampf gegen Naturkatastrophen anders aus. 1997 sind 30 000 Bundeswehrangehörige im Einsatz, um der Oderflut zu begegnen. Angeführt werden sie von Hans-Peter Kirchbach, der danach der »Oder-General« genannt wird. Bei Beginn der Katastrophe ist der Generalmajor gerade im Urlaub. Seine Auszeit beendet er sofort, als die ersten Warnhinweise aus Tschechien eintreffen. Dort haben starke Regenfälle im Riesen- und im Altvatergebirge die Flüsse gewaltig anschwellen lassen. Sie leiten so viel Wasser in die Oder, dass diese sich in einen reißenden Strom verwandelte. Erst meldet Polen »Land unter«, dann trifft es auch Brandenburg. Am 8. Juli 1997 gibt die Landesregierung in Potsdam eine Hochwasserwarnung heraus. Wenige Tage später müssen Menschen in Frankfurt an der Oder und umliegenden Kreisen in Sicherheit gebracht werden. Dann bricht in der Ziltendorfer Niederung der erste Deich.

Generalmajor Kirchbach bekommt die Order, Brandenburg zu retten. Er ist Befehlshaber im Wehrbereichskommando VIII und Kommandeur der 14. Panzergrenadierdivision. Die Bundeswehr setzt fast 3000 Lastwagen, hunderte Rad- und Kettenfahrzeuge, dazu 60 Hubschrauber und zahlreiche Boote ein. 13 000 Soldaten helfen allein in Brandenburg. In Ratzedorf türmen Helfer in Uniform und in Zivil 680 000 Sandsäcke auf. Ihre Barriere hält dem Wasser stand. An anderen Orten in dem ostdeutschen Bundesland brechen Deiche. Kirchbach scheint ununterbrochen mit einem Hubschrauber unterwegs zu sein. Nachdem bei Hohenwutzen der Deich auf einer Länge von 50 Metern abgerutscht ist, klettert er auf den Kamm und weist Helikopter ein, die Sandsäcke bringen. Vom »Wunder von Hohenwutzen« sprechen die Brandenburger. Später wird Kirchbach zum Generalinspekteur der Bundeswehr ernannt.

In den Jahren nach der Flut helfen Soldaten bei Waldbränden und anderen Naturgewalten. 2002 rückt die Truppe erneut aus, um den Opfern einer Flutkatastrophe in Brandenburg zu Hilfe zu kommen. »Unvergessen ist das Bild der bis zum Horizont reichenden glitzernden Wasserfläche, aus der Baumwipfel und Häusergiebel herausragen«, erinnert sich Matthias Platzek, der brandenburgische Ministerpräsident, zwei Jahre nach der Flut. »Vom Hubschrauber aus offenbarte sich dem Betrachter ein Anblick des Grauens, der zugleich von atemberaubender Schönheit war.«

Am 13. August 2002 beginnt in der Nacht die Fluthilfe-Mission der Soldaten. Sie erhöhen in Mühlberg den Deich um einen halben Meter. Zwei Tage später aber muss der Ort doch evakuiert werden. Männer und Frauen der Bundeswehr helfen dabei, gut 6000 Einwohner zu retten. Am 17. August zeigen einige Deiche erste Risse, Helfer müssen zu ihrer eigenen Sicherheit abgezogen werden. Tornados fliegen über Brandenburg, um mit ihren Wärmebildkameras nach Schwachstellen in den Deichen zu suchen. Die Piloten überbringen eine gute Botschaft: Überall halten die verstärkten Dämme dem Wasser stand.

Als ein neuer Gegner den Westen herausfordert, kommt es in Deutschland erneut zu Diskussionen, ob die Polizei allein für die Innere Sicherheit sorgen kann. Das Terrornetzwerk al-Qaida unter der Führung von Osama bin Laden hat bereits mehrfach Menschen und Militär aus den Vereinigten Staaten und Europa attackiert, als von Hamburg aus der bislang schwerste Anschlag geplant worden war. Al-Qaida, »die Basis«, ist keine feste Organisation wie die RAF. Sie besteht aus vielen lose agierenden Gruppen, die sich vor Anschlägen mit den Anführern abstimmen. So gibt es in Hamburg eine Zelle von jungen Männern aus der arabischen Welt, von denen die meisten in der Stadt an der Elbe studieren. Sie planen Anschläge mit Flugzeugen auf den »großen Satan USA«, organisieren deren Finanzierung und führen schließlich vier Gruppen an, die Passagiermaschinen entführen und als Waffen benutzen.

Nach den Terroranschlägen vom 11. September 2001 in den Vereinigten Staaten drängen Politiker, meist aus Reihen der Union, darauf, dass die Bundeswehr stärker in den Kampf gegen den Terror einbezogen wird. Im Bundestagswahlkampf 2002 fordert der Kanzlerkandidat der Union, der bayerische Ministerpräsident Edmund Stoiber, dass Soldaten strategisch wichtige Einrichtungen wie Atomkraftwerke und Flughäfen bewachen müssten. Die Sozialdemokraten und Grünen halten dagegen und lehnen es ab, die Streitkräfte mit Aufgaben der Polizei zu betrauen.

2002 führt ein Einsatz von zwei Kampfjets der Luftwaffe über Frankfurt am Main zu einer erneuten Diskussion über den Einsatz im Inneren. Am 5. Februar, nicht ganz fünf Monate nach den Anschlägen mit Passagiermaschinen, kreist ein Segelflieger über der deutschen Bankenmetropole. Der Pilot, ein offenbar verwirrter Student, droht, sich mit seinem Fluggerät in ein Hochhaus zu stürzen. Um die Lage zu beobachten und das Segelflugzeug zu begleiten, steigen Polizeihubschrauber auf und die beiden Jets der Bundeswehr leisteten »Amtshilfe«. Auch wegen des Einsatzes der Phantom-Abfangjäger am Himmel gelingt es den Behörden,

den Piloten zu einer Landung auf dem Frankfurter Flughafen zu bewegen. Was wäre aber passiert, wenn er das nicht getan hätte? Hätten die Piloten der Bundeswehr dann Gewalt einsetzen dürfen?

Das 2005 vom Bundestag neu erlassene Luftsicherheitsgesetz regelt, wann sogenannte »Renegate-Flugzeuge«, von Terroristen entführte Maschinen, die als Waffen verwendet werden sollen, abgefangen werden dürfen. »Zur Verhinderung des Eintritts eines besonders schweren Unglücksfalles dürfen die Streitkräfte im Luftraum Luftfahrzeuge abdrängen, zur Landung zwingen, den Einsatz von Waffengewalt androhen oder Warnschüsse abgeben« heißt es in Paragraf 14 Absatz 1. Im darauffolgenden Absatz legen die Parlamentarier fest, dass »von mehreren möglichen Maßnahmen« diejenige ausgewählt werden muss, »die den Einzelnen und die Allgemeinheit voraussichtlich am wenigsten beeinträchtigt.«

Besonders problematisch ist, wenn an Bord eines entführten Flugzeuges unbeteiligte Zivilisten als Geiseln genommen wurden, wie es die Terroristen am 11. September gemacht haben. Auch diesen Fall regelt das Luftsicherheitsgesetz: »Die unmittelbare Einwirkung mit Waffengewalt ist nur zulässig, wenn nach den Umständen davon auszugehen ist, dass das Luftfahrzeug gegen das Leben von Menschen eingesetzt werden soll, und sie das einzige Mittel zur Abwehr dieser gegenwärtigen Gefahr ist.«

Bundespräsident Horst Köhler hat starke Bedenken, das Gesetz zu unterzeichnen und ihm damit Rechtskraft zu verleihen, weil er die Tötung von Tatunbeteiligten durch den Staat für einen Verstoß gegen die Verfassung hält. Er setzt schließlich doch seine Unterschrift darunter, regt aber gleichzeitig eine Überprüfung durch das Bundesverfassungsgericht an. Dessen Erster Senat erklärt Teile des Luftsicherheitsgesetzes im Februar 2006 für verfassungswidrig und damit für nichtig. Der Abschuss von Passagiermaschinen mit Unbeteiligten an Bord verstoße generell gegen das im Grundgesetz festgeschriebene »Recht auf Leben« in Verbindung mit der »Garantie der Menschenwürde«. Damit darf die Luftwaffe keine Flugzeuge mit Zivilisten an Bord abschießen, selbst wenn die Maschinen als Waffe eingesetzt werden sollen.

Auch für den Einsatz der Bundeswehr bei Hochwasser, Waldbränden, heftigen Wintereinbrüchen oder Epidemien gibt es strenge Regeln. Das Bundesverfassungsgericht legt 2012 die Hürden für die Alarmierung von

Soldaten in solchen Fällen noch einmal höher. Es entscheidet, dass Streitkräfte und »militärische Kampfmittel« im Innern ausschließlich bei »ungewöhnlichen Ausnahmesituationen katastrophischen Ausmaßes« eingesetzt werden können. Denn der Umgang mit Katastrophen oder besonders schweren Unglücksfällen ist laut Grundgesetz vor allem eine Aufgabe des betroffenen Bundeslandes. Die Bundeswehr darf erst angefordert werden, wenn die Landesregierung ohne fremde Hilfe ihre Bürger nicht unterstützen oder schützen kann.

Nach den Anschlägen von islamistischen Tätern in einem Zug in Würzburg und vor einem Festivalgelände in Ansbach sowie dem Amoklauf in einem Einkaufzentrum in München im Juli 2016 fordern Politiker aus der Union, die Bundeswehr im Kampf gegen den Terror einzusetzen – nicht wie bisher in Afghanistan, Irak oder Mali, sondern in den deutschen Innenstädten. Während der Täter in München noch bewaffnet durch die Stadt läuft, alarmiert Verteidigungsministerin Ursula von der Leyen die Feldjäger in der bayerischen Landeshauptstadt. Zum Einsatz kommen sie nicht, da die Polizei keine Unterstützung braucht. Unter den Sozialdemokraten stoßen die Forderungen nach leichteren und schnelleren Einsätzen der Soldaten bei Terrorlagen auf Widerstand. »Die Bundeswehr verfügt – abseits der Fähigkeit zur ABC-Abwehr – über keine Fähigkeit, die sie gegenüber der Polizei als Alleinstellungsmerkmal für einen Einsatz im Inneren prädestiniert«, hält der »Arbeitskreis Sicherheitspolitik in der SPD Berlin« fest. »Zudem stehen viele der Spezialfähigkeiten durch Standortschließungen und der Auflösung von Verbänden im Katastrophenfall nicht unmittelbar am Ort des Geschehens zur Verfügung.« Auch die Liberalen und die Grünen vertreten ähnliche Positionen.

Die Befürworter eines Einsatzes der Truppe im Innern haben kaum Argumente dafür, denn auch die Polizeibehörden werden nach einer ganzen Reihe von Terroranschlägen in Europa aufgerüstet: Maschinenpistolen, Sturmgewehre und bessere Schutzwesten gehören nun zum Instrumentarium der Ordnungshüter. Die Spezialeinheit GSG9 der Bundespolizei zählt weltweit zur Elite im Kampf gegen organisierte Kriminalität und Terroristen. Sie befreit am 18. Oktober 1977 die Lufthansa-Maschine »Landshut« im somalischen Mogadischu. Soldaten fehlt nicht nur die Ausstattung der Polizei, sondern auch die Ausbildung. Lediglich die Feldjäger, wie die Militärpolizisten bei der Bundeswehr heißen, nutzen Ausrüstung der zivilen Sicherheitsbehörden. So haben sie seit den Auslandseinsätzen auf dem Balkan gelernt, mit Wasserwerfern, Schutzschildern und Schlagstöcken umzugehen. Aber das können sie nicht besser als die intensiver ausgebildeten Polizisten. Und vor allem verfügt die Bundeswehr über gerade einmal knapp 3100 Feldjäger.

Auch die Forderung von konservativen Politikern, dass die Bundeswehr im Terrorfall der Polizei dabei hilft, Checkpoints zu errichten oder Gebäude zu bewachen, scheint nicht bis zu Ende gedacht. Die Kontrollpunkte der Bundeswehr in den Auslandseinsätzen mit gepanzerten Fahrzeugen, Maschinengewehren und Stacheldraht können nicht als Vorbilder für den Einsatz innerhalb Deutschlands dienen. Es fehlen dafür auch ausgebildete Objektschützer. Im Inland lässt die Bundeswehr schließlich ihre Kasernen und Liegenschaften fast ausschließlich von privaten Dienstleistern bewachen. Selbst in Afghanistan patrouillieren angeheuerte Guards am äußersten Ring um die Feldlager und kontrollieren die Tore. Nicht nur, weil dieser Job sehr gefährlich ist – sondern auch weil diese Aufgabe viele Kräfte bindet.

»Die Hilfe, die wir benötigen, kann die Bundeswehr überhaupt nicht bieten«, sagt der Vorsitzende der Gewerkschaft der Polizei, Oliver Malchow dem ZDF. »Wir brauchen Ermittler, wir brauchen Polizisten, die rechtsstaatlich ausgebildet sind und im Rahmen der Verhältnismäßigkeit der Mittel dann die notwendigen Maßnahmen treffen.«

Da gibt es Aufgaben, die sehr viel besser zu den Fähigkeiten der Bundeswehr passen. Während der Corona-Pandemie unterstützen ab 2020 tausende Soldaten die Behörden im Kampf gegen Covid-19. In Kreisämtern übernehmen sie die Kontaktnachverfolgung von Infektionen, sie bauen Testzentren auf, transportieren den Impfstoff und helfen in Pflegeheimen beim Betreuen der Bewohner. Für diese Missionen im eigenen Land erhalten die Soldaten hohen Zuspruch aus der Bevölkerung. Weniger Aufmerksamkeit erhält die Truppe gleichzeitig für ihren Einsatz während einer anderen Seuche. Hunderte Reservisten werden allein in Brandenburg verwendet, um ein Ausbreiten der Afrikanischen Schweinepest zu verhindern.

2021 helfen außerdem Soldaten bei durch Starkregen ausgelöste Fluten im nordrhein-westfälischen Ahrtal in und in Rheinland-Pfalz. Die Regierungen in Düsseldorf und Mainz brauchen die Unterstützung der Truppe, um Menschenleben vor dem Hochwasser zu retten und beim Aufräumen zu helfen. 2400 Angehörige der Streitkräfte sind im Einsatz.

KAPITEL 11

Rebellen und Pazifisten – Zwischen Haarnetz und Bundeswehr-Universitäten

Anfang Juni 1967 besucht Mohammed Reza Schah Pahlavi, der Herrscher des Iran, die Bundesrepublik. Gegen diese Staatsvisite demonstrieren tausende junge Leute, vor allem in Berlin und Hamburg. In der geteilten Hauptstadt erschießt ein Polizist den Studenten Benno Ohnesorg. Viel später erst kommt heraus, dass der Schütze für die Stasi arbeitet. Zudem schlagen Agenten des Schahs auf Exil-Iraner und Protestierende ein, auch die deutschen Sicherheitskräfte gehen gegen Demonstranten mit Gewalt vor. Die Ereignisse begründen die deutsche 68er-Bewegung. Durch die Vorgänge am 2. Juni 1967 in Berlin und ähnlicher Brutalität am Tag darauf in Hamburg entwickelt sich die Studentenrevolte zu einer Massenbewegung. Deren Anhänger fordern mehr politische Rechte, mehr Freiheit sowie eine Aufarbeitung des Nationalsozialismus und dessen Kontinuitäten in der Bundesrepublik.

Als Reaktion auf die Große Koalition, die einfach durchregieren kann, weil sie im Bundestag über eine Zweidrittelmehrheit verfügt, entsteht die »Außerparlamentarische Opposition« (APO). Sie besteht aus verschiedenen, überwiegend politisch linksstehenden Akteuren. Ihre Anhänger sympathisieren häufig mit der Friedensbewegung und den Gegnern des Vietnamkriegs, einig sind sie in der Ablehnung des Militärs. »Zunächst handelt es sich um eine ›Kampagne gegen die Staatsmacht‹ – Polizei, Justiz, Streitmacht, Verwaltung – mit der konkreten Gefahr unkontrollierter und unkontrollierbarer Entladungen, schwerer Erschütterungen unseres gefährdeten Staates und der Überleitungen von spekulativen Theorien (›Transformationen‹) in die Simulation einer revolutionären Gesellschafts-Situation, die aus vielen Gründen auf eine gewisse Zustimmung rechnen darf«, schreibt Joachim Engelmann 1969 in der »Wehrwissenschaftlichen Rundschau«. Er spricht von einem psychologischen Kampf der APO gegen die Bundeswehr, der mit Flugblättern, Demonstrationen und Sitzblockaden geführt werde. »Außerhalb der Kasernen« dürften Soldaten in solchen Fällen die Aktionen »weder abwehren noch niederschlagen«.

Gelöbnisse und Große Zapfenstreiche an zentralen Orten werden für die Bundeswehr zunehmend schwierig. Anhänger der Studentenbewegung und der APO stören gezielt Veranstaltungen der Bundeswehr. Sie wollen die Truppe zurück in die Kasernen drängen, leisten Gegenappelle ab, verhöhnen die Eide und versuchen, mit Sprechchören die Soldaten zu verunsichern.

Vertreter der APO kritisieren die Bundeswehr, nennen sie antidemokratisch und anachronistisch. Sie fordern junge Männer zur Kriegsdienstverweigerung auf oder sich der Wehrpflicht zu entziehen, beispielsweise mit einem Umzug nach Berlin. Dafür bieten linke Gruppen auch Rechtsberatung an. Die Einwohner Berlins sind vom Pflichtdienst befreit. 1968 werden 11 952 Anträge auf Kriegsdienstverweigerung gestellt, doppelt so viele wie im Vorjahr. Und auch Männer, die bereits in der Truppe dienen, steigen aus. Die Zahl der aktiven Soldaten, die den Kriegsdienst verweigern und damit entlassen werden müssen, vervierfacht sich im Vergleich zum Vorjahr.

Ein ernsthaftes Problem sind Diebstähle von Munition und Waffenteilen in verschiedenen Kasernen. Bei einer Demonstration des Sozialistischen Deutschen Studentenbundes (SDS) vor einer Bundeswehrliegenschaft in Wentorf bei Hamburg explodiert am 28. September ein Übungssprengkörper der Truppe, der entwendet worden ist.

Der SDS agiert als Sprachrohr der APO. Ein Überfall auf ein Munitionslager der Bundeswehr in Lebach Anfang 1969, bei dem der Täter drei Soldaten ermordet und einen weiteren schwer verletzt, wird zunächst der APO oder Linksterroristen angelastet. Verantwortlich dafür sind allerdings Kriminelle, die Sturmgewehre G3 und Munition geraubt haben, um diese zu verkaufen.

Eine Antwort der Bundeswehr auf die Unruhe junger Leute, die von der 68er-Bewegung ausgelöst wurde, ist das Haarnetz. Wer langhaarig dienen will, kann das nun tun, muss aber seine Matte unter dem Netz verbergen. 740 000 Stück davon hat das Verteidigungsministerium bestellt und 350 000 Mark dafür ausgegeben. Als »German Hairforce« wird die Truppe nun verulkt. Die Soldaten verspotten das dienstlich gelieferte Utensil als »Zwiebelnetz« oder »Rollschinken«. Wer das »Scheißding«, wie viele auch sagen, den ganzen Tag tragen muss, klagt über fehlenden Komfort und nicht selten über Kopfschmerzen. Im Manöver lässt sich die unter dem Häkelhäubchen gezähmte Pracht kaum pflegen. Immer mehr Beschwerden treffen auf der Hardthöhe, dem Dienstsitz des Ministeriums, ein. Also richtet die Bundeswehr eine Kommission für das haarige Problem ein. Sie findet amtlich heraus, wie unbeliebt das Netz ist. Truppenärzte kritisieren, dass verstärkter Läusebefall drohe, dazu das vermehrte Auftreten von Hauterkrankungen, dazu Infektionen. Und der Wehrbeauftragte Fritz-Rudolf Schultz klagt über die verdreckte Truppe.

Der »Haarnetzerlass« aus dem Februar 1971 wird wieder zurückgenommen, er gilt nur etwas mehr als ein Jahr. Die Wehrpflichtigen haben ihn als Aufforderung verstanden, mit möglichst exotischen Frisuren beim Dienst zu erscheinen. Der Verteidigungsminister ordnet nun eine Haarpracht an, die mehr in die Welt des Militärs passt. Helmut Schmidt gibt vor, dass Haare künftig nicht mehr den Uniform- und Hemdkragen berühren dürfen, zudem müssen Augen und Ohren der Soldaten frei sein. Wenige Monate zuvor hatte er noch verkündet, dass es ihm wichtiger sei, was unter der Schädeldecke sei, als was darauf wächst. Nun befiehlt der Verteidigungsminister die Kehrtwende.

Gelöst wird der Konflikt zwischen der Jugend und der Bundeswehr nicht. Junge Männer wenden sich zunehmend von der Armee ab. Sie wollen nicht mehr an der Waffe dienen, verweigern die Einberufung. In den Siebzigerjahren gilt es als normal, wenn sich Kandidaten für die Musterung gegen die Uniform und für den Ersatzdienst entscheiden. Die Streitkräfte verlieren immer weiter an Attraktivität.

Da die Bereitschaft zum Wehrdienst immer weiter zurück geht, wendet sich Bundeskanzler Brandt am 19. November 1970 an die Ministerpräsidenten. In seinem Brief bittet er die Regierungschefs in den Bundesländern, dass in den Schulen »beim jungen Menschen Verständnis geweckt werde« für die Notwendigkeit einer ausreichenden Verteidigung als Voraussetzung jeder Entspannungspolitik. Zu Beginn seiner Kanzlerschaft werden die ersten Reformpläne für die Bundeswehr erarbeitet. Die Wehrpflicht wird auf 15 Monate verkürzt, die Ausbildung modernisiert, Reservisten sollen stärker eingebunden werden. Zunächst aber steht die »Kritische Bestandsaufnahme« an.

Dazu gehört eine Kommission, die Verteidigungsminister Schmidt einsetzt. Sie soll auch das Bildungswesen der Bundeswehr durchleuchten. Die Experten unterstreichen die Bedeutung einer akademischen Lehre für das Führungspersonal. Es bietet sich für Schmidt die Chance, damit gleich einem Problem der Personalrekrutierung zu begegnen. Denn die Truppe hat stetig größere Probleme, geeigneten Offiziersnachwuchs zu finden. Mit einer akademischen Ausbildung will das Verteidigungsminister einen neuen Anreiz für junge Leute schaffen, vor allem für Abiturienten, zur Armee zu kommen.

Ab 1971 werden in Schmidts Amtszeit Bundeswehr-Universitäten in Hamburg und München geplant. »Mit dem Bau der beiden Hochschulen hat der Bundesminister insgesamt 4570 Studienplätze verschiedener Fachrichtungen – 2070 in Hamburg in Neubauten, 2500 in München in Neu- und Altbauten – geschaffen«, stellt der Bundesrechnungshof fest. »Die Gesamtbaukosten einschließlich der Kosten der Geräteausstattung für die Wissenschaft werden mehr als 800 Millionen Mark betragen; die Abrechnung ist noch nicht abgeschlossen. Für den Bau von Studentenwohnheimen an beiden Standorten wurden rd. 145 Millionen DM aufgewendet.«

1973 beginnen die ersten Soldaten ihr Studium. Die Attraktivität der Bundeswehr für Abiturienten steigt damit, denn die Studenten erhalten Sold während des Universitätsbesuchs und steigen bis zu Oberleutnanten auf. Mit den Hochschulen wirbt die Truppe für sich: »Nicht nur marschieren – auch studieren« heißt es auf einem Poster. »Denn bei der Bundeswehr wird Lernen großgeschrieben. Zuerst bekommt natürlich jeder einmal eine gründliche Ausbildung für seine Aufgaben. Damit er sie auch wirklich packt.« Die Hochschulen böten »so ein richtiges Studium mit allem Drum und Dran«, versucht die Bundeswehr sich in Jugendsprache. Angeboten würden Studiengänge wie Luft- und Raumfahrttechnik, Maschinenbau und noch etliche mehr. Da vor allem Interessenten für technische Studiengänge fehlen, wirbt die Bundeswehr für diese Fächer besonders.

Georg Leber, der im Juli 1972 auf Schmidt als Verteidigungsminister folgt, setzt die Modernisierung der Bundeswehr entschieden fort. Er lässt weitere Verbände aufstellen, um Forderungen der Allianz zu erfüllen. Zwölf Heeresdivisionen mit sechsunddreißig Brigaden stellt Westdeutschland für das Bündnis bereit. Die Bundeswehr wächst von 465 000 Mann auf 495 000 auf. Neben dem Feldheer, das der NATO unterstellt ist und für Operationen der Allianz zur Verfügung steht, gibt es das Territorialheer, das im Verteidigungsfall unter nationalem Kommando bleibt und als Hauptaufgabe hat, die Bewegungsfreiheit der NATO-Truppen aufrechtzuerhalten

Und die Truppe führt einige moderne Großwaffensysteme ein: 1971, noch unter Schmidt, die Phantom-Jets und den Schützenpanzer Marder, im Jahr darauf neue Schnellboote, 1975 den Spähpanzer Luchs, dazu eine neue Generation von Militärlastwagen und 1976 den Gepard. Gezielt wirbt die Truppe mit dem neuen Gerät auf Plakaten und mit Anzeigen in Illustrierten um technisch interessierte junge Männer. Keine Werbung sind aber die nicht endenden negativen Berichte über die schlechte Behandlung der Wehrdienstleistenden und die laufenden Generationskonflikte in der Truppe.

KAPITEL 12

Entspannung und Anspannung – Ostpolitik, NATO-Doppelbeschluss und Beinahe-Krieg

In den Siebzigerjahren bemühen sich NATO und Warschauer Pakt um eine gewisse Annäherung. Die Bundesregierung geht mit gutem Beispiel voran. Im Mai 1970 reist Egon Bahr, Vertrauter Willy Brandts und Staatssekretär im Kanzleramt, nach Moskau. Dort trifft er Andrej Gromyko, den Außenminister der UdSSR zu einem Austausch über einen gegenseitigen Gewaltverzicht. Drei Monate später fliegen auch Brandt und sein Stellvertreter Walter Scheel, der auch Außenminister ist, in die Hauptstadt der Sowjetunion. Mit den Gastgebern unterzeichnen sie am 12. August den »Moskauer Vertrag«. Um den internationalen Frieden zu fördern und um zur Entspannung beizutragen, bestätigen beide Staaten den geografischen Status quo.

Erstmals verzichtet eine Bundesregierung offiziell auf die im Zweiten Weltkrieg verlorenen Gebiete. Westdeutschland und die UdSSR verpflichten sich zudem, Streitfragen untereinander ausschließlich friedlich zu lösen, sich Drohgebärden oder des Einsatzes von Gewalt zu enthalten. Mit dem Moskauer Vertrag beginnt eine neue Phase in den deutsch-sowjetischen Beziehungen. Brandts Entspannungspolitik und sein Konzept »Wandel durch Annäherung« zeigen Wirkung. Im Dezember 1970 folgt ein ähnlicher Vertrag mit Polen. Beide Länder erkennen ihre Grenzen an, die Bundesrepublik bestätigt damit die Oder-Neiße-Linie. Brandts Kniefall in Warschau, mit der er um Vergebung für die deutschen Verbrechen bittet, gehört zu den bedeutendsten Versöhnungsgesten des 20. Jahrhunderts.

Die Ostpolitik der sozialliberalen Bundesregierung setzt sowohl auf Annäherung wie auf Aufrüstung, um dem Osten zu zeigen, dass die westdeutsche diplomatische Offensive auf Stärke beruht, nicht auf Schwäche. Die Entspannungspolitik bleibt dennoch in der Truppe, wie in der Gesellschaft, umstritten. In der Bundeswehr fremdeln nicht wenige Soldaten mit der sozial-liberalen Regierung. Sowjetischen Versprechungen zu trauen, halten sie für leichtsinnig. Brandt und Bahr sind aber nicht weltfremd, sie wollen auf die Bundeswehr nicht verzichten. Beide gehen davon aus, dass ihre Annäherung an den Osten mit militärischer Stärke unterlegt sein muss. Zwischen 1970 und 1972 erhöht das Bundeskabinett den Anteil der Ausgaben für die Streitkräfte am Bruttosozialprodukt von 3,2 auf 3,4 Prozent. Und Brandt schätzt stets den atomaren Schutzschirm der NATO. So abgesichert, lässt sich mit der östlichen Supermacht selbstbewusst verhandeln. Zudem gehen die Westdeutschen keinesfalls einen Sonderweg im westlichen Bündnis.

Auch den Vereinigten Staaten ist an Entspannungspolitik gelegen. Im Mai 1972 reist Richard Nixon als erster US-Präsident in die Sowjetunion. Als er am Flughafen Wnukowo in Moskau landet, sind die Erwartungen groß. Nicht nur Pazifisten hoffen auf einen Ausstieg aus der Rüstungsspirale und den Beginn einer Phase der Entspannung. Die Anspannung während der Kuba-Krise zehn Jahre zuvor ist nicht vergessen. Nixon gibt sich konziliant: »Unsere beiden Nationen sind stark. Jede respektiert die Stärke der anderen, jede wird auf ihre Stärke bedacht sein, um ihre Unabhängigkeit zu bewahren. Aber in einem unkontrollierten Rüstungswettlauf zwischen zwei großen Nationen wird es keinen Sieger geben, nur Verlierer.«

Den Gästen ist viel daran gelegen, für gute Stimmung zu sorgen. Sie erhoffen sich vom Kreml einen mäßigenden Einfluss auf die Kommunisten in Nordvietnam. Der US-Präsident spekuliert darauf, dass ein geordneter und respektvoller Abzug aus dem asiatischen Land ihm bei der nächsten Wahl nutzen wird. Aber mit Generalsekretär Leonid Breschnew kann er sich in Sachen Vietnam nicht einigen. Beide unterzeichnen dennoch das wichtige SALT-I-Abkommen für die Abrüstung, das aus zwei Teilen besteht. Damit ziehen sie eine Obergrenze für strategische Atomwaffen und einigen sich, die Zahl der Interkontinentalraketen einzufrieren. Zudem begrenzen sie mit dem ABM-Vertrag die Anzahl der Raketen-Abwehrsystemen.

In der deutsch-deutschen Außenpolitik kehrt langsam eine gewisse Normalität ein. Bundesrepublik und DDR werden am 18. September 1973 in die Vereinten Nationen aufgenommen. Im selben Jahr nimmt Westdeutschland diplomatische Beziehungen zur ČSSR, zu Bulgarien und Ungarn auf. Bis auf Albanien bestehen damit zu allen osteuropäischen Staaten offizielle Kontakte. Eine Phase der Abrüstung tritt damit freilich nicht ein.

Im Sommer 1975 kommen sich West und Ost weiter näher. Die Teilnehmer der Konferenz für Sicherheit und Zusammenarbeit in Europa (KSZE) unterzeichnen die Schlussakte. Staats- und Regierungschefs aus 35 Staaten hatten zwei Jahre lang ihre Vertreter in Genf und Helsinki verhandeln lassen. Die beteiligten Länder sichern sich gegenseitig einen Gewaltverzicht zu, dazu die Nichteinmischung in innere Angelegenheiten, die Unverletzlichkeit der Grenzen, die Achtung der Menschenrechte und die Zusammenarbeit. Als vertrauensbildende Schritte gelten die Zusagen, militärische Manöver und Truppenbewegungen wechselweise anzukündigen. Zudem sollen unter den Streitkräften Beobachter ausgetauscht werden. Die Bundeswehr ist von den KSZE-Beschlüssen unmittelbar betroffen. Sie wird zu einer gewissen Kooperation mit den Armeen des Ostblocks genötigt.

Die Unterschriften sind ein großer Erfolg der Diplomatie und ein Meilenstein der Entspannungspolitik. Nach diesem historischen Schritt am 1. August 1975 gibt es weitere Signale der Annäherung. So lädt die Bundesregierung erstmals ausländische Beobachter zu einem Manöver ein. Sie dürfen die deutsch-amerikanische Großgefechtsübung »Reforger 75 Certain Trek« verfolgen, die im Oktober in Süddeutschland läuft. Darunter sind Militärattachés und zivile Diplomaten verschiedener Staaten, die in Westdeutschland akkreditiert sind.

Doch bei den moderaten Tönen bleibt es nicht. Bereits 1976 führt die Sowjetunion neue Raketen ein, die im Westen, aber auch in China und Japan, für Beunruhigung sorgen. Die SS-20 hat eine Reichweite von 5500 Kilometern. Damit erreichen die Flugkörper von der UdSSR aus den gesamten eurasischen Kontinent.

Mitte 1977 wird durch eine Recherche der »Washington Post« bekannt, dass Wissenschaftler in den Vereinigten Staaten an einer neuen

Massenvernichtungswaffe forschen. Sie entwickeln die Neutronenwaffe, die mit Kurzstreckenraketen des Typs Lance abgefeuert werden könnten. Präsident Jimmy Carter muss am 12. Juli auf einer Pressekonferenz zur heiklen Aufrüstungsfrage Stellung nehmen. Er dementiert die Presseberichte nicht, sondern bestätigt grundsätzlich die Forschung. Allerdings werde die Neutronenwaffe seit gut 20 Jahren entwickelt, sei also kein neues Mittel.

In der Bundesrepublik sorgt diese freimütige Erklärung des US-Präsidenten für Erregung. Egon Bahr veröffentlicht in der SPD-Zeitung »Vorwärts« einen Artikel, der den neuen Sprengkopf als »Perversion des Denkens« bezeichnet. Auch der ehemalige General Johannes Steinhoff kommentiert in der Presse diese Entwicklung. Eine Verkleinerung der Atomwaffe verleite eher zum Einsatz und mache damit einen Atomkrieg wieder führbar. Zum Stoppen gegnerischer Panzer brauche es keine neue Waffe. Mit der Neutronenbombe bestehe aber das Risiko, dass es zu einer nächsten Stufe im globalen Wettrüsten kommen könne.

In Bonn entwerfen Bundesverteidigungsministerium und Auswärtiges Amt eine gemeinsame Bewertung der Auswirkungen der Neutronenwaffe auf die Sicherheitspolitik. Am 1. September 1977 liegt das fertige Papier vor. Gegenüber herkömmlichen Kernwaffen verursache der Neutronensprengkopf weniger Kollateralschäden, Zivilisten und Infrastruktur würden weniger leiden. Die Massenvernichtungswaffe mache die Angriffsplanung für Gegner komplizierter, ebenso den Einsatz ihrer gepanzerten Verbände. Die Einsatzkapazität der NATO-Verbände gegen die Kräfte des Warschauer Paktes, die ein überlegenes Offensivpotenzial habe, werde hingegen mit der Neutronenbombe verbessert. Dieser »Kampfkraftzuwachs«, so stellen die Beamten der beiden Ministerien fest, »läge im nationalen Interesse der Bundesrepublik Deutschland«. Zudem erhöhe sich durch die Neutronenwaffe die Abschreckung, denn ihr Einsatz sei wahrscheinlicher als bei bisherigen Atombomben. Auch das sei im westdeutschen Interesse, da die Bundesrepublik »wegen ihrer exponierten Lage auf eine wirksame Abschreckung von Angriffen jeder Art besonders angewiesen ist«. Die Reichweite der Raketen- und Rohrartillerie des Heeres reiche dafür nicht.

Helmut Schmidt weist bei einem Besuch in Großbritannien öffentlich auf das wachsende und bedrohlicher werdende Atomwaffenarsenal der Sowjetunion hin. In seiner Londoner Rede vom 28. Oktober 1977 wirft er der UdSSR vor, eurostrategisch vorzurüsten. Besondere Sorge macht den Westdeutschen die SS-20-Rakete. Der Bundeskanzler macht seine Zuhörer darauf aufmerksam, dass lediglich bei strategischen Nuklearwaffen und Abwehrsystemen vertraglich ein Gleichgewicht vereinbart sei. Bei taktischen Atomsprengköpfen mit geringerer Wirkung und Reichweite sowie bei konventionellen Waffensystemen gebe es keine Begrenzung und Eindämmung.

1977 steigt die Zahl der Kriegsdienstverweigerungen (KDV) in der Bundesrepublik sprunghaft an. Das liegt an der erneuten Debatte über die Ausrüstung der Bundeswehr mit Atomwaffen und der neuen Möglichkeit, per Postkarte zu verweigern. Fast 70 000 KDV-Anträge gehen bei den Kreiswehrersatzämtern ein. Dann aber stoppt das Bundesverfassungsgericht diesen Weg, den Militärdienst zu vermeiden. Per Karte ist das nicht mehr möglich. Die Juristen erklären außerdem die Abschaffung der Gewissensprüfung für verfassungswidrig. Daraufhin fällt 1978 die Zahl der Anträge auf das Niveau von 1976 zurück. Dennoch wird die Kriegsdienstverweigerung für die Geburtsjahrgänge von 1957 an zu einem anerkannten Verhaltensmuster.

1978 stellt Erich Honecker bei einem Truppenbesuch fest, dass die Verteidigung des Landes »Sache des ganzen Volkes« sei. Für den Generalsekretär des Zentralkomitees der DDR, der in Personalunion auch Vorsitzender des Staatsrats ist, steht fest, dass es »keinen Bereich unseres gesellschaftlichen Lebens« gebe, »der nicht von den Belangen der Landesverteidigung durchdrungen ist«. Fast zwei Millionen DDR-Bürger sind in uniformierten und bewaffneten Formationen organisiert, dazu gehören Polizeieinheiten, Betriebskampfgruppen, Grenztruppen, der Zoll, Beamte des Ministeriums für Staatssicherheit. Ein solch universeller Anspruch, alles dem Schutz des Staates unterzuordnen, existiert im Westen nicht.

Die Regierung in Washington rückt im April 1978 von der Idee, die Neutronenbombe zu bauen, wieder ab. Jimmy Carter will stattdessen andere Waffen neu in Westeuropa stationieren, um die Abschreckung hoch zu halten. Im Januar 1979 trifft sich der US-Präsident mit dem britischen

Premierminister James Callaghan, dem französischen Präsidenten Valéry Giscard d'Estaing und Bundeskanzler Schmidt auf der Karibikinsel Guadeloupe zum »Vierergipfel«. Franzosen und Deutsche wollen zunächst mit den Sowjets über Abrüstung diskutieren, bevor sie bereit sind, einseitig aufzurüsten. Damit entsteht die Idee, die auf eine Kombination aus Diplomatie und dem Aufstellen neuer Waffensysteme setzt.

In Ost und West steht fest, dass im Kriegsfall auch Atomwaffen eingesetzt würden. Auf Seiten des Warschauer Paktes gibt die Sowjetunion eine Offensivstrategie zur »Verteidigung des Sozialismus« vor. Sie sieht den Einsatz von Kernwaffen im Territorium des Gegners, also der Bundesrepublik oder anderer NATO-Staaten vor. Ein Krieg zwischen dem Sozialismus und Kapitalismus würde weltweit ausgefochten werden, davon gehen die Strategen in der UdSSR aus. Mitteleuropa und damit das geteilte Deutschland spielten die größte Rolle für die Kriegsplanung der »Bruderstaaten«. Von der DDR aus soll die 1. Strategische Staffel des Warschauer Paktes in Richtung des Ruhrgebietes, Luxemburg und Bayern vorstoßen. Sie besteht aus sowjetischen und ostdeutschen Kräften. Andere Verbände, darunter auch polnische Einheiten, würden sich in den ersten Kriegstagen zur Küste hin orientieren und im Norden vorrücken.

Friedensgruppen protestieren in Westdeutschland weiterhin gegen die atomare Aufrüstung. Und Gegner dieser auf Waffen fixierten Politik finden sich nicht nur unter Pazifisten. Ein Generalmajor der Bundeswehr, Gert Bastian, der die 12. Panzerdivision im fränkischen Veitshöchheim kommandiert, erregt im März 1979 Aufsehen mit seiner Kritik an der NATO-Bewaffnungsplänen. »Ich begrüße die Abrüstungsvorschläge des SPD-Fraktionsvorsitzenden Herbert Wehner und bin mit ihm der Meinung, dass die Rüstung in der Sowjetunion nicht offensiv, sondern defensiv ist«, sagte er gegenüber einer linken Zeitung.

Abgeordnete der CDU reagieren empört. Für sie ist Wehner, der frühere Kommunist und nun starker Mann der SPD, bereits ein Verräter, weil er dem Kreml den Angriffswillen abspricht. Aber ein Generalmajor der westdeutschen Streitkräfte, der Moskau die Rolle des Aggressors nicht zutraut, gilt bei ihnen als Sicherheitsrisiko. Konservative Politiker bedrängen Verteidigungsminister Apel, den Querulanten in Uniform abzustrafen. Apel versetzt den Offizier gegen dessen Willen. Nach wochenlangen Schikanen durch den Minister, die Bastian zeigen, dass er nicht mehr gebraucht wird, nimmt er seinen Abschied.

Bastian engagiert sich in der Friedensbewegung und macht als geläuterter Militär eine Karriere als Redner und Autor. Dabei lernt er Petra Kelly kennen, die als Aktivistin gegen Umweltzerstörung und Aufrüstung kämpft. Der Soldat und die Pazifistin sind bald ein Paar – und Symbolfiguren der »Grünen«.

Um die Gefahr eines atomaren Schlagabtauschs weiter zu reduzieren, kommen am 18. Juni 1979 in Wien US-Präsident Carter und der Generalsekretär der kommunistischen Partei Breschnew zusammen. Sie unterzeichnen den SALT-II-Vertrag. Die beschlossene weitere Begrenzung von Nuklearsprengköpfen tritt offiziell nie in Kraft, denn der US-Senat verweigert dem Präsidenten die Ratifizierung. Dennoch versichern beide Staaten, sich praktisch an die Vereinbarung zu halten.

Trotz des verbesserten Verhältnisses zwischen Ost und West läuft die Aufrüstung weiter. Am 30. Jahrestag der DDR, am 7. Oktober 1979, präsentiert die NVA der Öffentlichkeit erstmals ihren neuen Kampfpanzer. Der T-72 aus sowjetischer Produktion beeindruckt mit starker Feuerkraft. Mit seiner automatischen Ladevorrichtung kann die Besatzung acht Schuss in der Minute abgeben. Nur drei Mann sind an Bord: der Fahrer, der Richtschütze und der Kommandant. Dazu ist der T-72 recht schnell für seine Größe, die Motoren kommen mit 780 PS auf eine Marschgeschwindigkeit von 60 km/h. Gemeinsam mit dem Schützenpanzer BMP-1 erreicht die Panzertruppe so eine verbesserte Schlagkraft.

In der Bundesrepublik stehen diesen beiden Militärfahrzeugen der Leopard 2, ein Kampfpanzer, der seit 1978 in Serie gebaut wird, und der Marder, ein Schützenpanzer, der seit 1971 an die Truppe ausgeliefert wird, gegenüber. Beide Panzer nutzt die Bundeswehr viele Jahrzehnte lang in modernisierten Versionen, der Marder soll bis mindestens 2030 rollen, der Leopard 2 sogar mindestens noch einmal zehn Jahre länger. Welche Technik besser ist, die des Ostens oder die des Westens, das entscheidet sich nicht auf dem Schlachtfeld. NATO und Warschauer Pakt halten an der gegenseitigen Abschreckung fest. Solange die Kampfkraft des Gegners schwere eigene Verluste verspricht, denkt keine Seite an eine Offensive – zumindest nicht an einen Angriff auf das Bündnisgebiet der Gegenseite.

Ende 1979 bieten die NATO-Staaten der UdSSR weitere Abrüstungsgespräche an, verbinden das aber mit einer Drohung. Sollte es zu keiner Verständigung kommen, dann werde der Westen eine »Nachrüstung« initiieren, nukleare Mittelstreckenraketen sollen dann modernisiert und in Westeuropa stationiert werden. Diese zweigleisige Strategie, beschlossen am 12. Dezember in Brüssel, geht als »NATO-Doppelbeschluss« in die Geschichte ein. Bei der Friedensbewegung ist dieses Vorgehen von Anfang an umstritten. Und bei den Staaten des Warschauer Paktes löst die Drohung mit der Nachrüstung heftigen Protest aus. Die Ost-West-Gegensätze treten wieder stärker zu tage.

Wenige Tage nach dem NATO-Treffen in Belgien bricht ein neuer Stellvertreterkrieg aus. Das Jahrzehnt der Entspannung endet mit dem Einmarsch der Sowjetunion in Afghanistan. Im Dezember 1979, seit den Weihnachtstagen, rücken tausende Soldaten mit Panzern, anderen Militärfahrzeugen, Hubschraubern und Flugzeugen in das Land am Hindukusch ein. Die Vereinigten Staaten und einige ihrer Verbündeten unterstützen daraufhin die afghanischen Gegner der Sowjets. Nun führt der Westen in Afghanistan einen Konflikt gegen den Ostblock, ohne offiziell selbst Kriegspartei zu werden. Wie zuvor die UdSSR und China, die Konflikte in Korea und Vietnam genutzt haben, um der Gegenseite zu schaden, wollen nun die Vereinigten Staaten und ihre Verbündeten den Kreml am Hindukusch in verlustreiche Kämpfe verwickeln, ohne selbst ins Risiko zu gehen. In Afghanistan und Pakistan bilden der US-Auslandsgeheimdienst CIA und Special Forces die Mudjahedin aus und versorgen sie mit Waffen. Vor allem Boden-Luft-Raketen vom Typ »Stinger«, die von der Schulter aus abgefeuert werden, bescheren der Invasionsarmee herbe Verluste bei Hubschraubern und Erdkampfflugzeugen. Schließlich müssen die Machthaber im Kreml 1989 den Krieg beenden. Diese Niederlage trägt zum Zusammenbrechen der Sowjetunion bei – wie auch das Wettrüsten, das immer teurer und aufwendiger wird.

Über den Krieg in Afghanistan sprechen Breschnew und Helmut Schmidt, beim deutschen Staatsbesuch vom 30. Juni bis zum 1. Juli 1980 in Moskau. Ihre Positionen zum Krieg am Hindukusch liegen, wie erwartet, weit auseinander. Gastgeber und Besucher finden ebenfalls keinen Kompromiss bei der Frage der Raketenstationierung. Der Kreml kritisiert weiterhin die angedrohte NATO-Nachrüstung. Dennoch stimmt die UdSSR weiteren Gesprächen über erste Schritte zur Abrüstung zu.

Der Krieg in Afghanistan führt zu einer Verschärfung des Kalten Krieges in Europa – die Bundeswehr ist an der Ostflanke der NATO gefordert. Viele Deutsche haben Angst vor einem Atomkrieg in diesen Jahren. Die Friedensbewegung kämpft gegen die Stationierung von weiteren Atomwaffen in Deutschland und gegen den NATO-Doppelbeschluss. 1980 stören radikale Antimilitaristen die Feiern zum 25-jährigen Bestehen der Bundeswehr.

Streit gibt es in dieser Zeit auch um die Präsenz von Soldaten an Schulen. Das Bundesverteidigungsministerium möchte sich an der »Friedenserziehung« beteiligen. Sie versteht sich selbst schließlich als Garant für Sicherheit und Freiheit in der Bundesrepublik und in Westeuropa. Auch hoffen die Verantwortlichen auf der Hardthöhe, dass sie so der steigenden Zahl der Kriegsdienstverweigerer begegnen können. Als die Kultusministerkonferenz neue Richtlinien für »Friedenserziehung und Friedenssicherung« erarbeitet, versucht das Ministerium, Einfluss zu nehmen. Aber die Bildungsminister der Länder können sich nicht auf ein einheitliches Konzept für den Umgang mit der Truppe einigen. Ob Jugendoffiziere als Gast vor Klassen treten dürfen und über Themen der Sicherheitspolitik sprechen können, entscheiden Lehrer, Schüler und Eltern vor Ort.

Derweil verändert sich die Bundeswehr. An die Spitze rücken Soldaten, die nicht in der Reichswehr oder Wehrmacht sozialisiert wurden. 1980 geht der letzte Absolvent der Kriegsakademie in den Ruhestand. Am Anfang des neuen Jahrzehnts stammt die Mehrheit der militärischen Führer aus dem eigenen Nachwuchs. Die »selbstgestrickten« Offiziere, die Schulen der Teilstreitkräfte und die Führungsakademie absolviert haben, stehen nun in der Verantwortung.

Als Arbeiter in Polen im Sommer 1980 aufbegehren, reagiert der Ostblock auf innere Unruhen abermals mit Gewalt. Am 13. Dezember 1981 ruft die polnische Regierung das Kriegsrecht aus und kommt so einer Intervention des Warschauer Paktes zuvor. Die DDR-Führung hatte vergeblich den Kreml auf eine Invasion gedrängt. Die Regierung in Ost-Berlin will, dass die Sowjets und ihre Verbündeten mit Polen genauso verfahren wie 1968 mit ČSSR. Aber die Freunde in Moskau bewerten die Lage anders. Die NVA bleibt in den Kasernen und marschiert nicht ins Nachbarland ein, da der Kreml diese Pläne nicht unterstützt. Die polnischen Genossen sollen selbst Stärke zeigen. Unter der Führung des Generals Wojciech Jaruzelski, der auch Chef der kommunistischen Partei ist, gehen die Sicherheitskräfte gegen rebellierende Gewerkschafter vor. Die Anführer der »Solidarność« kommen ins Gefängnis, unter ihnen ist auch Lech Wałęsa.

Am Bonner Hofgarten kommen am 10. Oktober 1981 mehr als 300 000 Demonstranten zusammen, um gegen das Aufstellen von Pershing-II-Raketen in der Bundesrepublik zu protestieren. Zu ihnen sprechen der Schriftsteller Heinrich Böll, das SPD-Präsidiumsmitglied Erhard Eppler und der Pfarrer Heinrich Albertz. Noch nie in der Geschichte der Bundesrepublik hat es eine so große Demonstration gegeben.

Das Ansehen der westdeutschen Streitkräfte belasten die Proteste gegen den NATO-Doppelbeschluss nicht. 47 Prozent der Deutschen haben 1981, so zeigen es Umfragen, eine positive Meinung von der Bundeswehr, lediglich 16 Prozent lehnen die Streitkräfte dezidiert ab. Das Ansehen der Truppe ist damit gestiegen. Aber die Minderheit, die Soldaten ablehnt, ist durchaus laut und sichtbar. Aktivisten stören häufig öffentliche Vereidigungen. Im März 1980 versuchen in Flensburg Anhänger linker Gruppen, ein Gelöbnis zu unterbrechen. Der Militärische Abschirmdienst warnt vor weiteren Störaktionen bei öffentlichen Veranstaltungen der Streitkräfte. Die Bundeswehrspitze reagiert darauf zunächst umsichtig und geht Konflikten aus dem Weg. So verlegt sie ein für den 14. Mai 1980 auf dem Emder Rathausplatz angesetztes Gelöbnis von 400 Wehrpflichtigen auf das Gelände der Karl-von-Müller-Kaserne. Kämpfe zwischen Polizei und Demonstranten sollen verhindert werden.

Knapp ein halbes Jahr später allerdings wagt sie wieder den Schritt in die Öffentlichkeit und das ausgerechnet in der linken Hochburg Bremen. Die militärische Führung hatte die Politik gedrängt, das 25-jährige Bestehen der Bundeswehr und die etwas länger andauernde Mitgliedschaft in der NATO öffentlich zu würdigen. Zunächst wollen die Generäle das Jubiläum mit einer Parade samt Panzern und Artillerie feiern. Bundeskanzler Schmidt und sein Verteidigungsminister Hans Apel lehnen das entschieden ab. Die Sozialdemokraten setzen auf mehrere Gelöbnisfeiern im Land samt feierlichem großen Zapfenstreich. In Bremen macht die Bundeswehr den Auftakt, weil es an der Weser vor 20 Jahren zum ersten öffentlichen Gelöbnis kam. Hans Koschnick, Bremens Bürgermeister, stimmt der Idee zu. Er sagt, dass die Bundeswehr sich schließlich nicht vor der Gesellschaft zu verstecken brauche. Im »Weser-Stadion« sollen am 6. Mai 1980 Soldaten und Gäste feiern.

Koschnick und seine Genossen in Bonn haben aber nicht mit dem militanten Widerstand einiger linker Gruppen gerechnet. Die Traditionspflege der Truppe, Marschmusik und Männer mit Stahlhelmen, die Fackeln tragen, Bestandteile des Großen Zapfenstreiches, provozieren Pazifisten, Studentengruppen und linke Organisationen. Dabei warnt der MAD bereits seit Monaten die Bundesregierung vor geplanten Protesten, die gewalttätig sein könnten. Gegner der Streitkräfte wollen verhindern, dass uniformierte Bundeswehrangehörige offen ihren Treueschwur auf den Staat ableisten. 10 000 Demonstranten versuchen, das Weser-Stadion zu blockieren. Die meisten von ihnen agieren gewaltfrei, bis zu 1000 Teilnehmer aber attackieren Polizisten und Soldaten. Sie werfen Steine auf die Uniformierten, auch Molotowcocktails. Die Gegner der Vereidigung treffen Soldaten zudem mit Farbbeuteln, die mit blutroter Flüssigkeit gefüllt sind. Am Ende brennen acht Bundeswehrfahrzeuge oder werden durch Steine beschädigt. 350 Polizeibeamte aus Bremen und Niedersachsen werden verletzt, dazu drei Bundeswehrangehörige und 50 Zivilisten.

Was genau in Bremen passiert ist, wollen Abgeordnete des Bundestages herausfinden. Der Verteidigungsausschuss wandelt sich in einen Untersuchungsausschuss um, überprüft die Ereignisse, Fazit: »Die Bundesregierung ging bei ihrer Einschätzung der Lage insgesamt davon aus, dass mit intensiven Störungen der Gelöbnisfeier gerechnet werden müsse«, heißt es im Abschlussbericht. »Für die Annahme von erheblichen Gewalttätigkeiten waren indes keine Erkenntnisse aufgrund des Meldebildes des MAD und der Flensburger Ereignisse vorhanden.«

Empfehlungen des Untersuchungsausschusses: Die Bundeswehr solle ihre Öffentlichkeitsarbeit überdenken, im Schul- und Bildungsbereich verstärkte Anstrengungen unternehmen, um die Jugend intensiver an Fragen der Landesverteidigung heranzuführen. Und auch Parteien, Verbände und Kirchen nehmen die Abgeordneten in die Pflicht. Sie müssten die Notwendigkeit von Landesverteidigung und Bundeswehr stärker verdeutlichen und sich an Veranstaltungen beteiligen. Vorwürfe an Kanzler Schmidt, Verteidigungsminister Apel oder die Bundeswehrspitze erhebt die Mehrheit des Ausschusses nicht. Der Bremer Vorfall wirft zunächst ein Licht auf ein zahlenmäßig wohl nicht zu überschätzendes, in seiner Entschlossenheit aber ernst zu nehmendes Potenzial radikaler Gegner der Streitkräfte der Bundesrepublik Deutschland und ihrer bündnispolitischen Einbindung. Aus diesem Potenzial heraus sind auch in Zukunft unterschiedliche Aktivitäten zu vermuten.«

Zumal die nukleare Aufrüstung voranschreitet. Ronald Reagan, der als 40. Präsident der Vereinigten Staaten 1981 vereidigt wird, fordert von der NATO eine kompromisslose Kampfbereitschaft. Er nennt die Sowjetunion das »Reich des Bösen«. 1983 startet Reagan die »Strategic Defence Initiative« (SDI). Damit soll ein Abwehrschirm gegen Interkontinentalraketen aufgebaut, Komponenten für das System auch im All installiert werden. Das Programm erhält deswegen den Spitznamen »Star Wars«. Der Ost-West-Konflikt erlebt mit dem SDI eine neue Schärfe und eine weitere Stufe beim Wettrüsten.

Zu diesem Zeitpunkt hat in Deutschland der Bundeskanzler gewechselt. Die Union hat die Regierung übernommen, gemeinsam mit der FDP, die bei einem konstruktiven Misstrauensvotum gegen den Amtsinhaber der SPD gestimmt hat. Helmut Kohl löst Helmut Schmidt im Oktober 1982 ab. Die neue Regierung will den Staatshaushalt entlasten und sieht im Einzelplan 14, dem Wehretat, Luft für Einsparungen. Ausgerechnet in einer Zeit, in der sich NATO und Warschauer Pakt unversöhnlich gegenüberstehen, soll die Bundeswehr weniger Mittel erhalten. Der neue Verteidigungsminister, Manfred Wörner von der CDU, warnt, dass bei den Kürzungen das »Ende der Fahnenstange« erreicht sei. Gespart wird aber dennoch. Und so zeigt die Politik über Jahrzehnte, dass der Anspruch an die Truppe mit der finanziellen Wirklichkeit nicht zusammengeht. »Denn im haushaltspolitischen Ernstfall gibt es in Deutschland immer andere Prioritäten als die Streitkräfte«, stellt der Publizist Rolf Clement treffend fest. Und weiter: »Da der Haushalt in Zahlen gegossene Politik ist, lässt sich an diesem Punkt ablesen, wie ernst es der Bundesregierung mit der Unterstützung der Streitkräfte wirklich ist.«

Ende 1983 stationiert die NATO ihre »Pershing-II-Raketen« in der Bundesrepublik. Im November hatte der Bundestag zugestimmt, das Waffensystem in Westdeutschland aufzustellen. 286 Abgeordnete votieren bei der namentlichen Abstimmung dafür, 225 dagegen, es gibt nur eine Enthaltung. Während Kanzler Kohl im Bundestag über die NATO-Nachrüstung spricht, demonstrieren Parlamentarier der Grünen mit Kriegsbildern gegen die Nachrüstung. 108 Mittelstreckenraketen vom Typ Pershing II stellen die US-Streitkräfte in Westdeutschland auf, dazu kommen 464 Marschflugkörper in Großbritannien, Italien, Belgien und den Niederlanden. Von der Bundesrepublik aus können die Raketen Moskau treffen. Gegen deren Stationierung protestiert die sowjetische Führung. Aber auch in mehreren westeuropäischen Staaten sorgt die Nachrüstung für ein politisches Beben. Die Umsetzung des NATO-Doppelbeschluss sorgt für Massenproteste. Trotz Verbots nehmen Angehörige der Bundeswehr in Uniform an Kundgebungen teil. »NATO-Soldaten sagen No! zu Cruise Missiles und Pershing zwo!«, lautet eines ihrer Motti.

Die Demonstrationen verhindern aber nicht, dass in den nächsten beiden Jahren immer weitere Pershing II auf US-Stützpunkten in Süd- und Südwestdeutschland aufgestellt werden. Da der Ostblock diese Raketen als ernste Bedrohung ansieht, ist der Kalte Krieg im Jahr 1983 recht heiß. Die Vereinigten Staaten und die UdSSR sprechen seit 1981 in Genf über die Abrüstung bei Mittelstreckenraketen. Aber beide Seiten sind nicht zu größeren Kompromissen bereit. Schließlich bricht die Sowjetunion die Verhandlungen über die »Intermediate Range Nuclear Forces« (INF) ab. Amerikanische Wissenschaftler stellen die »Doomsday Clock«, die Weltuntergangsuhr, mit der die »Bulletins of the Atomic Scientists« die Gefahr eines Atomkrieges zeigen, auf drei Minuten vor Mitternacht.

Dass dies nicht übertrieben ist, zeigt sich am 26. September 1983. Das sowjetische Abwehrsystem löst einen Fehlalarm aus, meldet einen Angriff mit nuklearbestückten Raketen. Ein sowjetischer Offizier verhindert den Dritten Weltkrieg, indem er nicht sofort den Gegenschlag aktiviert. Keine zwei Monate später kommt es zur nächsten Krise. Die NATO beginnt die große Kommandostabsübung »Able Archer 83«, die einen Atomkrieg in Europa simuliert und so streng geheim geplant wird, dass der Ostblock misstrauisch wird. Im Kreml überlegen die Verantwortlichen, ob das Manöver eine Tarnung für einen echten Angriff sein könnte. Letztlich aber bleibt der Kalte Krieg eisig.

KAPITEL 13

Kampf gegen braunes Gedankengut – Skandale bis in die jüngste Zeit

In der Bundeswehr beginnt in den Sechzigerjahren eine Mystifizierung von Claus Schenk Graf von Stauffenberg. Bereits 1959 schreibt Generalinspekteur Heusinger über ihn und seine Mitstreiter: »Ihr Geist und Ihre Haltung sind uns Vorbild.« Einer seiner Nachfolger hält das Andenken an Stauffenberg und an die Akteure des 20. Juli 1944 ebenfalls hoch. In einer Festschrift für Hans Speidel zu dessen 70. Geburtstag, stellt Ulrich de Maizière 1967 über die militärischen Gegner des NS-Regimes fest: »Manche von diesen Soldaten – und darunter gute Freunde von mir – starben nur deshalb, weil sie von den Überlegungen und Vorbereitung der Verschwörer zwar etwas gewusst, ihnen aber die Kameradschaft und die Hoffnung den Mund verschlossen hatten und sie nicht zu Denunzianten werden ließen.« Neben Ludwig Beck zählt de Maizière Stauffenberg zu den sichtbarsten Repräsentanten der Wehrmachtsangehörigen, die gegen die nationalsozialistischen Machthaber den Aufstand wagten.

Als junger Generalstabsoffizier hat de Maizière 1942/43 die damaligen Majore Albrecht Merz von Quirnheim und Graf von Stauffenberg kennengelernt. Der General der Bundeswehr erklärt die beiden und ihre Mitstreiter zu »traditionswürdigen Vorbildern«. De Maizière hält zudem fest: »Tradition aber ist nur dort sinnvoll, wo sie uns hilft, den uns heute gestellten Auftrag zu erfüllen.« Im Falle der Widerständigen in Uniform von 1944 lässt sich seiner Meinung nach von »der Gewissenstreue und Gewissenentscheidung« lernen, das sei »beispielhaft für die Bundeswehr«.

Seit 1968 gibt es im Bendlerblock eine Ausstellung über den Widerstand in drei historischen Räumen. Von dort hatten Offiziere der Wehrmacht versucht, nach dem Anschlag auf Hitler am 20. Juli 1944 einen

Umsturz zu bewirken. Im Hof des Bendlerblocks waren Stauffenberg, sein Adjutant Werner von Haeften, Albrecht Merz von Quirnheim und Friedrich Olbricht ohne Urteil standrechtlich erschossen worden. Im November 1979 beschließen die Parteien im Abgeordnetenhaus von Berlin, die Erinnerungsarbeit in der Stauffenbergstraße auszuweiten. Im Jahr darauf beginnt die Bundesregierung, in dem Gebäudekomplex weitere Flächen für die »Gedenkstätte Deutscher Widerstand« freizumachen. Die Truppe nutzt die Ausstellung für die politische Bildung.

Im Oktober 1976 zeigen hochrangige Offiziere der Bundeswehr, wie wenig sie aus dem Streit um »Innere Führung« und Traditionspflege in den vergangenen beiden Jahrzehnten gelernt haben. Generalleutnant Walter Krupinski und Generalmajor Karl-Heinz Franke erlauben einem früheren Piloten, an einem Traditionstreffen auf dem Fliegerhorst Bremgarten teilzunehmen, der nicht nur einer von Hitlers Lieblingssoldaten war, sondern auch ein Rechtsextremist ist. Der Frontflieger Hans-Ulrich Rudel, vom »Führer« persönlich mit dem Goldenem Eichenlaub mit Brillanten und Schwertern zum Ritterkreuz des Eisernen Kreuzes ausgezeichnet, hat im Zweiten Weltkrieg mehr als 2500 Einsätze absolviert. Dabei zerstörte er bis zu 800 gegnerische Militärfahrzeuge, mehrere Schiffe, zahlreiche Stellungen und vier Panzerzüge. 1958 hatte ihn eine rechtsradikale Splitterpartei zum Spitzenkandidaten für die Bundestagswahl gekürt. Im bürgerlichen »Winterhuder Fährhaus« in Hamburg hielt Rudel eine Rede. »Ein Volk, das nicht stolz ist auf die Taten seiner Vorväter, ist auf dem sichersten Weg zum Untergang«, verkündete der Oberst a. D. der Wehrmacht. Der Journalist Theo Sommer schrieb in der »Zeit«: »Wobei er deutlich machte, dass er zu diesen Taten, auf die man stolz sein müsse, auch die Untaten des Dritten Reiches rechne.«

Die Teilnahme Rudels an der offiziellen Bundeswehrveranstaltung wird zum politischen Skandal. Auch wegen des Umgangs damit bei der Luftwaffe und im Verteidigungsministerium, denn Generalmajor Franke erklärt vor Journalisten, man müsse Rudel ebenso ein Recht auf Läuterung zubilligen wie »Linksextremisten und Kommunisten, die früher in Moskau waren wie Herbert Wehner«. Der Vergleich des rechtsradikalen Fliegers mit dem SPD-Bundestagsfraktionsvorsitzenden verärgert viele Sozialdemokraten. Krupinski kommt seinem Kameraden verbal zu Hilfe:

Nichts gegen den SPD-Fraktionschef, sagt er, aber »Wehner ist nun mal das beste Beispiel«.

Diese Aussagen sorgen für Kritik. Der »Spiegel« schreibt: »Obschon die beiden Überflieger wissen mussten, dass der Hitlerheld Rudel auch nach dem Krieg seinem Idol treu geblieben war und für rechtsradikale Parteien agitiert hatte, dass Herbert Wehners Nachkriegspolitik hingegen keinerlei Zweifel an seiner Loyalität zur westdeutschen Demokratie gestattet, blieben die beiden Generale bockig bei ihrem abwegigen Vergleich.« Verteidigungsminister Georg Leber (SPD) schickt daraufhin die verantwortlichen Generäle in den vorzeitigen Ruhestand. Und auch Hermann Schmidt, Parlamentarischer Staatssekretär im Verteidigungsministerium, der die Veranstaltung genehmigt hatte, verliert sein Amt.

In der Truppe gibt es viel Protest gegen die »unehrenhafte« Abberufung der Generäle. Leber wird von Kritikern in Uniform vorgeworfen, dass der Minister politisch opportunistisch gehandelt habe. Das Soldatengesetz allerdings verlangt von den Angehörigen der Bundeswehr politische Mäßigung, was erst recht für das Spitzenpersonal gilt. Rudel, der nach 1945 viele Jahre in Südamerika gelebt hat, darf 1978 bei der Weltmeisterschaft die deutsche Fußballnationalmannschaft im argentinischen Trainingslager besuchen, trotz des Skandals bei den Streitkräften zwei Jahre zuvor. Auch bei der CDU hat Rudel immer noch Fürsprecher. Manfred Wörner, Verteidigungspolitiker im Bundestag und Reservist der Bundeswehr, hatte sich für Rudels Beteiligung an der Veranstaltung ausgesprochen. 1976 nannte Wörner den Rechtsradikalen einen »tapferen Mann«.

Ende 1980 stirbt der frühere Großadmiral Karl Dönitz. Seine Trauerfeier wird zum Politikum. Denn das Verteidigungsministerium verbietet es allen aktiven Soldaten und Reservisten in Uniform, an der Beerdigung teilzunehmen. Das sorgt bei manchem Veteranen des Weltkriegs für Empörung. Bis zu 4000 Menschen kommen nach Aumühle, das bei Hamburg am Rand des Sachsenwaldes liegt, um dem Hitler-Vertrauten das letzte Geleit zu geben. Die Bundeswehr ist offiziell nicht vertreten, kein Ehrengeleit, keine Militärmusiker, kein Salut. Als Redner kritisieren, dass »die staatlichen Organe« dem Verstorbenen die »letzte Ehrung« versagen, sind aus der Trauergemeinde in der Kirche »Pfui-Rufe« zu hören.

Solche Ereignisse beschäftigen den Verteidigungsminister. Hans Apel, Lebers Nachfolger, macht sich Gedanken: Welche Teile des militärischen Zeremoniells braucht die Bundeswehr noch? Deshalb erlässt er am 20. September 1982 einen neuen Traditionserlass. Der Sozialdemokrat versucht damit, in der Truppe für Frieden zu sorgen. Denn dort läuft immer noch ein hitziger Kampf um das korrekte Geschichtsbild. Reformorientierte Soldaten haben ihr Ziel nicht aufgegeben, eine moderne Armee zu erschaffen, falsche Vorbilder aus Reihen der Wehrmacht und Waffen-SS von der Traditionspflege auszuschließen und stattdessen den militärischen Widerstand hochzuhalten.

Lange hatten Politiker der Union und der SPD durchaus eine Nähe zu den Veteranenverbänden der Waffen-SS gesucht. Besonders die »Hilfsgemeinschaft auf Gegenseitigkeit der Angehörigen der ehemaligen Waffen-SS« (HIAG) besaß bis weit in die Siebzigerjahren hinein politischen Einfluss. Politiker von CDU und CSU umwarben die Organisation und ihre Nachfolger, meist aus politischem Kalkül, um rechtsradikalen Parteien Wähler abspenstig zu machen, schließlich hat allein der »Bundesverband der Soldaten der ehemaligen Waffen-SS«, der aus der HIAG entstand, gut 20 000 Mitglieder und weitaus mehr Sympathisanten. Aber auch einige Sozialdemokraten zeigen nur geringe Distanz, so besucht Helmut Schmidt als Bundestagsabgeordneter Treffen des Verbandes.

Die HIAG erreicht die politische »Rehabilitierung« der früheren Angehörigen der Waffen-SS. Die Mitglieder der vom Reichsführer-SS, Heinrich Himmler, geführten Formation, erhalten eine Rentenversorgung. Ab 1979 beobachtet der Verfassungsschutz die Veteranenorganisation und in den Achtzigerjahren distanzieren sich die Volksparteien dann von der HIAG. Politiker der CDU beenden ihre Zusammenarbeit mit der Hilfsgemeinschaft. Und die Sozialdemokraten untersagen eine Doppelmitgliedschaft in SPD und HIAG. Sie werfen dem Verband nun vor, dass er dazu beitrage, nationalsozialistisches Gedankengut zu vertreten beziehungsweise zu verharmlosen. Und offiziell ist es mit Apels Erlass auch für die Bundeswehr mit der Nähe zur Waffen-SS vorbei.

Mit den »Richtlinien zum Traditionsverständnis und zur Traditionspflege in der Bundeswehr« nimmt der Verteidigungsminister die Kommandeure und Einheitsführer in die Pflicht. Sie sollen über den Umgang ihrer Männer mit ehemaligen Wehrmachtsangehörigen entscheiden: »Sie verfügen über Ermessens- und Entscheidungsfreiheit vor allem dort, wo es sich um regionale und lokale Besonderheiten handelt.« Allerdings haben die Verantwortlichen auch Grenzen in der Zusammenarbeit mit Organisationen früherer Soldaten zu beachten. »Begegnungen im Rahmen der Traditionspflege dürfen nur mit solchen Personen oder Verbänden erfolgen, die in ihrer politischen Grundeinstellung den Werten und Zielvorstellungen unserer verfassungsmäßigen Ordnung verpflichtet sind«, legt Apels Erlass fest. »Dienstliche Kontakte mit Nachfolgeorganisationen der ehemaligen Waffen-SS sind untersagt.« Grundlage für die Traditionspflege seien die Verfassung, das Soldatengesetz und der neue Erlass. Das Dokument schaut auch auf die deutsche Militärgeschichte: »In den Nationalsozialismus waren Streitkräfte teils schuldhaft verstrickt, teils wurden sie schuldlos missbraucht. Ein Unrechtsregime, wie das Dritte Reich, kann Tradition nicht begründen.«

Die Traditionalisten innerhalb der Truppe können gegen den Erlass nicht offen Sturm laufen, ohne ihr Ministerium zu brüskieren. Den Protest dagegen überlassen die meisten daher den Veteranenvereinen. So wettert der Brigadegeneral a. D. Heinz Karst, der nach Querelen mit dem sozialdemokratischen Verteidigungsminister Helmut Schmidt 1970 in den Ruhestand geschickt wurde, gegen den Erlass. Er nennt ihn »unselig«.

Vereine der Veteranen agieren noch aggressiver, echauffieren sich darüber, dass das Bild der »sauberen Wehrmacht« zerstört werde. Der »Ring Deutscher Soldatenverbände« behauptet, dass Vergehen nur von Minderheiten begangen wurden und spricht die Institution damit von allen Anklagen frei. »Dass während des Zweiten Weltkrieges auch von Soldaten der Wehrmacht Verbrechen begangen wurden, wird nicht bestritten«, stellt der Bund fest. »Meist erfolgte bei Bekanntwerden solcher Tatsachen auch eine gerichtliche Verurteilung.« Jeder, den die Veteranenvereinen verdächtigen, die deutschen Streitkräfte im Zweiten Weltkrieg kritisch zu sehen, wird zum Ziel ihrer Polemik.

In der Gesellschaft nimmt wie auch innerhalb der Bundeswehr der Rechtsextremismus in den Achtzigerjahren zu. Meinungsforscher stellen im Auftrag des Bundeskanzleramts im Frühjahr 1980 fest, dass im

Land nationalistisches Gedankengut verbreitet sei. So gaben 14 Prozent der Befragten an, Deutschland sei durch »die vielen Ausländer im bedrohlichen Maße überfremdet« und 40 Prozent teilen diese Befürchtung zumindest teilweise. »Fremdenfeindlichkeit, antiwestliche Ressentiments, Sehnsucht nach wohliger Geborgenheit in einer ›rassisch reinen Volksgemeinschaft‹ und manifester Antisemitismus – derlei Wahn existiert weiterhin, zumal im aktivistischen Untergrund«, stellt der Journalist Michael Naumann im Oktober 1980 in der »Zeit« fest. In der Bundeswehr sind solche Tendenzen ebenso auszumachen. Rechtsradikale Entgleisungen gibt es immer wieder in der Truppe. Die »Machtergreifung« Hitlers wird gefeiert oder das »Horst-Wessel-Lied«, Hymne der SA und NSDAP, gesungen.

Rechtsradikale suchen die Nähe zur Bundeswehr, Uniformen, das Prinzip von Befehl und Gehorsam, die Kameradschaft ziehen sie an. Auch einige Mitglieder rechtsextremer Verbände wie der 1973 gegründeten »Wehrsportgruppe Hoffmann« gehören den Streitkräften an. In Bayern bildet die Organisation ihre Anhänger militärisch aus. Einige der Sympathisanten sind aktive Soldaten oder Reservisten der Bundeswehr. Die bayerische Landesregierung schreitet nicht ein. Und so kommt es zu mehreren rechtsextremen Terroranschlägen. Im Mai 1976 klettert ein 19-jähriger Gefreiter der Bundeswehr und Anhänger der Wehrsportgruppe in München über eine Mauer am Englischen Garten. Er hat einen Sprengsatz bei sich und will ihn bei einem US-Sender zur Explosion bringen. Doch seine selbst gebastelte Bombe explodiert zu früh. Der jugendliche Soldat überlebt schwer verletzt.

Erst vier Jahre später verbietet der Bundesinnenminister die »Wehrsportgruppe Hoffmann«. In Bayern, der Heimat der rechtsradikalen Truppe, nimmt die Politik weiterhin die Männer, die mit einem ausrangierten Schützenpanzer und Sturmgewehren mit zugeschweißten Läufen für den Kriegsfall üben, nicht ernst. »Mein Gott, wenn sich ein Mann vergnügen will, indem er am Sonntag auf dem Land mit einem Rucksack und mit einem mit Koppel geschlossenen battle dress spazierengeht, dann soll man ihn in Ruhe lassen«, hatte Franz Josef Strauß, der bayerische Ministerpräsident, CSU-Vorsitzender und ehemalige Verteidigungsminister, gefordert.

Am 26. September 1980 dürfte er diese Worte bereits bereut haben. Denn an diesem Tag explodiert am Rand des Münchner Oktoberfests ein Sprengsatz, der 13 Menschen tötet und 213 teilweise schwer verletzt. Das Attentat auf dem Volksfest ist der bis dahin schwerste Anschlag in der Geschichte der Bundesrepublik. Unmittelbar nach der Tat verkündet Strauß, dass dafür Linksextreme die Verantwortung trügen. Das passt in sein Weltbild, stimmt aber nicht. Tatsächlich sympathisierte der Täter mit der von Strauß verharmlosten »Wehrsportgruppe Hoffmann« – bei den Sicherheitsbehörden oft »wsg« abgekürzt. Der 21-jährige Gundolf Köhler, ein Student, kam bei seinem Anschlag selbst ums Leben. Über ihn hat der Bundesverfassungsschutz einige Zeilen gespeichert: »Köhler ist Anhänger der Wehrsportgruppe Hoffmann. Er war 1977 und 1979 in der wsg-Kartei erfasst, nach einer Notiz des Hoffmann auf der Karteikarte 1979 hat er an zwei Übungen teilgenommen.«

Dabei soll er einmal eine selbst gebaute Handgranate mitgebracht und auch gezündet haben. Nach dem ersten Training bei den Rechtsradikalen verpflichtet sich Köhler als »Soldat auf Zeit« bei der Bundeswehr. Für zwei Jahre unterschreibt er. Der Waffennarr, der im Keller des Elternhauses Sprengkörper herstellt, will Feuerwerker werden oder als Techniker mit Raketen und Munition zu tun haben. Aber diese Wünsche erfüllt ihm das Heer nicht. Er landet im Juli 1978 beim Panzergrenadierbataillon 292, wird Kraftfahrer und Bürokraft. Weder Köhler, noch seine Vorgesetzten scheinen zufrieden zu sein. Im November 1978 entlässt die Bundeswehr Köhler. Zwei Jahre später begeht er das Oktoberfest-Attentat. Woher der von ihm eingesetzte militärische Sprengstoff stammte, ist bis heute nicht eindeutig geklärt. Ermittler vermuten, dass der Student der Geologie ihn selbst angemischt hat, Experten bestreiten das und vermuten Hintermänner.

Sprengstoff und Waffen der Bundeswehr hortet Anfang der Achtzigerjahre ein Rechtsextremist in der Lüneburger Heide. Heinz Lembke hat mehr als 30 Depots angelegt und verwaltet, sie sind voller Material der westdeutschen Streitkräfte, 88 Kisten finden Ermittler bei ihm. Lembke hat Kontakt zur Wehrsportgruppe Hoffmann. Er kommt in Untersuchungshaft. Da Lembke im Oktober 1981 in seiner Zelle aufgehängt gefunden wird, kann nicht mehr festgestellt werden, woher Waffen und

Sprengstoff stammen. Später kommen Gerüchte auf, dass Köhler von Lembke mit Sprengstoff versorgt worden sein könnte. Belege gibt es dafür nicht.

1984 erschüttert ein weiterer Skandal die Bundeswehr und die Bundesrepublik. In seinem Zentrum stehen General Günter Kießling, der stellvertretende NATO-Oberbefehlshaber in Europa, und Bundesverteidigungsminister Manfred Wörner. Im September 1983 waren Gerüchte aufgekommen, dass Kießling homosexuell sei. Zum Ende des Jahres musste der General deswegen die Truppe verlassen. Wörner versetzte ihn in den einstweiligen Ruhestand. In der homophoben Armee war Kießling nicht mehr zu halten – so sahen es zumindest Wörner und seine Berater. Ein schwuler Vier-Sterne-General sei zudem ein Sicherheitsrisiko, da er erpressbar durch den Osten sein könnte. Allein diese Haltung ist skandalös. Dazu kommt, dass die Vorwürfe nicht stimmen.

Wörner selbst hatte im Sommer 1983 angeordnet, die Ermittlungen einzustellen. Er hatte sich mit dem unter Druck gesetzten General, der die Gerüchte stets zurückweist, darauf geeinigt, dass dieser in Würde gehen dürfe. Die Wahrheit interessiert den Minister nicht. Kießling wird »entlastet«. Der Boulevard-Journalist Udo Röbel hat mit einfachen Recherchen nachgewiesen, dass der Offizier das Opfer einer Verwechslung geworden war. Er hat Schwulenbars abgeklappert, mit Gästen und Barkeepern gesprochen, herausgefunden, dass dort ein Mann verkehrt, der dem General sehr ähnlich sieht. Der Kriminalpolizei in Köln war das nicht gelungen. Kießling muss wieder eingestellt werden. Die Affäre bringt einen Staatssekretär um den Job und kostet einen General beim Militärgeheimdienst seine Karriere. Am 1. Februar 1984 versucht Bundeskanzler Helmut Kohl, für Ruhe zu sorgen, um seinen öffentlich kritisierten Minister zu retten. Er lehnt ein Rücktrittsangebot Wörners ab und rehabilitiert Kießling uneingeschränkt. In den Streitkräften gibt es für den General dennoch keine Zukunft mehr. Er erhält 1984 einen ehrenvollen Abschied. Günter Kießling wird von anderen hochrangigen Heeres-Offizieren aber weiterhin gemieden.

Während ein angeblich homosexueller General gejagt wird, bleiben Rechtsradikale oft unbehelligt in der Truppe – bis heute. Alte Nazis und Neonazis hat es dort immer gegeben. Der langjährige Vorsitzende der

NPD, Udo Voigt, war zwölf Jahre lang bei der Bundeswehr, stieg bis zum Hauptmann auf. Er wurde dann wegen seines rechtsextremen Engagements nicht Berufssoldat und musste die Truppe verlassen. Bis in die späten Neunzigerjahre hinein gehören zur Traditionspflege mancher Einheit auch die Kontakte zu den Kameraden der Waffen-SS – trotz aller Verbote. Unter Franz Josef Strauß als Verteidigungsminister werden viele Liegenschaften nach Militärs aus der NS-Zeit benannt, ebenso Zerstörer oder Einheiten. Erst spät erhalten Gebäude, Schiffe und Kasernen neue Namen.

Damit verbessert sich zwar das Bild nach außen, aber die Probleme innerhalb der Truppe wird man damit nicht los. Rechtsradikale Tendenzen in der Truppe sorgen weiterhin für Skandale. Das Sozialwissenschaftliche Institut der Bundeswehr warnt 1992, dass die Streitkräfte attraktiver werden für Extremisten. Gerade in der Grundausbildung komme politische Bildung oft zu kurz. Im Jahr darauf verbietet die Bundeswehrspitze ihren Soldaten, in den Kasernen Reichskriegsflaggen aufzuhängen oder zu tragen. Rechtsextreme Taten, die in der Truppe auffallen, tun Vorgesetzte viel zu oft als Einzelfälle ab. Viele solcher Delikte gehen auf Wehrdienstleistende zurück. Sie verantworten zur Mitte des Jahrzehnts gut 85 Prozent der 1000 gemeldeten rechtsradikalen Vorkommnisse. Besonders unter Rekruten aus Ostdeutschland sind rechtsextreme Bands und Symbole angesagt. Mit der Ausrichtung der Truppe auf bewaffnete Auslandseinsätze erhält der Kampf einen höheren Stellenwert. Für so manchen gelten die deutschen Landser aus dem Zweiten Weltkrieg nun als Vorbild für Härte und Entschlossenheit.

Wie an den einzelnen Standorten die Traditionspflege betrieben wird, weiß man im Verteidigungsministerium nicht genau. Auch nicht, mit wem die Verantwortlichen vor Ort dabei kooperieren. »Kontakte von Truppenteilen und Dienststellen der Bundeswehr mit Traditionsverbänden werden daher weder zentral gesteuert noch zentral erfasst«, stellt die Bundesregierung 1999 in der Antwort auf eine »Kleine Anfrage« der PDS im Bundestag zur Traditionspflege fest. Sie flüchtet sich damit aus der Verantwortung. Selbst an der höchsten Ausbildungseinrichtung der Bundeswehr gibt es einen Skandal, der die Öffentlichkeit erregt. 1997 darf der bekannte Neonazi Manfred Roeder als Referent an der Führungsakademie in Hamburg sprechen. Der Rechtsanwalt ist mehrfach vorbestraft. Als der Auftritt des Rechtsradikalen in Medien kritisiert wird, behauptet der Oberst, der diesen Gast eingeladen hat, wie auch die fast 30 teilnehmenden Offiziere, ihnen sei die politische Haltung Roeders unbekannt gewesen.

Im November 2003 fällt die Elite der Bundeswehr negativ auf, das Kommando Spezialkräfte. KSK-Kommandeur Reinhard Günzel lobt eine antisemitische Rede des CDU-Bundestagsabgeordneten Martin Hohmann. Dessen Worte hätten »der Mehrheit der Deutschen eindeutig aus der Seele« gesprochen. Daraufhin versetzt Verteidigungsminister Peter Struck den General in den vorzeitigen Ruhestand.

Vier Jahre später bedroht ein Hauptmann des KSK einen Kameraden, der ihn darauf hingewiesen hat, dass anstelle von internationalen Militäreinsätzen verstärkt zivile Lösungen gesucht werden müssten. Der Kommandosoldat schreibt dem als Gegner von Auslandseinsätzen bekannten Oberstleutnant Jürgen Rose, Mitglied der systemkritischen Gruppe »Darmstädter Signal«, dass er ihn als »Feind im Innern« beurteile. Er werde sein »Handeln danach ausrichten, diesen Feind im Schwerpunkt zu zerschlagen«. Und weiter kündigt der KSK-Offizier an: »Sie werden beobachtet, nein nicht von impotenten instrumentalisierten Diensten, sondern von Offizieren einer neuen Generation, die handeln werden, wenn es die Zeit erforderlich macht.« Die Vorgesetzten des Briefeschreibers verhängen lediglich eine niedrige Disziplinarstrafe. Damit kann der Drohbriefverfasser weiter Karriere machen, steigt bis zum Oberstleutnant auf und wird erst viele Jahre später suspendiert, nachdem seine Kontakte zu Reichsbürgern entdeckt werden.

Um Rechtsradikale gar nicht erst in die eigenen Reihen hineinzulassen, sollen deren Gesinnung bei der Eingangsprüfung festgestellt werden. Zudem müssen alle Bewerber schriftlich versichern, dass sie die freiheitlich demokratische Grundordnung bejahen. Damit schreckt die Truppe aber in vielen Fällen keine Verfassungsfeinde ab. Der Umgang mit Extremisten in Uniform wird immer weiter verschärft. So heißt es in der Zentralen Dienstvorschrift A-2600/7, in der gültigen Fassung von 2015: »Jegliche Förderung oder Duldung extremistischer Verhaltensweisen schädigt das Ansehen der Bundeswehr, hat negative Auswirkungen auf ihr inneres Gefüge und damit auch auf die Einsatzbereitschaft.« Und weiter: »Die Bundeswehr duldet in ihrem Personalverantwortungsbereich keine Beschäftigten, von denen extremistische Bestrebungen und Verhaltensweisen ausgehen, die extremistischen Personenzusammenschlüssen angehören oder die solche Personenzusammenschlüsse unterstützen. Bereits dem Anschein extremistischer Tendenzen wird entschieden entgegengewirkt.«

Dennoch gibt es weiterhin zahlreiche Fälle von Rechtsradikalismus in der Truppe, die Politik und Öffentlichkeit aufschrecken. Einer von ihnen zeigt ein besorgniserregendes Versagen der Sicherheitsbehörden auf. Oberleutnant Franco A. vom Jägerbataillon 291 gibt sich als Flüchtling aus und verfügt über illegale Waffen. Der Offizier fliegt auf, nachdem er im Frühjahr 2017 auf einer Toilette des Wiener Flughafens eine Pistole mit dazugehöriger Munition versteckt, die von einer Reinigungskraft entdeckt wird. Als Franco A. später versucht, die Waffe zu holen, tappt er in eine Falle der österreichischen Polizei. Er steht in Kontakt zu weiteren Soldaten, die wie er antisemitische und rassistische Nachrichten über Messenger-Dienste verschickt haben. Franco A. hat sich eine falsche Identität als Syrer zugelegt, der vor dem Krieg nach Deutschland geflohen sei. Er täuscht die Behörden und erhält einen Platz in einer Erstunterkunft. Neben der Pistole hat er ein Sturmgewehr G3, das als Kriegswaffe nicht in private Hände darf. Die Staatsanwaltschaft geht davon aus, dass er »eine schwere staatsgefährdende Straftat« plante. Vermutlich hätte er sich dabei als Flüchtling ausgegeben, um ausländerfeindliche Aktionen und Unruhen auszulösen.

Verteidigungsministerin Ursula von der Leyen reagiert. Sie sagt, dass von Einzelfällen nicht mehr die Rede sein könne. Die Probleme gingen tiefer; es gebe in der Truppe einen falsch verstandenen Korpsgeist und womöglich ein rechtsradikales Netzwerk. Die Ministerin ordnet im Mai 2017 eine Überarbeitung der seit 1982 geltenden Traditionsrichtlinien an. Sie macht den Kampf gegen falsche Vorbilder und gegen Rechtsextremismus zur Chefsache. Allerdings übertreibt sie diese Mission in den Augen manches Soldaten dann. Die CDU-Politikerin ordnet mit ihrem Traditionserlass an, sichtbare Erinnerungen an die Wehrmacht zu entfernen und lässt selbst Bilder von Helmut Schmidt aus dem Krieg an der nach ihm benannten Universität in Hamburg abhängen. Das stößt bei vielen Bundeswehrangehörigen auf Unverständnis. So mancher schiebt das Problem aber auch auf zu kritische Medien und nach Wählerstimmen gierende Politiker ab.

Im Frühjahr 2020 macht das KSK abermals zahlreiche Negativschlagzeilen. Bei einer Hausdurchsuchung bei einem Soldaten der Spezialeinheit stoßen Ermittler auf ein verborgenes Munitions- und Sprengstofflager. Sie finden außerdem einige Devotionalien aus der NS-Zeit. Ein halbes Jahr später verhaften Polizisten den Unteroffizier André S., der zusammen mit Kameraden und Polizisten die Gruppe »Uniter« gegründet hat. Gemeinsam veranstalten sie Schießtrainings und paramilitärische Übungen. Zudem hat der KSK-Soldat mehrere Chat-Gruppen im Messenger-Dienst »Telegram« aufgebaut. Unter dem Pseudonym »Hannibal« leitet er den Austausch von Rechtsextremen und Reichsbürgern, die sich auf den Tag X, den Zusammenbruch des Systems, vorbereiten. Mitglieder seines Netzwerkes schmieden in Chats zudem Pläne, linke Politiker und Aktivisten gefangen zu nehmen oder zu töten.

André S. steht im Verdacht, ein rechtsradikales Netzwerk innerhalb der Bundeswehr geknüpft zu haben. Denn zu seinen Mitstreitern zählen einige aktive Soldaten. Bei ihm stellen Ermittler Nebelgranaten und Zünder für Übungsgranaten sicher. Deswegen wird er zu Geldstrafen verurteilt. Ins Gefängnis muss der Soldat nicht, wird auch nicht aus der Bundeswehr entlassen. Sein Dienstverhältnis auf Zeit endet regulär. Zu seinem Hannibal-Netzwerk und einer der Chat-Gruppen gehörte auch Franco A., der drei Jahre zuvor mit Waffe und gefälschter Flüchtlingsidentität aufgeflogen war.

Nun fällt beim KSK auf, das erhebliche Mengen Munition fehlen. In einem internen Rundschreiben warnt der Kommandeur, Brigadegeneral Markus Kreitmayr, 2020 seine Soldaten, dass Angehörige des Verbandes, die mit dem rechten Spektrum sympathisierten, keine Kameradschaft verdienten. Dennoch bietet er allen KSK-Mitgliedern an, dass sie Munition anonym und straffrei zurückgeben können. Es fehlen immerhin 13 000 Schuss und 62 Kilogramm Sprengstoff. In der Politik und der Gesellschaft hat das zur Sorge geführt, dass eine braune Untergrundarmee aus den Spezialkräften heraus entstanden sei. Patronen und Sprengstoff kommen anonym in Massen zurück. Am Ende sammelt das Kommando über diesen Weg mehr Munition ein als überhaupt als vermisst registriert worden war. Kreitmayr bringt der Versuch, seine Männer straffrei davonkommen zu lassen, wenn sie Kampfmittel entwendet haben, ein Ermittlungsverfahren der Staatsanwaltschaft Tübingen ein. Im Februar 2022 erhebt sie Anklage gegen den früheren Kommandeur, unter anderem wegen Strafvereitelung. Bis zum Redaktionsschluss dieses Buches wird kein Verfahren eröffnet.

Verteidigungsministerin Annegret Kramp-Karrenbauer gründet am 29. Mai 2020 die »Arbeitsgruppe Kommando Spezialkräfte«. Deren Auftrag lautet, eine Analyse zu rechtsextremistischen Tendenzen innerhalb des KSK zu erstellen und daraus Vorschläge abzuleiten, wie radikales Gedankengut in der Truppe beseitigt werden kann. Die Gruppe erarbeitet 60 Reformschritte, die das Kommando umsetzen muss. Im Verteidigungsministerium wird zeitweilig die komplette Zerschlagung der Einheit erwogen, diese Idee aber verworfen. Dieser Schritt trifft schließlich nur die 2. Kompanie des KSK, die aufgelöst wird. »Neben den Führungsstrukturen im KSK wurden die Stabsstrukturen und die logistischen Fachstrukturen gestärkt«, heißt es im Abschlussbericht der Arbeitsgruppe, der im Juni 2021 vorgestellt wurde. »Mehr als 50 zusätzliche Dienstposten wurden geschaffen: für stellvertretende Bataillonskommandeure, für Führungsfeldwebel und Fachpersonal in den Bereichen Personal, Militärische Sicherheit und Logistik, für Truppenpsychologie sowie für Psychiatrie und Psychotherapie. Dieses Personal erhöht die Führung- und Fachkompetenz sowie die Resilienz der Angehörigen des Verbandes.« Gemeint ist die Resilienz gegen rechtsextremes Gedankengut.

»Das KSK hat selbst großes Interesse daran, möglichst viel zu verändern, um klarzumachen: Rechtsextreme haben dort keinen Platz«, sagt die Wehrbeauftragte Eva Högl 2020 in einem Interview mit der »Süddeutschen Zeitung«. »Ich halte es aber nicht für angemessen, als Reaktion auf die rechtsextremistischen Vorfälle die komplette Einheit aufzulösen. Wir brauchen das KSK.« Die Mitglieder des Verteidigungsausschusses schauen nun genau hin. Einige von ihnen reisen öfters nach Calw, lassen sich vor Ort über Reformen berichten, sprechen mit Kommandosoldaten. Auch Högl besucht mehrfach den KSK-Standort. Im September 2022 ist sie wieder in Calw. Diesmal schaut die Wehrbeauftragte sich das neue Besucherzentrum des Kommandos an. Damit will die Bundeswehr mehr Transparenz schaffen. In einer Rede sagt Högl, dass die Reform ein Erfolg sei: »Die Aufarbeitung beim KSK liefert ausreichend Anlass, jetzt die Phase des Dauerzweifelns abzuschließen, nach vorne zu schauen und dem Verband in puncto Verfassungstreue, Leistungsfähigkeit und Einsatzbereitschaft zu vertrauen.«

Eine Verharmlosung von rechtsextremistischen Fällen kann der Sozialdemokratin niemand vorhalten. Sie listet in ihren Jahresberichten zahllose Vergehen auf. 2022 berichtet die Wehrbeauftragte unter anderem über das 2. Panzergrenadierlehrbataillon 92 beim Einsatz »Enhanced Forward Presence« in Litauen. Dem Kompaniechef hatten im Juni drei Soldaten gemeldet, dass es im »Delta-Zug« seit längerer Zeit zu antisemitischen, sexistischen und rechtsextremistischen Sprüchen und Beleidigungen komme. Ein Angehöriger des Zuges mit Migrationshintergrund sei als »Ziegenficker« oder »Teppichklopfer« bezeichnet worden. Außerdem werde eine Soldatin gemobbt und beleidigt. Die Zugführer hätten davon gewusst, aber auf den allgemein rauen Umgangston in Infanterieeinheiten verwiesen und die Vorgänge nicht weiter gemeldet. »Nach dem vorläufigen Ergebnis der disziplinarischen Ermittlungen hätten am 20. April 2021 mehrere Mannschaftssoldaten ein Geburtstagslied für Adolf Hitler gesungen, obwohl ein vor Ort anwesender Portepeeunteroffizier dies wiederholt per Befehl zu untersagen versuchte. Kurze Zeit danach hätten im Rahmen einer sogenannten »Erholung im Einsatz« – einer offiziell gebilligten Freizeitmaßnahme – in einem Hotel in Litauen körperliche und sexuelle Übergriffe unter den Mannschaftssoldaten im Zug stattgefunden«, heißt es im Bericht der Wehrbeauftragten. »Drei Mannschaftssoldaten hätten zudem versucht, auf die Ermittlungen Einfluss zu nehmen.«

Letztlich gelingt es den Vorgesetzten nicht, die Vorfälle im Bataillon in den eigenen Reihen zu halten. Es beginnen Ermittlungen gegen die Beteiligten. Gegen zwei Unteroffiziere und acht Mannschaftsdienstgrade ermitteln die Feldjäger. Den betroffenen Panzergrenadierzug zieht die Bundeswehr aus Litauen ab. Die Staatsanwaltschaft ermittelt ebenfalls in fünf Fällen gegen Beteiligte. Auch das Heer geht disziplinarisch gegen den »Delta-Zug« vor, verhängt fünf Uniformtrageverbote und drei Disziplinarbußen, zwei Soldaten werden vorzeitig aus dem Dienst entlassen.

Im selben Jahr kommt es auch bei einem Aushängeschild der Bundeswehr zu rechtsextremen Vorfällen. Ausgerechnet beim Wachbataillon in Berlin, das bei Staatsbesuchen die hohen Gäste mit militärischen Ehren begrüßt und die Bundesrepublik repräsentiert, schließen sich mindestens sechs Angehörige einer Kompanie zu der Gruppe »Wolfsrudel« zusammen. Sie äußern rassistische Parolen, haben entwürdigende Aufnahmerituale und verstoßen gegen die sexuelle Selbstbestimmung. Ein Mitglied des Wolfsrudels trägt ein T-Shirt, auf dem eine halbe schwarze Sonne mit blitzähnlichen Strahlen und der Schriftzug »Sonnenstudio 88« auf der Vorderseite aufgedruckt war. 88 ist unter Rechtsextremen ein Code für »Heil Hitler«. Auf der Rückseite prangt die dumpfe Parole: »Wir sind braun.« Einer seiner Kameraden hortet Tonträger mit rechtsradikalen Liedern. Und im Wachbataillon gibt es noch weitere Entgleisungen. Da der Verband im Bedrohungsfall das Regierungsviertel absichern soll und damit einen zentralen Ort der Demokratie, sind rechtsextreme Tendenzen dort besonders heikel.

Währenddessen geht die Aufarbeitung des Hannibal-Netzwerks weiter. Kaum einer der Beteiligten wird juristisch belangt. Ein Rechtsradikaler aus den Reihen der Bundeswehr erhält zumindest eine harte Strafe. Das Oberlandesgericht Frankfurt verurteilt Franco A. im Juli 2022 zu fünf Jahren und sechs Monaten Haft. Die Richter sehen es als erwiesen an, dass der Angeklagte aus seiner rechtsextremen Gesinnung heraus einen Anschlag geplant habe, der »bestimmt und geeignet« gewesen sei, die Sicherheit Deutschlands zu beeinträchtigen. Franco A. ist der erste aktive Bundeswehrsoldat, der wegen Rechtsterrorismus verurteilt wird.

Kurz darauf gehen Ermittler erneut gegen Soldaten vor. Im Dezember 2022 durchsuchen Polizisten in der Graf-Zeppelin-Kaserne in Calw ein Gebäude. Beim KSK gibt es erneut einen ernstzunehmenden Verdachtsfall. Einem Stabsfeldwebel, der in der Logistik tätig ist, wird von der Generalbundesanwaltschaft vorgeworfen, zu einem rechtsextremen Netzwerk mit Verbindung zu »Reichsbürgern«, zu gehören, die den demokratischen Staat ablehnen und einen Putsch planen. 53 Deutsche und eine Russin gelten als tatverdächtig. Mehrere ehemalige Soldaten und auch aktive Bundeswehrangehörige gehören zu der Gruppe, deren militärischer Arm anscheinend das Reichstagsgebäude in Berlin stürmen wollte, um Bundestagsabgeordnete gefangen zu nehmen.

Zudem berichten Ermittler von Todeslisten, die unter den Extremisten kursiert haben sollen. Polizisten nehmen den KSK-Soldaten und 24 andere mutmaßliche Mitglieder sowie Unterstützer der terroristischen Vereinigung fest, dabei kommt auch die Eliteeinheit GSG9 zum Einsatz, da gerade die aktiven und ausgeschiedenen Soldaten als gefährlich gelten. Auch ein früherer Oberstleutnant der Fallschirmjäger, weitere frühere Angehörige des Kommandos sowie weitere Ex-Soldaten kommen in Untersuchungshaft.

Der Generalbundesanwalt beschreibt, warum er den »militärische Arm« der Gruppe für besonders gefährlich hält: »Einige seiner Mitglieder haben in der Vergangenheit aktiv Dienst in der Bundeswehr geleistet. Diesem Teil der Vereinigung obliegt es, die geplante Machtübernahme mit Waffengewalt durchzusetzen. Bewerkstelligt werden soll dies über ein bereits im Aufbau befindliches System sog. ›Heimatschutzkompanien‹, mithin von militärisch organisierten, in der Planung auch bewaffneten Verbänden.« An der Spitze des »militärischen Arms« steht nach Angaben der Bundesanwaltschaft Rüdiger v. P., ein Oberstleutnant a. D., der als ehemaliger Kommandeur das Fallschirmjägerbataillons 251 in Calw leitete, wo 1996 das KSK aufgestellt wurde. Dieser habe einen Führungsstab eingesetzt, der sich »unter anderem mit der Rekrutierung neuer Mitglieder, der Beschaffung von Waffen und anderen Ausrüstungsgegenständen, dem Aufbau einer abhörsicheren Kommunikations- und IT-Struktur, der Durchführung von Schießübungen« befasst, heißt es in einer Mitteilung des Generalbundesanwalts.

Wie ernst die Sicherheitsbehörden den Vorgang nehmen, zeigt, dass sie das Verteidigungsministerium sehr spät in die Ermittlungen eingeweiht und die GSG 9 gegen die aktiven und ehemaligen Angehörigen der Bundeswehr eingesetzt haben. Dass Elite-Polizisten gegen einstige Elite-Soldaten vorgehen, ist keinesfalls alltäglich. Wie die Ermittlungsverfahren gegen die Beschuldigten in diesem Fall ausgehen, ist bis zum Druck nicht geklärt. Die Verdächtigen sitzen weiter in Untersuchungshaft.

»Die jüngsten Durchsuchungen und Festnahmen im Reichsbürger-Milieu zeigen, wie wichtig es ist, wachsam zu sein und konsequent mit allen Mitteln des Rechtsstaats gegen Extremisten und Verfassungsfeinde vorzugehen«, sagt Verteidigungsministerin Christine Lambrecht am 13. Dezember 2022. Sie verspricht, dass die Bekämpfung von Extremismus höchste Priorität habe. Ihr Haus arbeite mit Hochdruck an einer Anpassung des Dienstrechts, um Verfassungsfeinde schneller aus dem öffentlichen Dienst entlassen zu können. Ein Gesetzentwurf des Ministeriums sieht vor, dass Soldaten entlassen werden können, wenn sich herausstellt, dass sie die freiheitlich demokratische Grundordnung ablehnen. Nun muss die Bundeswehr die Rechtsradikalen in den eigenen Reihen nur noch finden.

KAPITEL 14

Friedensdividende – Das Schrumpfen beginnt

In Moskau gewinnt Michail Gorbatschow 1985 den Machtkampf gegen einige Genossen. Er wird zum Generalsekretär der kommunistischen Partei berufen und schlägt in der Außenpolitik entspanntere Töne an. Im November 1985 trifft er sich in Genf mit Reagan zu ihrem ersten gemeinsamen Gipfel und im Jahr darauf im isländischen Reykjavik, wo sie über die atomare Abrüstung verhandeln. Gorbatschow setzt auf Reformen, seine Schlagworte lauten Glasnost (Offenheit) und Perestrojka (Umstrukturierung), und bei Abrüstungsverhandlungen zeigt sich die UdSSR nun kompromissbereit. Die Supermächte beginnen erneut, über eine Begrenzung der Zahl von Massenvernichtungsmitteln zu sprechen, erstmals auch von konventionellen Waffensystemen wie Panzern und Kampfflugzeugen.

Gorbatschow schlägt im Juni 1986 in Budapest den Warschauer-Pakt-Mitgliedern vor, die Land- und Luftstreitkräfte um gut eine Million Soldaten zu verringern. Einen ähnlichen Schritt erwarten die Sowjets natürlich auch vom Westen. Ende des Jahres stimmen die Vertreter der 16 NATO-Staaten einer konventionellen Rüstungskontrolle vom Atlantik bis zum Ural zu. In ihrer »Brüsseler Erklärung« vom 11. Dezember 1986 fordern sie ein nachprüfbares stabiles Gleichgewicht aller Waffen durch Abrüstung und Vertrauensbildung. Diesem Schritt war ein deutsch-französischer Appell an die Allianz vorausgegangen, in dem Paris und Bonn »konventionelle Stabilität« gefordert hatten.

Auch die Bundeswehr muss demnach kleiner werden und auf Panzer, Artillerie und Kampfflugzeuge verzichten. Zu wenige Waffen sind nicht das Problem der Truppe. Es fehlt ihr an qualifiziertem Nachwuchs, vor allem an Zeitsoldaten. 495 000 Männer und Frauen dienen in den Streitkräften. Endlich hat die Truppe die bereits vor zwei Jahrzehnten festgeschriebene Sollstärke erreicht. Sie zu halten ist aber schwer. Das Sozialprestige des Soldaten ist in der Bundesrepublik gering, stellt Brigadegeneral a. D. Heinz Karst 1986 fest. Der Offizier hat allerdings mit seinen rechtskonservativen Äußerungen als Bildungsbeauftragter des Heeres durchaus selbst zum geringen Ansehen beigetragen.

Trotz der Entspannungspolitik zwischen Ost- und West rüstet die Bundesrepublik weiter auf. Zwischen 1987 und 1989 bestellt die Bundeswehr hunderte Leopard 2 bei der Rüstungsindustrie. Dabei stehen schon mehr als 2000 Kampfpanzer beim Heer bereit, um einem Angriff aus dem Osten zu begegnen. Die NVA verfügt in diesem Zeitraum über mehr als 180 000 Männer und Frauen, 2500 Panzer, dazu 6000 gepanzerte Fahrzeuge, fast 300 Kampfflugzeuge und 100 Schiffe.

Aber dann gerät die Weltordnung ins Wanken: Im Ostblock deutet sich ein Zusammenbruch an. Polnische Arbeiter und Gewerkschafter begehren erneut auf. Ungarn öffnet die Grenzen nach Westen. Und in der DDR zeigt die Bevölkerung offen ihre Unzufriedenheit mit der politischen und wirtschaftlichen Entwicklung. 1989 beginnen in Leipzig und anderen Städten die Montagsdemonstrationen, Protestmärsche gegen das Regime. Damit löst die Friedensbewegung eine gewaltfreie Revolution aus, die zum Ende der Deutschen Demokratischen Republik führen wird. Dennoch feiert die Regierung in Ost-Berlin den 40. Jahrestag der Gründung ihrer Republik, als sei im Land alles so wie früher. Am 7. Oktober 1989 marschiert die NVA zur großen Parade in Berlin auf der Karl-Marx-Allee auf. Selbstbeweihräucherung mit Panzern. Einen Monat später kollabiert der ostdeutsche Staat. Am 9. November fällt die Mauer im geteilten Berlin. In der Stadt feiern Menschen auf beiden Seiten der innerdeutschen Grenze, die nun offen ist. Sie geben damit das Signal für ein Ende des Kalten Krieges. Das Jahr 1989 empfinden viele Menschen als Zeitenwende.

Der deutschen Einheit müssen allerdings noch die vier Siegermächte des Zweiten Weltkrieges zustimmen. Ende Januar 1990 signalisiert der sowjetische Staatschef Michael Gorbatschow seine grundsätzliche Bereitschaft, die Wiedervereinigung der beiden deutschen Staaten zu ermöglichen. Noch im März beginnen die Verhandlungen zwischen Bundesrepublik und DDR mit Frankreich, Großbritannien, den Vereinigten

Staaten und der UdSSR. Als »Zwei-plus-Vier-Gespräche« schreiben sie Geschichte. Die westliche Allianz geht auf den zerfallenden Ostblock zu. Im Juli 1990 bieten die Staats- und Regierungschefs der NATO auf dem Gipfel in London dem Warschauer Pakt einen gegenseitigen Gewaltverzicht an und betont ihren defensiven Charakter. Nur eine Woche später einigen sich Gorbatschow und Kohl bei ihrem Treffen im Kaukasus auf die Konditionen der Wiedervereinigung. Bei den »Kaukasus Gesprächen« verlangt Gorbatschow, dass in Ostdeutschland keine NATO-Truppen stationiert werden. Dafür sagt er zu, die sowjetische Armee abzuziehen. Er und Kohl einigen sich auf eine großzügige Übergangszeit.

Einer Aufnahme des vereinigten Deutschlands in den Nordatlantikpakt stimmt der sowjetische Staatschef nach zunächst bestehenden Vorbehalten zu. Jedes Land könne seine Bündniszugehörigkeit frei wählen, hatte Gorbatschow bereits im Mai gesagt. Schriftliche oder rechtskräftige Vereinbarungen zwischen einzelnen NATO-Staaten oder dem Bündnis als Ganzem mit der Regierung in Moskau über die Ausbreitung der Allianz nach Osten werden nicht geschlossen. »In Gesprächsprotokollen, Notizen und Memoiren der an den Verhandlungen beteiligten Politiker und Politikerinnen sowie Diplomaten und Diplomatinnen finden sich Hinweise darauf, dass man Gorbatschow mündlich versichert habe, dass es nicht um eine Erweiterung der NATO nach Ostmitteleuropa gehe«, stellt Gwendolyn Sasse in ihrem Buch »Der Krieg gegen die Ukraine« fest. Die wissenschaftliche Direktorin des Zentrums für Osteuropa- und internationale Studien an der Humboldt-Universität zu Berlin schreibt aber auch, dass letztlich nur das gilt, was vertraglich fixiert sei.

Auf die Wiedervereinigung ist die Bundeswehr nicht vorbereitet. Für dieses Szenario gibt es keine Pläne. Als Hauptaufgabe ist die Landes- und Bündnisverteidigung festgeschrieben. Nicht nur aktive Soldaten sind ihr verpflichtet, sondern auch die hunderttausenden Reservisten, die im Verteidigungsfall eingezogen werden sollen. Im August 1990 stehen die »Zwei-plus-Vier-Gespräche« vor dem Abschluss. Die Verhandlungen zwischen der Bundesrepublik, der DDR und den vier Siegernationen über die Wiedervereinigung laufen erfolgreich. Am 31. August unterzeichneten die Vertreter der Bundesrepublik und der DDR den »Einigungsvertrag«, zum 3. Oktober 1990 tritt Ostdeutschland dem Geltungsbereich des

Grundgesetzes bei. 45 Jahre nach dem Ende des Zweiten Weltkriegs hat Deutschland die staatliche Einheit und vollständige staatliche Souveränität erlangt. Die NVA hat zu diesem Zeitpunkt bereits den Warschauer Pakt verlassen und wird nun aufgelöst.

Ihr Material und auch ihr Personal übernimmt die Bundeswehr. Für die Bundesregierung und die Spitze ihrer Armee steht fest, dass die Tradition und die militärischen Anführer der Nationalen Volksarmee als Mittel der SED und »Instrument der sozialistischen Diktatur« nicht einfach in die gesamtdeutschen Streitkräfte übernommen werden. Alle ostdeutschen Generäle und Admiräle werden entlassen, einige von ihnen erhalten aber gut dotierte Beraterverträge, um beim Übergang zu helfen. Außerdem sortieren die Westdeutschen alle früheren NVA-Soldaten aus, die über 55 Jahre sind, Frauen müssen ebenso gehen wie alle Polit-Offiziere. Von den 50 000 Berufssoldaten der Volksarmee entlässt das Bundesverteidigungsministerium 35 600, davon gut zwei Drittel auf eigenen Wunsch. Die Übernommenen bezeichnet die Bundeswehr als »Weiterverwender«, sie erhalten zunächst nur einen Vertrag über zwei Jahre. Danach dienen noch 12 200 von ihnen in der gesamtdeutschen Armee.

Seit Oktober 1990 müssen junge Männer nur noch ein Jahr zum Wehr- oder Zivildienst. Die Bundesregierung hat die Wehrpflicht auf zwölf Monate verkürzt. Das gilt auch für Ostdeutsche, die wie ihre Kameraden aus dem Westen gemustert und gezogen werden. Sie rücken schon bald auch in Kasernen in Bayern, im Saarland oder Schleswig-Holstein ein. Bislang hat die Bundeswehr ihre Existenz vor allem als Instrument der Abschreckung begründet. Nun sucht sie nach einem neuen Daseinszweck.

Wie die anderen Streitkräfte der NATO erhält sie neue Aufgaben. Denn die Allianz erklärt das Konzept der »Forward Defence« für überholt. Stattdessen setzt sie künftig auf Krisenreaktions-, Hauptverteidigungs- und Verstärkungskräfte. Die Truppen sollen weitgehend multinational zusammengesetzt werden. In der Londoner Erklärung der NATO-Staats- und Regierungschefs heißt es am 6. Juli 1990: »Das Bündnis wird sich zunehmend auf multinationale Korps stützen.« Am 21. November 1990 begrüßen die Mitglieder der KSZE in der »Charta von Paris« ein »neues Zeitalter der Demokratie, des Friedens und der Einheit«. Die Staats- und Regierungschefs beenden mit der Erklärung den Kalten Krieg und die ideologische Teilung Europas. Mit dem Vertrag über konventionelle Streitkräfte in Europa vereinbaren die KSZE-Mitglieder erstmals Obergrenzen für Waffensysteme wie Panzer, Geschütze und Hubschrauber.

Was aus der Bundeswehr werden soll, will Verteidigungsminister Gerhard Stoltenberg wissen, der seit April 1989 im Amt ist. Der Christdemokrat beruft eine unabhängige Kommission für die künftigen Aufgaben der Streitkräfte ein. Deren Mitglieder schlagen im September 1991 vor, dass sich die Truppe stärker an internationalen Einsätzen der Vereinten Nationen beteiligen müsse. Am 7. und 8. November 1991 treffen sich die Staats- und Regierungschefs der NATO in Rom. Sie beschließen ein neues strategisches Konzept, einen »breit angelegten sicherheitspolitischen Ansatz auf der Grundlage von Dialog, Zusammenarbeit und Aufrechterhaltung der Fähigkeit zur kollektiven Verteidigung«. Damit erweitert die Allianz ihren Aufgabenbereich. Es geht ihr nicht mehr nur um Bündnisverteidigung. Sie will nun auch die internationale Sicherheitspolitik aktiver mitgestalten.

Mit dem Ende des Kalten Krieges und dem Zerfall der Sowjetunion verliert die Bundeswehr nicht nur ihr Feindbild. Ihre Legitimation wird ebenso hinterfragt. Ohne die dauerhafte Bedrohung von außen scheint die alte Forderung der Friedensbewegung »Schwerter zu Pflugscharen« keine Utopie mehr zu sein. Mit einer unmittelbaren militärischen Bedrohung rechnet in Deutschland kaum noch jemand. »Heute geht man auf die Bundeswehr los und sagt, die ist überflüssig, ohne die gesamten politischen Unwägbarkeiten zu sehen«, klagt ein Bataillonskommandeur gegenüber dem Sozialwissenschaftlichen Institut der Bundeswehr. »Trotz noch so rascher und radikaler politischer Veränderung: Militär kann nicht von heute auf morgen abgeschafft werden.« Die Gesellschaft, die eigentlich die Streitkräfte tragen müsste, sei nicht mehr davon überzeugt, dass diese auch notwendig seien. Sozialwissenschaftler der Bundeswehr ermitteln 1991, dass die Soldaten das Bemühen der Politik vermissen, ihnen in der Phase des Umbruchs den Rücken zu stärken. Der positive Ausgang des Ost-West-Konflikts sei schließlich auch dem Militär zuzuschreiben.

Landesverteidigung scheint nun ein Relikt aus dem Kalten Krieg zu sein. Optimisten sehen Russland schon als Mitglied der NATO. Mit dem »Program for Peace« geht die Allianz tatsächlich auf frühere Warschauer-Pakt-Staaten zu und will die militärische Zusammenarbeit ausbauen. Die Bundeswehr braucht neue Aufgaben, das sehen viele Politiker in Bonn und dann in Berlin so.

Nach 1990 setzt die Regierung auf Abrüstung. Sie vernachlässigt bald das Militär, das zu groß, zu teuer und zu gestrig wirkt. Statt auf Soldaten versuchen viele Staaten im Westen mit Handel und ökonomischer Verzahnung die früheren Ostblock-Staaten von weiteren Konflikten abzuhalten. 1992 tritt Russland dem Internationalen Währungsfonds bei. Auch in die G7, die Gemeinschaft der sieben führenden Wirtschaftsnationen, wird die Regierung in Moskau eingebunden.

Stoltenbergs Nachfolger als Verteidigungsminister, Volker Rühe, erlässt am 26. November 1992 die »Verteidigungspolitischen Richtlinien«. Der CDU-Politiker will eine Neuausrichtung der Bundeswehr. Ihre wesentliche Aufgabe soll zwar weiterhin die Landes- und Bündnisverteidigung sein, für die »Hauptverteidigungskräfte« verantwortlich sind. Aber das Papier geht von einem erweiterten Sicherheitsbegriff aus. Zu den Aufgaben der Streitkräfte gehört nun etwa auch die »Aufrechterhaltung des freien Welthandels«. Dazu wird festgestellt, dass sich Sicherheitspolitik nicht mehr geografisch eingrenzen lasse. Deswegen muss die Truppe neue »Krisenreaktionskräfte« aufstellen. Sie sollen für Konfliktverhütung bereitstehen, im Rahmen von NATO-Einsätzen und bei Friedensmissionen der Vereinten Nationen aktiv werden.

Die Wiedervereinigung erhöht die Truppenstärke der Bundeswehr zunächst erheblich, da 90 000 Angehörige der ehemaligen Nationalen Volksarmee übernommen werden. Im vereinigten Deutschland dienen nun 600 000 Soldaten. Das sind zu viele, nicht nur, weil für die Landesverteidigung in einer neuen Weltordnung ohnehin weniger Männer und Frauen in Uniform gebraucht werden, sondern weil die Regierung in Bonn sich auf internationaler Ebene festgelegt hat, ihre Streitkräfte zu schrumpfen. Im »Zwei-plus-Vier-Vertrag« liegt die festgeschriebene Zahl der Soldaten bei 370 000.

Manche Rüstungstechnik aus dem Osten landet in Lehrsammlungen und Museen der Bundeswehr. Was sie von den übernommenen Waffensystemen für die aktive Truppe gebrauchen kann, prüft die Bundeswehr. Aber nicht nur die große Menge an unterschiedlichen Typen macht ihren Experten zu schaffen, es gibt allein sieben verschiedene Modelle von Kampfpanzern. Davon übernehmen die Streitkräfte 2396 Stück, dazu 7620 gepanzerte Gefechtsfahrzeuge und 5095 Artilleriegeschütze, außerdem 446 Kampfflugzeuge, 87 bewaffnete Hubschrauber sowie 69 Kriegsschiffe. »Das völlig andere Wehrsystem der Nationalen Volksarmee und das rasche Ausscheiden eines großen Teils des Fachpersonals als oftmals einzigem Wissensträger erschwerten die Bestandsaufnahme und Kategorisierung in erheblichem Maße«, zieht die Bundesregierung als Fazit.

Einiges Material aber hat einen Wert für die Truppe. Sie übernimmt die 24 MiG-29-Jets, moderne Abfangjäger aus der Sowjetunion. Auch einige von der NVA ausgebildete Piloten gehören nun zur Bundeswehr. Sie und ihre Maschinen sind bei Manövern der NATO gefragt. Bei großen Übungen in den Vereinigten Staaten simulieren sie Luftangriffe des Gegners. Wie das sowjetische Flugzeug konzipiert ist, untersucht die Wehrtechnische Dienststelle 61. Deren Experten entschlüsseln etwa das »Freund-Feind-Erkennungssystem« der MiGs. Das hilft den Alliierten, Luftüberlegenheit gegenüber Flugzeugen sowjetischer Bauart zu erlangen.

Eine der neuen Aufgaben für die Streitkräfte, die von der Politik erteilt wird, hat so gar nichts mit dem eigentlichen Kernauftrag zu tun. Die Armee soll zum Vorbild, ja zu einem Motor der Einheit werden. »Die Wiedervereinigung 1990 war auch für die Bundeswehr eine große Herausforderung. Sie erwies sich als Schrittmacher der Deutschen Einheit. Die Bundeswehr schaffte es, die Soldatinnen und Soldaten der ehemaligen Nationalen Volksarmee der DDR und Teile ihrer Ausrüstung in die Bundeswehr zu integrieren – aber auch in die Kultur und Tradition der Bundeswehr«, stellt die Bundesregierung im November 2020 fest. Und in einer Broschüre des Bundesverteidigungsministeriums heißt es: »Die Integration ehemaliger NVA-Angehöriger in die Bundeswehr und die Idee der ›Armee der Einheit‹ wirkten beispielgebend auf dem Weg zur Verwirklichung der inneren Einheit Deutschlands.«

Beide Aussagen beschönigen die Zustände gewaltig. Die »Armee der

Einheit« ist ein politisches Narrativ, das in der Realität nur sehr bedingt umgesetzt wird. So dauert es ein Vierteljahrhundert bis ein früherer Soldat der DDR in der Bundeswehr die höchste Laufbahngruppe erreicht. 2014 wird ein Offizier, der bereits in der NVA gedient hat, zum Brigadegeneral ernannt.

Einige tausend frühere Angehörige der NVA übernimmt die Bundeswehr dauerhaft. Aber in der DNA der vereinigten Streitkräfte soll die ostdeutsche Truppe keine Spuren hinterlassen. Die Zentrale Dienstvorschrift 10/1 in der Fassung von 1993 stellt fest: »Unstrittig ist jedoch, dass die mit der Vereinigung Deutschlands aufgelöste Nationale Volksarmee wegen ihres Charakters als Partei- und Klassenarmee eines kommunistischen Systems keine Tradition für die Bundeswehr stiften kann.«

Da Deutschland wie viele andere Staaten beim Militär sparen und auch die internationale Zusammenarbeit verbessern will, stellt die Bundeswehr mit Nachbarstaaten zusammen Korps auf. Seit 1991 ist die deutsch-französische Brigade einsatzbereit. Diesen Weg geht die Regierung in Bonn weiter. So beschließt 1993 eine deutsch-niederländische interministerielle Arbeitsgruppe, einen gemeinsamen Verband aufzustellen. Seit dem 1. Oktober 1993 koordiniert das Europakorps die binationalen Korps. Wer Anfang der Neunzigerjahre von einer europäischen Armee träumt, muss aber 30 Jahre später enttäuscht feststellen, dass die EU keinen Schritt weitergekommen ist. Verteidigungspolitik ist immer noch weitgehend Sache der einzelnen Mitgliedsstaaten.

Bis August 1994 bleiben Truppen des Kreml in Ostdeutschland. Von den Russen übernimmt die Bundeswehr viele Liegenschaften in oft marodem Zustand. Vor allem die Truppenübungsplätze bereiten ihr viel Arbeit. Denn Blindgänger haben die russischen Soldaten vor ihrem Abzug nicht geräumt. Das übernehmen nun die Pioniere der wiedervereinigten Armee. Viele Liegenschaften benötigt die gesamtdeutsche Truppe nicht mehr. Sie wird weiter verkleinert. Nur noch 340 000 Soldaten sollen in den Streitkräften dienen. So will die Politik weiter sparen. Haushaltsmittel sind beschränkt und der Bundeswehr sind die Gegner ausgegangen. 300 Verbände und Dienststellen muss das Verteidigungsministerium auflösen, von 1900 Standorten im Westen schließt es gut ein Drittel. Die Investitionen in neue Waffen und Gerät gehen immer mehr zurück, der Anteil, der dafür vom Wehretat aufgewendet wird, sinkt von einem Drittel auf sieben Prozent. Die Streitkräfte schieben einen gewaltigen Modernisierungsbedarf vor sich her. Die Politik vernachlässigt die Ausstattung der Truppe.

Der Westen hat gewonnen, der Warschauer Pakt und die Sowjetunion sind Geschichte. Dennoch geht die Bundeswehr nicht als Siegerin aus der Konfrontation hervor. Sie erfährt den größten Umbruch in ihrer Geschichte, der fast einem völligen Neuaufbau gleichkommt. Mit der NATO-Osterweiterung kommen neue Mitglieder dazu. Schon bald liegt die Bundesrepublik nicht mehr an der Ostgrenze des Bündnisses. Verteidigungsminister Volker Rühe verkündet, dass Deutschland umzingelt sei von Freunden.

KAPITEL 15

Frau Hauptmann – Der lange Weg zu einer weiblicheren Truppe

Als die Bundeswehr gegründet wird, spielen Frauen dabei keine Rolle. Sie dürfen weder mitplanen noch die neuen Uniformen tragen. Soldatinnen sind in der Bundesrepublik nicht vorgesehen. Das Grundgesetz verbietet sogar Frauen den Dienst an der Waffe. In Israel gehören Wehrpflichtige beiden Geschlechts seit der Staatsgründung 1948 zu den Streitkräften, in Schweden zählen Soldatinnen seit 1924 zum Militär, in den Vereinigten Staaten seit 1948. In der NVA in Ostdeutschland gibt es ebenfalls Frauen. Im Westen dauert das sehr viel länger.

Erst 1975 ändert sich das in der Bundeswehr, zunächst allerdings ausschließlich im Sanitätsdienst. Am 19. Februar stimmt das Bundeskabinett unter Kanzler Helmut Schmidt dem Vorschlag von Verteidigungsminister Georg Leber zu, approbierte Medizinerinnen, Veterinärinnen und Apothekerinnen einzustellen. Im Juni 1975 berät der Bundestag über das Gesetz, das die Streitkräfte für Frauen öffnen soll. Unumstritten ist dieser Schritt nicht. »Das rührte die Gemüter auf«, erinnert sich Leber später. »Frauen in Uniform mit den Dienstgradabzeichen eines Offiziers in einer deutschen Armee, das war für manchen nicht leicht zu verkraften.« Der liberale Abgeordnete Lothar Krall zieht die Idee ins Lächerliche, spricht davon, »beim Aufsuchen eines Bundeswehrkrankenhauses von zarter Frauenhand behandelt zu werden«. Dabei haben Lebers Pläne einen ernsten Hintergrund. Der Truppe fehlen gut 1300 Mediziner, nur 830 Stellen für Ärzte und Apotheker sind besetzt. Deshalb rekrutieren die Streitkräfte weibliches Fachpersonal. Dafür werden das Soldatengesetz und die Wehrdisziplinarordnung geändert.

Am 1. Oktober begrüßt Verteidigungsminister Leber die ersten fünf weiblichen Sanitätsoffiziere. Die Personallage verbessert sich mit der Öffnung der Bundeswehr für Frauen allerdings nicht kurzfristig. Bis Ende 1975 werden lediglich 29 Stabsärztinnen für die Truppe gewonnen. Eine der ersten Frauen ist Verena von Weymarn. Sie sitzt im Oktober 1975 beim Nachtdienst in der Gerichtsmedizin in München, liest die »Abendzeitung« und stößt auf einen Artikel über das Ziel, Frauen für die Truppe zu gewinnen. Weymanns Mann arbeitet als Architekt, er hat Probleme, die Familie zu versorgen, das Paar hat zwei Kinder. Also bewirbt sich die Ärztin, deren Promotion fast abgeschlossen ist, bei der Truppe. Anfang Mai 1976 hat sie in Bonn ein Gespräch mit einem Personaloffizier der Luftwaffe. Von Weymarn will heimatnah verwendet werden, wegen der Familie. Sie bekommt Erding als Standort angeboten und greift zu. Am 1. September 1976 beginnt sie als Stabsärztin den Dienst. Ihr Rang entspricht dem eines Hauptmanns. Die Ärztin erhält einen einmonatigen Kurs an der Sanitätsakademie der Bundeswehr, lernt marschieren, militärisch grüßen und sie studiert die Dienstvorschriften.

Sanitäterinnen und Ärztinnen werden künftig auch an Pistole und Gewehr ausgebildet, allerdings ausschließlich zum Selbstschutz. Schießen sollen sie nur im Notfall, an geplanten Kampfhandlungen und Angriffen als Kämpferinnen dürfen sie nicht teilnehmen, so schreibt es das Kriegsvölkerrecht vor. Und auch die Verfassung wird nicht geändert. In Sachen Frauen und Militär bleibt das Grundgesetz eindeutig. Artikel 12a Absatz 4 lautet weiterhin: »Frauen dürfen auf keinen Fall Dienst mit der Waffe leisten«.

Gleichgestellt sind die Medizinerinnen ihren Kameraden auch sonst nicht. Sie erhalten zunächst eine eigene Uniformlinie, bei der »bewusst eine Anlehnung an die Uniform der männlichen Soldaten vermieden« wird, wie das Bundesverteidigungsministerium festhält. An Bord von Schiffen sollen sie ebenso wenig eingesetzt werden, wie auf Truppenübungsplätzen. Erst 1988 erhalten sie dieselben Rechte und Pflichten wie männliche Offiziere. Drei Jahre später kommen dann auch weibliche Unteroffiziere und Mannschaftsdienstgrade zum Sanitätsdienst. Ansonsten steht nur der Militärmusikdienst Frauen offen, allerdings erst ab 1991. Dann dürfen Frauen in den Orchestern und Big Bands mitspielen.

Im ersten Halbjahr 1993 wird von Weymarn angeboten, dass sie »Generalarzt der Luftwaffe« werden könne. Am 23. März 1994 befördert sie

Verteidigungsminister Volker Rühe in den Generalsrang. Von Weymarn wird seit dem 23. März als »General (w)« bezeichnet. Angeredet wird sie als Frau Generalarzt. »Die Feminisierung des Militärs ist freundliches Tabu«, spottet Margrit Gerste in der Wochenzeitung »Die Zeit« 1994. »Frau Generalarzt« und »Frau Hauptmann« bleiben die Anrede. Im Sprachgebrauch der Bundeswehr gibt es keine weiblichen Formen für Dienstgrade und auch für Funktionen. Bei der Polizei hingegen sind die »Kommissarin« oder die »Direktorin« ganz selbstverständlich.

Unter 220 männlichen Generälen und Admiralen bleibt Verena von Weymarn erst einmal die einzige Frau. Ihr unterstehen 550 Ärzte und Apotheker der Luftwaffe. Von Weymarns Dienstsitz ist der Luftwaffenstützpunkt Lohmar-Heide in Nordrhein-Westfalen. Für die deutschen Medien ist die Beförderung eine Sensation. Im »Spiegel« steht: »Ist es wirklich nur ungewohnt oder doch unpassend, wenn plötzlich der enge Rock des Generals energisches Ausschreiten stört? Wird das schnarrende Auftreten der Frau mit dem Gardemaß von 1,82 Metern plus 5 Zentimeter Absatz durch den rosa Lippenstift untermalt oder karikiert?« So manchem Artikel bemerkt man das Unbehagen der meist männlichen Autoren über diese Beförderung an. Männliche Kameraden Weymarns werden wohl nur selten aufgrund ihres Aussehens bewertet.

1995 wählen die Abgeordneten mit Claire Marienfeld erstmals eine Frau zur Wehrbeauftragten des Bundestages. Sie muss sich häufiger mit der Rolle der Soldatinnen beschäftigen, gibt es bereits 3500 Frauen beim Sanitätsdienst. Aber eben auch nur dort sowie im Militärmusikdienst.

Tanja Kreil will das ändern. Sie bewirbt sich 1996 als Waffenelektronikerin bei der Bundeswehr. Sie will nicht in die Kampftruppe, sondern sich als Soldatin mit Technik beschäftigen. Aber für die Militärspitze kommt das nicht in Frage. Kreils Bewerbung wird abgelehnt. Die junge Frau akzeptiert das nicht. Sie klagt gegen die Diskriminierung, zieht durch viele Instanzen. Schließlich landet ihr Fall vor dem Europäischen Gerichtshof (EuGH). Die höchsten Richter entscheiden 2000, dass die Einstellungspraxis der Bundeswehr nicht rechtens ist. Frauen müssen nun auch in Deutschland zum Dienst an der Waffe zugelassen werden.

Für Tanja Kreil kommt dieses Urteil zu spät. Nach dem fast vierjährigen Rechtsstreit mit der Bundeswehr hat sie sich für einen anderen Arbeitgeber entschieden. Dennoch öffnet sie mit ihrer Klage die deutschen Streitkräfte für tausende Frauen. Am 2. Januar 2001 treten die ersten Soldatinnen die Laufbahn des Truppendienstes an. 244 Frauen beginnen ihre Grundausbildung, ganz regulär neben ihren männlichen Kameraden. Sie gehören der Kampftruppe an, dienen bei den Jägern, den Panzergrenadieren. Und auch auf Kriegsschiffen gehören Frauen bald zur Besatzung. Drei Monate später treten die ersten Offiziersanwärterinnen ihren Dienst bei Heer, Luftwaffe, Marine und in der Streitkräftebasis an. Dafür war eine Verfassungsänderung erforderlich, die das Urteil des EuGH erzwungen hatte. Seitdem heißt es im Grundgesetz Art. 12a über Frauen: »Sie dürfen auf keinen Fall zum Dienst mit der Waffe verpflichtet werden.« Freiwillig dürfen sie ihn allerdings leisten.

Zwar bleiben bis heute einige wenige Bereiche bestehen, in denen es keine Frauen gibt wie das Kommando Spezialkräfte. Aber die Soldatinnen haben sich längst die Anerkennung fast aller ihrer Kameraden erkämpft und Vorbehalte gibt es immer weniger. 2013 übernimmt Ursula von der Leyen als erste Ministerin die Führung der Bundeswehr. Sie versucht viel, um Frauen den Dienst in der Truppe zu erleichtern. Die Vorbehalte in der Bundeswehr bei männlichen Kameraden schwinden aber nur langsam. Als von der Leyen zur Inhaberin der Befehls- und Kommandogewalt ernannt wird, liegt der Frauenanteil beim Heer bei sechs Prozent, bei der Luftwaffe bei sieben und bei der Marine bei neun Prozent. In den darauffolgenden sieben Jahren steigt er lediglich bei jeder Teilstreitkraft um einen Prozentpunkt.

Mittlerweile sind Soldatinnen zwar in fast allen Bereichen der Bundeswehr angekommen, sie stellen in der Kampftruppe aber immer noch eine deutliche Minderheit dar. 2019 gibt es 22 000 Frauen in der Truppe, zwei Jahre später sind es 23 000. Auch beim elitären KSK hat 2021 erstmals eine Soldatin die erste Runde der Aufnahmeprüfung bestanden. Das »Potenzialfeststellungsverfahren« für den Dienst im Kommando dauert zwölf Wochen. Frauen und Männer müssen die gleichen Aufgaben bewältigen. In diese fast letzte Männerbastion der Bundeswehr wurde bislang keine Soldatin aufgenommen. Noch dienen Frauen lediglich in den Unterstützungstruppen des KSK. Mittlerweile gibt es weibliche Aufklärungsfeldwebel, die bei Festnahmen unterstützen und gerade in muslimisch geprägten Ländern auch Zeuginnen oder Verdächtige befragen können. Sie sind aber keine regulären Angehörige des Kommandos und dürfen nicht an allen Operationen des KSK teilnehmen. Auch bei den Kampfschwimmern der Marine finden sich bislang keine weiblichen Mitglieder.

»Der Frauenanteil in der Bundeswehr betrug im Berichtsjahr insgesamt 12,55 Prozent. Damit hat sie auch im zwanzigsten Jahr nach dem bahnbrechenden Urteil des Europäischen Gerichtshofs, das eine Zulassung von Frauen in allen Bereichen der Bundeswehr zur Folge hatte, ihre selbst gesteckten Ziele noch nicht annähernd erreicht«, schreibt die Wehrbeauftragte in ihrem Jahresbericht 2020. »Trotz der für alle Laufbahnen – mit Ausnahme des Sanitätsdienstes – festgelegten Quote von mindestens 15 Prozent lag der Frauenanteil dort bei nur 8,88 Prozent. Im Sanitätsdienst sieht es mit 45,16 Prozent bei einer Zielvorgabe von 50 Prozent besser aus.« Der Anteil an Frauen in der Truppe steigt zwar kontinuierlich, aber langsam.

An Auslandseinsätzen beteiligen sich weniger Frauen. Bei UN-Missionen liegt der Anteil deutscher Soldatinnen bei 7,9 Prozent. Damit weist die Bundeswehr noch eine bessere Quote auf als andere Länder. Denn generell beträgt der Frauenanteil bei den Blauhelm-Kontingenten der Vereinten Nationen 5,3 Prozent. Das Verteidigungsministerium hat Soziologen beauftragt herauszufinden, warum das so ist. Antworten sind die lange Abwesenheit vom privaten Umfeld, bereits gemachte negative Erfahrungen bei Auslandsmissionen und die geringen Vorteile, die ein solches Engagement einbringe.

»Bei der Gleichberechtigung ist noch Luft nach oben. Das männliche Führungsverhalten alter Schule wächst aber langsam heraus«, sagt die Wehrbeauftragte Eva Högl im Interview mit der »Süddeutschen Zeitung«. Bei ihren Truppenbesuchen habe sie gesehen: »Es kommen moderne junge Männer nach, die das Partnerschaftliche leben. Das ist die Zukunft. Ein Anteil von 30 Prozent Frauen in der Bundeswehr, das würde der Truppe sicher guttun.« Die Armee soll für Bewerberinnen attraktiver werden. Denn ohne sie geht es nicht. Gut 20 000 Dienstposten muss die Bundeswehr jedes Jahr neu besetzen. Die Truppe kann nur weiterwachsen, wenn es ihr gelingt, das Personal, dass sie jedes Jahr verliert, zu ersetzen. Denn »Soldaten auf Zeit« scheiden immer wieder ebenso aus wie die freiwilligen Wehrdienstleistenden, von denen bereits viele in der Probezeit aufgeben. Dringend benötigen die Streitkräfte deswegen Frauen. Sie schafft es oft aber nicht, für weibliches Personal attraktiv zu wirken. Geschichten über dumme Macho-Sprüche, ablehnende Kommentare zur Leistung, sexuelle Belästigung und Vorgesetzte, die Frauen gezielt schikanieren, schrecken so manche Interessierte ab. Über solche Probleme beschweren sich Soldatinnen bereits seit 15 Jahren, ohne dass sie abgestellt werden können. »Frauen müssen oft Dauer-Vollgas geben, um ihren Wert zu beweisen«, stellt die sicherheitspolitische Fachjournalistin Julia Weigelt 2021 fest. Das belegt auch eine Studie des Zentrums für Militärgeschichte und Sozialwissenschaften der Bundeswehr aus dem Mai 2020.

Auch wenn die Dienstgrade weiterhin männlich bleiben, muss Frau Hauptmann bald nicht mehr »Einmannpackungen« essen. Das EPA, wie die meisten Soldaten sagen, wird umbenannt. Ab dem Frühjahr 2022 heißt die Kampfration nun »Einpersonenpackung«. Nach mehreren Jahrzehnten, in denen es Frauen in den Uniformen der Bundeswehr gibt, stellt das zuständige Amt fest, dass der Name nicht mehr zeitgemäß ist. Das hat zwar gedauert, der neue Name erfordert von Traditionalisten auch keine große Umgewöhnung. Denn die Abkürzung EPA kann bleiben.

Mit Bianca Seifert hat 2022 die erste Offizierin das Kommando über ein Kriegsschiff übernommen. Frau Korvettenkapitän führt die Besatzung »Bravo«. Die Korvetten der Klasse 130 haben mehrere Crews, die sich an Bord abwechseln. Eine davon steht nun unter weiblichem Befehl. Seifert soll ihre Besatzung und die »Braunschweig« in mehrere Auslandseinsätze führen.

KAPITEL 16

Mission Ausland – Sanitäter, Pioniere; schließlich deutsche Flugzeuge über Belgrad

Um 23:42 Uhr am 29. Februar 1960 bebt die Erde im marokkanischen Agadir. Innerhalb weniger Sekunden stürzen viele Gebäude ein, 15 000 Menschen sterben, 12 000 werden verletzt und 35 000 Einwohner sind obdachlos. Im Rheinland feiern die Narren gerade noch den Rosenmontag. Marokko, wo König Mohammed V. herrscht, ist erst seit vier Jahren unabhängig. Auf die Folgen einer so schweren Naturkatastrophe ist das Land nicht vorbereitet. Die französischen, spanischen und US-amerikanischen Streitkräfte, die Stützpunkte in der Region unterhalten, leiten Soforthilfeaktionen ein.

Die Katastrophe führt auch in der Bundesrepublik zu einer großen Hilfsbereitschaft. Bundesverteidigungsminister Strauß entscheidet, eine Sanitätseinheit der Bundeswehr nach Nordafrika zu schicken. Damit beginnt der erste Auslandseinsatz der westdeutschen Streitkräfte am Boden. Im Vorjahr hatte die Bundeswehr bereits Medikamente für die Opfer einer Ölvergiftung in der Gegend von Meknès eingeflogen. Diese Mission im November 1959 erfolgte auf Bitten der marokkanischen Regierung.

Der Einsatz in Agadir wird deutlich umfangreicher. 102 Soldaten, darunter sechs Ärzte, zwei Apotheker und 47 Angehörige des Sanitätsdienstes, zehn ABC-Abwehrspezialisten und 16 Fernmelder von der Marine, leisten in Agadir nach dem Erdbeben Katastrophenhilfe. Sie bauen einen Feldverbandsplatz auf. Der marokkanische König beehrt die Helfer aus Deutschland mit einem Besuch, um sich für deren Arbeit zu bedanken. Danach folgen zahlreiche andere humanitäre Missionen.

»Dies war der Auftakt für eine stetige Hilfstätigkeit der Bundeswehr in aller Welt bis 1991 und darüber hinaus«, stellt Patrick Merziger in dem Fachjournal »Zeithistorische Forschungen« fest. Die Bundeswehr engagiert sich nach seinen Recherchen zwischen 1959 und 1991 in 135 Fällen bei Hilfseinsätzen im Ausland. Sie dient der Bundesregierung als Werkzeug oder Mittel in der Außenpolitik. Mit den Missionen seiner Streitkräfte will Westdeutschland zeigen, dass es bereit ist, Verantwortung zu übernehmen.

1968 Jahre fliegen Transportmaschinen in den Iran, um dort nach einem Erdbeben die humanitäre Hilfe zu unterstützen. Sie bringen eine Wasseraufbereitungsanlage, Decken und warme Kleidung. Im Herbst 1968 beteiligt sich die Bundeswehr an einem internationalen Hilfsprogramm für Biafra im Osten Nigerias. Da in der Region gekämpft wird, schickt Westdeutschland keine Soldaten. Aber sie hilft den Helfern. Die Bundeswehr stellt dem Roten Kreuz eine Transall zur Verfügung, die weiß lackiert wird und zu Versorgungsflügen abhebt.

Viele Einsätze in Südamerika, Afrika und Asien folgen. 1970 und 1971 brechen Soldaten nach Bangladesch auf, nach Peru, Nicaragua sowie Chile. Eine große Mission für die Bundeswehr steht dann ab 1973 bei der Dürrekatastrophe in Äthiopien und in der Sahelzone an. Drei Jahre später entsendet die Bundesregierung 415 Soldaten nach Italien, die meisten davon sind Sanitäter und Pioniere. In Friaul hat ein Erdbeben schwere Schäden angerichtet. Die Bundeswehr unterstützt beim Wiederaufbau. Eine Sanitätseinheit mit 190 Soldaten ist 1976 zudem im Osten der Türkei gefordert. Abermals sind die westdeutschen Soldaten mit den Folgen eines Erdbebens konfrontiert. In der Stadt Muradiye stoßen sie auf eine Trümmerlandschaft. Zu Beginn der 1980er-Jahre ruft erneut Italien um Hilfe. 790 Männer der Bundeswehr unterstützen die Rettungskräfte in Irpinia. Als in Ostafrika 1984/85 eine weitere Dürre ausbricht, entsendet die Bundesrepublik abermals die Luftwaffe nach Äthiopien und in den Sudan.

So manche dieser Operationen birgt für die Soldaten Risiken. So gerät eine Transall der Bundeswehr im Südsudan 1986 in einen Luftangriff einer sudanesischen MiG 19. Der Jet bombardiert einen Flughafen, wo das deutsche Flugzeug gerade auf der Piste steht und nur mit einem Alarmstart entkommt. Hinter der Attacke steckt wohl ein Versehen und kein gezielter Angriff, brandgefährlich ist die Situation dennoch für die Crew.

Im August 1990 marschiert die irakische Armee in Kuwait ein. Der kleine Staat am Persischen Golf hat gegen die gut gerüsteten Angreifer militärisch keine Chance. Die Invasoren besetzen das Land. Saddam Hussein, der Diktator in Bagdad, führt sein Land damit in einen internationalen Konflikt hinein. Denn dass Starke die Schwachen fressen, das will die Weltgemeinschaft nicht akzeptieren. Die Vereinigten Staaten schmieden eine internationale Koalition. Ein Angriff auf das Land scheint Ende 1990 immer wahrscheinlicher. Die US Navy verlegt zwei Flugzeugträgergruppen in die Region, das Heer und die Marines, dazu tausende Soldaten am Boden. Und die Air Force bringt ihre Kampfjets und Bomber in Stellung. 34 Staaten schließen sich dem von der Regierung in Washington geschaffenen Bündnis gegen den Irak an. Die USA fordern die Bundesrepublik auf, sich an ihrer Koalition zu beteiligen. In der Bundesrepublik beginnt eine Diskussion über die künftige Aufgabe der Streitkräfte. In der Bevölkerung und auch unter Soldaten sind Einsätze außerhalb des Bündnisgebietes umstritten.

Die NATO fürchtet einen Angriff auf das Bündnisgebiet, denn die Türkei könnte zum Ziel irakischer Luftangriffe werden. Um die Partner zu schützen und Saddam Hussein von Attacken abzuhalten, verlegt die Bundesregierung ab dem 6. Januar 1991 leichte Jagdbomber auf den türkischen Flugplatz Erhac. 18 Alpha-Jets der Luftwaffe stehen dort bereit, um den NATO-Partner zu verteidigen. Solche Abschreckungsmethoden kennt die Bundeswehr noch aus dem Kalten Krieg, Stärke zeigen, um einen Krieg zu verhindern. Damals ging es immer um die Staaten des Warschauer Paktes als Aggressor, nun ist der Gegner ein skrupelloser Machthaber, der das Völkerrecht mit einem Angriffskrieg bricht. An einer Militäroperation gegen den Irak will sich Deutschland dennoch nicht beteiligen. Die Bundesregierung weiß, dass dies die Bevölkerung ablehnt. Und Russland, ein internationaler Partner des Irak, hat die »Zwei-plus-Vier-Verträge« noch nicht unterzeichnet, mit der die Wiedervereinigung verbrieft werden soll.

Um die eigenen Soldaten in der Türkei vor irakischen Luftangriffen zu schützen, will die Bundeswehr ein »Roland«-Flugabwehr-System dorthin verlegen. Allerdings verfügt sie nicht über ein Flugzeug in der nötigen Größe für einen solchen Auftrag. Der strategische Lufttransport wird für die deutschen Streitkräfte noch jahrzehntelang ein Problem bleiben. »Die Bundeswehr hat für Transporte dieser Größenordnung aber keine eigenen Transportmittel wie Schiffe oder Flugzeuge«, heißt es noch heute bei der Truppe. »Denn diese Großtransporte kommen eher selten und unregelmäßig vor.« Die Bundeswehr mietet sich also Flugzeuge und Schiffe.

Am 16. Januar 1991 beginnen massive Schläge der US-Luftwaffe und der Verbündeten gegen Ziele im Irak. Dann rücken auch massiv Bodentruppen vor, die Kuwait befreien und auf Bagdad vorstoßen. Nach dem Start der Militäroperation »Desert Storm« 1991 verlegt die Bundeswehr Marinekräfte in die Region. Denn die Bundesregierung hat entschieden, im März einen Minenabwehrverband in das Mittelmeer zu schicken, später entsendet sie die Boote in den Persischen Golf, um die Seewege freizuhalten und so die Verbündeten in Washington bei ihrem Angriff auf den Irak zu unterstützen.

Generell entscheidet sich das Kabinett Kohl aber für eine Scheckbuchdiplomatie. Mit finanzieller Beteiligung aus Deutschland an den Kosten des Krieges sollen die Verbündeten beruhigt werden. Aber innerhalb der NATO kommt dieses Verhalten nicht gut an. Geld ersetzt kein Militär.

Ende 1991 beschließen die EU-Staaten im Vertrag von Maastricht, künftig eine Gemeinsame Außen- und Sicherheitspolitik (GASP) betreiben zu wollen. Die WEU, die seit Jahrzehnten keine Aufgabe mehr hat, soll der militärische Arm dieser GASP werden, zuständig für humanitäre Aufgaben, Rettungseinsätze, friedenserhaltende Maßnahmen und Kampfeinsätze zur Krisenbewältigung. Gleichzeitig gibt sich auch die NATO ein neues strategisches Konzept. Sie übernimmt neue Aufgaben, jenseits der Bündnisverteidigung. »Im Gegensatz zur Hauptbedrohung der Vergangenheit sind die bleibenden Sicherheitsrisiken der Allianz ihrer Natur nach vielgestaltig und kommen aus vielen Richtungen.« Die NATO sieht nun ebenfalls zunehmend eine wichtige Aufgabe in Stabilisierungsmissionen außerhalb des Bündnisgebietes.

Die Regierungsparteien CDU, CSU und FDP streiten mit der SPD in der Opposition über den Einsatz deutscher Soldaten außerhalb des NATO-Bündnisgebietes. Anlass dafür ist die Entsendung von Sanitätssoldaten nach Kambodscha im November 1991. Eine Gruppe aus sechs Ärzten und Unteroffizieren macht den Anfang. Vier Monate später erhöht die Bundesregierung die Zahl der dort eingesetzten Bundeswehrangehörigen auf 15. Sie sollen die Angehörigen der UN-Friedenstruppe, die in dem asiatischen Land stationiert sind, medizinisch versorgen. Im Jahr darauf weitet die Bundesregierung das Engagement dort deutlich aus. Im April 1992 entscheidet sie, weitere 140 Soldaten nach Phnom Penh zu schicken.

Ihr Auftrag lautet, ein Feldlazarett mit 60 Betten zu errichten und zu betreiben. Die deutschen Militärärzte und Sanitäter nehmen 3489 Patienten stationär auf und behandeln zudem 95 409 Kranke und Verletzte ambulant. 445 Frauen und Männer des Sanitätsdienstes gehen insgesamt zum Einsatz nach Kambodscha. Sie tragen aus Frankreich organisierte Tropenuniformen, da die Bundeswehr nicht über eine persönliche Ausrüstung für ihre Soldaten verfügt, die zu den klimatischen Bedingungen im Einsatzgebiet passt. Ungefährlich ist auch diese Mission nicht. Am 14. Oktober 1993 wird der deutsche Feldwebel Alexander Arndt durch Straßenräuber ermordet, wenige Tage vor dem Ende des Einsatzes. Der Unteroffizier, der nur 26 Jahre alt wurde, ist der erste Tote der Bundeswehr in einem Auslandseinsatz.

Anfang der Neunzigerjahre zerfällt das ehemalige Jugoslawien, das aus sechs Teilrepubliken besteht. Am 25. Juni 1991 erklären sich Slowenien und Kroatien für unabhängig. Die Regierung in Belgrad versucht, das mit Gewalt zu verhindern. Der Krieg kehrt nach Europa zurück. Während der Konflikt in Slowenien relativ rasch endet, beginnen in Kroatien heftige Kämpfe zwischen Kroaten und Serben. Deutschland engagiert sich stark auf der diplomatischen Bühne, um die Kämpfe zu beenden. In Bosnien-Herzegowina leben Kroaten, muslimische Bosniaken und Serben. Dort beginnt ein Bürgerkrieg, der von allen Seiten brutal geführt wird, Millionen Menschen entwurzelt und zu »ethnischen Säuberungen« führt. Bald sind mehr als die Hälfte der ursprünglich vier Millionen Einwohner auf der Flucht, es gibt 100 000 Opfer. Es kommt zu Massenvergewaltigungen und zahlreichen anderen Kriegsverbrechen.

Der UN-Sicherheitsrat erlässt am 21. Februar 1992 die Resolution 743, mit der die Mission der »United Nations Protection Force« (UNPROFOR) für Bosnien-Herzegowina begründet wird. Die Bundeswehr fliegt mit ihren Transall-Maschinen Hilfsmissionen in das Kriegsgebiet. Zudem versorgt sie mit Transportflügen die Blauhelm-Truppen.

Seit 1992 sind jeden Tag Soldaten der Bundeswehr im Einsatz außerhalb des Bündnisgebietes. Sie nehmen an Beobachtungsmissionen teil, leisten humanitäre Hilfe, bilden ausländische Kameraden aus, unterstützen die Logistik von Alliierten und Hilfsorganisationen. Später kommen auch bewaffnete Missionen dazu, sogenannte »robuste Mandate«. Der Krieg beginnt für die Bundeswehr auf dem Balkan. Dort liegen die Wurzeln der Einsatzarmee, ein Konzept, dass die deutschen Streitkräfte für zwei Jahrzehnte prägen und verändern wird.

Bosnische Serben schließen im Mai 1992 Sarajevo ein, die Hauptstadt Bosnien-Herzegowinas. Die UNPROFOR kann die Einkesselung nicht verhindern. Die aus 16 000 Mann bestehende Truppe soll nicht aktiv in Gefechte eingreifen, sondern das Geschehen lediglich beobachten. Ihr gelingt es nur, mit den Kriegsparteien auszuhandeln, dass der Flughafen in Sarajevo offenbleibt, um die belagerte Bevölkerung aus der Luft mit Lebensmitteln zu versorgen. Aber die Absprachen sind nicht verlässlich, die Start- und Landebahnen geraten häufig unter Feuer. Sarajevo wird die am längsten belagerte Stadt in der europäischen Geschichte des 20. Jahrhunderts. 1984, nur acht Jahre vor dem Beginn der Einkesselung, waren dort die Olympischen Winterspiele eröffnet worden. Der Austragungsort, diese multikulturelle Stadt, in der Muslime, Katholiken und orthodoxe Christen friedlich zusammenleben, begeistert Sportler und Gäste aus der ganzen Welt. Für die Eiskunstläuferin Katharina Witt, die für die DDR eine Goldmedaille gewinnt, beginnt in Sarajewo ihre Weltkarriere. Keine zehn Jahre später liegt das Olympia-Gelände in Trümmern.

Ab Anfang Juli 1992 beteiligt sich auch die Bundeswehr an der Luftbrücke nach Sarajevo mit der ersten Transall und 27 Soldaten. Die Maschinen sind für solche Einsätze in Kriegsgebieten nur bedingt geeignet. Nachdem die Flugzeuge vom Boden aus beschossen werden, lässt die Bundeswehrführung die Cockpits und vorderen Laderäume mit Kevlarmatten auskleiden. Sie können Projektile bis 7,62 mm abhalten. Aus diesem Material bestehen auch Schutzwesten. Dazu kommt neue Technik an Bord, mit der die Transall sicherer werden soll: ein Eloka-System mit einem Radarwarnempfänger, das Alarm schlägt, wenn das Flugzeug erfasst wird, dazu ein Gerät, das anfliegende Raketen erkennt, und ein weiteres, das »Flares« ausstößt, heiße Späne, die Infrarot-Suchköpfe von feindlichen Flugkörpern verwirren, die Wärmequellen wie Triebwerke automatisch verfolgen.

Wie nötig solche technische Aufrüstung ist, zeigt der Abschuss eines italienischen Transportflugzeugs beim Anflug auf Sarajevo mit einer Boden-Luftrakete im September 1992. Dabei stirbt die vierköpfige Besatzung. Auch deutsche Transall werden von Flugabwehrstellungen angepeilt und per Radar verfolgt, beschossen werden sie zunächst nicht. Später trifft aber ein kroatisches Flakgeschoss eine deutsche Transportmaschine am Propellerblatt. Dessen Splitter rasen durch die Außenhülle und treffen einen Lademeister, der schwer verwundet wird. Seine Kameraden leisten ihm erste Hilfe und bringen ihn in ein US-Feldhospital in Zagreb. Der Hauptfeldwebel überlebt und kann später seinen Dienst wieder aufnehmen.

Schutzausstattung brauchen die deutschen Transportflieger bald öfters, denn die Einsätze für die Transall-Besatzungen werden immer brisanter, ebenso die Missionen der Bundeswehr generell. Nach der deutschen Wiedervereinigung im Oktober 1990 nehmen die Ansprüche der Bündnispartner an die Bundesrepublik zu, sich international mehr zu engagieren. Deutschland soll mehr Verantwortung und eine aktivere Rolle innerhalb der Vereinten Nationen, der NATO und in Europa übernehmen. Denn auch die Nordatlantische Allianz spielt eine immer aktivere Rolle in der Welt.

So beteiligt sie sich am 16. Oktober 1992 an der Operation »Sky Monitor«, mit der die Resolution 781 des Weltsicherheitsrates umgesetzt werden soll, die ein Flugverbot für Militärflugzeuge über Bosnien-Herzegowina vorschreibt. Die NATO stellt Aufklärungs- und Überwachungsmaschinen dafür bereit. Die »AWACS«-Maschinen, »Airborne Early Warning and Control System«, sind fliegende Radaranlagen und wegen der großen Scheibe, die auf dem Rücken montiert ist, sofort zu erkennen. Deutsche Soldaten fliegen mit ihren Kameraden aus zehn Staaten vom NATO-Stützpunkt im nordrhein-westfälischen Geilenkirchen aus mit AWACS in Richtung Balkan. Sie dokumentierten bis zum Frühjahr 1993 mehr als 500 Luftraumverletzungen und damit Verstöße gegen die Resolution 781.

In der Zwischenzeit kommt es zu Unruhen in der serbischen Provinz Kosovo. Dort leben viele Albaner, deren Autonomie von der Regierung in Belgrad 1989/90 aufgehoben wurde. Sie verlangen mehr Rechte. Darauf reagieren die Serben mit Gewalt. Das wiederum führt zu einer deutlichen Warnung aus dem Weißen Haus in Washington an das serbische Staatsoberhaupt Slobodan Milošević: »Im Fall eines Konfliktes im Kosovo, durch serbische Aktionen ausgelöst, sind die USA bereit, militärische Gewalt gegen die Serben im Kosovo und in Serbien selbst einzusetzen.« Beruhigen kann das die Situation nicht.

1993 sagt der UN-Generalsekretär Boutros Boutros-Ghali, die Weltgemeinschaft begrüße jede Form deutscher Unterstützung. Diese Botschaft wird in Bonn verstanden. Kohl und Rühe weiten den militärischen Beitrag ihres Landes an internationalen Einsätzen aus. Die Bundesrepublik beteiligt sich mit einem Kontingent an der UN-Mission in Somalia. In Belet Huen soll die Bundeswehr logistische Unterstützung leisten. Das ostafrikanische Land leidet in Folge eines andauernden Bürgerkrieges unter einer Hungersnot. Da in Somalia gekämpft wird, können die deutschen Einheiten sich nicht frei bewegen. »UNOSOM II« heißt die Mission, zu der die Soldaten der Bundeswehr leicht bewaffnet aufbrechen. 1700 Soldaten des Heeres und 120 der Luftwaffe sind dabei.

Allein dieser Einsatz kostet 200 Millionen Mark. In Somalia geraten Flugzeuge der Bundeswehr unter Beschuss. Und auch am Boden ist es gefährlich. In der Hauptstadt Mogadischu sterben 24 pakistanische Soldaten bei Kämpfen mit den Söldnern eines Warlords. In Deutschland fordern darauf Politiker, die eigenen Männer und Frauen zurückzuholen. Dem widerspricht Außenminister Klaus Kinkel (FDP), da dieser Abzug »schlimmste Folgen für unsere internationale Reputation« hätte. Ihm sekundiert der Kanzler: »Es kann doch nicht so sein, dass die Deutschen weglaufen, wenn es gefährlich wird.« Im sicheren Deutschland sagt sich das leicht. Aber für Gefechte wie in Mogadischu ist das Kontingent am Horn von Afrika nicht ausgerüstet. Erst nach dem Tod der pakistanischen Blauhelm-Soldaten erhalten die Einheiten der Bundeswehr Panzerabwehrraketen nachgeschickt.

Dass die Bundeswehr ab 1993 an den UN-Missionen in Somalia und im zerfallenden Jugoslawien teilnimmt, verschärft die politische Debatte in Deutschland um bewaffnete Auslandseinsätze. Die Sozialdemokraten fordern, dass die deutschen Besatzungsmitglieder an Bord der AWACS-Flugzeuge abgezogen werden müssen, ebenso die Soldaten aus Somalia. Die Streitfrage zwischen Regierung und Opposition lautet: Dürfen die Streitkräfte für die Wiederherstellung von Frieden Gewalt anwenden? Die Bundestagsfraktionen von SPD und FDP wollen das höchstrichterlich geklärt wissen. Sie reichen im April 2003 deswegen vor dem Bundesverfassungsgericht gegen die jüngsten Missionen der Truppe Klagen ein: Liberale und Sozialdemokraten gemeinsam gegen die AWACS-Flüge über der Adria, die SPD dazu noch allein gegen die Teilnahme an UNOSOM II.

Sky Monitor stellt zwar unerlaubte Flüge in der Verbotszone fest, kann diese aber nicht verhindern. Deswegen erteilen die Vereinten Nationen im April ein robustes Mandat. Nun beginnt »Deny Flight«. Kampfflugzeuge der NATO setzen die »No-Fly Zone« der UN über Bosnien-Herzegowina durch, eine Flugverbotszone. Damit sollen Zivilisten am Boden vor Luftschlägen bewahrt werden. Zudem schützen die Jets der Allianz die Blauhelm-Soldaten am Boden vor serbischen Angriffen. Am 28. Februar 1994 schießen F-16-Jets der US-Air-Force vier Kampfflugzeuge der bosnischen Serben ab, als diese das Flugverbot über Novi Travnik missachten. Drei Piloten der bosnischen Serben sterben. Später folgen weitere Luftkämpfe, bei denen NATO-Kampfjets mehrere serbische Maschinen vom Himmel holen. Als dann das militärische Engagement ausgedehnt wird, um den Beschuss Sarajewos zu beenden, weiten sich die Kämpfe aus. In einer Schutzzone mit einem 20-Kilometer-Radius um die belagerte Stadt herum dürfen keine schweren Waffen mehr stehen. Da die bosnischen Serben ihre Artillerie nicht abziehen, greifen NATO-Flugzeuge an. Bei rund 500 Einsätzen bombardieren Jets der Allianz serbische Stellungen. Deutschland nimmt mit mehr als 480 Soldaten und 14 Jagdbombern vom Typ Tornado teil.

In Somalia geht der Einsatz währenddessen zu Ende. Die Bundeswehr verlässt das unsichere Land am Horn von Afrika. Ihr Kontingent sollte indische Blauhelm-Truppen logistisch unterstützen. Die Inder rücken jedoch in einem anderen Teil des ostafrikanischen Staates vor. Dorthin darf das deutsche Kontigent nicht verlegt werden, weil aus Sicht der Regierung in Bonn die Sicherheitslage in dieser Region zu brisant ist. Schließlich ruft das Bundeskabinett Ende 1993 den eigenen Verband zurück, nachdem deutlich wird, dass die UN ihn nicht wie vereinbart in Anspruch nimmt. Im März des kommenden Jahres gehen die letzten deutschen Soldaten an Bord von Kriegsschiffen. Sie verlassen Somalia.

Das Bundesverfassungsgericht stellt am 12. Juli 1994 mit seinem AWACS-I-/Out-of-area-Urteil fest, dass deutsche Soldaten im Ausland eingesetzt werden dürfen, wenn dies im Auftrag der Allianz oder einer anderen internationalen Organisation geschieht. Die höchsten Richter ermöglichen damit die »Armee im Einsatz«. Sie argumentieren, dass Art. 24 Abs. 2 des Grundgesetzes bewaffnete Missionen im Rahmen des Bündnisses abdecke: »Der Bund kann sich zur Wahrung des Friedens einem System gegenseitiger kollektiver Sicherheit einordnen; er wird hierbei in die Beschränkungen seiner Hoheitsrechte einwilligen, die eine friedliche und dauerhafte Ordnung in Europa und zwischen den Völkern der Welt herbeiführen und sichern.« Um Soldaten an internationalen Operationen teilnehmen zu lassen, so entscheiden die Richter des Bundesverfassungsgerichts, benötigt die Regierung allerdings eine Zustimmung des Bundestages. So stärken die Juristen die Idee von der Parlamentsarmee, die nicht nur dem politischen Primat des Kabinetts, sondern auch den Abgeordneten untersteht. Dieser Parlamentsvorbehalt führt künftig dazu, dass Mitglieder des Bundestages über lange andauernde Mandate jährlich abstimmen – und vorher debattieren. Das sorgt für Transparenz, wird außerhalb des politischen Berlins jedoch nur bei Streit zwischen den Parteien wahrgenommen.

Ein Abzug der deutschen Soldaten aus den AWACS-Flugzeugen hätte der Bundesregierung in der Allianz ernsthafte Probleme bereitet. Die internationalen Besatzungen hätten erheblich umstrukturiert werden müssen, wodurch die Einsätze der AWACS beeinträchtigt gewesen wären. Zudem wäre die Glaubwürdigkeit der Bundesrepublik innerhalb der NATO erschüttert worden.

Am 22. Juli 1994 stimmen die Abgeordneten des Bundestages erstmals über einen bewaffneten Auslandseinsatz der Bundeswehr ab. Die Mehrheit entscheidet sich dafür, dass die deutschen Streitkräfte dabei helfen, ein Embargo der Vereinten Nationen gegen Jugoslawien und dazu die Überwachung des Flugverbots über Bosnien-Herzegowina durchzusetzen, notfalls mit Gewalt.

Die Balkankriege zeigen, dass es nicht für alle Regionen des Kontinents eine Friedensdividende nach dem Ende des Kalten Krieges gibt. In Bosnien-Herzegowina verdeutlicht der Bürgerkrieg zudem die Grenzen der Möglichkeiten der Europäer. Deutsche, Franzosen, Briten und andere Partner aus der Nachbarschaft sind ohne die Nordamerikaner weder politisch noch militärisch in der Lage, den Konflikt einzudämmen. Der Regierung in Washington ist das sehr bewusst. Ein Eingreifen des Westens erscheint aber dringend erforderlich. Die Kriegsverbrechen, die in Bosnien-Herzegowina begangen werden, erinnern Europa an die Epoche der Weltkriege, die längst als überwunden galt.

Srebrenica steht wie kein anderer Ort für diese Untaten. In der Stadt richten Blauhelm-Soldaten der UNPROFOR eine Schutzzone ein. Tausende Zivilisten fliehen dorthin. Sie erwarten, von den Vereinten Nationen vor den bosnischen Serben verteidigt zu werden. Aber Ratko Mladić belagert mit seinen serbischen Kämpfern das Tal von Srebrenica. Ein Bataillon niederländischer Friedenstruppen, das die Zone bewachen soll, wird ebenso zur Geisel wie die unter seinem Schutz stehenden Muslime. Im Juli 1995 ermorden Mladićs Einheiten in Srebrenica bis zu 8000 Jungen und Männer. Dieses Kriegsverbrechen geschieht unter den Augen der Weltöffentlichkeit. Die Niederländer können das nicht verhindern und werden von den bosnischen Serben sogar für ihre Propaganda missbraucht.

Als Reaktion auf dieses und andere Kriegsverbrechen stellt die NATO im Sommer 1995 eine schnelle Eingreiftruppe auf, die aus 10 000 Männer und Frauen besteht. Britische, französische und niederländische Soldaten bilden den Kern. Gleichzeitig bereitet das Bündnis eine umfassende Luftoperation vor, plant dafür mit einer Flotte von 300 Kampfflugzeugen. Am 28. August 1995 sorgen die bosnischen Serben erneut für Entsetzen der Weltgemeinschaft. Sie feuern mit Mörsern auf dem Markale-

Platz in Sarajevo. 37 Zivilisten sterben bei dem Beschuss. Bereits im Februar war dort eine Granate eingeschlagen und hatte 68 Menschen in den Tod gerissen. Nun reagiert die NATO militärisch. Zwei Tage später beginnt sie den bereits beschlossenen und vorbereiteten Luftangriff. Als »Deliberate Force« attackieren Kampfbomber der Allianz in der Nacht zum 30. August zahlreiche Stellungen der bosnischen Serben. Am Boden stehen die ersten Verbände der schnellen Eingreiftruppe bereit.

Die Bundeswehr unterstützt die NATO. Sie lässt das 1. Einsatzgeschwader der Luftwaffe, das in Italien stationiert ist, zum Schutz der Alliierten aufsteigen. Acht ECR-Tornado-Jets, die für elektronische Kampfführung ausgerüstet sind, gegnerische Radarstellungen erfassen und bekämpfen können, schützen die Flugzeuge aus anderen Staaten. Sie können Raketen auf serbische Stellungen feuern, wenn diese die NATO-Maschinen anpeilen. In direkte Kampfhandlungen geraten die deutschen Besatzungen nicht. Die Verbündeten übernehmen die risikoreicheren Missionen. Bereits am ersten Tag schießen die bosnischen Serben eine französische »Mirage 2000« in der Nähe von Pale ab.

Zudem steigen deutsche Recce-Tornados auf, die mit Kameras zur Aufklärung ausgestattet sind. Sie melden den Verbündeten gegnerische Verbände und Stützpunkte, die dann bombardiert werden können. Erstmals beteiligt sich Deutschland seit 1945 wieder an einem Luftkrieg, wenn auch ihre Jets nicht selbst Gegner am Himmel bekämpfen oder Ziele am Boden vernichten. Deutsche Luftangriffe in der Region sind durchaus heikel. Unvergessen ist die Bombardierung Belgrads im April 1941, mit denen der deutsche Balkanfeldzug begann. Ohne Kriegserklärung, ohne Ultimatum, ohne Vorwarnung luden deutsche Flugzeuge hunderte Brand- und Sprengbomben über der jugoslawischen Hauptstadt ab und töteten tausende Bewohner. Immer wenn die Bundeswehr im Einsatz ist, wird sie mit den Verbrechen ihrer Vorgängerarmee konfrontiert.

Auch in Deutschland schreiben Journalisten vom ersten Kriegseinsatz der Bundeswehr, Gegner der Mission ziehen Vergleiche zur Wehrmacht. Die massiven Luftschläge zwingen die bosnischen Serben schließlich zum Einlenken. Am 12. Oktober 1995 kommt es zu einem Waffenstillstand.

Nun schlägt endlich die Stunde der Diplomaten. Der serbische Präsident Milošević, das kroatische Staatsoberhaupt Franjo Tudjman und der Vertreter Bosnien-Herzegowina Alija Izetbegovic treffen sich in den Vereinigten Staaten. Auf der US-Luftwaffenbasis Wright-Patterson in Ohio, die in der Nähe von Dayton liegt, unterzeichnen sie am 21. November einen Vertrag, in dem sie unter anderem vereinbaren, eine neue Ordnung für Bosnien-Herzegowina zu schaffen. Am 14. Dezember 1995 kommt es in Paris zum Abschluss des Abkommens von Dayton. Die bosnischen Kriegsparteien verpflichten sich zur friedlichen Zusammenarbeit. Eine internationale Schutztruppe soll sicherstellen, dass keine von ihnen wieder zu den Waffen greift. Zunächst heißt sie »Implementation Force« und dann »Stabilization Force« (SFOR). Sechs Tage später endet der erste bewaffnete Einsatz der deutschen Luftwaffe seit 1945. Das militärische Engagement der Bundesrepublik auf früherem jugoslawischen Staatsgebiet ist damit nicht vorbei. Die Bundeswehr beteiligt sich mit bis zu 4000 Soldaten an der NATO-Friedenstruppe für Bosnien-Herzegowina. Erstmals seit vier Jahrzehnten stellt die Allianz unter Beweis, dass sie auch am Boden außerhalb des Bündnisgebietes bewaffnet eine Rolle spielen kann. Der Balkan bleibt für die deutschen Streitkräfte ein dauerhaftes Einsatzgebiet, bis heute.

KAPITEL 17

Der erste Kampfeinsatz – Deutsche Bodentruppen auf dem Balkan

Da die Bundeswehr immer stärker in unsicheren Regionen eingesetzt wird, erhält sie 1996 eine Elitetruppe für besonders heikle Missionen. Das Kommando Spezialkräfte des Heeres steht nun für Aufgaben wie Geiselbefreiungen in Krisen- und Kriegsgebieten, die Jagd auf Kriegsverbrecher und den Kampf gegen Terroristen bereit. Das KSK wählt die Bewerber streng aus. In der »Höllenwoche« werden die Kandidaten auf körperliche Leistungsfähigkeit geprüft und an ihre Leistungsgrenze gebracht. Die Bewerber müssen auch psychologische Test bestehen, dazu werden ihre charakterliche Eignung, Führungsverhalten, Teamfähigkeit und Verfassungstreue gecheckt. Aber nicht nur das KSK bereitet sich auf brisante Auslandseinsätze vor. Die deutschen Streitkräfte, die zur Landes- und Bündnisverteidigung aufgestellt wurden, entwickeln sich zu einer Truppe für den globalen Einsatz zur Konfliktverhütung und Krisenbewältigung. »Keine andere Armee in Europa hat einen so einschneidenden Wandel in Selbstverständnis, Auftrag und Militärstruktur vollziehen müssen wie die Bundeswehr«, stellt der Abgeordnete Elmar Brok (CDU) fest, der 39 Jahre lang Mitglied des Europäischen Parlaments und als Vorsitzender des Ausschusses für Auswärtige Angelegenheiten tätig war.

1997 brechen in Albanien Unruhen aus, nachdem dort die Wirtschaft kollabiert ist. Die Bundeswehr soll Deutsche und Personen aus befreundeten Staaten aus der Hauptstadt Tirana retten. Am 14. März fliegen sechs CH-53-Hubschrauber der Bundeswehr nach Albanien. »Operation Libelle« tauft die Truppe das riskante Unternehmen. US-amerikanische Helikopter wurden in Albanien an diesem Tag beschossen. Dennoch landen fünf deutsche Hubschrauber mit bewaffneten Infanteristen an

Bord auf einem Flugplatz in Tirana. Die sechste Maschine bleibt in der Luft, um notfalls Hilfe leisten zu können. Als die zweite CH-53 gerade abgehoben hat, fallen Schüsse. Aus Fahrzeugen feuern Unbekannte auf die Soldaten. Die Angegriffenen schießen zurück, erst in die Luft, dann auf die Kleinlastwagen, die fliehen. Erstmals stehen seit dem Zweiten Weltkrieg deutsche Soldaten am Boden in einem Feuergefecht. Nach einer Stunde und elf Minuten hebt der letzte Helikopter wieder in Tirana ab. Operation Libelle ist ein Erfolg. Kein deutscher Soldat kommt zu Schaden und die Zivilisten werden gerettet.

Als Einsatzarmee erleidet die Bundeswehr immer mehr Verluste. »Heute nun ist das passiert, was ich schon seit langem befürchte: Zwei Soldaten wurden bei einem Unfall getötet«, notiert Hans-Otto Budde, Kommandeur der Multinational Brigade der SFOR am späten Abend des 23. Mai 1997 in seinem Tagebuch. In Bosnien-Herzegowina kommandiert er die deutsch-französische Brigade. Mehrere seiner Männer werden bei einem Unfall im Feldlager Rajlovac verletzt, für zwei von ihnen kommt jede Hilfe zu spät. Er erinnert sich: »Als während der Trauerfeier am 28. Mai das Lied vom Kameraden gespielt wird und wir dabei auf die Bilder der beiden Soldaten blicken, die anstelle der Särge mit Blumen geschmückt vor uns aufgerichtet sind, sehen wir im Hintergrund, wie eine Patrouille das Feldlager verlässt, … der Einsatz geht weiter.«

Die NATO weitet währenddessen ihren Einfluss nach Osten aus. Auf dem Gipfel in Madrid 1997 bietet die Allianz Polen, Tschechien und Ungarn Beitrittsverhandlungen an. Die Slowakei und weitere osteuropäische Staaten gelten als Kandidaten für die nächste Runde. Im Juli 1997 beschließen das Bündnis und die Regierung in Kiew die NATO-Ukraine-Charta. Nun unterstützt der Westen Russlands Nachbarland bei Reformen der Streitkräfte und der Modernisierung der Truppe. Die Ukraine beteiligt sich im Gegenzug an internationalen Militäreinsätzen der »Nordatlantikpakt-Organisation«.

Im Februar 1998 schauen die Verantwortlichen der NATO erneut besorgt auf den Balkan. Die Kosovo-Albaner begehren auf gegen die Serben, die auf Unterdrückung und Einschüchterung setzen. Die Guerilla-Organisation »Ushtria Çlirimtare e Kosovës« (UCK), die sich sechs Jahre zuvor gebildet hat, begeht immer wieder Anschläge. Sie versucht, die

Autonomie herbeizubomben. Für die Serben stellt die UCK eine Terrorgruppe dar, gegen die ihre Sicherheitskräfte mit Brutalität vorgehen. Viele Albaner sehen in den Kämpfern hingegen ihre Befreier. Im Westen gilt die UCK als schwieriger Partner. »Sie finanzierte sich mutmaßlich durch illegale Methoden und bezog Geld aus dem Drogenhandel«, stellt der Balkan-Experte Hans-Peter Kriemann in einer Publikation des Zentrums für Militärgeschichte und Sozialwissenschaften der Bundeswehr fest. »Die Grenzen zwischen Widerstandsorganisation und organisierter Kriminalität waren fließend.«

Milošević schickt schließlich sein Militär, um die Revolten gewaltsam niederzuschlagen. Bilder von zerstörten Dörfern, von langen Flüchtlingstrecks empören weltweit Politik und Öffentlichkeit. Rasch breiten sich die Kämpfe aus. UN und NATO fürchten ein Übergreifen des Konfliktes auf Nachbarländer wie Albanien, Mazedonien und Montenegro. Im September erlässt der Weltsicherheitsrat die Resolution 1199. Damit fordert er die sofortige Einstellung aller Kämpfe. Unter dem Druck eines Eingreifens der NATO lenkt Milošević zunächst ein. Serbische Truppen ziehen sich langsam zurück.

Partner aus der NATO bedrängen die Bundesrepublik, sich an geplanten bewaffneten Einsätzen zu beteiligen. Aber zunächst lähmt die Bundestagswahl vom 27. September 1998 die Verantwortlichen in Deutschland. Kanzler Helmut Kohl verliert sein Amt. Gerhard Schröder (SPD) wird sein Nachfolger. Am 9. Oktober reist der Sozialdemokrat, der noch nicht offiziell ernannt wurde, nach Washington. Ihn begleitet der designierte Außenminister Joschka Fischer von den Grünen. US-Präsident Bill Clinton macht ihnen ebenso wie später der NATO-Generalsekretär Javier Solana deutlich, dass für eine glaubwürdige Drohkulisse gegen die Serben auch ein deutscher Militärbeitrag gebraucht werde. Schröder und Fischer bearbeiten nach der Rückkehr aus Washington ihre Parteien, damit diese einem Engagement im Kosovo zustimmen. Der Bundestag stimmt am 16. Oktober 1998 dem Einsatz deutscher Kampfflugzeuge als Teil von NATO-Verbänden über dem Kosovo zu. Ein politischer Auftrag ohne UN-Mandat. »Allied Force« wird die neue Mission der Allianz heißen, die nicht unmittelbar beginnt, sondern zur Drohkulisse des Bündnisses gehört.

Ein Panzeraufklärungsbataillon, das in diesem schneereichen Winter auf dem Truppenübungsplatz Grafenwöhr trainiert, wird zwischen Weihnachten und Neujahr nach Mazedonien verlegt, um notfalls OSZE-Beobachter aus dem Kosovo evakuieren zu können. Die Experten der Organisation für Sicherheit und Zusammenarbeit machen im Kosovo schreckliche Entdeckungen. Sie registrieren 70 Leichenfunde, meist von erschossenen oder erschlagenen Menschen. Ein Großteil der Opfer ist kosovo-albanischer Herkunft. Weitere Hinweise auf Kriegsverbrechen der Serben geben Flüchtlinge, die es aus dem Konfliktgebiet herausgeschafft haben. Sie berichten von Plünderungen, Folter, Vergewaltigungen und Morden.

Als ein serbischer Polizist am 10. Januar 1999 in der Nähe des kosovarischen Dorfes Recak erschossen wird, gehen Sicherheitskräfte der Bundesrepublik Serbien gegen den Ort vor. Die Kosovo-Albaner verteidigen sich, es kommt fünf Tage später zu heftigen Kämpfen, in deren Verlauf viele Menschen verletzt und auch getötet werden. Internationale Beobachter finden kurz darauf zwölf Leichen und mehrere Verwundete in dem Dorf, und in einem Graben in der Nähe weitere 23 Tote, von denen einige verstümmelt sind.

In Rambouillet, in einem Schloss in der Nähe von Paris, beginnen am 6. Februar 1999 Verhandlungen, die dem Kosovo die Autonomie bringen. Die NATO sichert das Abkommen militärisch ab. Am 25. Februar stimmt der Bundestag dem Einsatz von bis zu 6000 Männern und Frauen der Bundeswehr zu. Doch dann unterschreibt die Regierung in Belgrad das nächste Abkommen in Paris nicht und am 22. März 1999 scheitern die Diplomaten endgültig bei weiteren Gesprächen in der französischen Hauptstadt.

Was soll die NATO nun tun? Der Vorsitzende des Militärausschusses, der deutsche General Klaus Naumann, sagt auf der Ratssitzung des Bündnisses am 23. März, die Allianz habe keine Wahl, sie müsse tun, was sie angedroht habe. Und so sehen es viele im Hauptquartier in Brüssel. Der Generalsekretär gibt also den Einsatzbefehl für die seit langem vorbereitete Operation Allied Force. Am Abend des 24. März beginnen die Luftangriffe gegen Ziele in ganz Jugoslawien. Die Bundeswehr beteiligt sich an den Luftschlägen, obwohl für die Angriffe kein Mandat der Vereinten Nationen vorliegt. Erstmals seit 1945 attackieren deutsche Flugzeuge wieder Ziele am Boden. Wolfgang Ischinger, Staatssekretär im Auswärtigen Amt, bezeichnet die Intervention aus völkerrechtlicher Sicht als bedenklich, andere sagen auch, sie habe das Völkerrecht gebrochen.

Mehr als 400 Attacken fliegen die NATO-Maschinen, treffen 50 Ziele, zunächst Radaranlagen und Flugabwehr. In den Tagen darauf bombardieren sie auch Kasernen, Infanterieansammlungen, andere Verbände, Brücken, Eisenbahnknotenpunkte. Das Ganze werde in wenigen Tagen vorbei sein, sagt die Außenministerin der Vereinigten Staaten Madeleine Albright kurz nach Kriegsbeginn. Und der NATO-Oberbefehlshaber in Europa, Wesley Clark, sieht eine gute Chance, den Job in 72 Stunden zu erledigen. Auch die Bundesregierung zeigt sich optimistisch: Milošević werde schnell einlenken.

Die Bundeswehr nimmt an dem Krieg mit Tornados und Breguet Atlantic teil. Der Luftraum über dem Einsatzgebiet sei »voller Stahl« gewesen, erinnert sich ein Offizier. »Über uns AWACS-Aufklärer, Tankflugzeuge und Drohnen, unter uns kurbelten die Tornados. Wir waren dabei der permanenten Bedrohung durch Luftabwehrraketen und die MiG-29-Jagdflieger der Serben ausgesetzt. Unter dem Strich gab es aber kaum Gegenwehr, ich selbst war nie in einer kritischen Situation.«

26 Mitglieder hat die NATO zu diesem Zeitpunkt. Die Hälfte von ihnen beteiligt sich an den Luftschlägen. Mehr als 800 Kampfflugzeuge greifen Ziele an. Sie fliegen gut 38 000 Einsätze. Allerdings haben sich auch die Serben auf den Krieg vorbereitet. Sie bleiben weitgehend in Deckung, tarnen ihre wichtigsten Stützpunkte und Einheiten, nutzen Attrappen von Panzern, um die NATO zu Angriffen auf vorgetäuschte Ziele zu verleiten. Ihre Luftabwehr bleibt lange in Takt. Damit schießen die Serben zwei US-Flugzeuge ab, die Piloten können jeweils das Cockpit per Schleudersitz und Fallschirm verlassen. Sie werden von NATO-Soldaten gerettet.

Die Mitglieder des Bündnisses fürchten, dass sie Soldaten im Kosovo-Krieg verlieren könnten. Männer, die in Zinksärgen nach Hause kommen, das würde die Moral an der »Heimatfront« senken und die gesamte Operation in Frage stellen. Der deutsche Verteidigungsminister Rudolf Scharping sagt auf einer Pressekonferenz am Tag der ersten Luftschläge, dass vier deutsche Tornados daran teilgenommen hätten und alle heil zurückgekehrt seien. »Ich bin darüber sehr erleichtert.« Scharping rechtfertigt am 28. März 1999 den bewaffneten Einsatz mit serbischen Kriegsverbrechen. Er sagt, es gäbe ernstzunehmende Hinweise auf ein Konzentrationslager, das im Stadion von Pristina eingerichtet worden sei. Darin könnten mehrere tausend Kosovaren eingesperrt sein.

Das deutsche Kabinett hat die ECR-Tornados, die es zum Angriff schickt, sorgfältig ausgewählt. Denn deren »HARM-Raketen« zerstören zielgerichtet Radaranlagen, zumindest wurden sie dafür entwickelt. Sie erfassen das vom Boden kommende Radarsignal und verfolgen es weitgehend autonom ins Ziel. Unbeteiligte sollten bei diesen Angriffen nicht getötet oder verletzt werden. Allerdings ist die Rakete weniger zuverlässig als von den Militärs erhofft. Medien berichten, dass jeder vierte abgeschossene Flugkörper das Ziel verfehlt. In Deutschland wird »Kollateralschaden« zum Unwort des Jahres 1999 gewählt.

In der Bundesrepublik sind die Luftschläge umstritten. Dass von deutschem Boden kein Krieg mehr ausgehen dürfe, ist seit Jahrzehnten ein Leitspruch, der in fast allen politischen Lagern geteilt wird. Auch bei der Bundeswehr lautete die Parole im Kalten Krieg: »kämpfen können, um nicht kämpfen zu müssen«. Wozu die Truppe nach dem Ende des Ost-West-Konflikts eigentlich gebraucht werde, fragen nicht nur Linke. Während immer mehr Auslandseinsätze dazukommen, befindet sich die Bundeswehr auf Sinnsuche. »Das auch öffentlich artikulierte Credo hieß, die Bundeswehr müsse aufgelöst werden, weil ihr der Feind abhandengekommen sei«, stellt Brigadegeneral Peter Goebel fest, der unter anderem als Verteidigungsattaché in Washington dient, »andere sprachen sogar von der Notwendigkeit der schnellen ›Abwicklung‹ der Bundeswehr«.

Die Landesverteidigung verliert immer weiter an Bedeutung und der Verteidigungsetat, der bis 1986 immer mehr als drei Prozent des Bruttoinlandsprodukts ausgemacht hat, wird von der Politik zusammengeschrumpft. 1993 sind es 1,9 Prozent des BIP und 1998 dann nur noch 1,5 Prozent. Und in den folgenden Jahren sinken die Ausgaben weiter. In der Welt will die deutsche Regierung dennoch immer mehr Verantwortung übernehmen. Und das gilt auch für den Balkanraum.

Am 8. April 1999 informiert Scharping die Öffentlichkeit über den »Operationsplan Hufeisen« der Serben. Er soll der jugoslawischen Armee vorgegeben haben, gegen die albanische Zivilbevölkerung des Kosovo hart vorzugehen, dort die Menschen einzuschließen und sie in die Nachbarländer zu vertreiben. »Die Darstellung, die er während des Presseauftritts in der Hand hielt, erweckte den Eindruck, er verfüge über ebendiesen Plan«, schreibt der Militärhistoriker und Oberstleutnant Hans-Peter Kriemann in seinem Buch über den Kosovokrieg. Die von ihm präsentierte Grafik sei »allerdings im BMVg erstellt worden; Scharping besaß tatsächlich keine Kopie des Operationsplans«. Nach seinem Auftritt gerät der Verteidigungsminister heftig in die Kritik. Ihm wird vorgeworfen, die Öffentlichkeit falsch informiert zu haben. Als der SACEUR der NATO, der Alliierte Oberkommandierende in Europa, nach den Angaben Scharpings im britischen Fernsehen gefragt wird, sagt General Wesley Clark, er kenne keinen solchen Plan. Deutsche Soldaten reagieren darauf verunsichert. Welche Informationen stimmen nun, die ihres Dienstherren oder die des NATO-Generals?

Scharping kämpft weiter um die öffentliche Akzeptanz für die Luftschläge. Dabei hilft ihm sein Kabinettskollege Joschka Fischer. Am 13. Mai 1999 kommen Mitglieder von Bündnis 90 / Die Grünen zur Bundesdelegiertenkonferenz in Bielefeld zusammen. Fischer will sie überzeugen, dem Einsatz im Kosovo zuzustimmen. Als der Außenminister die Halle betritt, pfeifen ihn die eigenen Leute aus und brüllen ihm ihre Wut entgegen: »Mörder«, »Kriegshetzer«, »Verbrecher«.

Bevor er seine Rede beginnen kann, trifft ihn ein Farbbeutel am rechten Ohr. Mit schmerzerfülltem Gesichtsausdruck greift er sich an den Kopf. Rote Farbe läuft über die Wange und über sein blaues Jackett. Polizisten müssen ihn beschützen, enttäuschte Anhänger der früheren Friedenspartei, die von Pazifisten mitbegründet worden ist, und radikale Kriegsgegner werden von Beamten daran gehindert, die Versammlung zu stürmen. Transparente mit Parolen gegen den Kosovo-Krieg hängen in der Halle. Einschüchtern lässt sich Fischer nicht und beginnt wohl die wichtigste Rede seiner politischen Karriere. »Jetzt ist Krieg, ja. Und ich hätte mir nie träumen lassen, dass Rot-Grün mit im Krieg ist«, sagt er. »Nie wieder Krieg. Nie wieder Auschwitz!« Die Delegierten folgen ihm mehrheitlich. Die rot-grüne Koalition ist gerettet, denn die SPD wertet die Solidarität zum Bündnis höher als ihre Solidarität zum Koalitionspartner.

Die Bundeswehr bemüht sich, bei den Luftschlägen gegen den Kosovo nicht zu viel Verantwortung zu übernehmen. So ist es politisch gewollt. Lediglich drei Prozent aller Kampfeinsätze fliegen deutsche Piloten. Den größten Teil erledigen die Amerikaner, die 61 Prozent aller Luftschläge ausführen. Noch während die Einsätze auf dem Balkan laufen, stehen große Reformen für die Bundeswehr an. Im Mai 1999 beginnt die Weizsäcker-Kommission ihre Arbeit. Ihre bedeutendste Empfehlung: Wehrpflicht abschaffen, eine Berufsarmee aufstellen. Denn Wehrpflichtige können nicht einfach so in Auslandseinsätzen verwendet werden. Sie müssen vorher zustimmen. Das macht die Planung dieser Missionen kompliziert und die Bundeswehr scheint nun einmal künftig vor allem als Mittel der Außenpolitik dienen zu sollen.

Nach wochenlangen Luftangriffen gibt die jugoslawische Führung am 3. Juni 1999 auf. Sechs Tage später unterzeichnet sie ein Abkommen, in dem sie den Abzug ihrer Soldaten aus dem Kosovo zusagt und den Einmarsch von NATO-Truppen akzeptiert. Die »Kosovo Force« (KFOR) steht kurz darauf bereit, um in das Konfliktgebiet einzurücken. Der Bundestag stimmt am 11. Juni einer deutschen Teilnahme an der Mission zu. Am Tag darauf, einem Samstag, um 5:30 Uhr, dringen Einheiten der britischen, französischen und deutschen Kontingente als Vorhut in den Kosovo ein. Dabei setzt die Bundeswehr Kampfpanzer vom Typ Leopard ein, Schützenpanzer Marder, aber auch leichtere Verbände. Die 4. Kompanie des verstärkten Jägerbataillons der deutschen KFOR-Truppe überschreitet bei Kukes die albanisch-kosovarische Grenze. »Völlig zerstörte und verlassene Dörfer säumten den Wegesrand auf dem Marsch nach Prizren«, erinnert sich Kai Lehmann. Er ist als Offizier dabei. »Es war ein unglaublich beklemmendes Gefühl durch Orte zu fahren, in denen einstmals hunderte Menschen gelebt hatten. Eine gespenstische Ruhe und Stille lag über diesem unwirtlichen Szenarium.«

Die jugoslawische Armee ist noch präsent, ihre Soldaten beobachten den Vormarsch der Deutschen, bleiben aber ruhig. Die Männer und Frauen der Bundeswehr richten erst ein Hauptquartier im alten Busbahnhof in Prizren ein, dann am Flughafen und schließlich in einer verlassenen Teefabrik. Das Werksgelände lernt Robert Sedlatzek-Müller sehr genau kennen. Er und seine Kameraden vom Fallschirmjägerbataillon 313 bewachen das Terrain. Der Mannschaftsdienstgrad kam 1977 in Rostock zu Welt, nach seinem Wehrdienst Ende der Neunzigerjahre entschied er sich, bei der Truppe zu bleiben. Obwohl überall Minen liegen, müssen die deutschen Soldaten zahlreiche Zelte errichten. Sedlatzek-Müller fürchtet, auf eine dieser Sprengkörper zu treten. Zwei Pioniere aus dem deutschen Kontingent lösen Anti-Personen-Minen aus, werden schwer verwundet, ihnen müssen Unterschenkel amputiert werden, so berichtet es der damals 21-jährige gelernte Koch in seinem Buch »Soldatenglück«. Die Bundeswehr hat gepanzerte Fahrzeuge, darunter den »Wiesel«, im Kosovo im Einsatz. Sie tritt martialisch auf. Die Soldaten dürfen im Notfall auf Gegner schießen, wenn sie selbst bedroht sind oder Zivilisten retten wollen. Das geben die Einsatzregeln vor, die jeder Bundeswehrangehörige, auf eine Taschenkarte gedruckt, ausgehändigt bekommen hat.

In der Einsatzvorbereitung auf dem Truppenübungsplatz Hammelburg hat Sedlatzek-Müller einige Informationen über Jugoslawien erhalten, »Landeskunde« nennt das die Bundeswehr. So lernt er auf Serbokroatisch »Stani ili pucam« zu rufen, »Stopp, oder ich schieße« und auf Albanisch: »Ndal ose une do te Quelloy.« Dieses Wissen benötigen die deutschen Soldaten bald. Sie sollen alle Kriegsparteien entwaffnen, nicht nur die jugoslawische Armee. Bei einigen albanischen Gruppen aus dem Umfeld der UCK machen sie sich damit unbeliebt.

Sedlatzek-Müller nimmt an Razzien teil, um Kriegsparteien zu entwaffnen. Die Deutschen gehen dabei meist ähnlich vor. Ein Teil der eingesetzten Soldaten riegelt ein Wohnviertel ab, ihre Kameraden durchstöbern die Häuser. Manchmal finden sie gewaltige Waffenlager: Panzerfäuste, Minen, tragbare Mörser und Granaten. Allein auf einem Anwesen stoßen die Deutschen auf genügend Material für eine ganze Kompanie. Ein Arsenal, das auch für Angriffe auf die Bundeswehr benutzt werden könnte. Abends am 13. Juni 1999, einem Sonntag, kommt es zu einer Attacke. In einem gelben Lada fahren zwei bewaffnete Milizionäre auf einen deutschen Checkpoint in Prizren zu. Einer der Männer feuert auf die deutschen Soldaten, die den Beschuss erwidern und einen der Angreifer sofort tödlich verwunden. Der Beifahrer wird schwer verletzt und stirbt im Krankenhaus. Einen deutschen Soldaten trifft während des Schusswechsels ein Projektil am Arm.

Am Anfang des Jahres 2000 sind 8000 deutsche Soldaten auf dem Balkan im Einsatz, 6000 davon im Kosovo. Die Bundeswehr stellt das zweitgrößte Kontingent der Mission. Die Außenpolitik wird erwachsen, sagen damals manche in Deutschland, andere kritisieren, dass die Bundesrepublik zunehmend selbstbewusst und auch fordernd auftritt. »Zu Recht kann man heute von einer gleichberechtigten Partnerschaft Deutschlands bei internationalen Friedensmissionen sprechen«, stellt Peter Goebel, Brigadegeneral der Bundeswehr fest. »Bis dahin war es politisch, psychologisch und militärisch ein weiter Weg.«

Allerdings macht es die Politik der Bundeswehr nicht leicht, international entschlossen aufzutreten. Wenige Monate nach dem Beginn der Luftangriffe der NATO und dem Beginn der KFOR-Mission beschließen die rot-grüne Bundesregierung und das Parlament dramatische Mittelkürzungen für die Streitkräfte. Der Wehretat wird zusammengestrichen, binnen fünf Jahren sollen 18 Milliarden Mark eingespart werden. Dennoch hält Scharping an einer Größe von 295 000 Soldaten fest. Da so am Personal nicht gespart werden kann, trifft es stattdessen benötigte Modernisierungsprogramme. Denn die Einsätze auf dem Balkan kosten erhebliche Summen, Geld, dass die Bundeswehr durch weiteres Kürzen und Aufschieben bei der Beschaffung organisiert.

2008 erklärt der Kosovo sich für unabhängig von Serbien. Die KFOR bleibt in dem neuen Staat bis heute präsent – ebenso die deutschen Streitkräfte. Der Einsatz im Kosovo ist der längste der Bundeswehr überhaupt. Mehr als 130 000 deutsche Soldaten haben seit 1999 Dienst in der Region geleistet, als der Bundestag die Mission im Sommer 2022 abermals verlängert. Die Personalobergrenze liegt bei 400 Soldaten. Im selben Jahr verschlechtern sich die Beziehungen zwischen dem Kosovo und Serbien. Es zeigt sich wieder einmal, dass der Konflikt zwischen beiden Ländern auch nach vielen Jahren nicht vorbei ist. Im März 2023 bringt die EU beide Staaten zu Gesprächen zusammen. Serbien soll endlich anerkennen, dass der Kosovo eigenständig ist. Und der Kosovo soll die Rechte der serbischen Minderheit stärken. Die KFOR, und damit auch Soldaten der Bundeswehr, müssen weiterhin im Kosovo präsent sein.

Und nicht nur dort. Im Juni 2022 beschließt die Bundesregierung, abermals Männer und Frauen der Armee nach Bosnien-Herzegowina zu schicken. Im Monat darauf stimmt der Bundestag einem neuen Mandat zu. Zehn Jahre nach dem Ende des deutschen Engagements in dem Land, kehren 50 Bundeswehrangehörige zur Mission »EUFOR ALTHEA« der Europäischen Union zurück. Sie sollen Kontakt zur Bevölkerung aufnehmen, Lagebilder erstellen und die Ausbildung der bosnischen Streitkräfte unterstützen. Die Wiederaufnahme des Bosnien-Einsatzes zeigt, wie schwer es ist, mit Soldaten dauerhaft Frieden schaffen zu wollen.

KAPITEL 18

Am Hindukusch – Der Einsatz in Afghanistan entwickelt sich zum Krieg

Die Boeing fliegt noch einen Bogen, dann steuert der Pilot direkt auf den Wolkenkratzer vor sich zu. Um 8:46 Uhr schlägt am 11. September 2001 eine Passagiermaschine in den Nordturm des World Trade Center ein. Aus einem gewaltigen Loch quillt dunkler Rauch und steigt in den Himmel über Manhattan. 17 Minuten später rast ein weiteres Flugzeug auf das Handelszentrum zu, trifft den noch intakten Südturm. Die Twin Towers brennen und stürzen später ein. Kaum eine halbe Stunde später, um 9:37 Uhr, kracht ein dritter Jet in das Pentagon in Arlington, das berühmte fünfeckige Gebäude des Verteidigungsministeriums bei Washington. Das Wahrzeichen amerikanischer Militärmacht entstellt nun eine rußgeschwärzte Kerbe in der Fassade. Im fünfeckigen Gebäude bricht ein Großbrand aus. Eine vierte Maschine zerschellt auf einem Feld im Bundesstaat Pennsylvania. Fluggäste an Bord haben die Abstürze der anderen Flugzeuge mitbekommen, sie wissen, dass Terroristen verschiedene Ziele angegriffen haben. Sie stürmen das Cockpit, um das zu verhindern. Vermutlich wollten die Entführer die Boeing ins Weiße Haus oder ins Kapitol steuern.

Die Anschläge am 11. September verändern die Welt. Terroristen nutzen entführte Passagierflugzeuge als Waffen, um zentrale Symbole Amerikas zu zerstören: die Schaltzentrale der Landesverteidigung und das Zentrum des internationalen Finanzmarktes. Das erste Mal seit dem japanischen Luftangriff auf Pearl Harbor im Dezember 1941 werden die Vereinigten Staaten zu Hause attackiert. Fast 3000 Menschen kommen dabei ums Leben. 19 Männer zeigen der Supermacht, wie verwundbar sie ist.

Nach dem Angriff ziehen die USA in den Krieg gegen den Terror. Dabei erhalten die Vereinigten Staaten die Unterstützung der NATO. Die Allianz ruft erstmals in ihrer Geschichte den Bündnisfall nach Artikel 5 aus. Auch Deutschland beteiligt sich mit der Bundeswehr an verschiedenen Missionen, die auf 9/11 folgen. Am 7. Oktober 2001 beginnt die »Operation Enduring Freedom« (OEF) mit dem Ziel, Anführer, Ausbildungscamps und aktive Zellen von Terroristen auszuschalten.

Als Urheberin der Anschläge vermuten US-Terrorexperten rasch al-Qaida. Osama bin Laden, ein Milliardärssohn aus Saudi-Arabien, hat Ende der Achtzigerjahre begonnen, dieses Netzwerk zu knüpfen. Verschiedene islamistische Gruppen und einzelne Radikale hat er miteinander verbunden, er steht im Zentrum, organisiert, finanziert und dient als Integrationsfigur. Bin Laden kommt 1957 zur Welt. Sein Vater, der aus dem Jemen stammt, ist einer der größten Bauunternehmer Saudi-Arabiens, mit engem Kontakt zur Herrscherfamilie Ibn Saud. Als Mohammed bin Laden stirbt, erbt der Sohn Osama 80 Millionen Dollar und streicht regelmäßig Einkünfte aus der Konzerngruppe ein. Er studiert in Dschidda, verlässt die Universität frühzeitig, erhält später wohl ein Diplom als Tiefbauingenieur. Er tritt aber nicht in den Familienbetrieb ein, sondern zieht 1980 nach Pakistan und Afghanistan, um die Mudschahedin im Kampf gegen die Sowjets zu unterstützen.

1998 hat er den Vereinigten Staaten den Krieg erklärt. Wenige Monate später verüben seine Anhänger Anschläge auf die US-Botschaften in Nairobi und Daressalam; zwei Jahre darauf greifen Selbstmordattentäter das Kriegsschiff »USS Cole« im Hafen von Aden an, 17 Seeleute sterben dabei. Danach landet der Anführer von al-Qaida auf der FBI-Liste der meistgesuchten Männer, US-Geheimdienste nehmen ihn ins Visier. Aber was Bin Laden und seine Mitstreiter für diesen Dienstag im September 2001 geplant haben, übersteigt die Vorstellungskraft der Sicherheitsbehörden.

Vor den Anschlägen war das Terrornetzwerk nur Experten bekannt, nach dem 11. September kennt es die ganze Welt. Osama bin Laden, der Kopf der Anschläge, versteckt sich in Afghanistan. Die dort herrschenden Taliban haben ihn als Gast aufgenommen. In dem unzugänglichen Land betreibt al-Qaida einige Ausbildungslager. Es dient dem Terrornetzwerk als sicherer Hafen.

Dort folgen die Taliban einer ähnlichen Ideologie. Sie bilden eine fundamentalistisch-islamistische Gruppierung, die 1994 in den afghanischen Bürgerkrieg eingegriffen hat. Viele ihrer Kämpfer kommen aus Koranschulen. Die Taliban werden vom pakistanischen Geheimdienst »Inter-Services Intelligence« (ISI) finanziert, ausgerüstet, ausgebildet und beraten. Geld erhalten sie außerdem aus den Golfstaaten. Ihre Anhänger sind fast ausschließlich Paschtunen, eine Volksgruppe, die im Süden Afghanistans die Mehrheit stellt.

Im Norden des Landes werden sie von einem losen Bündnis einiger Kriegsherren der Usbeken, Hazara und Tadschiken bekämpft. Diese »Nordallianz« kann die Taliban nicht auf ihrem Marsch auf Kabul aufhalten. 1996 nehmen sie die Stadt ein. Aber die Gegner der neuen Machthaber verhindern, dass die »Gotteskrieger« das gesamte Land überrennen.

Die Taliban unter ihrem Anführer Mullah Omar wollen bin Laden nicht an die Vereinigten Staaten ausliefern. Die Regierung in Washington beschließt daher, das Land am Hindukusch anzugreifen. Das soll mit möglichst wenig Bodentruppen geschehen. Die US-Streitkräfte setzen vor allem auf den Beschuss mit Marschflugkörpern und Angriffe mit Kampfflugzeugen sowie auf ihre Verbündeten der Nordallianz. Special Forces unterstützen die afghanischen Verbündeten im Kampf gegen Taliban und al-Qaida. Sie markieren zudem Ziele für die Luftschläge. Die Taliban fliehen nach Pakistan oder tauchen im Süden unter. Schon bald rücken die Kämpfer der Nordallianz mit ihren amerikanischen Helfern in Kabul ein.

Im Dezember 2001 erlässt der Weltsicherheitsrat eine Resolution, die das Aufstellen einer internationalen Friedenstruppe für das Land vorsieht. Die »International Security Assistance Force in Afghanistan« (ISAF) nimmt die Arbeit auf. Auch deutsche Soldaten sind Teil davon. Sie sichern seit Januar 2002 gemeinsam mit afghanischen Kräften, Kameraden aus Europa und den USA die Hauptstadt.

Parallel zur ISAF läuft die Operation Enduring Freedom. In ihrem Namen führen die USA und ihre Verbündeten in vier Regionen den Kampf gegen den Terror: in Afghanistan, am Horn vor Afrika, auf den Philippinen und in Afrika südlich der Sahara. Deutschland beteiligt sich mit mehreren Kontingenten an der OEF.

In Termez in Usbekistan baut die Bundeswehr ein Drehkreuz auf, von dort fliegen Transall nach Kabul. Die Luftwaffe übernimmt ständig mit vier bis acht Flugzeugen den Transport im Einsatzgebiet. Sie bringen nicht nur Soldaten und Material zu den Einsatzkontingenten, sie übernehmen auch das Ausfliegen von Verwundeten.

Das Hauptkommando des Fallschirmjägerbataillons, zu dem Robert Sedlatzek-Müller gehört, zählt zu den ersten deutschen Verbänden, die in Kabul landen. Der Soldat hat im Vorjahr die Einzelkämpferausbildung abgeschlossen. Nun bildet er mit seinem Diensthund Idor, der sowohl Sprengstoff erschnüffeln wie Gegner ausschalten kann, ein Team. Am 7. Februar 2002 fliegt Sedlatzek-Müller mit Kameraden und Hunden an Bord einer Antonov-Frachtmaschine von Köln nach Kabul. Das riesige Flugzeug, eines der größten der Welt, wurde von der Bundeswehr angemietet. Sie selbst verfügt nicht über solche Transportkapazitäten. Sedlatzek-Müller und einige Kameraden fahren nach der Landung in Kabul ins »Camp Warehouse«, einem großen Militärlager, das zehn Kilometer östlich von der afghanischen Hauptstadt entfernt liegt. Dort werden die Diensthundeführer für Sicherungssaufgaben eingesetzt. Die Hunde müssen sich erst einmal an das Klima und den Staub gewöhnen.

In Potsdam stellt die Bundeswehr 2001 ihr Einsatzführungskommando auf. Von dort aus werden künftig alle Missionen koordiniert. Die Teilstreitkräfte wie das Heer stellen Verbände auf, bilden Soldaten aus, versorgen sie mit Material. Was die Männer und Frauen im Ausland machen, entscheidet nun aber Potsdam. Wehrdienstleistende können nur zu Auslandseinsätzen mitgenommen werden, wenn sie vorher zustimmen. Ihre Dienstzeit ist aber ohnehin zu kurz, um Grundausbildung, Missionsvorbereitung und die vier oder sechs Monate im Kontingent ohne eine Verlängerung abzudecken. Sie verlieren für die Truppe weiter an Bedeutung. Der Politik macht zudem die Wehrgerechtigkeit Sorgen. Nie werden alle potenziellen Rekruten eines Jahrgangs eingezogen. Die Bundesregierung reagiert mit einer Verkürzung der Dienstzeit. Ab 2002 wird der Grundwehrdienst auf neun Monate reduziert.

Aus Afghanistan kommen kaum schlechte Nachrichten nach Deutschland. Vieles, was dort passiert, wird nicht öffentlich. Im März rast eine Rakete über das Camp Warehouse in Kabul hinweg. Gegner der alliierten Truppen haben fünf alte Boden-Luft-Raketen in Reihe geschaltet und von einem Berg aus abfeuern wollen, aber nur eine fliegt los, schlägt hinter dem Feldlager in die Wüste ein und explodiert. Zu Schaden kommt niemand. Offensichtlich aber wird der Einsatz immer gefährlicher für die deutschen Soldaten.

Am 6. März 2002 fährt Robert Sedlatzek-Müller gemeinsam mit Kameraden zu einem Munitionsdepot. Sie suchen einen Ort, an dem sie ihre Hunde mit großen Mengen Sprengstoff konfrontieren können. Die Tiere sind bisher nur an kleine Portionen gewöhnt. An einer Grube entschärfen Sprengmeister aus Deutschland und Dänemark gerade alte Munition. Sie kratzen porösen Sprengstoff aus Gefechtsköpfen, hantieren mit Hammer und Schraubenzieher, schlagen auf eine sowjetische Rakete ein. Es kommt zu einer Explosion, die Sedlatzek-Müller und die anderen deutschen Fallschirmjäger teilweise schwer verletzt überleben. Vier Männer, die Entschärfer sterben an diesem Tag, unter ihnen sind zwei Angehörige der Bundeswehr, die ersten beiden toten deutschen Soldaten in Afghanistan. Sedlatzek-Müller und andere Verwundete fliegt ein MedEvac-Airbus, ein Spezialflugzeug zum Transport Kranker und Verletzter, nach Köln-Wahn.

»Dort dauert es ein wenig, bis wir aussteigen können, da Verteidigungsminister Scharping uns vor der Presse in Empfang nehmen möchte«, erinnert sich Sedlatzek-Müller. »An der Gangway schüttelt er mir die Hand und verspricht, dass mir ›schnell und unbürokratisch geholfen werden wird‹. Nachdem er das Gleiche meinem Buddy in die Hand verspricht und einen kurzen Blick auf die im Koma liegenden Männer wirft, steigt er schnell wieder in seinen Dienstwagen und fährt davon.« Robert Sedlatzek-Müller wird im Bundeswehrkrankenhaus wieder zusammengeflickt, erhält künstliche Trommelfelle. Was er zu diesem Zeitpunkt nicht weiß, die Explosion hat nicht nur seinen Körper verwundet. Der Fallschirmjäger leidet unter einer Posttraumatischen Belastungsstörung (PTBS), einem Trauma, das sein ganzes Leben radikal verändern wird.

In Afghanistan gedeihen Drogenhandel, Korruption und Straflosigkeit. Wie machtlos der neue Präsident Hamid Karzai ist, zeigt sich, als er auf internationalen Druck im Sommer 2002 die Opiumproduktion verbietet. Die Zahl der Felder, auf denen der Schlafmohn wächst, nimmt deswegen kein bisschen ab, im Gegenteil, es kommen Anbauflächen dazu. Aus den Kapseln dieser Blume, die einen milchigen Saft abgeben, wird Opium gewonnen, der Grundstoff für Heroin, Afghanistans größte Geißel. Mit den Einnahmen aus dem Drogenhandel schmieren Kriminelle nicht nur Polizisten, sondern sichern sich die Gunst von Politikern, die mit dem Geld wiederum Stimmen kaufen. Afghanistan zählt zu den korruptesten Ländern der Welt.

Verteidigungsminister Peter Struck erklärt den Bürgern im Dezember 2002 erneut, dass die Sicherheit ihres Landes auch am Hindukusch verteidigt werde. »Deutschland ist sicherer, wenn wir zusammen mit Verbündeten und Partnern den internationalen Terrorismus dort bekämpfen, wo er zu Hause ist, auch mit militärischen Mitteln«, sagt der Sozialdemokrat vor dem Bundestag. »Unsere Sicherheit wird größer, wenn sich die Bundeswehr mit Erfolg am Wiederaufbau unter demokratischen Vorzeichen auf dem Balkan und in Afghanistan beteiligt, indem sie hilft, dort das dringend benötigte sichere Umfeld zu schaffen.« Mit dieser einfachen Formel will er den Einsatzsoldaten eine nachvollziehbare Begründung für die Mission geben. Ob der Satz so stimmt, bleibt allerdings umstritten.

Fünf Tage vor dem Heiligen Abend erfährt die Bundeswehr, dass sie in dem Land am Hindukusch nicht so angesehen ist, wie sie es gern hätte. Vor dem Camp Warehouse, dem zentralen Feldlager in Kabul, haben Soldaten vor kurzer Zeit erst den Eingangsbereich umgestaltet. Die Wachen stehen nicht mehr unmittelbar am Tor, sondern hinter Betonbarrieren, die nun das Camp schützen sollen. Am 19. Dezember 2002 zeigt sich, wie sinnvoll der Umbau ist. Am Morgen kommt ein Mann auf das Eingangstor zu. Er hinkt, seine linke Hand umklammert einen Gegenstand, den die Soldaten nicht identifizieren können. Zwei Dolmetscher, die im Dienst der Bundeswehr stehen, gehen auf den Mann zu, um zu klären, was er will. Da zündet der Fremde eine Handgranate. Der Attentäter stirbt und reißt die beiden Übersetzer mit sich in den Tod. Der erste Selbstmordanschlag auf die Bundeswehr fordert einheimische Opfer, deutsche Soldaten werden nicht verletzt.

Der Kampf gegen den Terror am Hindukusch sieht zunächst nach einem Erfolg aus. 2003 steht al-Qaida kurz vor dem Zusammenbruch. In

Afghanistan hat die Organisation keine Basis mehr. Denn ihre früheren Gastgeber, die Taliban, sind militärisch besiegt. Doch dann verliert Afghanistan für die Regierung Bush stark an Bedeutung. Als wichtigeren Gegner betrachtet die Regierung in Washington nun den Irak. Im März 2003 greifen Alliierte der USA zahlreiche Ziele in Bagdad und anderen Landesteilen an. Die Vereinigten Staaten eröffnen eine zweite Front im Kampf gegen den Terror. Sie begründen die Attacke mit den angeblichen Beziehungen des Diktators Saddam Hussein zu al-Qaida und dem vermeintlichen Bau von Massenvernichtungswaffen. Beides kann nicht bewiesen werden. Mit der Operation »Iraqi Freedom« reißen sie ein zweites Land in das Chaos eines brutalen Bürgerkrieges.

Deutschland beteiligt sich offiziell nicht an der »Koalition der Willigen«, die an der Seite der USA in den Krieg ziehen. Die Bundesregierung verlegt allerdings ABC-Abwehreinheiten nach Kuwait. 200 Soldaten stehen dort zur Unterstützung der Verbündeten bereit und werden auch in den Konflikt hineingezogen, als sie aus dem Irak heraus mit Raketen beschossen werden.

Um die Partner in Washington zu besänftigen, übernimmt Deutschland weitere Aufgaben im globalen Kampf gegen den Terror. So führt Deutschland gemeinsam mit den Niederlanden als »Lead Nation« vorübergehend die ISAF an. Nach Afghanistan, wo nun weniger US-Verbände stehen, weil die Kampftruppen im Irak gebraucht werden, kehren allmählich Gruppen der Taliban zurück. Sie führen einen »Dschihad« gegen die Regierung in Kabul und deren ausländische Partner. Präsident Hamid Karzai herrscht vor allem über die Hauptstadt. Je weiter eine Provinz von ihr entfernt liegt, desto geringer ist dort sein Einfluss. Alte Warlords haben als Gouverneure oder Distriktchefs in der Peripherie die Macht übernommen – oder ihnen genehme Kandidaten eingesetzt. Wer keinen Posten erhält oder abgesetzt wird, bekämpft die Regierung und die mit ihr verbündeten ISAF-Kräfte. Auch untereinander tragen die lokalen Machthaber so manche blutige Fehde aus. So ringen der tadschikische Milizchef Atta Mohammed Noor und sein Gegner, der usbekische Kriegsherr Rashid Dostum, um die Region Mazar-i-Sharif im Norden.

Als die Kriege gegen den Terror in Afghanistan und dann im Irak beginnen, sprechen Kabinettsmitglieder des Präsidenten George W. Bush und führende US-Militärs von gezielten Nadelstichen, mit denen der Feind in die Knie gezwungen werden würde. »Chirurgische Schläge« mit modernen Waffensystemen sollten ausreichen, um den Sieg einzufahren. Doch die US-Streitkräfte müssen immer mehr Männer und Frauen in die besetzten Länder entsenden. Sie werden zunehmend in verlustreiche Bodenkämpfe verwickelt, stehen Guerillakämpfern gegenüber, die sie kaum von der Zivilbevölkerung unterscheiden können. Die militärische Überlegenheit der Amerikaner bringt in asymmetrischen Kriegen wenig ein. Die Aufständischen schlagen aus dem Hinterhalt zu, verwenden Sprengfallen, Panzerabwehrraketen und Scharfschützengewehre. Sie töten so viele amerikanische Soldaten, dass die Regierung in Washington den Kamerateams der zahllosen TV-Studios das Filmen der Zinksärge untersagt, die auf amerikanischen Militärflughäfen ausgeladen werden. Mit bewaffneten Kampfdrohnen vom Typ »Reaper« und »Predator« jagen der Geheimdienst CIA und das Militär in vielen Krisenstaaten verstärkt Terroristen, sie schlagen in Afghanistan, im Irak, Jemen, Somalia und anderen Ländern zu. Sie töten so Gegner, aber auch sehr viele Unbeteiligte.

Die »Verteidigungspolitischen Richtlinien« vom 21. Mai 2003 sehen den Frieden als Normalfall für Deutschland an. Aber dieser muss abgesichert werden. »Freiheit und Menschenrechte, Offenheit, Toleranz und Vielfalt« seien asymmetrischen Bedrohungen ausgesetzt. Sie müssten auch militärisch bekämpft werden. Nichtstaatliche Akteure werden zu Gegnern der westlichen Armeen, auch der Bundeswehr. Für die Streitkräfte, die im Kalten Krieg aufgestellt wurden, um ausschließlich eine Bedrohung aus dem Osten auszuschalten, stellt das eine große Umstellung und Herausforderung dar. Ihr Minister, Peter Struck, hält in den Richtlinien fest: »Unsere Sicherheit wird in Deutschland, in Europa, aber immer wieder auch an anderen Stellen dieser Erde verteidigt.«

Den deutschen Soldaten wird schnell klar, dass ihr Einsatz in Afghanistan nicht rasch vorübergehen wird. Im Sommer 2003 entscheidet die NATO, Verbände in die Provinzen zu schicken, um das Land zu stabilisieren. Nur von Kabul aus, kann die Mission kein Erfolg werden. Die Bundesregierung sichert sich den Norden als Einsatzgebiet, der zu diesem Zeitpunkt als relativ ruhig gilt. Der Bundestag in Berlin entscheidet am 24. Oktober 2003, dass deutsche Soldaten künftig in Kundus aktiv werden sollen, eine ehemalige Hochburg der Taliban, die nun recht sicher wirkt. Für die Stadt als Standort spricht, dass sie von Usbekistan aus, wo die Deutschen ihre Logistikbasis haben, mit der Transall in gut einer Dreiviertelstunde erreicht werden kann.

Die Bundesregierung schickt ihre Soldaten nicht ohne Hintergedanken aus der relativ sicheren Hauptstadt Kabul in den Norden Afghanistans. Sie will auf diesem Weg den Amerikaner zeigen, dass die Bundesrepublik die Bündnissolidarität hochhält, auch wenn sie die Militärmission im Irak nicht unterstützt. Deutsche Politiker wollen nicht, dass die Bundeswehr in Afghanistan kämpft. Sie geben der Truppe Aufgaben wie den Bau von Schulen und das Bohren von Brunnen. Schwere Waffen verlegt die Bundeswehr zunächst nicht nach Afghanistan. Und die Ausstattung der Soldaten ist lange Zeit eine Katastrophe. 2002 muss die Bundeswehr sich bei der US-Armee für heiße Klimazonen konzipierte Stiefel leihen. Auch geeignete Jacken und Hosen für den Einsatz bei Hitze und Staub fehlen. In diese Mission schickt die Bundeswehr Soldaten, ohne dass deren Ausstattung zu der Realität vor Ort passt. Ein Missstand, der Jahre dauert und der Leben kostet.

So fahren die Soldaten in Geländewagen vom Typ »Wolf« durch Afghanistan, der in den Achtzigerjahren entwickelt wurde. Er besitzt in der Standardvariante keine Panzerung, vor allem der Boden bietet keinen Schutz gegen Sprengfallen. Die Militärversion Wolf unterscheidet sich von der Zivilversion durch Halterungen für Gewehre und Spaten, Kartenleselampe und spartanische Innenausstattung, nicht durch besseren Schutz der Insassen. Als die Konstrukteure den Wolf konzipierten, waren Terroristen und Aufständische noch keine Gegner der Bundeswehr. In Afghanistan stellt sich als weiterer schwerer Nachteil heraus, dass der Wagen nur zwei Türen für das Ein- und Aussteigen hat. Soldaten in voller Montur, mit Gewehr und Schutzweste, kommen nicht schnell heraus – damit Männer und Frauen von der Rückbank klettern können, müssen die Vordersitze umgeklappt werden. Im Frieden ist das kein Problem, unter Beschuss auf einer staubigen Piste schon. Dennoch setzt die Bundeswehr bis Ende 2008 kein anderes Fahrzeug in Afghanistan so oft ein wie den Wolf.

Bei einem Anschlag auf ungepanzerte Busse in Kabul im Juni 2003 zeigt sich, wie gefährlich es für die deutschen Soldaten ist, mit schlechtem Schutz unterwegs zu sein. In einer Kolonne fahren zwei Jeeps und zwei Busse der Bundeswehr, olivgrün lackiert und damit leicht zu erkennen, vom Camp Warehouse zum Flughafen. In einem Fahrzeug sitzen die Soldaten, das andere transportiert das Gepäck. Sie nehmen an diesem Samstagvormittag die »Route Violett«, wie die ISAF die Verbindungsstraße nennt. Es herrscht ungewöhnlich wenig Verkehr, wo sich sonst Autos und Lastwagen stauen, haben die Deutschen erstaunlich viel Platz, sie kommen gut voran.

Dann überholt ein weiß-gelber Lada einen der Reisebusse, ein Taxi, das die Kolonne begleitet. Es ist heiß, auf der geteerten Straße flimmert die Luft, die Soldaten an Bord schauen aus den Fenstern. Sie sind unbewaffnet. Die Männer sollten endlich, nach sechs langen Monaten, nach Deutschland fliegen. Sie können zu ihren Familien zurückkehren. Darauf freuen sie sich, im Bus scherzen und lachen die Soldaten, malen sich aus, was sie in der Heimat zuerst machen werden. Bis der Selbstmordattentäter in dem Lada die mehr als 150 Kilogramm Sprengstoff zündet, die in seinem Auto versteckt sind. Er löst eine gewaltige Explosion an der linken Seite der Kolonne aus. Der hintere Bus mit den Soldaten an Bord wird von der Druckwelle in die Luft katapultiert.

Der Fahrer des anderen Busses beginnt mit anderen Soldaten die vielen Schwerverwundeten aus dem Wrack zu holen. Die Ersthelfer haben bald kein Verbandsmaterial mehr. Sie warten lange auf Verstärkung. »Eine halbe Stunde nach dem Anschlag treffen endlich die ersten deutschen Sanitäter ein«, schreibt Marco Seliger in seinem Buch »Sterben für Kabul«. Und weiter: »Es mussten unfassbare 30 Minuten vergehen, ehe sich die Kommandeure im wenige Kilometer von der Anschlagstelle entfernten Feldlager durchringen konnten, Hilfe zu schicken. Sie hatten Angst vor einem weiteren Angriff.« Der Soldat, der am Steuer des zweiten Busses saß, übersteht die Explosion körperlich weitgehend unversehrt, erleidet nach der Rückkehr aber eine Posttraumatische Belastungsstörung. Vier Männer der Bundeswehr sterben an diesem Tag, an dem sie in ungepanzerten Reisebussen ohne vernünftigen Begleitschutz durch Kabul fahren mussten. 29 weitere Soldaten werden verwundet, einige schwer, einer verliert ein Auge, ein anderer ein Bein.

Zu diesem Zeitpunkt ist die Truppe schon viel länger in Afghanistan als geplant. Bundeskanzler Gerhard Schröder hat vor dem Beginn der Mission von einem halbjährigen Einsatz gesprochen. Verteidigungsminister Peter Struck geht von zwei Jahren am Hindukusch aus. Im Oktober 2003 sagt er im Bundestag: »Die Angehörigen der Bundeswehr in Afghanistan sind keine Besatzungssoldaten, sondern Helfer in Uniform.« Struck erläutert nicht, was er damit meint. Aber die Bundeswehr soll viele Aufgaben am Hindukusch übernehmen, für die eigentlich Entwicklungshelfer zuständig sind. »Der Bevölkerung soll eine Friedensperspektive aufgezeigt werden, um damit radikalen Elementen in diesem Land den Boden zu entziehen«, sagt der Verteidigungsminister. »Deshalb steht bei unserem Konzept der zivile Wiederaufbau im Vordergrund.« In Kundus richten deutsche Soldaten das erste »Provincial Reconstruction Team« ein, das Regionale Wiederaufbauteam. Gemeinsam mit Mitarbeitern des Auswärtigen Amtes, des Bundesentwicklungsministeriums und der staatlichen Gesellschaft für Internationale Zusammenarbeit sollen sie dabei helfen, die Region zu entwickeln. Das Verteidigungsministerium spricht vom »vernetzten Ansatz«. Militärische Stabilisierung soll mit dem Einsatz ziviler Akteure kombiniert werden. Allerdings bestehen die Wiederaufbauteams aus wenigen Zivilisten und hunderten Soldaten.

Dass Entwicklungshilfe Teil der Sicherheitspolitik ist, legen SPD und Grüne bereits 1998 in ihrem Koalitionsvertrag fest. Von einem »erweiterten Sicherheitsbegriff« ist nun die Rede, der weit über das Militärische hinausgeht. »Keine Sicherheit ohne Entwicklung, keine Entwicklung ohne Sicherheit« lautet das Mantra der NATO, der ISAF und der Bundesregierung. In den im Mai 2003 von Struck vorgelegten Verteidigungspolitischen Richtlinien heißt es: »Deutsche Sicherheitspolitik ist umfassend angelegt und berücksichtigt politische, ökonomische, ökologische, gesellschaftliche und kulturelle Bedingungen und Entwicklungen. Sicherheit kann weder vorrangig noch allein durch militärische Maßnahmen gewährleistet werden.« Struck sagt, dass die Grenzen zwischen den Einsatzarten fließend geworden seien. Deswegen stehen die Soldaten im Norden nun unter dem Kommando von Provincial Reconstruction Teams.

Seit dem 24. Oktober 2003 ist das deutsche Wiederaufbauteam in

Kundus. Sein Feldlager liegt im Süden der Stadt. Bewacht wird es von afghanischen Milizionären. Diese »Guards« unterstehen einem einflussreichen Machthaber, der sich für den Schutz bezahlen lässt. Da es im Camp sehr eng wird, beschließen die Deutschen einen Neubau auf einem Plateau am Rand von Kundus, in dessen unmittelbarer Nachbarschaft der alte Flugplatz liegt.

Afghanistan ist 2003 nach Angaben der Vereinten Nationen der größte Opium-Produzent der Welt. Gut 90 Prozent des weltweiten Rohopiums kommen von dort. Die Bundeswehr geht gegen den Anbau nicht vor. Politisch ist das nicht gewollt. Und so fahren gepanzerte Fahrzeuge der Bundeswehr an rotblühenden Feldern vorbei. Die Soldaten sehen an den Drogenproduzenten vorbei und die lassen die Männer und Frauen der Bundeswehr unbehelligt. Irgendwann werden die Fremden ohnehin das Land wieder verlassen, da sind sich die Drogenbarone, Warlords, Ältesten und andere einflussreiche Männer sicher.

Auch in Faizabad und Mazar-i-Sharif errichten die Deutschen größere Feldlager. Denn die Bundesregierung sagt zu, den Schutz des gesamten Nordens zu übernehmen. Damit ist die Bundeswehr für ein Terrain von Badachschan an der chinesischen Grenze bis Faryab, das an der Grenze zu Usbekistan liegt, verantwortlich. Währenddessen verschlechtert sich die Sicherheitslage in Afghanistan. Längst stehen die afghanischen Sicherheitskräfte und ISAF mehreren tausend Aufständischen gegenüber, die auch aus Pakistan stammen und im Nachbarland in Ausbildungslagern für den Kampf gedrillt werden.

Die Missionen im Ausland verändern die deutschen Streitkräfte erheblich. »Der Eindruck täuscht sicherlich nicht, dass die Bundeswehr zu einer Zweiklassen-Armee geworden ist«, stellt Philipp Fraund 2002 fest. »Die Einheiten, die in ›Out of area‹-Einsätze geschickt werden, meistens Einheiten der Krisenreaktionskräfte, haben das modernste Gerät und die beste persönliche Ausrüstung, um ihren Auftrag zu erfüllen, während die Einheiten der Territorialverteidigung mit Gerät leben und arbeiten müssen, das veraltet, marode und unzuverlässig ist.« Vor allem die Ausbildung und die Ausrüstung der Soldaten für die Mission in Afghanistan prägen die Bundeswehr. Im Januar 2004 greift die Strukturreform der Bundeswehr. Nun werden die Verbände in Einsatz-, Stabilisierungs- und

Unterstützungskräfte aufgeteilt. Zunehmend bestimmen die Auslandseinsätze den Aufbau der Truppe – und dazu der ständige, von der Politik vorgegebene Sparzwang. Abermals passen Bundesregierung und Bundestag gemeinsam mit der militärischen Führung die Ausrüstung und die Größe an. Die Bundeswehr schrumpft weiter, sie soll kleiner, schlagkräftiger, einsatzfähiger werden und das bei schrumpfenden finanziellen Mitteln.

2004 erklärt Deutschland gemeinsam mit einer Gruppe weiterer Staaten, einen ständigen Sitz im Weltsicherheitsrat anzustreben. Eine Reform der Vereinten Nationen soll das ermöglichen. Ihren Anspruch untermauert die Bundesregierung auch damit, immer weitere militärische Aufgaben in der Welt zu übernehmen. Die schrumpfende Bundeswehr, die zudem stark in Afghanistan gebunden ist, erhält neue Missionen: Vor der Küste Somalias, des Libanons und Nordafrikas. Terroristen, Piraten, Waffenschmuggler und Schlepper sind nun Gegner der Bundeswehr. Die Streitkräfte werden auf den asymmetrischen Krieg eingestellt. Out-of-area-Missionen haben eine deutlich höhere Priorität als die Landesverteidigung. Das wirkt sich auf die Beschaffung aus: Die Heeresflugabwehr wird aufgelöst, denn Taliban und Piraten haben keine Flugzeuge, es werden viele gepanzerte Transporter beschafft, aber keine neuen Kampfpanzer, da solche Waffensysteme am Hindukusch für die Bundeswehr nicht zum Einsatz kommen.

Die Bundeswehr führe keinen Krieg, erklärt Verteidigungsminister Franz Josef Jung, der 2005 das Amt übernimmt, immer wieder. Volker Rühe, einer seiner Vorgänger, kritisiert, dass das Ministerium in Afghanistan auf schwere Waffen verzichte, weil diese zu kriegerisch aussehen. »Wir sollten über bessere Ausrüstung nachdenken«, sagt er dem »Spiegel«. Sogar das Sturmgewehr der Bundeswehr, die Standardwaffe der Soldaten, zeigt sich für den Einsatz in Afghanistan nicht immer geeignet. Sein Kaliber von 5,56 Millimeter reicht nicht aus, um Angreifer im Drogenrausch aufzuhalten. Das G36 hat eine zu geringe »Mannstoppwirkung«, beklagen Soldaten. Das alte G3, das erste Sturmgewehr der Streitkräfte aus deutscher Produktion, das mit 7,62 Millimeter ein größeres Kaliber aufweist, kommt aus den Depots zurück in die Truppe.

Teile Nordafghanistans gelten für Einheiten der Bundeswehr als Risikogebiete. Die Gefahr für die Soldaten steigt seit dem Frühjahr 2006 selbst in eigentlich sicheren Regionen beträchtlich. Allein Anfang April gibt es drei Angriffe auf Patrouillen, bei Explosionen und Schusswechseln werden mehrere Soldaten verwundet. Und die Feldlager in Masar-i-Sharif und Faizabad geraten regelmäßig unter Beschuss. Die Gebäude werden »gehärtet«, mit stärkeren Mauern umgeben, Bunker errichtet. Die Soldaten fürchten besonders in den Straßen vergrabene Sprengfallen und Selbstmordattentäter, die zu Fuß, auf Fahrrädern und in Autos auf Opfer lauern. Ständig gibt es Warnungen, dass »suizider« in weißen Toyota-Mittelklassewagen, Modell Corolla, unterwegs seien. Ein Hinweis, der im Einsatz wenig nützt, denn er gilt dem in Afghanistan am meisten verbreiteten Wagentypen.

Auch in Berlin wird wahrgenommen, dass die Realität im Norden nicht mehr zum Bild passt, das die Bundesregierung von der Mission zeichnet. Stabilisierung, Entwicklung, Friedenssicherung bleiben eine Utopie. Als das Verteidigungsministerium erstmals vier Schützenpanzer Marder nach Masar-i-Sharif schickt, scheinen die Verantwortlichen die Lage verstanden zu haben. Aber eingesetzt werden sie zunächst nicht. Das mag daran liegen, dass die Marder mit ihrer 20-Millimeter-Maschinenkanone zu sehr nach einer militärischen Eskalation aussehen. Es gibt aber jenseits der symbolischen auch praktische Argumente. Denn die Marder haben eine schlechte Panzerung am Boden, die Besatzung ist damit Sprengfallen ausgeliefert, die von Aufständischen an den Straßen versteckt werden. Zweieinhalb Jahre lang bleiben die Schützenpanzer vor allem im Feldlager stehen.

Mit dem Weißbuch 2006 schreibt die Bundesregierung von CDU/CSU und FDP die Aufgaben ihrer Streitkräfte fest. Demnach ist die Bundeswehr vor allem dafür zuständig, die außenpolitische Handlungsfähigkeit zu sichern. Desweiteren soll sie einen Beitrag zur Stabilität in Europa und weltweit leisten.

Im selben Jahr nehmen die Anschläge auf die Bundeswehr weiter zu. Auch als die Sicherheitslage für die deutschen Soldaten am Hindukusch immer bedrohlicher wird, spricht die Regierung nicht von »Krieg« in Afghanistan. Von Berlin aus verbreitet Verteidigungsminister Jung Durchhalteparolen. »Afghanistan ist nur dann verloren, wenn wir es aufgeben«, sagt er im September 2006. Das glauben ihm aber offenbar in Deutschland zunehmend weniger Menschen. 45 Prozent lehnen den Auslandseinsatz mittlerweile ab. Diese Haltung hat aber nichts mit Skepsis gegenüber den Streitkräften zu tun. Denn die meisten Deutschen haben ein positives Bild der Armee: Das geben 2006 immerhin 82 Prozent in einer Umfrage im Auftrag der Bundeswehr an.

Die Kritik an der Mission in Afghanistan nimmt deutlich zu, als die deutschen Soldaten stärker ins Visier der Aufständischen geraten. »Die Deutschen verstehen die Bundeswehr weiterhin als traditionelle Verteidigungsarmee«, stellt Eckart von Klaeden in einem Vortrag 2007 fest. »Nur 37 Prozent der Bevölkerung befürworten den Einsatz deutscher Soldaten im Ausland.« Der Christdemokrat, der außenpolitischer Sprecher der Unions-Fraktion ist, findet diese Skepsis auch in der parlamentarischen und politischen Diskussion.

Der »Kölner Stadtanzeiger« schreibt 2007 zur jährlichen Mandatsverlängerung für ISAF durch das Parlament: »Der Bundestag hat das eigene Volk überstimmt.« Natürlich müssen Abgeordnete sich nicht nach Umfragen richten, sie sind allein ihrem Gewissen und tatsächlich oft auch dem Fraktionszwang verpflichtet, aber die Wähler mitnehmen, ihnen die Außen- und Sicherheitspolitik erklären, das sollten sie schon. Doch es geschieht kaum. In Deutschland wird wenig über diese Themen diskutiert. Und für die Bundeswehr gilt das Primat der Politik, ein Mitspracherecht haben die Armeeangehörigen nicht.

Aber auch die Soldaten sind nicht überzeugt von ihren Missionen. Wie die Männer und Frauen über ihren Arbeitgeber, die Politik und gesellschaftliche Unterstützung denken, soll eine Ende 2006 beginnende Umfrage unter den Mitgliedern des Bundeswehrverbandes ermitteln. Lediglich 6,2 Prozent der Befragten geben an, dass ihm oder ihr der Sinn und Zweck der Auslandseinsätze gut vermittelt worden sei. Und ein erschreckend kleiner Teil der Soldaten, nur 3,9 Prozent, fühlt sich von der Politik unterstützt. 9,8 Prozent glauben, dass die Gesellschaft hinter der Mission in Afghanistan stehe.

»Es wurde viel gelogen bei den Erfolgsmeldungen vom Hindukusch. Aus Sicht der Politiker und der Spitzenmilitärs musste einfach alles gut laufen in Afghanistan, denn der Aufwand war ja gewaltig«, sagt Oberst Ferdi

Akaltin im Interview mit »Zeit Online«, der 2008 als Offizier in Nordafghanistan war. »Jeder Soldat, der da unten war, sagte: Was für ein Schwachsinn. Aber die Wahrheit wollte keiner hören, denn ganze Karrieren begründeten sich darauf, dass die Mission in Afghanistan sinnvoll war.«

Ob am Hindukusch wirklich die Sicherheit oder die Freiheit Deutschlands verteidigt wird, fragen sich viele Soldaten. Eine Erklärung, weshalb sie ihr Leben am Hindukusch riskieren, für eine korrupte Regierung in Kabul, der vorgeworfen wird, Wahlen zu fälschen, hätten die Männer und Frauen der deutschen Streitkräfte gerne. Denn der Charakter der ISAF-Mission wandelt sich weiter. Der Einsatz wird robuster, das Verlassen der Feldlager für die Soldaten gefährlicher.

Im Mai 2007 sterben drei deutsche Soldaten auf dem Markt in Kundus. Sie wollen dort einen Kühlschrank kaufen, als ein Selbstmordattentäter seinen mit Nägeln und Metallsplittern bestückten Sprenggürtel zündet. Danach wird der Kontakt zur afghanischen Bevölkerung geringer. Ein Einzelfall bleibt dieser Angriff nicht. Oft gerät nun das Feldlager in Kundus unter Feuer. Aufständische beschießen es mit Raketen und Mörsergranaten. Im Dezember fliegen 30 Geschosse an einem einzigen Tag auf das Plateau, wo das deutsche Camp und der Flughafen liegen. Ein Sanitäter berichtet, dass er in vier Monaten in Kundus nur dreimal durchschlafen kann, weil ihn entweder der Raketenalarm aus dem Bett holt oder medizinische Notfälle versorgt werden müssen, vor allem Verwundete, die ins Lazarett gebracht werden.

In der Küche des Feldlagers schlägt eine Rakete ein. Das Loch, das sie gerissen hat, zeigen die Soldaten noch jahrelang ihren Gästen aus Deutschland, ob Bundestagsabgeordneten, Wehrbeauftragten oder Medienvertretern. Die Einschlagstelle steht für die Einsatzrealität in Kundus, die nicht Krieg heißen darf und doch genau das ist. Parlamentarier und Regierungsmitglieder reisen regelmäßig in die Feldlager. Bevor sie ankommen, müssen die Soldaten das Camp säubern und verstaubte Wege wässern. Die Soldaten sprechen von der »Monkey Show«. Ein realistisches Bild von der Lage erhalten die Besucher selten. Das gelingt am ehesten noch am »Ehrenhain« in Kundus, der ebenfalls jedem Besucher gezeigt wird. Am Rand eines großen Schotterplatzes, auf dem meist die Panzer aufrollen, die zur nächsten Mission aufbrechen, wird an die Toten des

Einsatzes erinnert. Ihre Namen stehen auf Messingplaketten, die an der Ehrenmauer befestigt sind.

Während die Bundeswehr in Afghanistan gefordert ist, stehen in Europa verteidigungspolitische Änderungen an. Es wird eine »EU-Battle-Group« aufgestellt, für den Ernsteinsatz in Krisengebieten. Seit der 1954 gescheiterten europäischen Armee hat es viele Versuche gegeben, die Idee wiederzubeleben. Aber die meisten Regierungen der EU bestehen auf ihrer Eigenständigkeit im Bereich Sicherheitspolitik.

Die Taliban versuchen seit 2008, die Region Kundus zu übernehmen, sie machen das Gebiet zu ihrem strategischen Schwerpunkt im Norden, ziehen dort Kämpfer zusammen. Dort leben viele Paschtunen, die zunehmend mit der Regierung in Kabul und mit den Ausländern unzufrieden sind. So finden die Aufständischen im Distrikt Chahar Darreh viele Unterstützer, sichere Verstecke und Werkstätten für den Bau von Sprengfallen. »Die Lageverschärfung wurde lange übersehen. Aus einzelnen lokalen Terrorzellen hat sich eine breite Aufstandsbewegung entwickelt, die zum Teil militärisch agiert. 2007 und 2008 wurde das in Berlin nicht wahrgenommen«, stellt der frühere Bundestagsabgeordnete Winfried Nachtwei, Verteidigungsexperte der Grünen, im Interview mit »Zeit Online« fest. Nachtwei war als Parlamentarier oft in Afghanistan, er weiß, worüber er spricht.

Der Kampf gegen den Terror geht auch auf einem anderen Kontinent weiter. Im Sommer 2008 schickt die Marine zwei Seefernaufklärer vom Typ P-3C Orion an das Horn von Afrika. Die Flugzeuge lösen die Fregatte »Emden« ab, die vor den somalischen Gewässern gekreuzt ist. Die Mission läuft im Rahmen der Anti-Terror-Operation Enduring Freedom. Parallel gehören Bundeswehreinheiten auch zur »Operation Atalanta«, mit der die Schifffahrt vor den Seeräubern geschützt werden soll. Deutsche Flugzeuge überwachen ein gewaltiges Seegebiet von der Küste Kenias bis zur Straße von Hormus am Persischen Golf.

Als am 4. April 2009 das deutsche Containerschiff »Hansa Stavanger« von Piraten gekapert und entführt wird, zeigt sich abermals, wie unsicher die Seefahrtsroute ist, die immerhin zum Suez-Kanal und damit zur Passage zum Mittelmeer führt. An Bord des Schiffes der Reederei Leonhard & Blumberg aus Hamburg befinden sich 24 Seeleute, darunter fünf

Deutsche. Die deutsche Marine beobachtet die »Hansa Stavanger« fast rund um die Uhr. Lagebilder und Informationen darüber, was an Bord passiert, gehen regelmäßig an den Krisenstab des Auswärtigen Amtes in Berlin. Nach für die Crew quälenden vier Monaten endet die Entführung mit einer Lösegeldzahlung. Die deutsche Marine eskortiert dann die »Hansa Stavanger« aus dem Jagdgebiet der Piraten heraus.

Seit dem Frühjahr 2009 sieht die Situation in Kundus aus deutscher Sicht zunehmend unerfreulich aus. Am 29. April stirbt der Hauptgefreite Sergej Motz bei einem Gefecht als sein Radpanzer »Fuchs« von einer Panzerabwehrrakete getroffen wird. Er ist der erste Bundeswehrangehörige, der in einem Feuerkampf fällt. Im Spätsommer 2009 fordert der Kommandeur des PRT Kundus, Oberst Georg Klein, in Masar-i-Sharif eine Kompanie der »Quick Reaction Force« an, der schnellen Einsatztruppe, die mit schwereren Waffen ausgerüstet ist. Erstmals kommen in Kundus nun Schützenpanzer Marder und Mörser im Kaliber 120 Millimeter zum Einsatz.

Auf die afghanischen Sicherheitskräfte können die Deutschen sich oft nicht verlassen. Die Ausbildung von Polizei und Armee Afghanistans verläuft schleppend. Die afghanischen Rekruten trauen sich nicht, in Uniform mit dem Bus zu fahren, weil Taliban-Kämpfer die Fahrzeuge anhalten und nach Angehörigen der Sicherheitskräfte suchen. Viele der jungen Männer sind zudem für den Beruf ungeeignet, als Analphabeten nicht in der Lage, Befehle, Gesetze, Vorschriften oder Ausweisdokumente zu lesen oder Berichte zu verfassen.

Tausende Polizisten werden in Nordafghanistan von deutschen Beamten und Soldaten ausgebildet. Doch die meisten Kurse dauern lediglich sechs bis acht Wochen: Diese kurze Dauer reicht nur für die einfachsten Grundlagen. Das Ausbildungsniveau der afghanischen Polizisten bleibt niedrig. Eine Übergabe der Verantwortung an die afghanischen Sicherheitskräfte, die viele NATO-Staaten noch für 2009 fordern, scheint wenig realistisch. Dennoch kündigt Präsident Obama an, dass die US-Streitkräfte zwei Jahre später, im September 2011, mit dem Abzug beginnen werden. Die amerikanische Bevölkerung ist im zehnten Jahr des Einsatzes kriegsmüde geworden. Die Vereinigten Staaten wollen Afghanistan sich selbst überlassen.

Im August 2009 feiert die NATO ihren 60. Geburtstag. Sechs Jahrzehnte nach ihrer Gründung hat die Allianz fundamental neue Aufgaben übernommen und eine neue Struktur bekommen. Längst dient sie nicht mehr nur der Verteidigung des Bündnisgebietes. Die NATO zieht ihre Lehren aus dem Einsatz in Afghanistan: Militärischer Erfolg lässt sich bei Stabilisierungseinsätzen nur erzielen, wenn die Aufstandsbekämpfung mit enger zivil-militärischer Zusammenarbeit einhergeht. Die ISAF-Mission am Hindukusch zeigt, wie teuer ein solcher Einsatz werden kann. Eine weitere Lektion ist, dass die Sicherheit in den Entsendestaaten keinesfalls steigt. Al-Qaidas Anhänger schlagen in den Jahren nach dem 11. September 2001 in Spanien, Großbritannien und Frankreich zu. Auch Deutschland fürchtet, in den Fokus von Islamisten zu geraten. In Afghanistan sind Selbstmordattentäter für die Soldaten eine ständige, reale Bedrohung.

Die Zahl der Männer und Frauen, die zu Operationen außerhalb der Mauern ausrücken, ist klein. Ein Großteil der in den Camps stationierten Soldaten bleibt die ganze Einsatzdauer über in der geschützten Anlage: die Köche, die Versorger, die sich um den Nachschub kümmern, die Verwaltungsmitarbeiter, die Männer und Frauen der Feldpost, die Mechaniker, die Fahrzeuge reparieren, das uniformierte Personal in den Marketender-Shops und auch so mancher Sanitäter in den Lazaretten. Fast 90 Prozent der Soldaten arbeiten in den Camps, um der Kampftruppe zu ermöglichen, Patrouillen zu unternehmen oder militärische Operationen zu starten.

In Masar-i-Sharif und anderen Feldlagern gilt die deutsche Straßenverkehrsordnung. Wer von den Militärpolizisten bei zu schnellem Fahren oder ohne umgelegten Anschnallgurt erwischt wird, muss empfindliche Strafen bezahlen. Das Schild »Hier gilt die StVo«, das selbst in Außenposten hängt, ist nicht als Scherz gemeint. Die Feldjäger nutzen einen »Blitzer«, ein Radargerät, zum Überwachen des Tempolimits. Mülltrennung, Personalverwaltung, Überprüfungen von Fahrzeuge und Abgasuntersuchungen gibt es auch in den Feldlagern. Soldaten sagen, eine Mission im Ausland läuft nur so lange gut, bis die Einsatzwehrverwaltung ins Camp zieht. Ohne deren Organisation gebe es allerdings kaum frisches Wasser, ausreichend Vorräte, genügend Elektrizität und Treibstoff.

Die größeren Feldlager der Bundeswehr gleichen Kleinstädten, und die Zahl der Soldaten darin steigt stetig. Im Camp Marmal in Masar-i-Sharif oder im Camp Warehouse in Kabul gibt es Kirchen, Bars, Restaurants, Internet-Cafés, Fitness-Studios, Märkte einheimischer Händler, Geschäfte in klimatisierten Containern, Postämter, Wäschereien, Mannschaftsheime, Sportanlagen, Werkstätten deutscher Unternehmen, die Bundeswehrfahrzeuge warten, und mit »Radio Andernach« einen Soldatensender.

Zu risikoreich soll die Mission aus Sicht der Bundesregierung nicht werden. Der Einsatz der Bundeswehr bleibt auf Nordafghanistan und Kabul beschränkt, so legt es die Politik in Berlin fest. Als ein von den Deutschen ausgebildetes paschtunisches Bataillon, ein »Kandak«, in dem gut 650 Mann dienen, nach Kandahar ausrücken muss, um dort gegen die Taliban zu kämpfen, bleiben ihre deutschen Trainer im Norden. Amerikaner übernehmen den Verband. Das Kandak steht in Kämpfen mit den Taliban. Bei den Gefechten sterben drei Männer der US-Army.

Die gefährlichsten Aufträge erhalten die Elitesoldaten der Bundeswehr. In Nordafghanistan sind die Männer des KSK und der Fernspäher stationiert. Sie bilden mit anderen Spezialisten zusammen die »Task Force 47«. Im Feldlager Kundus verfügt sie über einen separierten Bereich mit einem eigenen Gefechtsstand, den nur wenige Bundeswehrangehörige betreten dürfen. Die Taskforce ist zum Observieren und zum Festsetzen von Gegnern da. In kleinen Gruppen beobachtet sie tagelang abgelegene Gehöfte oder Lagerhallen, und wartet, bis Zielpersonen eintreffen. Dann kann ein Zugriff – oder auch ein Luftangriff erfolgen.

Immer entschiedener gehen die westlichen Streitkräfte gegen die Aufständischen vor. Geheime Jagdkommandos, die ebenfalls als Task Forces bezeichnet werden, haben den Auftrag, Aufständische zu fangen oder zu töten. Die ISAF-Staaten führen dazu eine »Joint Prioritized Effects List«, mit Namen von Zielpersonen. Darauf stehen beispielsweise Taliban-Anführer, die gefangen genommen werden sollen und deren Namen mit »Capture« versehen werden. Es gibt aber auch Gegner, bei denen »kill« vermerkt ist, die also für eine »gezielte Tötung« vorgesehen sind. Geheimdienste und Streitkräfte verschiedener Staaten lassen Namen auf diese Liste setzen, auch Deutschland. Man trage aber nur Gegner für

Capture ein, versichert das Verteidigungsministerium Bundestagsabgeordneten. Das gezielte Töten von Gegnern lehnt die deutsche Regierung ab. Aber auch bei Festnahmeversuchen kann es Tote geben. Das KSK beteiligt sich an der Jagd auf Anführer der Gegner. Meist brechen die deutschen Elitesoldaten, ebenso wie ihre Kameraden der Delta Forces oder Green Berets, nachts zu ihren »Raids« auf, um Taliban-Kommandeure aufzuspüren.

Auf der anderen Seite, bei den Taliban und anderen Aufständischen, gibt es ebenfalls Sonderkommandos, die Gegner gezielt bekämpfen. Sie ermorden prominente Vertreter des Staates, Angehörige von Friedensräten, Dorfälteste, die mit Entwicklungshelfern kooperieren, Polizeichefs und auch Männer aus den eigenen Reihen, die das Ausstiegsangebot der ISAF annehmen wollen.

In Deutschland verliert der Einsatz am Hindukusch weiter an Zustimmung in der Bevölkerung. »Nichts ist gut in Afghanistan«, sagt Margot Käßmann, Ratsvorsitzende der Evangelischen Kirche, Anfang 2010 im Berliner Dom. Sie stößt eine breite Debatte über die ISAF-Mission an. Die steigenden Verluste im selben Jahr sorgen dafür, dass in der Bundesrepublik der Einsatz noch stärker hinterfragt wird. Im April 2010 sprechen sich 70 Prozent der Teilnehmer einer repräsentativen Umfrage für einen Abzug der Bundeswehr aus Afghanistan aus.

KAPITEL 19

Ein Tag im April – Bundeswehrsoldaten fallen im Kampf

Die schrecklichste Waffe in Afghanistan besteht aus alltäglichen Dingen: aus Plastikkanistern oder Schnellkochtöpfen, aus Draht, Nitrat, einer Substanz, die sich in Düngemittel findet, oder Chlorat, dazu Petroleum oder Benzol, aus Weckern, aus selbst gebauten Druckplatten oder per Mobilfunk ausgelösten Zündern. Daraus fertigen Terroristen und Taliban in Afghanistan einfache Sprengfallen, die tödliche Wirkung entfalten. Oft legen sie noch Panzerabwehrminen dazu, um auch besonders geschützte Fahrzeuge zu knacken.

Am 2. April 2010 sollen 34 Soldaten des Fallschirmjägerbataillons 373 nach solchen Sprengfallen suchen. Sie wissen, dass sie eine gefährliche Operation antreten. Das Bataillon befindet sich seit etwas mehr als einem Monat im Einsatz in Kundus. An diesem Freitag sollen die Männer die Region gegen Aufständische behaupten, die Hauptverbindungsstraßen freihalten und im Kampf gegen die Taliban mit den afghanischen Sicherheitskräften kooperieren. Nun sind die Fallschirmjäger im unruhigen Distrikt Chahar Darreh unterwegs, der zur Provinz Kundus gehört. Drei Züge sollen entlang der Verbindungsstraße »Little Pluto« und an der Straße zum Ort Isa Khel nach Sprengfallen suchen und wenn möglich räumen. Der »Foxtrott-Zug« bezieht auf den Höhen 431 und 432 Stellung, strategische Punkten, von denen aus der Raum übersehen werden kann.

Die Höhe 432 liegt nur einen halben Kilometer von Isa Khel entfernt, unmittelbar an der einzigen Straße in Chahar Darreh, die von der Bundeswehr weitgehend kontrolliert wird. Um den Hügel zu halten, bleiben Soldaten dauerhaft unter einfachsten Bedingungen oben. Wer Glück hat, schläft auf einem Feldbett, wer Pech hat liegt auf der Isomatte. Staub und

Hitze wechseln sich ab mit Schlamm und Kälte. Little Pluto, die Route, die an der Höhe 432 vorbeiführt, gilt weitgehend als frei von IEDs – »Improvised explosive device«, wie die Soldaten sagen, unkonventionellen Brand- und Sprengsätzen.

Erst Mitte März 2010 haben Fallschirmjäger die Kuppel dauerhaft besetzt, um Ruhe in die Region zu bringen, die von Aufständischen beherrscht wird. Südlich der Anhöhe liegt das »Indianerland«, wie es die Soldaten nennen. Dort besteht ständig die Gefahr, aus dem Hinterhalt angegriffen zu werden: Taliban-Gruppen fühlen sich von der Bundeswehr im Raum Isa Khel bedrängt. Sie wollen verhindern, in dem Ort von den ISAF-Truppen umschlossen zu werden. Sie haben – wie die Deutschen auch – Stellungen in der Nähe des Ortes errichtet. Man belauert sich. Vor einigen Wochen haben Einheiten der Bundeswehr bereits versucht, nach Isa Kehl einzudringen. Heftige Gegenwehr hat die Deutschen zum Rückzug gezwungen.

Der »Hotel-Zug« stellt sich mit zwei Schützenpanzern vom Typ Marder südlich der Kreuzung beider Straßen auf, um die Suche der Entschärfer nach Sprengfallen zu überwachen. Der »Golf-Zug«, ausgestattet mit gepanzerten »Dingo«-Radfahrzeugen, soll mit belgischen Spezialisten der Kampfmittelräumung das Einsatzgebiet aufklären.

Über einen engen Feldweg stößt eine Gruppe des Golf-Zuges, angeführt von Hauptfeldwebel Nils Bruns, in einen Vorort Isa Khels vor. Dort lauern bereits Sympathisanten der Taliban. Gemeinsam mit Kämpfern der »Islamischen Bewegung Usbekistan« haben sie einen Angriff vorbereitet. Geschätzt bis zu 200 Kämpfer bereiten eine Falle vor. Sie gehen hinter Wohnhäusern in Deckung. Die Fallschirmjäger direkt vor Isa Khel schicken eine Aufklärungsdrohne in die Luft, um die Gegend zu überprüfen. Aber der Wind weht den ferngelenkten Kleinflieger ab. So bemerkt der Spähtrupp nicht, dass er umzingelt wird.

Vier Soldaten suchen in einem Weizenfeld nach der Drohne, darunter der Hauptgefreite Martin Augustyniak und der Stabsgefreite Robert Hartert. Sie stehen in den jungen Pflanzen und haben kaum Deckung. Das nutzen ihre Gegner aus. Es fällt der erste Schuss. Aus Richtung von Isa Khel geraten sie unter Feuer. Gegen 13 Uhr stehen die deutschen und belgischen Soldaten einer Übermacht gegenüber. 80 Aufständische greifen aus Osten mit Kalaschnikows und Panzerfäusten den Spähtrupp an, verborgen hinter Lehmmauern von Gehöften, Hecken und Bäumen, in Wassergräben. Die Taliban und ihre Verbündeten sind gut ausgebildet, gehen taktisch klug und geplant vor. Ihr Feuerüberfall erfolgt aus mehreren Richtungen gleichzeitig.

Den Anführer des Spähtrupps, Oberfeldwebel Naef Adebahr, treffen drei Projektile ins Bein. Augustyniak und ein weiterer Soldat versorgen ihn. Sie feuern auf die Angreifer und werfen Handgranaten. Der Stabsgefreite Maik Mutschke rennt unter Beschuss zur Gruppe im Vorort. Er meldet den exakten Standort des Verwundeten an seinen Zugführer. Nun rücken Soldaten zu Fuß und mit Fahrzeugen vor, um den Eingeschlossenen zu helfen. Im Feuer der Aufständischen dauert es eine Stunde, bis sie den Verwundeten erreichen.

Als der Golf-Zug wieder vereint ist, treffen Kugeln Robert Hartert in den Oberkörper. Er hat mit einem Maschinengewehr Deckungsfeuer gegeben. Ein Projektil erwischt ihn unglücklich unter der Schulter, an einer Stelle, die nicht von der Schutzweste abgedeckt ist. Er verliert das Bewusstsein. Sanitäter schleppen ihn in ein Fahrzeug. Hartert ist bereits der zweite Schwerverwundete an diesem Tag. Und das Gefecht dauert an.

Mediziner kommen nicht zu den unter Feuer stehenden Fallschirmjägern durch. »Golf meldet Beginn Reanimation und schreit nach Beweglichem Arzttrupp«, notiert Hauptfeldwebel Markus Götz in seinem Tagebuch, der mit seinen Panzergrenadieren die Polizeistation von Kundus bewacht und sich darauf vorbereitet, ins Geschehen einzugreifen. Über Funk bekommt er mit, wie schlecht es um seine Kameraden steht. »Ich zittere leicht. Verdammte Scheiße, ich kann hier nichts machen. Jungs, bringt die Verwundeten raus!«, schreibt Götz. Er stellt seinen Transportpanzer Fuchs vor das Polizeihauptquartier. Sollte seine Panzergrenadiere den Befehl bekommen, einzugreifen, ist der Hauptfeldwebel bereit.

Die Angegriffenen haben im Feldlager längst sofortige Unterstützung angefordert. Aber bis diese Truppen bei ihnen ankommen, wird viel Zeit vergehen. Einsatzbereite Kampfhubschrauber hat die Bundeswehr nicht im Gebiet. Und anders als die Amerikaner können die Deutschen aus den Feldlagern oder Stellungen keine Artillerieunterstützung leisten. Denn die Panzerhaubitzen, die über viele Kilometer hinweg noch Ziele ausschalten können, hat die deutsche Politik bislang ebenso wenig wie Kampfpanzer für den Einsatz am Hindukusch vorgesehen.

In Chahar Darreh müssen die heftig attackierten Fallschirmjäger sich zunächst selbst helfen. Nun geraten auch die anderen Züge unter Feuer. Die Aufständischen greifen die Soldaten an, die Sprengfallen suchen und die Fallschirmjäger, die von der Höhe 432 ausrücken, um ihren Kameraden zu helfen. Mario Kunert, Anführer des Golf-Zuges, befiehlt den Rückzug, doch das versuchen die Angreifer zu verhindern. Sie wollen die Bundeswehr aus der Region dauerhaft vertreiben und nun die gesamte Patrouille ausschalten. Die deutschen Soldaten, die hinter ihren rückwärtsrollenden Fahrzeugen in Deckung gehen, sich kämpfend absetzen, werden pausenlos beschossen.

Nun trifft Luftunterstützung ein. Zwei amerikanische Jets rasen im Tiefflug über Isa Khel hinweg. Die Aufständischen gruppieren aber Frauen und Kinder um ihre Stellungen herum. Wenn die Piloten Bomben abwerfen, werden sie auch Zivilisten töten. Das hat ISAF-Kommandeur Stanley McChrystal aber verboten. Vergeblich fordert Zug Golf »Close Air Support« an. In den Compounds registrieren die Piloten verschiedene Wärmequellen. Dort können auch Zivilisten sein. Nach ISAF-Einsatzregeln schließt das den Abwurf von Bomben aus.

Ein gepanzerter Dingo-Transporter gerät beim Rückzug in eine Sprengfalle. Bei der Explosion werden Hauptfeldwebel Bruns und Hauptgefreiter Augustyniak, die neben dem Fahrzeug stehen, schwer verwundet. Ihre Kameraden kämpfen weiter. Die angegriffenen Fallschirmjäger liefern sich fast neun Stunden lang einen Schusswechsel mit den Aufständischen. Sie haben bereits acht Schwerverletzte in ihren Reihen. Zum ersten Mal seit dem Zweiten Weltkrieg führen deutsche Soldaten ein andauerndes Gefecht gegen einen militärisch organisierten Gegner.

Hilfe kommt von den Verbündeten. Jason La Cross verfolgt über Funk, welchen fatalen Verlauf der Schusswechsel für die Deutschen nimmt. Der Pilot des US-Army startet seinen Rettungshubschrauber vom Typ »Black Hawk«. Während des laufenden Gefechts landet er bei den Deutschen. Sein Team lädt die Verwundeten ein. Da die Maschine zu klein ist, um alle Opfer mitzunehmen, fliegt er vier Mal zu den kämpfenden Fallschirmjägern. Für die Crew ist das gefährlich, denn die Gegner verfügen über Panzerfäuste, von der Schulter abgefeuerte Geschosse, die einen Hubschrauber zerstören können. Der Begleithubschrauber feuert auf die Taliban-Kämpfer und zwingt sie in Deckung zu bleiben, während La Cross landet. So verhindern die Amerikaner noch größere Verluste. Robert Hartert wird ausgeflogen, aber retten können ihn die Ärzte nicht mehr. Hartert erliegt seinen Verletzungen.

Im Feldlager bekommen die Kameraden mit, wie ernst es um die Fallschirmjäger steht. »Der erste Soldat starb um die Mittagszeit«, erinnert sich Severin Jaacks, Kompaniefeldwebel in Kundus, in dem Buch »Operation Heimkehr«. »Von da an lief die Zeit nicht mehr in Form von Stunden ab, sondern wie ein durchlaufender Film. Mein Kompanietruppführer kam mir von den Schockräumen des Feldlazaretts entgegen und gab mir die halbe Erkennungsmarke des Gefallenen. Dieses Bild hat sich bei mir eingebrannt.«

Als die Amerikaner einen weiteren Verwundeten ausfliegen, durchschlagen Kugeln aus Kleinwaffen die Außenhülle des Helikopters. Ein Schwerverletzter, Maik Mutschke, wird schon für tot gehalten. Aber die Mediziner können ihn retten. Einer seiner Kameraden, Ralf Röckendorf, ein Rettungssanitäter, wurde von Splittern im Gesicht getroffen. Er verliert sein Augenlicht.

Auch die Polizeistation von Chahar Darreh attackieren Aufständische. Hauptfeldwebel Götz lässt seine Männer mit der Granatmaschinenwaffe und Maschinengewehren das Feuer erwidern. Er bekommt mit, dass seine Panzergrenadiere beschossen werden, auch mit Panzerfäusten. Aber wo liegen die Taliban? »Ich sehe weder Abschuss noch Einschlag«, notiert er. »Lasse immer wieder Granatmaschinenwaffe nach Norden schießen.« Schließlich fordert er Verstärkung an. Zweimal detoniert wenige Meter von ihm entfernt eine Rakete oder Granate.

Außerdem kommen sechs afghanische Soldaten bei diesem Gefecht ums Leben. Sie sterben durch Schüsse aus einem Schützenpanzer Marder der Bundeswehr. Die Opfer waren in zwei Pickups auf die Deutschen zu gerast und hatten nicht auf Haltesignale reagiert. Als diese einen Angriff oder Anschlag fürchteten, eröffnen sie das Feuer. Die Toten in den Reihen der afghanischen Sicherheitskräfte gehen in der öffentlichen Wahrnehmung in Deutschland weitgehend unter. Dort schaut man fassungslos auf die steigenden Opferzahlen der Bundeswehr. In dem unpopulären Einsatz sterben immer mehr eigene Männer in Situationen, die an den Kampf gegen den Terror der Amerikaner im Irak erinnern. Aus diesem Konflikt hatte Deutschland sich doch heraushalten wollen. Bilder von den Toten gibt es nicht, die Taliban nutzen allerdings Fotos von dem zerstörten Dingo für ihre Propaganda. Ihre Kämpfer posieren lächelnd davor. Die Aufständischen feiern den Angriff auf die ISAF-Truppen, trotz ihrer hohen eigenen Verluste, als Erfolg.

In Deutschland sorgt das Karfreitagsgefecht für mehr Ehrlichkeit in der Debatte über den Einsatz. Dieser Tag im April habe die öffentliche Wahrnehmung der Einsätze verändert, sagt Stabsfeldwebel Jaacks gut drei Jahre später den Autorinnen Sabine Würich und Ulrike Scheffer. »Die Leute wissen seither, dass sich deutsche Soldaten in Afghanistan extremen Situationen stellen müssen. Der Rückhalt für die Soldaten in der Gesellschaft ist dadurch immens gewachsen.« Nur zwei Wochen nach dem Karfreitag fallen abermals vier Soldaten.

Am 15. April um 14.30 Uhr halten afghanische Einheiten und ihre deutschen Ausbilder vor der »Dutch Bridge«, einer Brücke, die über den Fluss Baghlan in der gleichnamigen Provinz führt. In dieser Gegend haben sich in den vergangenen Wochen bereits mehrfach ISAF-Kräfte und Aufständische belauert und auch Schusswechsel geliefert. Als die Deutschen ihre gepanzerten Fahrzeuge verlassen, zünden ihre Gegner einen verborgenen Sprengsatz. Hauptfeldwebel Marius Dubnicki, Stabsunteroffizier Josef Kronawitter und Major Jörn Radloff sterben bei der Explosion. Fünf ihrer Kameraden erleiden schwere Verwundungen. Dann greifen Kämpfer die restliche Patrouille an. Es beginnt ein weiteres heftiges Gefecht. Ein Vertreter der lokalen Polizei gibt später an, dass 400 Taliban beteiligt gewesen seien. Ein beweglicher Arzttrupp will den Verwundeten zu Hilfe kommen. Doch auf dem Weg geraten die Mediziner und Sanitäter ebenfalls unter Feuer. Oberstabsarzt Thomas Broer stirbt, als eine Granate sein gepanzertes Fahrzeug trifft.

Nun reagiert die Bundeskanzlerin, die sich sonst in Sachen Afghanistan-Einsatz und Bundeswehr vornehm zurückhält. »Wir nehmen Abschied von Thomas Broer, Marius Dubnicki, Josef Kronawitter und Jörn Radloff. Schon vor zwei Wochen mussten wir Abschied nehmen von Martin Augustyniak, Nils Bruns und Robert Hartert. Sie waren am Karfreitag in Afghanistan gefallen, ebenso wie sechs afghanische Soldaten«, sagt Angela Merkel am 22. April 2010 vor dem deutschen Bundestag. »Sie alle sind gestorben, weil sie Afghanistan zu einem Land ohne Terror und Angst machen wollten. Ich spreche den Angehörigen, den Kameraden und Freunden mein tief empfundenes Mitgefühl aus.« 1000 Menschen nehmen an ihrer Trauerfeier teil, darunter die Kanzlerin.

»Das war eine Zäsur – nicht nur für die Bundeswehr, sondern auch für die deutsche Gesellschaft«, sagt der CDU-Politiker Thomas de Maizière, der damals Bundesinnenminister war und später für Verteidigung zuständig ist, über den Kampf bei Isa Khel. Viele Deutsche begreifen nun, wie die Einsatzrealität am Hindukusch aussieht. Die Streitkräfte befinden sich dort im Krieg, auch wenn die Bundesregierung den Konflikt so nicht nennen will. Politiker in Berlin um Verteidigungsminister zu Guttenberg sprechen nach dem Karfreitagsgefecht von »kriegsähnlichen Zuständen«. Der CSU-Politiker sagt, man könne »umgangssprachlich von Krieg sprechen«. Auch Guttenberg wagt verbal nicht den Befreiungsschlag. »Manche überrascht es wohl immer noch, dass unsere Soldaten dort auch in Gefechten stehen«, sagt er. Schuld an dem falschen Bild des Afghanistan-Einsatzes trägt aber die Regierung, der auch er angehört. Denn Klartext zum deutschen Engagement am Hindukusch spricht kein Kabinettsmitglied.

So mancher Jurist und viele Militärs sähen es gern, wenn die Bundesregierung in ihrer Definition eindeutiger wäre. »Im Süden und Osten Afghanistans führt die Internationale Schutztruppe ISAF definitiv Krieg. Dort unterscheiden sich die Aktionen der Soldaten nicht von der Operation Enduring Freedom, die ganz klar eine Kriegsoperation ist und sich auf Artikel 51 der Charta der Vereinten Nationen beruft«, stellt der Völkerrechtler Matthias Hartwig 2010 im Interview mit »Zeit Online« fest. Er forscht am Max-Planck-Institut für Ausländisches, Öffentliches und Internationales Recht in Heidelberg. »Für die OEF gilt das Kriegsrecht. Es wäre widersprüchlich, wenn behauptet würde, dass die ISAF-Soldaten nicht nach dem Kriegsrecht handeln, obwohl sie exakt dieselben

Dinge tun. Wenn die ISAF aber nach dem Kriegsrecht handelt, dann darf der Gegner offensiv bekämpft werden und Kollateralschäden sind keine Kriegsverbrechen. Das gilt auch für den Norden, wo ja seit dem Sommer 2009 die deutschen Truppen nicht nur reaktiv, sondern durchaus auch offensiv vorgehen. Deutsche Soldaten zogen aus, um die Taliban zu jagen und zu bekämpfen.«

Für die Soldaten geht es bei der Einordnung des Konfliktes nicht nur um ein akademisches, juristisches Problem. Ein Bekenntnis der Bundesregierung, dass Deutschland in Afghanistan an einem Krieg beteiligt ist, würde den Männern und Frauen der Bundeswehr, die einen Gegner töten oder verwunden, mehr Rechtssicherheit einbringen. Sie müssten dann nicht mehr stets eine Ermittlung der Staatsanwaltschaft befürchten. »Da die Soldaten nun auch offensiv gegen Taliban vorgehen sollen, würde ich sagen, dass sie bereits mit zwei Beinen im Gefängnis stehen. Denn das offensive Vorgehen gegen jemanden, der mich nicht angreift, ist eine vorsätzliche Tötung – wenn das deutsche Strafrecht zur Anwendung kommt«, sagt der Jurist Hartwig. Wenn man die augenblickliche Lage genau betrachtet, muss man den Soldaten eigentlich sagen: Bleibt am besten im Lager, damit ihr nicht in die Verlegenheit kommt, eure Waffe anzuwenden.«

Das Kabinett unter Angela Merkel bleibt aber bei seiner Haltung: Krieg darf das Geschehen in Afghanistan weiterhin nicht heißen. Die Bundeswehr ist wie die restlichen ISAF-Mitglieder schließlich auf Einladung der Regierung Karzai in Afghanistan. Von einem »bewaffneten Konflikt mit internationaler Beteiligung« sprechen Merkel und ihre Minister. Die Realität sieht für die Soldaten allerdings anders aus.

Guttenberg schickt nun die Panzerhaubitze 2000 und 15 weitere Marder nach Kundus, dazu schweres Gerät wie Pionierpanzer und Panzerschnellbrücken. Der Kampfpanzer Leopard 2, den viele Soldaten gern in den Unruheprovinzen hätten, bleibt in Deutschland. Beim Einmarsch im Kosovo war er noch dabei. Am Hindukusch aber geht das nicht. Viele Gründe werden von den Verantwortlichen genannt, sie seien zu schwer für afghanische Brücken, nicht für das Gelände geeignet, nicht für den Kampf gegen Terroristen und Aufständische entwickelt worden. »Im Leopard 2 hat man sicher die beste Panzerung, aber auch die größte

Distanz zur Bevölkerung. Und ein Kampfpanzer verursacht kaputte Wege und zerstörte Dörfer«, sagt Winfried Nachtwei, langjähriger Verteidigungsexperte der Grünen, der von 1994 bis 2009 für seine Partei im Bundestag saß, kurz nach dem Karfreitagsgefecht im Interview mit »Zeit Online«. »Ausrüstungsfragen sind immer auch mit Blick auf den Auftrag zu klären.«

Es gibt aber auch viele Befürworter des Panzereinsatzes in Kundus. Hellmut Königshaus, der Wehrbeauftragte des Bundestages: »Außerdem haben wir mittlerweile mit der Panzerhaubitze 2000 ein viel schwereres Kaliber, als den Leopard 2 in Afghanistan stationiert. Die Soldaten begrüßen die Artillerie sehr, sie fühlen sich sicherer, wenn sie in deren Radius operieren.« Der FDP-Politiker, der vor seiner Wahl zum Wehrbeauftragten, bereits Kampfpanzer für den Einsatz in Afghanistan gefordert hat, besucht die Soldaten in Kundus, Masar-i-Sharif und Faizabad häufig. »Wenn man sagt, der Einsatz der Bundeswehr sei wie im Krieg, dann braucht die Truppe auch Waffen wie im Krieg«, sagt Königshaus. »Man kann einen Krieg nicht mit Transportfahrzeugen führen.« Dänen und Kanadier haben sich solche Panzer in Deutschland geliehen, nach Afghanistan gebracht und dort erfolgreich eingesetzt. Sie verlieren keinen Soldaten, der in einem Leopard unterwegs ist.

Im April 2010 kommt ISAF-Kommandeur Stanley McChrystal nach Berlin, um den Deutschen seine Strategie für Afghanistan näher zu erläutern. Verteidigungsminister zu Guttenberg empfängt ihn respektvoll, wie einen Amtskollegen. Der Politiker schreitet die Treppe hinab, trägt wie immer einen gutsitzenden Anzug, diesmal ein dunkles Modell mit heller Krawatte. Er lächelt in die Kameras der TV-Teams und der Fotografen. Neben ihm geht der General mit kurzgeschorenem Haar und dunkelgrüner Uniform, am Ärmel goldene Streifen. Er lächelt nicht. In der Säulenhalle des Bendlerblocks, dem Dienstsitz des Verteidigungsministers in Berlin, treten sie vor die Hauptstadtpresse.

»Die Situation in Afghanistan bleibt ernst. 2010 wird ein schwieriges Jahr«, sagt McChrystal. Er spricht in knappen Sätzen, geradeaus, ohne Floskeln und Beschönigung. Sein Statement unterscheidet sich völlig von der optimistischen Rede zu Guttenbergs. Der CSU-Politiker, Medienliebling im Umfragehoch, lobt die eigene Leistung, betont mehrfach, für wie wichtig McChrystal den deutschen Beitrag in Afghanistan halte. Er sagt aber auch, dass ohne die Vereinigten Staaten in Nordafghanistan elementare militärische Fähigkeiten fehlen würden. Schließlich sind es amerikanische Hubschrauber, die zuletzt mehrfach verwundete deutsche Soldaten retten. Der Bundeswehr fehlen weiterhin eigene einsatzbereite Helikopter am Hindukusch. Und Close Air Support, also Luftangriffe, die am Boden bedrohte Truppen helfen sollen, können die Deutschen ebenso wenig umsetzen. Die angespannte Sicherheitslage in Nordafghanistan führt dazu, dass die US-Army selbst in der Region aktiv wird. 5000 US-Soldaten sollen die Bundeswehr entlasten, heißt es. Das kann durchaus als Zeichen des Misstrauens gesehen werden, als Zweifel an der Kampfkraft der deutschen Kameraden. Die Amerikaner errichten zudem zwei neue Feldlager im Norden. Die Taliban-Offensiven sollen so gebremst werden.

McChrystal hat ein neues Konzept zur Aufstandsbekämpfung entwickelt, »Embedded Partnering« nennt er es. Es sieht vor, dass ISAF-Soldaten und afghanische Soldaten zusammen »in die Fläche« gehen. Ihre Aufgabe ist, den Taliban Gebiete abzunehmen und diese dann zu halten. 1400 Soldaten der Bundeswehr werden sich daran beteiligen und eng mit der »Afghan National Army« (ANA) kooperieren. Die Bundeswehr hat die Verantwortung für die Ausbildung des 209. Korps übernommen.

Der US-General zeigt sich in Berlin von seiner diplomatischen Seite. In der deutschen Hauptstadt findet er die richtigen Worte, um die Gastgeber zu beruhigen. Er sagt, es sei eine Ehre, an der Seite der Deutschen zu kämpfen. Vor den Kameras und Mikrofonen verlangt er kein weiteres Engagement der Bundeswehr. Solche Forderungen hatten die Amerikaner in der Vergangenheit immer wieder gestellt, die Lasten der ISAF-Mission sollten fairer geteilt werden, deutsche Truppen auch in gefährlicheren Landesteilen wie dem Süden operieren. McChrystal hatte mehrfach zusätzliche Soldaten aus Europa gefordert. Deutschland stellt im Vergleich mit den amerikanischen Streitkräften nur ein kleines Kontingent, die Bundeswehr ist mit 5350 Männer und Frauen dennoch ein wichtiger Partner der USA und drittgrößter Truppensteller der ISAF. Und vor allem zeigt sich die Regierung in Berlin loyal gegenüber dem Bündnis. Noch 2010 ziehen die Niederländer ihre Kampftruppe aus Afghanistan ab, die Kanadier wollen im Jahr darauf folgen. Die Deutschen werden so lange bleiben, wie die Amerikaner am Hindukusch präsent sind.

McChrystals Besuch in Berlin fällt in eine heiße politische Phase. In der Hauptstadt diskutieren Politiker, Experten und ehemalige Militärs über Mängel in der Ausrüstung und Ausbildung der Streitkräfte. SPD-Chef Sigmar Gabriel fragt kritisch nach, ob das erst im Februar 2010 vom Bundestag verlängerte ISAF-Mandat tatsächlich den Umständen in Afghanistan entspreche. Abgeordnete der Sozialdemokraten zweifeln öffentlich den Sinn der Mission an. Die Linkspartei, die den Einsatz von Anfang an ablehnt, verlangt erneut den Abzug. Die FDP-Verteidigungsexpertin Elke Hoff kritisiert, dass die Bundeswehr auf das Partnering nicht vorbereitet sei. Es fehle ein entsprechendes Ausbildungskonzept, Übersetzer und Sanitätspersonal. Omid Nouripour, ein sicherheitspolitischer Fachmann der Grünen, wirft der Regierung vor, die Risiken der neuen Strategie zu verschleiern. Sie müsse »endlich ehrlich darlegen, welche Bedrohungs- und Gefahrensituation im Norden Afghanistans herrscht«.

Guttenberg räumt ein, das McChrystals Strategie ein Risiko berge. »Erschwerend kommt für die deutschen Soldaten hinzu, dass sie nur eine geringe Kenntnis von ihrem Einsatzgebiet haben und zu wenig Feindaufklärung betreiben«, sagt auch der pakistanische Autor Ahmed Rashid, der sich wie kaum ein anderer mit der Taliban-Bewegung auskennt. »Sie haben ihre Lager bisher zu selten verlassen. Oftmals wissen sie nicht zu unterscheiden: Wer ist ein Taliban – und wer nicht?«

Der frühere Generalinspekteur Harald Kujat kritisiert, dass die Bundeswehr nicht ausreichend für die Gefechte in Afghanistan ausgestattet ist. So gibt es bei der Ausbildung während der Einsatzvorbereitung in Deutschland zu wenige Fahrzeuge, um die Männer und Frauen darauf zu trainieren. Einige lernen etwa den Dingo erst im Feldlager kennen. Unter Beschuss auszusteigen oder richtig in Deckung zu gehen, ist aber keine Lappalie, die in einem Crashkurs trainiert werden kann.

In Afghanistan fehlt es der Bundeswehr weiterhin an Hubschraubern. Jahrelang wartet die Truppe auf die vor langem bestellten Transporthelikopter NH90 und den für den Kampf vorgesehenen »Tiger«. Zum Einsatz kommt stattdessen der Helikopter CH-53, der zum Truppentransport und zur Luftrettung genutzt wird. Doch der Hubschrauber ist drei Jahrzehnte alt und anfällig. Solange die Tiger nicht in Afghanistan sind, kann die Bundeswehr nicht eigenständig Luftunterstützung leisten. Zwar hat die Bundesregierung 2007 ein kleines Geschwader von sechs Tornado-Jets entsandt. Doch diese Recce-Variante dient allein der Luftaufklärung. Die Flugzeuge dürfen keine Bodenziele angreifen und selbst die Einschüchterung möglicher Gegner ist ihnen untersagt. Der Tornado-Einsatz ist zudem umstritten, weil die gemachten analogen Fotos erst nach der Landung entwickelt und ausgewertet werden können. Doch ein mobiler Gegner, wie Taliban in Jeeps und Pick-ups, ist dann längst zahlreiche Kilometer von der erfassten Position entfernt. Die Tornados seien »operativ nutzlos« und dienten »lediglich als Beruhigungsaufgabe für nicht erbrachte Leistungen an anderer Stelle im Bündnis«, fasst der Außenpolitikexperte Stefan Kornelius in seinem Buch »Der unerklärte Krieg« zusammen.

Im Sommer 2010 löst David Petraeus den ISAF-Kommandeur Stanley McChrystal ab, der sich gegenüber einem Journalisten despektierlich über seinen Präsidenten geäußert hatte. Der General wirft dem Politiker vor, keine Ahnung vom Militär zu haben. Barack Obama beruft McChrystal daraufhin ab und entlässt den General kurz darauf. Petraeus war es zuvor gelungen, die Aktivitäten der Aufständischen im Irak einzudämmen. Er hat Lehren aus dem Vietnamkrieg gezogen, der schlimmsten militärischen Niederlage in der Geschichte der Vereinigten Staaten. Sein Konzept sieht nicht nur das Bekämpfen von Gegnern vor, sondern auch den Aufbau von Sicherheitsstrukturen und einen engen Kontakt zur Zivilbevölkerung. In Afghanistan beginnen die Streitkräfte, seine Strategie zur Aufstandsbekämpfung umzusetzen. Die ISAF, und damit auch die Bundeswehr, folgt nun der Direktive »clear, hold, build«. Gebiete, die von Aufständischen kontrolliert oder bedroht werden, sollen erst gesäubert, dann gehalten und schließlich durch Aufbau von staatlichen Strukturen dauerhaft gesichert werden. In der letzten Phase geht es auch darum, die afghanischen Sicherheitskräfte zu ertüchtigen, eigenständig gegen ihre Gegner vorzugehen.

Wie kann das gehen, zu kämpfen und dann gleich wieder aufzubauen? »Bei einer Operation südwestlich von Kundus haben wir sofort nachdem das Schlimmste vorbei war, mit Aufbauprojekten begonnen. Ein paar Tage nach schweren Gefechten haben Pioniere bereits Stromleitungen verlegt«, sagt Generalmajor Hans-Werner Fritz, Kommandeur des Regionalkommandos Nord, im Interview mit »Zeit Online«. »Das kam bei der Bevölkerung gut an. Sie spüren unmittelbar, dass die Lage mit der ISAF besser für sie wird. Das schließt natürlich nicht aus, dass wir dann auch mit mittel- und langfristigen Projekten weitermachen – etwa dem Straßenbau oder der Errichtung von Schulen.«

Petraeus will zusätzlich Gegner der ISAF zum Überlaufen anregen. Er setzt ein umfassendes Amnestieprogramm durch, dass Anhängern der Taliban und anderen Aufständischen ermöglicht, nach der Abgabe ihrer Waffen straffrei zu bleiben. Ganze Milizen wechseln zu den Sicherheitskräften über. Petraeus verstärkt das »Partnering«. Dabei ziehen Soldaten der ISAF gemeinsam mit den von ihnen ausgebildeten Afghanen los. Ab Ende 2010 soll die afghanische Armee stärker in der Praxis, notfalls auch im Kampfgebiet, ausgebildet werden. Auch die deutschen Streitkräfte folgen der von Petraeus angepassten Partnering-Strategie. »Die Bundeswehr wird nicht den Poncho mit den Afghanen teilen, aber viel enger zusammenarbeiten«, sagt Verteidigungsminister zu Guttenberg. Er will, dass deutsche Soldaten gemeinsam mit den Afghanen mehr Präsenz in der Fläche zeigen. So sollen Patrouillen häufiger draußen unterwegs sein, auch im Feld übernachten. Der Bundeswehrverband kritisiert das erhöhte Risiko für die Truppe. Von und zu Guttenberg verteidigt seine Pläne als unumgänglich. Er räumt allerdings auch ein: »Wir müssen damit rechnen, dass weitere Soldaten fallen und verwundet werden.« Zwei Bataillone der ANA mit jeweils 700 Soldaten sind für das Partnering vorgesehen.

In Berlin geht es am 7. Oktober 2010 um die Versorgung versehrter Soldaten. Robert Sedlatzek-Müller sitzt mit zwei ebenfalls durch ihre Einsätze traumatisierte Kameraden auf der Besuchertribüne des Reichstages in Berlin. Er will mit dabei sein, wenn die Abgeordneten über eine Änderung des Soldatenversorgungsgesetzes abstimmen. Ein halbes Jahr zuvor wurde er aus der Bundeswehr entlassen. Nun hofft Sedlatzek-Müller, dass ihm von der Truppe geholfen wird, denn seine PTBS hindert ihn daran, ein geregeltes Leben zu führen, immer wieder holen ihn die

Erlebnisse aus dem Kosovo und vor allem aus Afghanistan ein. Er leidet an einer ständigen Schlafstörung, an Angstzuständen, einer Essstörung, an Nesselsucht und Unruhe. Er trinkt zu viel Alkohol, wird schnell aggressiv und steht oft kurz davor, die Kontrolle zu verlieren. In sogenannten »Flashbacks« erlebt der Ex-Soldat die Szenen aus Afghanistan und dem Kosovo immer wieder. Er wird den Krieg nicht los.

Dringend braucht er eine Therapie, aber die Bundeswehr hat ihn unbehandelt entlassen. So ist es auch Kameraden von ihm ergangen. Gemeinsam mit anderen Betroffenen hat er den »Bund deutscher Veteranen« gegründet. Sie wollen darauf aufmerksam machen, dass Bundeswehrspitze und Politik sich für ihr Schicksal nicht ausreichend interessieren. Bislang verhindert ein willkürlich gesetzter Stichtag, dass Sedlatzek-Müller unter das Soldatenversorgungsgesetz fällt. Außerdem ist der Grad seiner Wehrbeschädigung bisher zu niedrig, um vom Weiterverwendungsgesetz zu profitieren, das ihm eine Wiedereinstellung in der Bundeswehr ermöglichen würde. Dann erhielte er wieder Sold und freie Heilfürsorge, denn krankenversichert ist er aktuell nicht. Nun soll der Mindestgrad auf 30 Prozent Beschädigung gesenkt werden, was Müller-Sedlatzeks Einstufung entspricht. Außerdem wollen die Parlamentarier die Höhe der Entschädigungszahlungen für verwundete Soldaten anheben, auch das würde ihm nützen. Der entlassene Fallschirmjäger ist aufgeregt. Er hofft, dass der Bundestag die von den versehrten Soldaten gemachten Änderungsvorschläge aufgreift.

Doch als Verteidigungsminister Theodor zu Guttenberg ans Mikrofon tritt, geht es nicht um die versehrten Soldaten. Es geht um aktuelle Gefechte. Der CSU-Politiker teilt dem Plenum mit, dass aus Afghanistan schlechte Nachrichten eingetroffen seien. Aufständische hätten eine deutsche Patrouille angegriffen. Ein Angehöriger der Bundeswehr sei gefallen, sechs weitere verwundet worden. Guttenberg verlässt den Saal. Sedlatzek-Müller kann den Reden der Parlamentarier nicht mehr folgen, er denkt immer nur an die Kameraden, die es getroffen hat.

Der Anschlag, über den Guttenberg spricht, ereignet sich an diesem 7. Oktober 2010. Ein Afghane, der wie ein Bauer aus der Gegend gekleidet ist, kommt bei Pol-e Khomri auf einen 26-jährigen Oberfeldwebel zu. Florian Pauli ist mit seinen Kameraden zu einer Patrouille unterwegs. Sie haben ihre Fahrzeuge zu einer Wagenburg zusammengestellt, wie Siedlertrecks im Wilden Westen. Der Fallschirmjäger will mit dem Mann sprechen und ruft einen Dolmetscher herbei. Dann zündet der Selbstmordattentäter den Sprengsatz, den er unter der Kleidung am Körper trägt. Hunderte Metallkugeln rasen durch die Luft, der Bombenbauer hat damit die tödliche Wirkung der Sprengweste noch erhöht. Der Oberfeldwebel hat keine Chance. Der Schutzwall aus gepanzerten Fahrzeugen rettet seinen Kameraden das Leben. Drei von ihnen erleiden leichte Wunden. Florian Pauli ist der achte gefallene deutsche Soldat in nur einem Jahr. Kurz vor Weihnachten stirbt noch ein weiterer Soldat bei einem Unfall mit einer Dienstwaffe. 2010 geht damit als das Jahr mit den schwersten Verlusten in die Geschichte der Bundeswehr ein.

An seine Kameraden in Afghanistan muss Sedlatzek-Müller häufig denken. Hört er von solchen Anschlägen, dann geht es ihm schlecht, quälende Bilder aus seinen Einsätzen kehren zurück. Forscher des King's College London haben in einer Studie mit britischen Soldaten herausgefunden, dass PTBS-Symptome sich bei Betroffenen verstärken, nachdem sie das Militär verlassen haben. Ohne die festen Strukturen und geregelten Abläufe scheint ihr Stress zu steigen. Zudem können die Symptome der Posttraumatischen Belastungsstörungen zunehmen, auch wenn der Auslöser lange zurückliegt. Die Zeit heilt keine psychischen Wunden. Auch Robert Sedlatzek-Müller weiß das. Er erlebt immer wieder Flashbacks, wenn er einen Knall hört, stößt sein Körper Stresshormone aus, wenn er den Geruch von verbranntem Fleisch auf dem Grill riecht, muss er sich fast übergeben, wenn ihm Vorgesetzte oder Ärzte mit Nachfragen oder Unverständnis begegnen, dann schaltet sein Gehirn in Freund-Feind-Denken um. Dann muss der Elitesoldat sich ungeheuer zusammenreißen, um die im Einzelkämpferlehrgang und Nahkampftraining erlernten Fähigkeiten nicht einzusetzen. Mit seinen Problemen steht er nicht allein. Und die Zahl der Betroffenen steigt. 440 einsatzbedingte psychische Störungen registriert die Bundeswehr im ersten Halbjahr 2010 – im gesamten Jahr 2009 sind es 466. Und das sind bereits doppelt so viele wie im Vorjahr.

Aus Berlin hört Sedlatzek-Müller erst einmal nichts. Es zieht sich alles hin. Im Februar 2011 erfährt er, dass es im Bundesverteidigungsministerium Widerstand gegen einige Änderungsvorschläge gibt. »Ich kann nicht verstehen, warum meine höchsten Vorgesetzten im Bundesministerium der Verteidigung den beabsichtigten Versorgungsverbesserung geschädigter Soldaten nicht zustimmen wollen«, hält er fest. Auch ein Treffen mit dem Wehrbeauftragten Reinhold Robbe führt nicht zu einer raschen Veränderung. Der SPD-Politiker verspricht, an der Sache dranzubleiben. Der traumatisierte Soldat muss warten und hoffen. Beides fällt ihm schwer.

Unter Traumata und psychischen Problemen leiden auch in den USA abertausende Veteranen der Kriege in Vietnam, Afghanistan und Irak. So liegt das PTBS-Risiko für US-Soldaten bei den Anti-Terror-Einsätzen am Boden zwischen 15 und 20 Prozent. Die Selbstmordrate in der US-Armee verdoppelt sich zwischen 2001 und 2009. Viele ehemalige Kriegsteilnehmer betäuben sich mit Alkohol und Drogen. Sie geraten oft in eine Abwärtsspirale von Arbeitslosigkeit, Armut und Obdachlosigkeit. In den amerikanischen Großstädten trifft man auf viele ältere Wohnungslose, die in Vietnam gekämpft haben. In den USA gibt es ein eigenes Ministerium für Veteranenangelegenheiten. Das Jahresbudget liegt bei mehr als 100 Milliarden US-Dollar.

In Deutschland verstreichen viele Jahre, bis das Verteidigungsministerium Ende 2010 schließlich einen PTBS-Beauftragten ernennt. Zahlreiche Veteranen führen zähe Prozesse gegen das Land, dem sie Treue und Tapferkeit gelobt haben und für das sie verwundet oder traumatisiert wurden. Vor Gericht müssen sie sich ihre Versorgungsansprüche erstreiten.

Die Vereinigten Staaten erleiden enorme Verluste in ihrem »war on terror«. Allein im Irak verzeichnen sie bis Ende 2010 insgesamt 4432 Tote. Für die Deutschen wird die Situation in Afghanistan ebenfalls immer brisanter. 2010 führt die Bundeswehr 120 Gefechte in Afghanistan und damit durchschnittlich jeden dritten Tag einen Feuerkampf. Die Angehörigen des 22. Kontingents, die im März 2010 ihren Einsatz beginnen, erleben zahlreiche Kämpfe. 46 Prozent von ihnen geben in einer sozialwissenschaftlichen Befragung an, feindlichen Beschuss erlebt zu haben. 37 Prozent seien mit dem Tod von Kameraden konfrontiert gewesen. Jeder fünfte Befragte stand nach eigenen Angaben selbst in Gefechten gegen Aufständische. Was neun Jahre zuvor als Stabilisierungsmission anfing, hat sich für die Soldaten zu einem Krieg entwickelt

»Ich glaube, dass wir das Jahr 2010 mit einer sehr guten Bilanz abschließen können. Wir haben uns in den zurückliegenden Monaten vor allem um die Provinzen Kundus und Baghlan gekümmert«, sagt Generalmajor Hans-Werner Fritz, der seit Juni des Jahres Kommandeur des Regionalkommandos Nord ist. »Heute sind wir im Norden sehr viel weiter als noch vor einigen Monaten. Wir waren in Gegenden drin, sind drin und werden auch drin bleiben, von denen wir bisher nicht annehmen konnten, dass man dort überhaupt rein kann.« Die deutschen Soldaten würden in schwere infanteristische Kämpfe verwickelt. »Wir sind buchstäblich auf Handgranatenwurfweite an den Gegner heran. Das ist kein Kampf mehr auf große Entfernung, sondern man kann sich gegenseitig fast in die Augen sehen«, sagt Fritz. Und weiter: »Die deutschen Soldaten haben alle Kämpfe bestanden. Wer uns angreift, kann sich warm anziehen.«

Das sind klare Worte, wie sie lange in Deutschland nicht gehört wurden. Aber manchem sind die harten Gefechte ein Graus. Ende des Jahres kündigt Außenminister Guido Westerwelle im Bundestag eine Truppenreduzierung in Afghanistan an. Der Verteidigungsminister lehnt das ab. Und so fordert Guttenberg, Deutschland müsse den Abzug »verantwortungsvoll gestalten« und »nicht Hals über Kopf einfach Afghanistan verlassen«. Die Bundeswehr bleibt, aber das Risiko wird minimiert, die Feldlager weniger verlassen. Viele Soldaten wissen nicht mehr genau, warum sie eigentlich noch am Hindukusch sind. Von der Politik erwarten sie eine Erklärung, was ihr Land dort eigentlich erreichen will. Aber konkrete Aussagen gibt es kaum.

KAPITEL 20

Ohne Strategie unterwegs – Das Scheitern in Afghanistan

Der Motor dröhnt, es riecht nach Benzin. Dreizehn Tonnen Stahl rollen langsam los. In einem gepanzerten Transportfahrzeug vom Typ Dingo brechen an einem Wintermorgen im Februar 2011 drei Soldaten des Wiederaufbauteams Kundus in den Distrikt Chahar Darreh auf. Mit ihnen fahren ein Dolmetscher und der Autor. Durch die Frontscheibe sehen sie einen »Eagle IV« vor sich, ein ebenfalls geschützter Geländewagen der Bundeswehr, der zu ihrer Patrouille gehört. Der Staub, den die Reifen des Vorderfahrzeugs aufwirbeln, legt sich braungrau auf das Panzerglas des Dingo. Im Innenraum richtet der Schütze mit zwei Griffen der Waffenstation das Maschinengewehr auf dem Dach aus. Die Fahrzeuge der Bundeswehr verlassen das Feldlager in Kundus im Schritttempo, passieren mehrere Schranken mit afghanischen Wachmännern, rollen über Bodenhindernisse, die heranrasende Selbstmordattentäter in Fahrzeugen stoppen sollen, nach draußen,

Die Soldaten im Dingo zurren die Riemen ihrer Helme fest. Vor ihnen liegt eine Route, die sie an einigen wichtigen Stationen der Einsatzgeschichte der Bundeswehr in der Region Kundus vorbeibringen wird. Sie erreichen bald Chahar Darreh, wo schon so viele ihrer Kameraden gefallen sind. Noch vor wenigen Monaten waren die Aufständischen dort so stark, dass sich kaum ein deutscher Soldat ohne Gefahr bewegen konnte. Nach einigen Offensiven der ISAF, großen Opfern und dem Bau mehrerer Außenposten, hat die Sicherheitslage sich verbessert. Dazu haben die Amerikaner ihre Truppen am Hindukusch wieder aufgestockt, auch im Norden. 100 000 Männer und Frauen der US-Streitkräfte sind nun in Afghanistan stationiert.

Die Patrouille trifft ohne Zwischenfälle im Polizeihauptquartier von

Chahar Darreh ein, zwölf Kilometer vom Feldlager in Kundus entfernt. Zwei afghanische Polizisten mit Kalaschnikows in den Händen bewachen das blau lackierte Tor. Im Hof stehen zahlreiche beige lackierte Fahrzeuge der Bundeswehr, Dingos, Eagle und Transportpanzer Fuchs. Eine Kompanie deutscher Soldaten, bis zu 100 Mann des Ausbildungs- und Schutzbataillons Kundus, sind hier in einem grauen Gebäude stationiert. Von dessen Dach aus beobachten sie die Umgebung. 200 Meter vor ihnen ragt eine Baumreihe aus dem Nebel. Von dort haben Aufständische noch vor wenigen Wochen das Polizeihauptquartier beschossen. »Wir haben sie aber zurückgeschlagen«, sagt ein Offizier der Bundeswehr. Um nur einen Distrikt in Nordafghanistan ein wenig sicherer zu machen, haben die deutschen Streitkräften einen enormen Aufwand betrieben. Mehr als 20 Stellungen hat die Bundeswehr bauen lassen, besetzt mit den eigenen Soldaten, afghanischen Polizisten sowie Milizionären.

Die Fahrt der Patrouille geht weiter. Vor der Höhe 432 lässt der Truppführer die Fahrzeuge anhalten. Hier in der Nähe haben beim Karfreitagsgefecht die Taliban und ihre Verbündeten die Bundeswehr unter Feuer genommen.

Immer noch halten deutsche Soldaten den Hügel, der von drei Reihen Stacheldraht umgeben ist. Sie haben sich aus Sandsäcken und Hesco-Containern, Drahtgestellen, die mit Erde gefüllt werden, eine kleine Festung errichtet. Eine schwarz-rot-goldene Fahne weht über der Stellung.

Vor kurzem haben deutsche Soldaten vor Isa Khel das Wrack des Dingos geborgen, der bei dem Gefecht vor einem Jahr zerstört worden war. Bauarbeiter aus der Region reparieren im Auftrag der Bundeswehr die Straße, einige Arbeiter kommen aus Isa Khel. Einer von ihnen berichtet, dass nachts manchmal noch Aufständische unterwegs seien. Völlig vertreiben können die ISAF-Soldaten die Taliban nicht, diese sind wie von Mao im chinesischen Bürgerkrieg von seinen Guerillas gefordert, wie Fische im Wasser. Sie tauchen unter den Zivilisten unter, sind oft nur schwer als Gegner zu erkennen.

Die Kolonne fährt weiter auf der Straße Little Pluto. Das nächste Ziel sei die Mischa-Maier-Brücke, teilt der Zugführer über Funk mit. Benannt wurde sie nach einem gefallenen Kameraden. Um zur Baustelle zu kommen, müssen die Fahrzeuge den Kundus-Fluss durchqueren, der gerade nicht viel Wasser führt. Der Dingo rollt durch die flache, hellbraune Brühe an einer Furt, die gut sechs Kilometer vom Feldlager in Kundus entfernt liegt. Die Deutschen kommen an zwei ausgebrannten Tanklaster-Wracks vorbei, die immer noch in Ufernähe stehen. Die beiden Lastwagen waren in der Nacht zum 4. September 2009 von zwei amerikanischen Bomben zerstört worden, den Abwurf befiehlt den US-Piloten der deutsche Oberst Georg Klein, Kommandeur in Kundus. Bei dem Luftangriff sterben bis zu 142 Menschen.

Taliban-Kämpfer haben die Tanklastwagen entführt und deren Fahrer gezwungen, in Richtung Kundus zu fahren. Die Bundeswehr hat das mitbekommen. Oberst Klein fürchtet, dass die mit Treibstoff beladenen Fahrzeuge als rollende Bomben für einen schweren Anschlag genutzt werden. Als die gut 25 Tonnen schweren Wagen in der Furt auf einer Sandbank stecken bleiben, erschießen die Aufständischen einen der Fahrer. Dann informieren sie ihre Sympathisanten in der Region, dass sie Treibstoff abzapfen können. Das bekommen weitere Anwohner mit, die ebenfalls mit Kanistern zum Fluss eilen. Außerdem lassen die Taliban einen Traktor kommen, um die festgefahrenen Laster frei zu schleppen.

Oberst Klein beobachtet im Gefechtsstand einer Spezialeinheit, was am Fluss los ist. Erst ist ein amerikanischer B1-Bomber in der Luft, dann übernehmen zwei F-15-Jets die Luftaufklärung. Kameras an Bord liefern Echtzeitbilder, die der deutsche Offizier anders interpretiert als die Amerikaner. Die Piloten wollen von den Deutschen wissen, ob Zivilisten am Boden sind. Der für den Funkkontakt und die Zielweisung zuständige Fliegerleitfeldwebel teilt ihnen mit, dass es sich um feindliche Kämpfer handelt. Ein afghanischer Informant, eine Quelle der Deutschen, der für seine Auskünfte bezahlt wird, berichtet, dass ausschließlich Aufständische vor Ort seien. Die Piloten bezweifeln die Angaben der Deutschen.

Die Amerikaner wollen zur »Show of force« übergehen, also im Tiefflug über die Tanklaster donnern, um die Gegner zu vertreiben. »Negativ«, antwortet der Gefechtsstand in Kundus. Klein trifft dann eine Entscheidung, ohne Rücksprache mit seinen Vorgesetzten. Er befiehlt den F-15-Piloten einen Angriff mit zwei lasergelenkten Bomben. Als die Jets zum Angriff übergehen, rasen zwei Pick-ups von der Furt weg. Um

1:49 Uhr explodieren die Bomben. Zahlreiche Zivilisten, darunter am Krieg Unbeteiligte, sterben. Oberst Klein schickt keine Soldaten an die Furt. Er riskiert nicht, eigene Kräfte zu verlieren. Den Einsatz von Bodentruppen schließt Klein wohl auch aus, weil nicht genügend schwer gepanzerte Fahrzeuge zur Verfügung stehen. Er setzt keine deutschen Drohnen ein. Der Offizier lässt nach dem Luftschlag vor Ort nicht unmittelbar feststellen, ob es »Kollateralschaden« am Fluss Kundus gegeben hat.

Bald schon berichten die Vereinten Nationen und die afghanische Regierung unabhängig voneinander über zivile Verluste. Oberst Klein hat in einem militärischen Dilemma gesteckt, daraus entsteht ein politisches Desaster. Deutschland gerät bei den Verbündeten und auf der internationalen Bühne in Erklärungsnot, schließlich hat die Bundesregierung die Amerikaner immer wieder für ihr rücksichtsloses Vorgehen kritisiert. Der Luftangriff hat gewaltige Auswirkungen in Deutschland. Der Fall macht Schlagzeilen, die Debatte über den Charakter der Mission und über ihren Sinn flammt neu auf.

Franz Josef Jung muss die politische Verantwortung übernehmen, er wird von Kanzlerin Merkel in ihrem neuen Kabinett nicht mehr zum Verteidigungsminister berufen, sondern ist für Arbeit zuständig. Nach einigen Wochen holt ihn auch im neuen Ressort die »Kundus-Affäre« ein. Er tritt zurück. Sein Nachfolger als Verteidigungsminister, Karl-Theodor zu Guttenberg, entlässt wegen der aus seiner Sicht mangelnden Aufklärung des Bombardements den Generalinspekteur Wolfgang Schneiderhan und den Staatssekretär Peter Wichert. Ein Untersuchungsausschuss des Bundestages versucht fast zwei Jahre lang, die Hintergründe des Bombardements aufzuklären. Und der Generalbundesanwalt ermittelt gegen Klein und den Fliegerleitfeldwebel, klagt beide aber nicht an. »DerAbwurf von Bomben auf Ziele, in deren unmitelbarer Nähe sich Menschen aufhalten, ist auch nach den Vorschriften des deutschen Strafgesetzbuchs bei Geltung des Konfliktsvölkerrechts immer dann gerechtfertigt und damit straflos, wenn der militärische Angriff völkerrechtlich zulässig ist«, heißt es in einer Erklärung des Juristen. Klein bleibt in der Truppe und wird später zum General befördert.

Angehörige von Opfern klagen vergeblich gegen die Bundesrepublik

Deutschland auf Schadensersatz und Wiederaufnahme der Ermittlungen. Die Große Kammer des Europäischen Gerichtshofs für Menschenrechte entscheidet mehr als ein Jahrzehnt nach dem Luftangriff, im Februar 2021, dass die deutsche Justiz ausreichend in dem Fall der Tanklaster ermittelt hat. Ein afghanischer Vater, dessen beide Söhne bei dem Luftschlag gestorben sind, hat das europäische Gericht angerufen. Sein Vorwurf, die Bundesrepublik hätte Menschenrechte verletzt, und seine Forderung, die deutsche Justiz müsse erneut gegen den verantwortlichen Offizier ermitteln, weisen die Richter ab. Zuvor war der Afghane mit einer Verfassungsbeschwerde in Deutschland gescheitert. Gegen die Entscheidung des Europäischen Gerichtshofs kann er kein weiteres Rechtsmittel einlegen.

Etwa 17 Monate nach dem verheerenden Luftangriff schuften afghanische Arbeiter im Auftrag der Bundeswehr wenige Meter von den Tanklasterwracks entfernt an einer Brücke. Innerhalb eines umzäunten und bewachten Geländes bauen Männer an einem Stahlgerüst. Die Deutschen sind unzufrieden mit dem Fortschritt. Seit Wochen tut sich fast gar nichts.

Dann geht es für die Patrouille weiter. »Charlie eins an alle«, dringt es aus dem Funkgerät. »Geschwindigkeit an das erste Fahrzeug anpassen. Abstand 80 Meter.« Nach wenigen Minuten biegen die Fahrzeuge auf eine der Hauptstraßen ein, die zurück zum Feldlager führt. Die Fahrzeuge passieren bunt verzierte Lastwagen und mit Herzen und Tauben bemalte dreirädrige Taxis. Wachsam schauen die Soldaten aus den Fenstern. Als sie das Hochplateau erreichen, auf dem das deutsche und das amerikanische Camp, der Flugplatz und die afghanischen Polizeiakademien liegen, fällt die Anspannung von ihnen ab. Es bleibt wenig Zeit zum Ausruhen, am Abend sollen sie wieder hinausfahren, nochmals nach Chahar Darreh, damit die Aufständischen nicht zurückkommen.

Im selben Monat, in dem die Patrouille ohne Zwischenfall durch Chahar Darreh fährt, schlägt am 18. Februar 2011 im »OP North« der Bundeswehr in Baghlan ein Innentäter zu. Der Mann heißt Sayed Afzal, er trägt die Uniform der afghanischen Armee, stammt aus der Region Khost, in der überwiegend Paschtunen leben, ist 19 Jahre alt. Als er am späten Vormittag auf eine Gruppe deutscher Panzergrenadiere zu schlendert, die gerade die Gummipolster an den Ketten eines Marder wechseln, ahnen die Männer nichts. Die neuen Soldaten tragen im Lager weder Gefechtshelme noch Schutzwesten, ihre Sturmgewehre haben sie nicht dabei, nur die Pistolen stecken im Halfter.

Als Sayed Afzal die Deutschen erreicht, feuert er aus seinem M-16-Sturmgewehr, das er von den amerikanischen Streitkräften erhalten hat, auf die ahnungslosen Männer. Ein ganzes Magazin leert er, als er nachladen will, erschießt ihn ein Panzergrenadier, der auf der anderen Seite des Marders gestanden hat, mit seiner Pistole.

Der Attentäter stirbt, aber aus Sicht seiner Auftraggeber war er erfolgreich. Er hat neun Bundeswehrangehörige teilweise schwer verwundet. Ein Hauptfeldwebel hat Verletzungen an inneren Organen erlitten. Sechs Sanitäter, Mediziner und Ersthelfer versuchen, 45 Minuten lang ihn wiederzubeleben. Sie schaffen es nicht, ihn zu retten. »Er stirbt im Schatten eines Schützenpanzers, in dem er fünf Monate Krieg unversehrt überstanden hatte«, schreibt Marco Seliger in seinem Buch »Sterben für Kabul«, in dem er detailliert schildert, welche verheerende Wirkung der Anschlag hat. Vier weitere Soldaten schweben in Lebensgefahr. Zwei von ihnen können auch im Lazarett eines ungarischen Feldlagers, in das sie amerikanische Hubschrauber ausgeflogen haben, von den Medizinern nicht gerettet werden. Zwei weitere Männer fliegen die Amerikaner in das deutsche Feldlager Kundus. Einer von ihnen hat sechs Kugeln im Rücken stecken und innere Blutungen. Bald gehen die Blutkonserven aus, die US-Hubschrauber-Crews holen vom US-Stützpunkt Bagram Nachschub herbei. Die Bundeswehrärzte können den Schwerverwundeten damit am Leben halten. Die Zusammenarbeit der Deutschen mit ihren afghanischen Partnern belastet der brutale Anschlag empfindlich. Wem können die Männer und Frauen der Bundeswehr noch trauen? Den Aufständischen ist es gelungen, eine große Zahl von Sympathisanten in die Sicherheitskräfte einzuschleusen. Die Innentäter-Gefahr begleitet die ISAF nun durch die nächsten Einsatzjahre.

Am 28. Mai 2011 verüben Terroristen einen weiteren schweren Anschlag. Im Palast des Gouverneurs von Taloqan, Abdul Jabar Taquq, kommen der Polizeichef Doud Doud, Vertreter der afghanischen Armee und der deutsche General Markus Kneip, Kommandierender in Nordafghanistan, zu einem Treffen zusammen. Als einige der Teilnehmer das Gebäude verlassen, explodiert ein versteckter Sprengsatz, den der Bombenbauer mit zahllosen Metallkugeln ergänzt hat und der per Smartphone ausgelöst wird. Zwei deutsche Soldaten, die den General begleiten, sterben, einer ist Personenschützer, der andere Berater. Kneip wird schwer verwundet, ebenso die Dolmetscherin. Die Situation in Afghanistan wird immer bedrohlicher. Auch für die Bundeswehr.

Im selben Jahr macht die Politik weitere Vorgaben an die Truppe, sich auf die Missionen außerhalb des Bündnisgebietes zu fokussieren. 2011 wird die Aufgabe der Landesverteidigung quasi aus dem Portfolio der Kampftruppe gestrichen. Die Bundeswehr soll sich auf Auslandseinsätze wie in Afghanistan konzentrieren. Deswegen wird am 24. März 2011 die Wehrpflicht mit Wirkung zum 1. Juli ausgesetzt. Damit beendet der Bundestag eine militärische Tradition – zumindest vorerst. Außerdem soll die Truppe weiter schrumpfen. Die personelle Obergrenze legen die Abgeordneten bei 185 000 Soldaten und dazu noch 55 000 zivilen Mitarbeitern fest.

Ähnliches hatte die »Weise-Kommission« in einem Bericht vorgeschlagen. Ihre sechs Mitglieder unter Vorsitz von Frank-Jürgen Weise, dem Vorstandsvorsitzenden der Bundesagentur für Arbeit und Obersten der Reserve, haben ihr Werk mit Reformvorschlägen den Titel »Vom Einsatz her denken. Konzentration, Flexibilität, Effizienz« gegeben. In Zeiten der Weltfinanzkrise will die Politik bei der Bundeswehr erheblich sparen. Dafür macht die Kommission Vorschläge. So soll der Umfang der Truppe reduziert werden. Denn die Streitkräfte seien überaltert und »stabslastig«. Die Kommission fordert einen radikalen Umbau. Vor allem setzt sie auf Privatisierung. »Alle nicht einsatzrelevanten Prozesse« sollten »an die Wirtschaft« ausgelagert werden.

So radikal, wie von der Kommission vorgeschlagen, geht das Verteidigungsministerium nicht ans Werk. Aber die verkündeten Einschnitte fallen doch krasser aus, als von Experten erwartet. »Als im Jahr 2010 der heutige Umfang der Bundeswehr festgelegt wurde, waren viele Abgeordnete und Beobachter überrascht von der lange geheim gehaltenen neuen Zahl. Statt 250 000 nun 185 000! Das bedeutete noch einmal einen radikalen Schnitt«, erinnert sich Hans-Peter Bartels (SPD), ehemaliger Verteidigungsexperte der Fraktion im Bundestag und Wehrbeauftragter des Parlaments. »Ich persönlich hätte damals auf 200 000 getippt.« Es soll damit auch gespart werden, dass Ausbilder, die bislang die Wehrpflichtigen trainiert haben, für andere Aufgaben frei werden, und Stellen abgebaut werden. Verteidigungsminister Karl-Theodor zu Guttenberg prägt den Spruch, dass »die Schuldenbremse« den »höchsten strategischen Parameter« für seine neue Bundeswehr darstelle.

Alfons Mais, der heutige Inspekteur des Heeres, ist damals Referatsleiter im Verteidigungsministerium. Er und seine Offizierskameraden wissen genau, dass die Ressourcen begrenzt sind und die Truppe keine weiteren finanziellen Mittel erhält. »Damit mussten wir umgehen. Damals standen die Gefechte in Afghanistan für uns im Vordergrund. 5000 deutsche Soldatinnen und Soldaten waren dort stationiert, es herrschten kriegsähnliche Zustände«, erinnert sich der heutige Generalleutnant im Gespräch mit »Zeit Online«. »Es schien nur logisch, uns auf die Mission in Afghanistan zu konzentrieren, unsere Priorität war, die Soldaten dort im Einsatz zu schützen. Und uns allen war klar, dass es grundsätzlich zehn Jahre brauchen würde, um diese Ausrichtung wieder zu ändern.«

Die Politik spricht vom »Aussetzen« der Wehrpflicht. Tatsächlich aber beendet die Regierung Merkel die zwangsweise Rekrutierung dauerhaft. Denn den Wehrdienst abzuschaffen ist viel leichter, als ihn wieder einzurichten. Seit dessen Ende hat die Bundeswehr zahlreiche Liegenschaften aufgegeben, für tausende junge Deutsche, die wieder trainiert werden müssen, gibt es weder Ausbilder noch Unterkünfte. Zudem bringt eine kurze Dienstzeit von sechs, neun oder zehn Monaten der Truppe nichts. »Die alte Wehrpflicht wieder einzuführen, würde das Heer überfordern«, sagt Alfons Mais. »Ich habe den Aufwand einmal berechnen lassen. Wir müssten ein Viertel unseres Einsatzpersonals dafür abstellen, das organisatorisch aufzusetzen und die Wehrpflichtigen zu trainieren. So würde unsere Leistungsfähigkeit eher sinken.« Problematisch am Ende der Wehrpflicht, denn auf nichts anderes läuft das Aussetzen hinaus, ist für die Truppe vor allem, dass sie den Kontakt zur Gesellschaft immer mehr verliert. In der Öffentlichkeit ist die Bundeswehr kaum noch präsent.

Guttenberg hatte das Ende des Zwangsdienstes vorangetrieben. Fehlende Wehrgerechtigkeit und die Ausrichtung der Bundeswehr als Auslandsarmee, zu deren Missionen außerhalb Deutschlands keine Wehrpflichtigen eingeplant werden können, sind zwei starke Argumente des CSU-Politikers. Aber weder er noch seine Nachfolger unterstützen die Bundeswehr nach dem Aussetzen dabei, das nötige Personal zu finden. Obwohl sie stetig kleiner wird, fällt es der Bundeswehr zunehmend schwer, ihre vorgegebene Stärke zu erreichen. Sie kämpft nicht nur mit der demografischen Entwicklung, dass weniger junge Leute bereitstehen, sondern auch mit der Konkurrenz auf dem Arbeitsmarkt.

Besonders attraktiv empfinden viele junge Leute die Bundeswehr als Arbeitgeber nicht gerade, vor allem auch wegen der Auslandseinsätze und der häufigen Dienstortwechsel, die viele Umzüge erzwingen, wenn man in der Nähe der eigenen Kaserne wohnen möchte. Mit martialischen TV-Werbespots versucht die Bundeswehr, junge Leute für sich zu begeistern. Weil die Filme den militärischen Kampf in den Mittelpunkt stellen, Luftangriffe und Gefechte am Boden mit Actionmusik unterlegen, muss die Bundeswehr nach politischem Protest die Spots einstellen. Die Personalprobleme bleiben ungelöst. 20 000 Stellen sind bei der Truppe unbesetzt. Die Zahl der Zeitsoldaten befindet sich auf einem Tiefstand.

Viele Freiwillige geben schon in der Probezeit auf. Mehr als jeder vierte von ihnen bricht den Dienst vorzeitig ab. Als der damalige Verteidigungsminister de Maizière die ersten »freiwillig Wehrdienstleistenden« in einer Berliner Kaserne begrüßt, schüttelt er vor den Kameras ausgerechnet einem jungen Mann im »Thor-Steinar«-Pullover die Hand, einer bei Rechtsextremen beliebten Modemarke. Viele junge Leute, die sich rekrutieren lassen, sind körperlich oder mental keine echte Verstärkung.

Welchen Aufgaben die Bundeswehr nachgehen soll, bleibt umstritten. Bundespräsident Horst Köhler löst 2010 einen Eklat aus. Auf dem Rückflug aus Afghanistan, wo er deutsche Soldaten besucht hatte, sagt er in einem Radiointerview, dass militärische Mittel notwendig sein könnten, um Deutschlands Interessen zu wahren, »zum Beispiel freie Handelswege«. Nach heftiger Kritik an seiner Aussage tritt das Staatsoberhaupt zurück. Auf der Münchner Sicherheitskonferenz im November 2010 verteidigt Guttenberg die Aussage Köhlers.

Im September 2011 gedenken die Vereinigten Staaten den Opfern von 9/11. Zehn Jahre sind die Anschläge nun her, und noch immer läuft der »war on terror«, noch immer sterben US-Soldaten in Afghanistan und auch im Irak. 2011 erklärt Obama den Einsatz an Euphrat und Tigris für beendet und unterstreicht die großen Erfolge, die seine Streitkräfte dort erzielt hätten. Danach kommt es regelmäßig zu schweren Anschlägen in Bagdad und anderen irakischen Städten. Die Sicherheitslage bleibt fragil – wie auch am Hindukusch.

2011 fallen sieben deutsche Soldaten in Afghanistan. Ein Ende des deutschen Engagements in dem Land ist aber immerhin endlich in Sicht. Ziel der ISAF ist es, die Zahl der Kontingente zu reduzieren und den Abzug vorzubereiten, organisatorisch und verbal. Bis Ende Februar 2014 sollen nur noch 3300 deutsche Soldaten in Afghanistan stationiert sein. Deutschland bleibt zwar drittgrößter Truppensteller, zieht sich aber zunehmend aus der Fläche zurück. Dabei ist es im Einsatzland nicht sicherer geworden. Im September 2012 wird ein geheimer Bericht des Bundesnachrichtendienstes bekannt, in dem von einer prekären Situation in Afghanistan gesprochen wird.

»Wie lange die Regierung Karsai und dessen Nachfolger sich an der Macht halten werden, wenn die westlichen Kampftruppen abgezogen sind, ist die große Frage. Für die Sicherheitslage im Land prophezeien die meisten Experten eine gravierende Verschlechterung, wenn die ISAF in zwei Jahren Geschichte ist«, schreibt 2012 »Zeit Online«. »Taliban-Gruppen werden ihren Einfluss weiter ausbauen, in weiten Teilen haben sie längst Parallelstrukturen etabliert– auch im Norden, dem Einsatzgebiet der Bundeswehr. Die Sicherheitslage hat sich vor allem für die westlichen Truppen verbessert. Aufständische greifen längst vor allem die afghanischen Sicherheitskräfte an: Soldaten, die sowieso abziehen, sind kein wirklich lohnendes Ziel mehr.«

Dennoch zeigt sich die Bundeswehrführung 2012 optimistisch: »Die Lage ermöglicht eine militärisch angemessene und politisch verantwortungsvolle Kräfteanpassung, die der gemeinsam beschlossenen Strategie aller ISAF-Staaten entspricht.« Übersetzt aus der verklausulierten Sprache der Militärbürokratie bedeutet das den Abzug deutscher Soldaten aus der Fläche. So soll der Stützpunkt Observation Post (OP) North 2013 aufgegeben werden, danach das Feldlager in Kundus. Das deutsche Camp in Faizabad hat die Bundeswehr bereits an die Afghanen übergeben. Die Streitkräfte ziehen sich nach Masar-i-Sharif zurück, das in einer ruhigen Region liegt.

Andere Streitkräfte riskieren mehr in Afghanistan. Vom 1. Oktober bis zum 9. Dezember 2012 registrieren die westlichen Truppen rund 4240 Sicherheitszwischenfälle, Angriffe auf die afghanische Armee und Polizei, auf Zivilisten und die ausländischen Soldaten. 39 ISAF-Angehörige sterben und 318 werden verwundet. In einem Wochenbericht der Bundeswehr aus dieser Zeit heißt es knapp: »keine berichtenswerten Ereignisse«.

Die Bundesregierung leitet aus der geringen Zahl eigener Verluste eine verbesserte Sicherheitslage ab. Die Deutschen erleiden kaum noch Verluste, weil sie ihren Abzug vorweggenommen und sich überwiegend in ihre Lager zurückgezogen haben. Während die Bundeswehr sich in Afghanistan zurückhält, kommen neue Auslandseinsätze dazu. Anfang 2013 bahnt sich eine weitere Mission für die Bundeswehr an, diesmal in Westafrika. Französische Truppen greifen in Mali ein, um den Vormarsch von Islamisten zu beenden. Ende Januar befreien Einheiten Malis und Frankreichs gemeinsam die Stadt Timbuktu. Die Bundesregierung lobt den französischen Militäreinsatz, will selbst aber keine Kampftruppen entsenden. Stattdessen sagt sie logistische Hilfe zu. Außenminister Guido Westerwelle verspricht französischen Kollegen Transportflugzeuge. Abermals soll es die Transall richten. Zwei Maschinen brechen nach Mali auf.

In den Jahren zuvor hatte die Bundesrepublik bereits die malischen Streitkräfte mit Altbeständen aus dem Fahrzeugpark der Bundeswehr versorgt, dazu mit Zelten und Sanitätsmaterial. Die malischen Streitkräfte sind dennoch nicht in der Lage, die Islamisten, die im Norden des Landes stark sind, aufzuhalten. Waffen und Munition werde Deutschland nicht liefern, sagte damals ein Sprecher des Verteidigungsministeriums.

Über die beiden Transall zeigt sich Frankreich wenig begeistert. Die Regierung in Paris bittet die Bundesregierung um weitere Flugzeuge zur Luftbetankung. Aber selbst wenn Deutschland dabei helfen wollte, kann es das nicht. Die Vereinigten Staaten hätten Tankflugzeuge im dreistelligen Bereich, Frankreich verfüge zudem selbst über solche Maschinen und die Bundeswehr hat lediglich vier dieser fliegenden Tankstellen, zählt ein Sprecher des Verteidigungsministeriums während der Regierungspressekonferenz in Berlin auf. Zudem gibt es ein Problem, das den Einsatz der deutschen Flugzeuge verhindert. Es fehlt an einem zertifizierten Luftbetankungsverfahren zwischen Deutschland und Frankreich. Wie so oft steht die Bürokratie im Weg.

2014 beendet Deutschland den Kampfeinsatz in Afghanistan offiziell. Auf die ISAF-Mission folgt am 1. Januar 2015 die Operation »Resolute Support«. Der neue Name, »Entschlossene Unterstützung«, klingt markig. Aber besonders entschlossen treten die Streitkräfte aus dem Westen nicht auf. »Es ist kein Kampfeinsatz mehr«, sagt Verteidigungsministerin Ursula von der Leyen. Nun steht keine flächendeckende Stabilisierung mehr im Vordergrund, sondern die Ausbildung der afghanischen Sicherheitskräfte. So zeigen deutsche Pioniere ihren afghanischen Kameraden im »Camp Shaheen«, ganz in der Nähe ihres eigenen Feldlagers, wie Sprengfallen entschärft, Logistik organisiert und Einsätze geplant werden. Mehr und mehr bleiben die Deutschen in den Feldlagern in Masar-i-Sharif, wo gut 720 Deutsche stationiert sind, und Kabul, wo 100 Angehörige der Bundeswehr stehen. Die meisten von ihnen sind Ausbilder, Kampftruppe hingegen ist kaum noch vor Ort.

Die Bundeswehr organisiert ihren Rückzug in Raten. Schließlich hat auch US-Präsident Barack Obama angekündigt, die eingesetzten Kräfte zu reduzieren. Und sein Nachfolger Donald Trump will den Einsatz rasch beenden. Er lässt mit Vertretern der Taliban verhandeln. Für die Menschen in Afghanistan sind diese Entwicklungen fatal – auch im Norden. Das Feldlager in Kundus hat die Bundeswehr bereits im Oktober 2013 geräumt und die »Sicherheitsverantwortung«, an die afghanische Polizei und die Armee übergeben. Zwei Jahre später, im Herbst, zeigt sich, was Experten bereits beim deutschen Abzug befürchtet haben, dass die Afghanen im Norden nicht in der Lage sind, organisierte und energische Attacken der Aufständischen zurückzuschlagen.

Als in Deutschland bekannt wird, dass Taliban-Kämpfer nach Kundus einsickern, wirkt die Bundesregierung hilflos. Das Einsatzführungskommando der Bundeswehr muss eingestehen, dass »kein klares Lagebild« vorliege, wie ein Sprecher sagt. »Die Lage in Kundus ist besorgniserregend«, heißt es nur.

Während die US-Army einige Jets und Kampfdrohnen schickt sowie Special Forces entsendet, hält sich Deutschland, einst für Kundus zuständig, zurück. Mit Hubschraubern landen deutsche Soldaten im Oktober 2015 in der Provinzhauptstadt. Erstmals seit vielen Monaten sind Angehörige der Bundeswehr, 34 Spezialisten, wieder in Kundus aktiv. Ihr Besuch hat einen ernsten Grund. 2000 bewaffnete Sympathisanten haben die Stadt überrannt und besetzt. Die Bundeswehr kommt dennoch nicht zum Kämpfen. Der kleine Trupp soll vor allem Informationen über die Lage sammeln. Denn in Berlin und im deutschen Hauptquartier in Nordafghanistan in Masar-i-Scharif ist das Entsetzen über den Erfolg der Aufständischen groß. Die ganze Provinz könnte an die Aufständischen fallen. »Ausgerechnet Kundus!«, klagen viele deutsche Soldaten und auch Politiker nun. Dort hat die Bundeswehr viele Opfer gebracht, dort begann das deutsche Engagement in der Fläche.

Nur mit Hilfe amerikanischer Luftschläge und Spezialeinheiten gelingt es den afghanischen Sicherheitskräften in mehrtägigen Gefechten, die Taliban aus dem Stadtkern zu vertreiben. Fast hätten die Angreifer auch das alte Feldlager der Bundeswehr eingenommen. Unmittelbar davor konnten afghanische Soldaten und Polizisten die Aufständischen stoppen.

In Masar-i-Sharif sieht die Sicherheitslage aus Sicht der Deutschen deutlich besser aus. Am Tor des Camp Marmal melden sich nach den Gefechten in der Provinzhauptstadt zahlreiche ehemalige afghanische Mitarbeiter der Bundeswehr aus Kundus. Sie haben als Dolmetscher, Gärtner, Wachleute, Putzkräfte oder Bauarbeiter im Feldlager gearbeitet. Nun bitten die Männer ihren früheren Arbeitgeber um Hilfe. »Sie fühlen sich durch die Kämpfe in Kundus bedroht«, sagt ein Sprecher des Verteidigungsministeriums gegenüber »Zeit Online«. »Es gibt einige Fälle von Ortskräften aus Kundus, die in Masar-i-Scharif ans Tor geklopft haben und um Hilfe gebeten haben.« Deren Angaben würden nun geprüft. Aus Kundus sollen in den vergangenen Tagen mehrere tausend Menschen geflohen sein.

Die Bundeswehr igelt sich weiterhin in Masar-i-Scharif ein. Die Ausbildung der afghanischen Sicherheitskräfte geht weiter. Um die Sicherheit in der Fläche kümmert sich die Bundeswehr kaum. So haben es die westlichen Staaten vereinbart, das ist Aufgabe der Afghanen. Allerdings gelingt das weder der Polizei noch der Armee. Nach Angaben des US-Militärs kontrolliert die Regierung in Kabul nur noch die Hälfte ihres Landes. Sicherer ist es am Hindukusch nur für die westlichen Soldaten, die immer seltener den Schutz der Camps verlassen. So schickt die Bundeswehr am Boden kaum noch Patrouillen los. Die Umgebung ihres Feldlagers überwacht sie mit Drohnen.

Der Fokus der Bundeswehr liegt bereits auf anderen Weltregionen. Nicht nur in Afghanistan ist es unruhig. In Syrien kämpfen US-Streitkräfte gegen die Terroristen des Islamischen Staates und Regierungstruppen von Bashar Assad. Auch die Bundeswehr beteiligt sich erneut an dem Kampf gegen den Terror. Sie hilft seit 2015 irakischen Kurden im Kampf gegen den IS. Die Bundesrepublik liefert Feldküchen, Zelte, Minensuchgeräte, Fahrzeuge, Sturm- und Maschinengewehre sowie Panzerabwehrraketen. Wie die Waffen eingesetzt werden, zeigen deutsche Ausbilder den Peschmerga, den Kämpfern der kurdischen Autonomieregion im Norden. Sie ziehen aber nicht mit ihnen gemeinsam ins Gefecht.

Die Bundesregierung schickt zudem Kampfbomber vom Typ Tornado im Januar 2016 in den Kampf gegen Terroristen in Syrien. Von der türkischen Air Base Incirlik, wo das deutsche Einsatzgeschwader der Operation »Counter Daesh« stationiert ist, heben die Jets zu Aufklärungsflügen nach Syrien und in den Irak ab. Sie sind Teil einer internationalen Allianz gegen den IS, die von den Vereinigten Staaten angeführt wird. Sechs dieser Jets werden später, 2017, nach Jordanien verlegt, nachdem die Türkei die Besuche von Bundestagsabgeordneten beim deutschen Kontingent in Incirlik eingeschränkt hatte. In al-Azraq, einer alten Oasen-Stadt, arbeiten bis zu 300 deutsche Soldaten, darunter Techniker, Piloten und die Spezialisten für die Auswertung der aus Syrien und dem Irak gewonnenen Informationen.

Letztlich dauert diese Mission gegen den Islamischen Staat, die Terrororganisation wird auch Daesh genannt, für die deutsche Luftwaffe vier Jahre lang. 2021 endet der Einsatz der Tornados über Syrien. Counter Daesh geht aber in Irak weiter. Der Bundestag verlängert 2022 diese Operation. Die Tornados sind oft deutlich älter als die Piloten. In

Deutschland wird jahrelang über dessen Nachfolger debattiert, aber die Politik geht dem sehr teuren Problem lieber aus dem Weg.

Die Politik trifft keine Entscheidung über den fliegenden Nachfolger. Verteidigungsministerin Ursula von der Leyen schafft stattdessen ein Problem, das es eigentlich gar nicht gibt. Sie nimmt den Hersteller des Sturmgewehres Heckler & Koch unter Beschuss. Bei starker Hitze sollen G36 in intensiven Feuergefechten versagt haben, beklagt von der Leyen und beginnt eine regelrechte Kampagne gegen die Waffe. Doch für andauerndes Feuern in heißer Umgebung wurde das Sturmgewehr nicht entwickelt. Es sollte leicht sein, deswegen besteht das Gehäuse weitgehend aus Kunststoff, es sollte auch für wenig trainierte Reservisten bei der Landesverteidigung leicht einzusetzen sein. Für Sperrfeuer stehen den Soldaten hingegen Maschinengewehre zur Verfügung, deren Läufe ausgetauscht werden und die deswegen nicht so stark erhitzen.

Dennoch drängt von der Leyen darauf, dass die Truppe ein neues Sturmgewehr bekommt. Im April 2017 beginnt das Vergabeverfahren – das erst Anfang 2023 in einer Bestellung mündet. Trotz der heftigen verbalen Attacken der Ministerin wird nun Heckler & Koch den Nachfolger, das HK416, als Standardwaffe der deutschen Soldaten liefern. Frankreich und Norwegen haben es bereits in ihren Streitkräften eingeführt. Dabei hat die Bundeswehr eigentlich ganz andere Beschaffungsprobleme. So benötigt ihr ein Abwehrsystem für den Abschuss gegnerischer Drohnenschwärme und ihr fehlen eigene bewaffnete Drohnen.

Denn für die Bundeswehr erweist sich ein weiteres Einsatzgebiet auf einem anderen Kontinent als zunehmend gefährlich. Auch in Mali haben die Patrouillen, die außerhalb des Feldlagers unterwegs sind, keine ruhige Minute. Sie sind mit Überfällen, tödlichen Attacken und improvisierten Sprengfallen konfrontiert. Aber selbst im »Camp Castor«, ihrem Feldlager, sind die deutschen Soldaten nicht immer sicher. Sie werden mit Raketen, Artillerie und Mörser beschossen. Deswegen verlegt die Bundeswehr 2018 ein »MANTIS« nach Mali. Die Abkürzung steht für »Modular, Automatic and Network capable Targeting and Interception System«. Kaum eine Waffe der Bundeswehr hat einen längeren und komplizierteren Namen.

MANTIS kann anfliegende Geschosse und Raketen erkennen, dann

Alarm schlagen und eigentlich auch die Bedrohung ausschalten. Dafür steht ein Turm mit einem Geschütz bereit. Aber die Bundeswehr verlegt lediglich die Sensoren und Detektoren nach Bamako. »Der Einsatz des Waffensystems in der Konfiguration Sense & Warn war ursprünglich für zwölf Monate geplant, wurde aber aufgrund des wichtigen Beitrags von MANTIS verlängert«, heißt es bei der Bundeswehr. Zusammen mit dem Hersteller Rheinmetall hat sie dem System ein Upgrade verpasst. Damit kann es noch besser Angreifer erfassen, aber eben die Gefahr in der Luft nicht zerstören. Dennoch heißt es im offiziellen Internetauftritt der Bundeswehr: »Relax, MANTIS is on watch«.

Wie entspannt die Soldaten sein können, wenn sie wissen, dass zwar anfliegende Geschosse erkannt, aber nicht zerstört werden können, bleibt offen. Mali aber ist ohnehin kein Einsatzgebiet, in dem es besonders gemütlich zugeht. So gilt 2019 die Region um den Ort Tin Hama im Südosten als gefährlich. Dort kommt es zu »ethnischen Spannungen«, wie das Verteidigungsministerium in Berlin verkündet. Terroristen und Kriminelle nutzten die angespannte Sicherheitslage aus. Die Bundeswehr entsendet Aufklärungsmissionen, um ein klares Lagebild zu bekommen. Im Februar 2019 attackieren Aufständische ein Camp, in dem auch deutsche Soldaten malische Sicherheitskräfte ausbilden. Die Wachen schlagen die Angreifer zurück.

Berichte über die gefährlichen Auslandseinsätze helfen der Bundeswehr nicht gerade, ein dringendes Problem zu lösen. Ursula von der Leyen ruft 2018 die »Trendwende Personal« aus. Das »Leitungsboard Personal« des Bundesverteidigungsministeriums beschließt am 28. November den Gesamtumfang der Bundeswehr bis 2025 auf 203 000 Männer und Frauen zu erhöhen. Vorgesehen sind 186 000 Zeit- und Berufssoldaten, 12 500 »Freiwillig Wehrdienstleistende«, 4500 Stellen für Reservisten und zudem 66 000 zivile Stellen. Das erhöht die Personalsorgen noch. Da hilft es auch nicht, dass von der Leyen den Kampf um die besten Köpfe ausruft.

In Doha verhandeln die Amerikaner seit 2019 mit den Taliban, ohne die Bundesregierung als Partner einzubinden. Auch die NATO bekommt kein Mitspracherecht, ebenso wenig die afghanische Regierung, die erst ein Jahr später separate Verhandlungen mit den Taliban in Doha aufnimmt. Einige ihrer Vertreter fühlen sich von den Partnern in Washington verraten. Denn Gespräche mit den Aufständischen zeigen deutlich, dass die Amerikaner Afghanistan aufgeben wollen, es geht ihnen nur darum, einen vertretbaren Preis auszuhandeln. US-Präsident Donald Trump will seine Soldaten rasch nach Hause holen. Zu Zugeständnissen an die Aufständischen ist er deswegen bereit. Er sucht einen Deal mit dem Gegner, um gesichtswahrend und ohne weitere Verluste abziehen zu können.

Im Februar 2020 enden die Verhandlungen in Doha mit dem Abschluss eines Abkommens. Darin sichern die Vereinigten Staaten den Taliban einen schrittweisen und zügigen Abzug zu. Sie sprechen auch im Namen der NATO, da sie das Ende jeglichen militärischen Engagements des Bündnisses in Afghanistan zusagen. Den Verbündeten ermöglichen die US-Vertreter lediglich, den fertig ausgehandelten Text einzusehen. Eine Kopie erhalten sie nicht, ebenso nicht eine digitale Fassung, berichtet ein früherer Referent der »Ständigen Vertretung Deutschlands bei der NATO« in einer Anhörung im Bundestag. Ein ungewöhnlicher Vorgang.

Nach dem Vertrag zwischen den USA und Taliban-Vertretern und der Ankündigung, das Land zu verlassen, sind die Tage der Regierung in Kabul gezählt. Ein halbes Jahr später dürfen ihre Vertreter ebenfalls in Doha mit den Taliban verhandeln. Sie müssen den Aufständischen schmerzhafte Kompromisse anbieten, denn ihre Gegner sind ihnen militärisch überlegen. Die Taliban warten nur darauf, dass die Amerikaner abziehen. Die USA erklären ihre Truppenpräsenz in Afghanistan für beendet. Alle Soldaten sollen zunächst bis Ende April, dann bis zum 31. August 2021 das Land verlassen haben. Deutsche Beamte in Brüssel bei der NATO und auch in Berlin in den für Afghanistan zuständigen Bundesministerien werden von diesem Tempo überrascht.

Damit bleibt der Bundeswehr, die beim Lufttransport, bei Rettungseinsätzen mit Helikoptern und bei militärischem Schutz, immer noch auf die US-Armee angewiesen ist, nichts anderes übrig, als zu folgen. Im September 2020 hat die Bundeswehr nur noch 1300 Männer und Frauen in Afghanistan. Zwar spricht sich die Bundesregierung im November 2020 gegen die raschen und nicht abgestimmten Abzugspläne von Trump aus Afghanistan aus, aber in Berlin wissen die Verantwortlichen auch, dass der US-Präsident sich davon kaum beeindruckt zeigen dürfte.

Der Republikaner drückt aufs Tempo. Deutschland bleibt keine andere Wahl, als ebenfalls den Abzug zu beschleunigen.

Ende 2020 feiert die Bundeswehr ihren 65. Gründungstag. Beim feierlichen Gelöbnis am 12. November hält der Bundespräsident eine Rede. Es dürfe keine Distanz geben zwischen Bundeswehr, Gesellschaft und Politik, fordert Frank-Walter Steinmeier. Das bedeute und erfordere auch, dass die seit Jahren bestehenden Mängel endlich für die Truppe spürbar behoben werden müssten, sagt der Sozialdemokrat. »Das dürfen die Soldatinnen und Soldaten von Parlament und Regierung erwarten.« Denn in den Auslandseinsätzen als auch beim Dienst in Deutschland fehlt es der Truppe an Waffensystemen und Ausrüstung.

So verhindern Proteste der Friedensbewegung, linker Teile der SPD sowie der Grünen und der Linkspartei, dass die Bundeswehr bewaffnete Drohnen erhält, wie ihre Verbündeten in der NATO. Über ihren Kauf diskutiert Deutschland jahrelang leidenschaftlich. In den Anti-Terrorismus-Missionen der Vereinigten Staaten dienen sie zum gezielten Töten von Verdächtigen. Die Bundeswehr aber will die Drohnen, die mit Raketen und Bomben bewaffnet sind, zum Schutz von Patrouillen in Afghanistan einsetzen. Dort fliegt sie zunächst die israelische Heron und später deren Nachfolger Heron TP. Im politischen Berlin diskutieren die Parlamentarier gründlich und lang über die Beschaffung von Waffen für die Drohne. Letztlich entscheidet sich Ende 2020 die Regierungspartei SPD dagegen. Aber etwas mehr als ein Jahr später, nach dem russischen Angriff auf die Ukraine, genehmigt der Bundestag im April 2022 doch den Kauf der Raketen für die Heron-TP in Israel. Bei den Kampfdrohnen gibt es bereits eine Zeitenwende.

Trotz aller Zugeständnisse der Regierung in Kabul beginnen die Taliban am 1. Mai 2021 ihre Sommer-Offensive. Sie kontrollieren bereits 73 Distrikte und es werden rasch mehr. Sie nehmen in den kommenden Monaten weitere 150 Distrikte ein. Damit steht mehr als die Hälfte Afghanistans unter ihrer Kontrolle. Weiterhin setzen die Aufständischen auf Terror, was ein brutaler Anschlag am 8. Mai 2021 bei Kabul zeigt. Eine in einem Auto versteckte Bombe explodiert vor der Sayed al-Shuhada-Schule in Dashte Barchi, danach noch ein weiterer Sprengsatz. 90 Menschen sterben, 40 werden verletzt. Die meisten Opfer sind Mädchen zwischen elf und 15 Jahren. Die Taliban geben dem Islamischen Staat die Verantwortung.

Im Juni 2021 laufen die Abbauarbeiten im Camp Marmal unter Hochdruck. Die Mission »Resolute Support« soll bald enden. Ende August wollen die Amerikaner das Land verlassen haben, bis dahin muss auch die Bundeswehr ihre Feldlager räumen.

Die Bundeswehr hat schon in den vergangenen Jahren so manches Camp aufgelöst. In Masar-i-Sharif gibt es die »Schleuse«, wo all das, was zurück geht, erfasst wird. Material, dessen Wert niedriger als die Transportkosten ist, veräußern die Streitkräfte an Afghanen, alte Lastwagen, Generatoren und Wohncontainer sind begehrt. Waffen und militärische Ausrüstung aber bringen sie zurück. Auch die Vorräte an Alkohol schickt die Bundeswehr nach Hause. In dem islamischen Land wird kein Bier, Schnaps oder Wein zurückgelassen. Also verladen die Logistiker 29 Europaletten mit 22 500 Litern Alkohol in das riesige Antonov-Schwerlastflugzeug. Selbst trinken dürfen die Soldaten davon nichts. Das Anstoßen auf den Abschied fällt aus. Wegen der Sicherheitslage hat Brigadegeneral Ansgar Meyer, Chef des Einsatzkontingentes »Resolute Support«, ein generelles Alkoholverbot erlassen.

Aus den Feldlagern in Afghanistan bringen geleaste ukrainische Antonow-Maschinen viele Tonnen an Material nach Deutschland. Darunter ist ein wuchtiger Findling aus dem Marmal-Gebirge, der im Ehrenhain für die im Einsatz verstorbenen Soldaten stand. Anderes Material bringen Lastwagen über den Salang-Pass nach Pakistan. Am 7. Juni 2021 übergibt Brigadegeneral Meyer das Feldlager sowie das angrenzende Flugfeld symbolisch an eine Delegation des afghanischen Verteidigungsministeriums. Ein paar Tage lang benötigen die Deutschen die Anlagen noch. Aber das Ende ist absehbar.

Generalinspekteur Eberhard Zorn besuchte das Camp am 17. Juni. An diesem Tag tritt in Masar-i-Sharif die Truppe zum letzten Mal zum Appell an. Der General hält eine Ansprache in Schein einiger Fackeln. »Waren wir als Bundeswehr in den 20 Jahren erfolgreich?«, fragt er rhetorisch und antwortet: »Ich komme zu der Bewertung, dass die Bundeswehr die ihr gegebenen Aufträge in den unterschiedlichen Phasen des

Einsatzes gut erfüllt hat. Streitkräfte können ein sicheres Umfeld schaffen, damit andere in diesem agieren können. Sie schaffen damit der Politik Zeit, Maßnahmen aller anderen Politikfelder zu implementieren.«

Noch 2008 hat es in der Broschüre »Frieden und Entwicklung in Afghanistan – Sicherheit für uns«, von der Bundesregierung herausgegeben, geheißen: »Unser Ziel ist es, dass Afghanistan sich mittelfristig selbst helfen kann. Wir müssen es in die Lage versetzen, seine junge Demokratie aus eigener Kraft gegen die Angriffe seiner Gegner zu verteidigen. Wir dürfen nicht zulassen, dass das Land wieder in extremistische Hände fällt. Das würde auch die Sicherheit der Menschen hier in Deutschland gefährden. Deswegen hilft Deutschland ganz besonders beim Aufbau der afghanischen Polizei und Armee.« Das klingt gut. Aber 13 Jahre später zählen all diese Willensbekundungen nichts mehr. Die Bundesregierung holt die Bundeswehr zurück, weil der Kampf gegen die Taliban verloren ist.

Jedem muss klar sein, dass Afghanistan zu diesem Zeitpunkt nicht in der Lage ist, sich selbst zu verteidigen. Die Taliban lassen die Truppen aus dem Westen abziehen. Sie wissen genau, dass danach sehr bald das Land wieder ganz allein ihnen gehören wird. Am 29. Juni 2021 fliegen die letzten Bundeswehrangehörigen aus Afghanistan aus. 160 000 Männer und Frauen der Bundeswehr haben dort gedient. Ihr Einsatz hat den Steuerzahler gut 12,5 Milliarden Euro gekostet.

Als die Rückkehrer aus Afghanistan in Niedersachsen landen, läuft alles wenig feierlich ab. Einen Empfang gibt es für die Soldaten nicht. Weder der Bundespräsident noch die Bundeskanzlerin oder Minister aus ihrem Kabinett begrüßen das letzte Kontingent zu Hause. »Ein historisches Kapitel geht zu Ende, ein intensiver Einsatz, der die Bundeswehr gefordert und geprägt hat, bei dem sich die Bundeswehr im Kampf bewährt hat«, sagt Verteidigungsministerin Annegret Kramp-Karrenbauer in der Ferne.

Die letzten amerikanischen Bodentruppen rücken zwei Monate später ab. Mehr als 775 000 Soldaten hat die Regierung in Washington an den Hindukusch geschickt. Nach Angaben der Brown University kamen in Afghanistan während des zwei Jahrzehnte andauernden Einsatzes 241 000 Menschen ums Leben. Zurück bleibt eine Regierung in Kabul, die längst die Kontrolle über weite Teile des Landes verloren hat.

Einen Monat nach dem deutschen Abzug stellt die UNAMA, die Unterstützungsmission der Vereinten Nationen für Afghanistan, fest, dass seit Mai 2021 mehr als 2400 afghanische Zivilisten bei Schusswechseln oder Anschlägen getötet oder verletzt wurden. Am 8. August 2021 nehmen die Taliban Kundus endgültig ein. Diesmal gibt es niemanden mehr, der sie aus der Stadt zurückdrängen kann. Die Aufständischen erobern Provinz um Provinz, niemand stellt sich ihnen entgegen. Die Streitkräfte des Westens bringen sich in Sicherheit, afghanische Regierungsmitglieder fliehen, viele afghanische Soldaten und Polizisten geben kampflos auf. Für was sollen sie in den Gefechten gegen die Taliban sterben? Für eine korrupte Regierung?

Im Afghanistan-Einsatz sind 59 deutsche Soldaten gestorben, 35 davon durch Fremdeinwirkung, wie es bei den Streitkräften heißt, in Kämpfen und bei Anschlägen. Die ISAF-Mission hat die Bundeswehr geprägt. Erstmals führten deutsche Soldaten harte Gefechte, töteten zahlreiche Gegner und gerieten selbst immer wieder in Todesgefahr. Nach fast 20 Jahren verlässt die Bundeswehr ein Land, das kurz vor der Rückeroberung steht. So mancher Angehörige der deutschen Streitkräfte fragt sich, ob all die Mühe, der Schweiß, das Blut und die Schmerzen vergeblich gewesen sind.

KAPITEL 21

Ein Abzug und die Folgen – Das Ende des Kampfes gegen den Terror

In Afghanistan überschlagen sich im August 2021 die Ereignisse. Mit einer nicht erwarteten Geschwindigkeit erobern die Taliban das Land zurück. In Berlin wissen die Verantwortlichen nicht, wie sie darauf reagieren sollen. Der Abzug der Bundeswehr wenige Wochen zuvor war gut gelaufen, unter die Mission in Afghanistan hatte die Bundesregierung einen dicken Schlussstrich gezogen. Nun macht die Lage in Kabul es wohl erforderlich, dass Militärkräfte zumindest den Flughafen sichern. Denn Deutsche, die in dem Land geblieben sind, um Entwicklungshilfe zu leisten, als Journalisten zu berichten oder Geschäfte zu machen sowie Afghanen, die für die Bundeswehr gearbeitet haben, fürchten um ihr Leben.

Am 13. August 2021, einem Freitag, erhält Brigadegeneral Jens Arlt einen dringenden Anruf seiner Vorgesetzten. In den nächsten Tagen sollen die von ihm kommandierten Männer und Frauen der Luftlandebrigade 1, die am schnellsten verlegbare Einheit für Kriseneinsätze, nach Kabul aufbrechen, dort Menschen retten. Bereits am Vortag hat das Verteidigungsministerium ein Krisenunterstützungsteam zusammengerufen. Informationen über die Lage in Kabul treffen aber nur zögerlich ein – und längst nicht alle stimmen. So stellt der Bundesnachrichtendienst nach Informationen des NDR fest, dass die Taliban-Führung derzeit kein Interesse »an militärischer Einnahme« der afghanischen Hauptstadt habe: »Übernahme Kabuls vor dem 11.9. eher unwahrscheinlich.« Wie dynamisch die Taliban vorrücken, zeigt am 13. August die Übernahme der Großstädte Kandahar im Süden und Herat im Westen. Nur einen Tag später stehen die Aufständischen unmittelbar vor Kabul.

Wer in dieser Situation in Afghanistan etwas erreichen will, muss mit den neuen Herren sprechen, denkt sich anscheinend Bundeskanzlerin Merkel. Zumindest reisen deutsche Diplomaten nach Katar, um dort Vertreter der Taliban-Bewegung zu treffen. In Doha sprechen die Abgesandten Berlins nun mit der politischen Kraft, die der Westen 2001 für alle Zeit zerschlagen wollte. Die künftigen Machthaber Afghanistans zeigen sich großzügig, sie erlauben die Ausreise von Staatsbürgern, die für die Regierung in Berlin tätig gewesen sind. Deutschlands Bundessicherheitsrat, ein Gremium in dem sieben Minister, der Kanzleramtschef sowie der Bundeskanzler vertreten sind, entscheidet daraufhin am 14. August, die Evakuierungsmission voranzutreiben. Das Verteidigungsministerium weist alle benötigten Einheiten an, sich in der Nähe von Flughäfen bereitzuhalten. In Kabul versuchen am 15. August hunderte Menschen, den Gotteskriegern zu entkommen. Sie stürmen den Flughafen, als sie begreifen, dass die Taliban vor der Hauptstadt stehen. Nun gibt die Bundesregierung ihren Streitkräften den Auftrag, den Einsatz in Kabul zu beginnen. Da nach ihrer Auffassung Gefahr in Verzug vorliegt, muss der Bundestag nicht vorher dem Mandat zustimmen.

Der afghanische Präsident Ashraf Ghani flieht aus seinem Land in die Vereinigten Arabischen Emirate. Er bringt sich in Sicherheit und lässt die Menschen, in deren Namen er das Land regieren soll, einfach zurück. Auch andere hochrangige Regierungsvertreter verlassen geschwind Afghanistan. Danach bricht der Widerstand der Polizei und der Armee endgültig zusammen. Ohne nennenswerten Widerstand rücken die Taliban vor. Sie nehmen die »Bagram Air Base« ein, die gut 75 Kilometer nördlich von Kabul liegt. Einst war das Feldlager der wichtigste Stützpunkt der USA in Afghanistan. Erst vor einem Monat haben die Vereinigten Staaten das Camp und den Flughafen an die Afghanen übergeben. In dem Gefängnis auf dem Gelände waren Terrorverdächtige, auch viele Taliban, inhaftiert gewesen. Nun kontrollieren die Aufständischen auch diese Basis.

Ebenfalls am 15. August 2021 bringen die Vereinigten Staaten das Personal ihrer Botschaft in Sicherheit. Gut 3000 Soldaten schickt die Regierung in Washington in die afghanische Hauptstadt, um die Evakuierungsmission abzusichern. Alle Provinzhauptstädte stehen bereits unter der Kontrolle der Taliban. Nun marschieren ihre Kämpfer ins Zentrum der Hauptstadt. Auch hier stoßen sie auf keinen nennenswerten Widerstand. Die neuen, alten Machthaber besetzen den Präsidentenpalast.

Am frühen Morgen des 16. August beginnt die »robuste Evakuierungsmission« der Bundeswehr, also bewaffnet und mit der Aufgabe, notfalls auch die Rettung von Landsleuten und Ortskräften mit Gewalt durchzusetzen. Vom Fliegerhorst im niedersächsischen Wunstorf aus, wo das Lufttransportgeschwader 62 mit ihren A400M stationiert ist, brechen die deutschen Soldaten am Montag um 6:31 Uhr zu ihrer gefährlichen Mission auf. In Wunstorf waren Ende Juni die letzten Kräfte gelandet, die aus Afghanistan abgezogen worden waren. Nun, nur anderthalb Monate später, kehren deutsche Soldaten in das Land zurück. An Bord sind spezialisierte Kräfte der Bundeswehr. Die Lage in Kabul ändert sich rasend schnell. Was sie genau vor Ort erwartet, wissen die eingesetzten Soldaten ebenso wenig wie ihre Vorgesetzten.

Die erste A400M, die den Luftraum über Kabul erreicht, kann auf dem Flughafen nicht landen. Dort sind verzweifelte, verängstigte Menschen auf und neben der einzigen Start- und Landebahn unterwegs, die irgendwie ausreisen wollen. Sie blockieren den Internationalen Airport. Die Lage ist so unübersichtlich, dass die Amerikaner, die versuchen, den Flughafen zu sichern, der A400M keine Landeerlaubnis erteilen. Die Maschine muss nach Taschkent in Usbekistan ausweichen, wo die Bundeswehr ein logistisches Drehkreuz eingerichtet hat.

Erst als die Amerikaner am Boden für Ordnung sorgen, können ihre Kameraden aus der Bundesrepublik landen. Nun startet erneut eine A400M nach Kabul. Abermals erhält sie zunächst keine Landeerlaubnis. Erst um 21:57 Uhr dürfen die Piloten, nachdem sie viele Schleifen durch den Luftraum über der Hauptstadt geflogen sind, den Airport ansteuern. Fallschirmjäger und KSK-Soldaten steigen endlich aus. Die Deutschen bekommen das Nord-Tor zugewiesen, um diesen Teil des militärischen Flughafens zu sichern. Amerikanische Helikopter kreisen über dem Areal, die Soldaten aus dem Westen fürchten, dass die aufgebrachte Menge auf der anderen Seite des Zauns durchbrechen könnte.

Als die A400M um 22:42 Uhr wieder abhebt, ist sie fast leer. Nur sieben Passagiere sind an Bord. Die US-Kräfte haben der Transportmaschine lediglich gestattet, 30 Minuten auf der Landebahn zu verweilen.

Und da die Taliban für die Abendstunden eine Ausgangssperre verhängt haben, können keine zu evakuierenden Personen zum Airport gelangen. Währenddessen drängen sich Tausende vor dem Flughafen und hoffen auf ihre Rettung. Andere Schutzbedürftige, die nicht auf der Liste der Soldaten stehen, dürfen jedoch nicht an Bord.

Als das in Deutschland bekannt wird, bricht Spott über die Bundeswehr herein. Die deutschen Soldaten vor Ort haben allerdings die Regeln nicht gemacht, sie führen sie nur aus. Und sie sind auf die Amerikaner angewiesen, die den Ablauf bestimmen. Wenn sie sagen, dass die Startbahn freigemacht werden muss, dann müssen sie sich daran halten. Über Bildagenturen laufen gleichzeitig Fotos von völlig überfüllten Frachtmaschinen der US Air Force, in denen sich hunderte Afghanen drängen. Mehr als 600 Menschen retten die Amerikaner mit einem einzigen Transportflugzeug. Für die Bundeswehr beginnt der Einsatz in Kabul mit einem PR-Desaster.

Am 17. August gehen die deutschen Evakuierungsflüge weiter. Aber in Berlin sind das Auswärtige Amt, das Verteidigungsministerium und andere Behörden mit der Lage in Kabul überfordert. Sie schaffen es nicht, genügend Schutzsuchende zum Nord-Tor zu schicken, wo die deutschen Soldaten stehen. Bundespräsident Frank-Walter Steinmeier spricht von einer »menschlichen Tragödie«, die sich in Afghanistan abspiele. Die Bilder der verzweifelten Menschen in Kabul seien beschämend. Deutschland trage daran eine Mitverantwortung.

Um 13:05 Uhr landet erneut eine A400M. Diesmal bleibt die Maschine eine Dreiviertelstunde am Boden. Sie hebt mit 125 Personen an Bord ab. Da es nicht genügend Deutsche und Ortskräfte zum Airport geschafft haben, nimmt die Luftwaffe auch Angehörige anderer Nationen mit, vor allem Afghanen. Mit dem nächsten Flug in der Nacht bringt die Bundeswehr 140 weitere Menschen nach Taschkent. Neben den A400M setzt die Bundeswehr ein fliegendes Krankenhaus vom Typ Airbus »A310 MRTT MedEvac« ein, mit dem auch medizinische Notfälle transportiert werden können. General Arlt hebt die Höchstzahl der Passagiere auf, die mit der A400M befördert werden dürfen, um möglichst viele Personen retten zu können. Mehr als 226 Menschen drängen sich danach in eine einzige Maschine.

Mittlerweile sind am Flughafen in Kabul zahlreiche Spezialisten aus Deutschland im Einsatz, Militärpolizisten sollen die Ordnung gewährleisten. Auch Sanitäter unterstützen die KSK-Männer und die Fallschirmjäger. Die deutschen Soldaten haben ihre persönlichen Handfeuerwaffen dabei, aber keine Fahrzeuge und kaum Gerät, das ihnen in dieser Extremsituation nützt.

Bei deutschen Behörden und Organisationen melden sich viele ehemalige Ortskräfte, die um Hilfe bitten. Sie fürchten die Rache der Taliban, sie fürchten um ihr Leben, wollen aus dem Land heraus. Mittlerweile stehen viele Namen auf der offiziellen Evakuierungsliste. Sie wird länger und länger. Auch Nichtregierungsorganisationen melden sich beim Auswärtigen Amt und versuchen, ihre Mitarbeiter auf die Ausreiseliste zu bekommen. Allerdings befinden sich nicht alle Menschen, deren Namen darauf stehen, bereits in der Hauptstadt. Und die Reise durchs Land nach Kabul ist gefährlich, gerade für die Personen, die als Unterstützer der Ausländer, als Kämpferinnen für Frauenrechte oder Gegner der Aufständischen bekannt sind.

Währenddessen rufen die Taliban am 19. August das »Islamische Emirat Afghanistan« aus. Bärtige Männer mit Kalaschnikows patrouillieren durch die Hauptstadt. Sie haben Jeeps der afghanischen Sicherheitskräfte konfisziert, sie fahren auch amerikanische »HUMVEE«, von denen die USA mehr als 22 000 Stück ihren Verbündeten in Kabul zur Verfügung gestellt haben. Die Taliban tragen dazu moderne Kleinwaffen aus dem Westen. Allein die Vereinigten Staaten gaben mehr als 480 000 Sturmgewehre, Maschinenpistolen und Pistolen an die afghanischen Sicherheitskräfte ab. Aus Deutschland kamen Rüstungslieferungen für 419 Millionen Euro und dazu 810 Millionen Euro, die an den »Afghan National Army Trust Fund« gingen, um die Truppe auszustatten. Nun freuen sich die neuen Machthaber über die gute Ausrüstung.

In Kabul besetzen die früheren Aufständischen alle strategischen Punkte um den Flughafen. Die Taliban kontrollieren Autos, suchen nach Gegnern, einige kassieren die Ausreisewilligen auch einfach ab. Für die westlichen Soldaten bleibt die Lage unübersichtlich und gefährlich. Auf dem Weg zum Airport werden am 20. August zwei Deutsche verletzt. Ein Mann bekommt eine Kugel in die Schulter, er muss von Rettungssanitätern und Ärzten behandelt werden. Nun verlegt die Bundeswehrführung zwei Spezialhubschrauber für das KSK nach Kabul.

Zu den Verzweifelten, die Afghanistan so schnell wie möglich verlassen wollen, gehört ein Mann, der im Auftrag der Bundeswehr als Journalist gearbeitet hat. Er versucht bereits seit Monaten, mit Hilfe seines früheren Arbeitgebers aus Afghanistan auszureisen. Aber die deutschen Behörden teilen ihm mit, dass sein Anstellungsverhältnis zu lange zurückliege, um vom »Ortskräfteverfahren« zu profitieren. Er war zunächst direkt bei der Bundeswehr angestellt gewesen, hatte dann aber einen Vertrag mit einem afghanischen Unternehmen unterschreiben müssen, das für die Deutschen über Ereignisse in Nordafghanistan berichtete. Am 15. August 2021, als die Taliban in Kabul einmarschieren, bekommt der Journalist per Kurznachrichtendienst Twitter eine Mitteilung der Bundeswehr. Endlich fragt ihn jemand, wie ihm und seiner Familie geholfen werden könne.

Vier Tage später geht eine neue Nachricht ein. Der Afghane, seine Frau und die Kinder sollen in der Hauptstadt zum Nord-Tor des Airports kommen. Ihnen gelingt es, mehrere Checkpoints der Taliban zu passieren. Aber am Flughafen gibt es fürchterliche Szenen. Eine Menschenmenge versucht, durch die von internationalen Soldaten bewachten Tore zu brechen. Um die Masse von einem Sturm des Flugfeldes abzuhalten, setzen die Wachen Tränengas ein, geben Warnschüsse ab und schlagen mit Gewehrkolben zu.

Die frühere Ortskraft der Bundeswehr bekommt Angst, fürchtet um die Sicherheit der Kinder. Er fährt mit seiner Familie weg, versteckt sich bei einem Freund. Dort erreicht ihn eine E-Mail der Bundeswehr mit der Adresse eines »Safehouse«, eines sicheren Unterschlupfes. Von dort holt den Mann und seine Angehörigen ein Bus ab, der sie sicher durch alle Kontrollen bringt. US-Soldaten lassen sie auf das Flughafengelände. Der afghanische Journalist hat von der Bundeswehr ein Dokument erhalten, das er für die Ausreise braucht. Aber deutsche Soldaten sagen ihm vor Ort, dass sein Name nicht auf ihrer Liste stünde. Er und seine Familie dürften nicht an Bord einer der Maschinen, die Ortskräfte nach Deutschland bringen sollen. Eine Soldatin habe ihn angeschrien, er solle den sicheren Bereich wieder verlassen, berichtet der Mann später Abgeordneten. Als er bitten wollte, alles noch einmal zu überprüfen, sei er mit der Waffe bedroht worden.

Für die deutschen Soldaten am Airport wirkt die Lage immer bedrohlicher. Am 23. August 2021 fallen Schüsse. Unbekannte feuern auf den Flughafen. Ein Angehöriger der afghanischen Sicherheitskräfte stirbt bei dem Schusswechsel. Die Taliban stellen den westlichen Staaten nun ein Ultimatum: Bis zum 31. August 2021 sollen alle ausländischen Truppen abgezogen sein.

Die Fernsehbilder vom Flughafen in Kabul, die weltweit die Nachrichten bestimmen, sind dramatisch. Verzweifelte Menschen versuchen, in Flugzeuge zu kommen, drängen sich auf der Landebahn, klammern sich an die Fahrgestelle von Transportmaschinen, stürzen in die Tiefe, schlagen auf dem Asphalt auf, sterben. Diese Bilder ähneln drastisch dem Abzug der amerikanischen Truppen aus Vietnam im April 1975. Damals versuchten Verzweifelte, noch an Bord der US-Hubschrauber zu gelangen, die Saigon verließen, klammerten sich an die Hufen der startenden Maschinen.

»Deutschland erlebt jetzt sein Vietnam«, sagt Robert Sedlatzek-Müller. In Stade bei Hamburg sieht der ehemalige Fallschirmjäger die Bilder und fühlt sich wie im falschen Film. Einige der Orte, die er zu sehen bekommt, kennt er nur zu gut: die Straße zum Flughafen, an der die nicht gepanzerten Busse 2003 von dem Selbstmordattentäter attackiert wurden, den Präsidentenpalast, von dem aus Hamid Karzai immer mehr an Macht verloren hatte, die deutsche Botschaft, die von hohen Mauern geschützt, noch über den Abzug der Soldaten hinaus Diplomaten beherbergt hat. 2017 hatten Terroristen einen Anschlag auf die Botschaft verübt. Visa stellt das dortige Konsulat danach keine mehr aus. Den Ortskräften, die das Land verlassen wollen, fehlen damit Ansprechpartner. Den raschen Abzug der Bundeswehr aus Afghanistan findet Sedlatzek-Müller beschämend. Auf seinem Smartphone und auf dem Fernseher im heimischen Wohnzimmer verfolgt er im August 2021, was in Kabul geschieht. Einige Orte, die er zu sehen bekommt, erinnern ihn an seinen eigenen Einsatz 2003.

Die Afghanen würden alleingelassen, vom Westen und auch von Deutschland, sagt Sedlatzek-Müller. »Natürlich fühlt es sich so an, als ob alles umsonst war.« Er sei aufgewühlt wie lange nicht mehr. Der ehemalige Soldat fiebert mit und tauscht sich mit Kameraden ständig über Facebook und andere soziale Netzwerke aus. »Schwer zu ertragen, diese ganzen Nachrichten und Entwicklung«, schreibt ihm ein Veteran. »Dreimal dort gewesen und jetzt fragt man sich nur noch, wofür das Ganze.« Ein anderer Soldat fasst seine Wut in wenigen Worten zusammen: »War selbst zweimal dort. Sch… auf die Talibs.« Viele Bundeswehrangehörige, die selbst in Kudus oder Masar-i-Sharif gedient haben, sind entsetzt, wie schnell die Taliban vorgerückt sind, wie wenig bisher getan wurde, um Afghanen, die als Dolmetscher, Reinigungskräfte oder als Fahrer für die Deutschen gearbeitet haben, herauszuholen. Sedlatzek-Müller betreut drei afghanische Männer, die als Ortskräfte für die Bundeswehr gearbeitet haben und bereits in Deutschland sind. Sie sorgen sich um ihre Verwandten, die zurückgeblieben sind. Die Taliban, so haben sie erzählt, gehen von Haus zu Haus, suchen nach Landsleuten, die für Ausländer gearbeitet haben.

In diesen Augusttagen wohnt ein alter Kamerad bei Sedlatzek-Müller. Sie sprechen viel miteinander. Das hilft ihm, die Bilder aus Afghanistan zu verarbeiten. Er fühlt Wut, Verzweiflung und Traurigkeit. 20 Jahre Einsatz der deutschen Armee dürften doch nicht so enden, sagt er. »Ich kann allen Veteranen, insbesondere den Afghanistan-Veteranen, in dieser besonderen Situation nur raten: Versucht das nicht mit euch allein auszumachen«, schreibt er auf Facebook. Und weiter: »Bleibt stark und sucht euch Hilfe.« Sedlatzek-Müller hat selbst lange gebraucht, um Unterstüzung anzunehmen.

Im Wohnzimmer bewahrt er in einer Vitrine seine Orden, Einsatzmedaillen und Erinnerungen an die Missionen in Afghanistan und im Kosovo auf. Und in seinem Keller hängen eine Einsatzweste mit ISAF-Aufnäher und Bilder, die Sedlatzek-Müller in Uniform zeigen. 23 Jahre war er bei der Bundeswehr, hat ein Buch über seine Zeit als Fallschirmjäger veröffentlicht, in Talkshows und zahlreichen Interviews über die Bundeswehr und den Umgang mit ihm und anderen Veteranen gesprochen. Oft hat er über Afghanistan mit Politikern geredet, mit hochrangigen Militärs, aber auch mit Freunden und Verwandten. Zuletzt habe sich kaum noch jemand für das Land interessiert, sagt Sedlatzek-Müller.

»Nun ist das freundliche Desinteresse einem massiven Interesse gewichen.«

Vor den Toren in Kabul kämpfen Afghanen brutal um Zugänge zum Flughafen. Kinder werden Familien entrissen, weil sich rücksichtslose Männer erhoffen, mit kleinen Mädchen und Jungen im Arm, von den Soldaten durchgelassen zu werden. Es gilt das Recht des Stärkeren. Schwache werden zerdrückt, es sterben Menschen. Eltern geraten in Panik, reichen ihre Babys und Kleinkinder über Stacheldraht und Mauern an die Soldaten aus dem Westen. Wenigstens die Kleinen sollen gerettet werden. Die Bundeswehr und andere Streitkräfte richten am Flughafen eine Station zur Familienzusammenführung ein – und die Amerikaner sogar ein kleines Waisenhaus. »Das war eben ein menschlicher Abgrund, den man dort gesehen hat. Man hat halt live miterlebt, was Menschen bereit sind, für ihre Flucht zu tun und wie barbarisch Menschen miteinander umgehen können«, erzählt ein Oberstleutnant des KSK in der NDR-Dokumentation »Die letzten Tage von Kabul«. Der Offizier sagt, dass er davon sicherlich eine »gewisse seelische Narbe« zurückbehalten werde.

In Berlin kritisiert Marcus Grotian, Offizier und Vorsitzender des »Patenschaftsnetzwerks Afghanische Ortskräfte«, vor der Bundespressekonferenz die Bundesregierung für ihren Umgang mit den früheren afghanischen Mitarbeitern. Er war 2011 in Kundus stationiert. Er beklagt, dass im politischen Berlin die Warnungen vor der bevorstehenden Machtübernahme durch die Taliban zu lange ignoriert worden seien. Mit überbordender Bürokratie würde gezielt versucht, die Zahl der nach Deutschland kommenden Ortskräfte niedrig zu halten. Tatsächlich haben sich die verschiedenen Bundesministerien monatelag nicht auf ein Verfahren einigen können. Auf den Listen mit Namen von Ortskräften fehlen viele ehemalige Mitarbeiter der Bundeswehr.

Einheiten der Taliban rücken in Kabul bis zum Flughafen vor, sie kommen nicht, um die westlichen Truppen anzugreifen, wie in den Jahren zuvor. Sie sichern Eingänge, versuchen, das Chaos in den Griff zu bekommen. Unter ihnen sind viele Angehörige vom »Haqqani-Netzwerk«. Diese besonders radikale Gruppe innerhalb der Taliban-Bewegung galt lange als Hauptfeind der westlichen Streitkräfte und wurde von den Special Forces gejagt. Die Haqqanis werden für zahlreiche Anschläge in Afghanistan verantwortlich gemacht, darunter den Angriff auf das Hotel Intercontinental in Kabul im Juni 2011, bei dem 21 Menschen starben. Sie sollen enge Kontakte zum pakistanischen Geheimdienst ISI unterhalten.

Auch das KSK hat Taliban-Anführer gejagt. Nun könnten dessen Angehörigen selbst zu Gejagten werden. Denn Angehörige des Kommandos verlassen mehrfach den Airport. Nachts ziehen sie in kleinen Trupps los, um Personen zu retten, die sich nicht zum Flughafen durchschlagen konnten. Für solche Aufgaben wurde die Elitetruppe gegründet. Zur Geiselbefreiung geschaffen, ist das KSK auch in der Lage, Menschen aus der bedrohlichen Situation in der afghanischen Hauptstadt herauszuholen. Die Männer schrecken weder die Checkpoints der Taliban, noch deren Kämpfer, die mit Kalaschnikows in den Händen patrouillieren oder in Pick-ups mit aufmontierten Maschinengewehren umherrasen. Zu Fuß und mit Fahrzeugen sind die Kommandosoldaten unterwegs. Über Schleichwege führen die Elitesoldaten die von ihnen Geretteten zu den Transportmaschinen. Zwölf dieser gefährlichen Missionen absolviert das KSK in den gut zehn Tagen, an denen die Bundeswehr wieder in Kabul ist. In der Nacht zum 25. August 2021 holen Männer des Kommandos Spezialkräfte zusammen mit Special Forces der USA weitere Deutsche per Hubschrauber aus der Stadt zum International Airport.

Einige Stunden später stimmen die Abgeordneten des Bundestages in einer Sondersitzung dem Evakuierungseinsatz der Bundeswehr nachträglich zu. Bis zu diesem Zeitpunkt haben die deutschen Soldaten 4600 Menschen ins usbekische Taschkent gebracht. Am nächsten Tag erhalten deutsche Sicherheitsdienste die dringende Warnung, dass der Islamische Staat einen schweren Anschlag auf den Flughafen plane. Nicht die Taliban gelten als Bedrohung, sondern islamistische Terroristen, denen die neuen Herrscher in Afghanistan nicht radikal genug sind. Am 26. August rechnet das deutsche Kontingent mit einer Attacke.

Noch am frühen Morgen kommen Personen von der Evakuierungsliste an und gehen an Bord einer A400M. Am Nachmittag, so lautet der Befehl, wird die Bundeswehr endgültig Afghanistan verlassen. Bevor der Abzug vorbei ist, zündet ein Selbstmordattentäter auf der anderen

Seite des Militärflughafens einen Sprengsatz. Er reißt mehr als 200 Menschen mit in den Tod, darunter 13 US-Soldaten. Die beiden A400M, die noch am Boden in Kabul sind, machen Notstarts. Sie gelangen sicher nach Taschkent. Am 27. August kommen die deutschen Soldaten, die den Flughafen in Kabul gesichert haben, in Wunstorf an. Diesmal begrüßen sie nicht nur ihre Ministerin Kramp-Karrenbauer, sondern auch Generalinspekteur Zorn und die Wehrbeauftragte Högl. Die Verantwortlichen haben offensichtlich aus der Kritik gelernt, die im Juni aufkam, nachdem niemand die aus Afghanistan heimkehrenden Männer und Frauen der Bundeswehr in Deutschland willkommen geheißen hatte.

Die USA ziehen Ende August 2021 endgültig aus Afghanistan ab. Ihre Streitkräfte haben innerhalb von nur 17 Tagen 124 000 Personen aus Kabul evakuiert. Die Bilanz der Bundeswehr fällt bescheidender aus. 5347 Deutsche, afghanische Ortskräfte und weitere Schutzbedürftige aus 44 Ländern hat sie mit sieben Flugzeugen in Sicherheit gebracht. An der Evakuierungsmission, die durch den raschen Abzug erst nötig geworden war, gibt es in der Bundesrepublik ebenso Kritik wie am Ende des Einsatzes in Afghanistan generell. Ein Untersuchungsausschuss des Bundestags arbeitet den Abzug der Bundeswehr auf. Am 8. Juli 2022 wird das Gremium eingesetzt. Zum Vorsitzenden wird Ralf Stegner gewählt, ein linker Sozialdemokrat, der eher kritisch auf das Militär blickt.

Der Ausschuss beginnt am 29. September 2022 mit der Vernehmung der Zeugen. Befragt wird an diesem Donnerstag unter anderem ein Lagereferent aus dem Verteidigungsministerium, der allerdings nur bis Oktober 2020 für die Analyse der Gefährdungs- und Sicherheitslage des deutschen Kontingents zuständig war und viele Fragen der Parlamentarier deswegen nicht beantworten kann. Für Skeptiker dieser Form der Aufarbeitung mag das wie ein schlechtes Omen wirken. Der erste Zeuge kann kaum etwas sagen, weil er im »Betrachtungszeitraum« des Ausschusses gar nicht zuständig war. Er berichtet, dass sein Team registriert habe, dass die Taliban nach dem Abschluss des Doha-Abkommens den Druck auf die Sicherheitskräfte der Regierung in Kabul erhöht hätten. Afghanische Armee und Polizei hätten hohe Verluste und sukzessive Gebietsverluste hinnehmen müssen. Die Taliban seien »in der Fläche aktiv gewesen und vor allem kleinere Liegenschaften der afghanischen Armee« seien ihnen zum Opfer gefallen.

Das bestätigt ein weiterer Zeuge, der Referatsleiter im Militärischen Nachrichtenwesen des Verteidigungsministeriums. Der Mann berichtet von afghanischen Soldaten, die geflohen oder zu den Aufständischen übergelaufen seien. Dadurch habe es den afghanischen Sicherheitskräften zunehmend an Personal gefehlt. Dennoch hätten sie gut 300 000 Angehörige gezählt, und es sei nicht absehbar gewesen, dass sie so schnell auseinanderfallen würden. Ein weiterer Zeuge, den der Untersuchungsausschuss geladen hat, ist der Mann, der als Journalist für die Bundeswehr gearbeitet hat und vom Flughafen verjagt worden war. Er ist zu diesem Zeitpunkt bereits in Deutschland.

Mit seiner Familie war er nach Pakistan geflohen. Dort halfen ihm deutsche Diplomaten, er durfte endlich in die Bundesrepublik ausreisen. Als er dort eintrifft, herrschen in seinem Heimatland bereits wieder unangefochten die Taliban. Das es so weit kommen konnte, ist ein Desaster, ein Versagen des Westens und damit auch Deutschlands. Fast 20 Jahre war die Bundeswehr am Hindukusch eingesetzt. Entwicklungshelfer setzten unzählige Projekte um. Doch was hat die Mission gebracht? Afghanistan steht Ende 2021 kaum besser da als 2001. Wie das passieren konnte, soll neben dem Untersuchungsausschuss auch eine Enquete-Kommission des Bundestages herausfinden. Bis zum Ende der Legislaturperiode 2025 soll die Aufarbeitung abgeschlossen sein.

Fest steht, dass in Afghanistan 2022 katastrophale Zustände herrschen. Mehr als die Hälfte der Afghanen hungert, darunter sind 13 Millionen Kinder. Nach Angaben der Weltbank sind 70 Prozent der afghanischen Haushalte nicht in der Lage, ihre Grundbedürfnisse zu decken. »In Afghanistan ist es zu einer der größten humanitären Notlagen weltweit gekommen«, stellt das Bundesministerium für Entwicklung und wirtschaftliche Zusammenarbeit in Berlin 2022 fest. Hunderttausende Menschen haben das Land seit der Machtübernahme der Taliban verlassen. 2,2 Millionen Afghanen leben in den Nachbarländern, vor allem in Pakistan und Iran. Und in Afghanistan gibt es zudem 5,8 Millionen Binnenvertriebene. Nur Syrien und Venezuela weisen jeweils noch mehr Flüchtlinge auf. Und das, obwohl westliche Staaten viele Milliarden Euro in die

Entwicklung Afghanistans investiert haben. Mit bis zu 430 Millionen Euro im Jahr war Deutschland lange der zweitgrößte bilaterale Geber nach den Vereinigten Staaten.

Auch nach dem Ende der Afghanistan-Mission ist der Kampf gegen den Terror nicht vorbei. Im Irak und Mali gehen die Einsätze weiter. Die Operation Counter Daesh begann im Irak 2015. Ein Ende ist nicht in Sicht. »Im Ergebnis wird attestiert, dass die irakischen Streit- und Sicherheitskräfte zwar Fortschritte gemacht haben, aber weiterhin unterstützt werden müssen, dies auch vor dem Hintergrund einer politisch angespannten Lage im Irak, insbesondere in den vergangenen Monaten«, teilt das Verteidigungsministerium im Herbst 2022 mit. »Ziel der deutschen Beiträge zum Fähigkeitsaufbau ist und bleibt, die irakischen Streitkräfte nachhaltig in die Lage zu versetzen, die Sicherheit ihres Landes eigenständig zu gewährleisten.« Bis Ende Oktober 2023 läuft das Mandat und kann weiter verlängert werden. 500 Männer und Frauen der Bundeswehr können in der Region eingesetzt werden.

Auch in Mali gibt es wenig Fortschritte. Dort putschen sich im August 2020 Offiziere an die Macht. Und nur neun Monate später, im Mai 2021, folgt der nächste erzwungene Regierungswechsel. Trotz der beiden Staatsstreiche bleibt die Bundeswehr in dem westafrikanischen Land mit gut 1000 Soldaten präsent. 75 von ihnen gehören zur »European Union Training Mission« (EUTM) und knapp 900 weitere zur Blauhelm-»Mission Multidimensionnelle Intégrée des Nations Unies pour la Stabilisation au Mali« – kurz MINUSMA. Wie gefährlich die Mission in Mali ist, erleben die deutschen Soldaten am Morgen des 25. Juni 2021. Gut 180 Kilometer nordöstlich von Gao greift ein Selbstmordattentäter in einem Fahrzeug eine Einheit der Bundeswehr an. Zwölf Soldaten werden bei der Explosion eines Sprengsatzes verwundet, drei von ihnen schwer. Aus Mali haben sich Verbündete der Bundeswehr, wie Frankreich, bereits zurückgezogen. Aber die Deutschen finden zunächst keinen Weg, die UN-Mission zu beenden. Die Bundesregierung will offenbar die Vereinten Nationen nicht brüskieren. Womöglich liegt das an dem deutschen Wunsch, bald wieder einen nichtständigen Sitz im Weltsicherheitsrat der UN zu erhalten.

Und obwohl das Regime in Bamako mit Russland kooperiert und Söldner der Gruppe Wagner ins Land geholt hat, die auch im Angriffskrieg des Kreml gegen die Ukraine zum Einsatz kommen und denen mehrere Kriegsverbrechen vorgeworfen werden, bleibt die Bundeswehr in Mali. Die Schikanen der Militärregierung gegen die uniformierten Gäste aus Deutschland nehmen immer weiter zu. So erhalten die unbewaffneten Aufklärungsdrohnen Heron mehrfach keine Starterlaubnis. Obwohl die Bundeswehr mit ihnen die Umgebung von Feldlagern und Patrouillen überwacht. Dann erschweren die malischen Machthaber eine geplante Einreise von Generalinspekteur Eberhard Zorn. Als der oberste deutsche Soldat seine Männer und Frauen im Einsatz besuchen will, fordern die malischen Machthaber ihn auf, selbst in der Visa-Stelle der Botschaft in Berlin vorstellig werden, um seine Einreise zu regeln, berichtet Peter Carstens von der »FAZ«. Zorn strich daraufhin Mali von seiner Reiseliste. Noch ernster nahmen die Streitkräfte aber, dass die Obristen in Bamako wochenlang die Ausreise deutscher Soldaten verzögerten. Schließlich verkündet das Bundesverteidigungsministerium, das Kontingent bis Mai 2024 aus Mali zurückzuholen.

In Ostafrika geht eine weitere Mission zu Ende. Nach 18 Jahren gibt die Bundeswehr ihren Stützpunkt in Djibuti auf. Die Logistik-Basis hatte sie 2002 im Rahmen der OEF aufgebaut, für den Kampf gegen den Terror. Dann nutzten die Schiffe und Flugzeuge, die an der Anti-Piraterie-Mission Atalanta teilnahmen, dort den Hafen und das Flugfeld. 2021 ist damit Schluss. Die Jagd auf Seeräuber endet, und 2022 werden die Seefahrtsrouten vor der somalischen Küste sogar für so sicher erklärt, dass Reedereien dort keine Risikoversicherung mehr benötigen.

In dem Jahr, in dem zwei langjährige Missionen der Bundeswehr außerhalb des Bündnisgebietes auslaufen, endet eine Ära, die länger als ein halbes Jahrhundert gedauert hat. Die letzte Transall wird am 31. Dezember 2021 außer Dienst gestellt. In den Monaten zuvor gab es noch fünf dieser Maschinen in Hohn beim Lufttransportgeschwader 63. Aber nun endet ihr Dienst endgültig. Eine »Trall« steht als Ausstellungsstück bei der Luftlande-/Lufttransportschule in Altenburg. Ein anderes Flugzeug mit der Nummer 50+79 wird von einem privaten Investor gekauft. Er macht daraus ein Ferienquartier, das »Trallotel«. Die Transportmaschinen sind mehr als 53 Jahre für die Bundeswehr aufgestiegen, eine außerordentlich lange Zeit für ein Frachtflugzeug. Mit ihnen sind unzählige deutsche Soldaten in ihre Auslandseinsätze gezogen. Aber auch hier endet eine Ära. Das Zeitalter der großen Out-of-area-Operationen geht für die Bundeswehr allmählich zu Ende. Stattdessen steht nun die Bündnis- und Landesverteidigung im Vordergrund.

KAPITEL 22

Viel Zeit, wenig Wende – Die Bundeswehr vor dem Hintergrund des Ukraine-Krieges

2022 wird zu einem Jahr der drastischen Veränderungen für die Bundeswehr. Kanzler Olaf Scholz ruft am 27. Februar die »Zeitenwende« aus und kündigt eine massive Aufrüstung an. Drei Tage zuvor sind die russischen Streitkräfte in die Ukraine eingefallen. Mit einem Sondervermögen von 100 Milliarden Euro soll Deutschlands Landes- und Bündnisverteidigung gestärkt werden.

Der völkerrechtswidrige russische Angriff auf die Ukraine bringt zahlreiche neue Aufgaben für die Streitkräfte mit sich. Nach und nach entscheidet die Bundesregierung sich, die Partner in Kiew immer intensiver im Kampf gegen Russland zu unterstützen. Aus Beständen der Bundeswehr liefert Deutschland Ausrüstung und Waffen an die Ukrainer. Sie gibt Panzerfäuste, Feldküchen, Bergepanzer, Schlafsäcke, Tagesrationen an Essen, Panzerabwehrminen, Handgranaten, das Artillerieortungssystem »Cobra«, Feldlazarette und noch sehr viel mehr unterschiedliches Material ab. Dazu trainieren die deutschen Streitkräfte ukrainische Soldaten an der Panzerhaubitze 2000, an Mehrfachraketenwerfern »MARS II« und geschützten Geländefahrzeugen Dingo, auch diese drei Waffensysteme erhält die Regierung in Kiew aus Beständen der Bundeswehr. Im Januar 2023 gibt die Bundesregierung dann bekannt, dass außerdem noch Marder und Patriot-Abwehrsysteme an die ukrainischen Streitkräfte gehen werden. Auch an diesen Waffensystemen werden Männer und Frauen der Bundeswehr die Kameraden aus Osteuropa ausbilden.

Das bindet Personal, ebenso die Schulung ukrainischer Soldaten im Rahmen von EU-Projekten und das Training von Entschärfern aus dem angegriffenen Land. Mehr als zwei Milliarden Euro stellt Deutschland allein 2022 für die »militärische Ertüchtigung« der Ukraine bereit. Die afghanische Armee, die jahrelang gemeinsam mit der Bundeswehr gegen Aufständische kämpfte, hat in fast 20 Jahren nur einen winzigen Teil dieser Summe als militärische Unterstützung erhalten. Außerdem entsendet die Bundeswehr weitere Soldaten an die Ostflanke der NATO.

Mit der wachsenden Aggression aus Russland stationiert sie zusätzliche Heereseinheiten in Litauen, in Rumänien und der Slowakei. Die Marine, mit 16 000 Soldaten die kleinste Teilstreitkraft, schickt fast alle einsatzbereiten Schiffe und Boote in die Ostsee und in andere Meere, um das Bündnis zu unterstützen. So schließt sich die Korvette »Erfurt« der »Standing NATO-Maritime-Group 1« an, deren Einsatzraum die Ost- und Nordsee ist. Die Fregatte »Lübeck« verstärkt die »Standing NATO-Maritime-Group 2«, die auf dem Mittelmeer kreuzt. Und auch kleinere Einheiten wie die »Alster«, ein Flottendienstboot mit Überwachungstechnik an Bord, sind draußen. Sie klärt auf der Ostsee die russische Flotte auf.

Die Luftwaffe sichert mit Eurofighter-Jets den Luftraum über dem Baltikum. Dazu schickt sie Patriots in die Slowakei. Mit diesem Flugabwehrsystem unterstützt sie auch Polen. In dem osteuropäischen Land schlägt im November 2022 eine Rakete ein, die wohl von der ukrainischen Flugabwehr abgefeuert wurde, um ein russisches Geschoss abzufangen und versehentlich das Nachbarland trifft. Dabei sterben zwei Menschen. Die deutsche Verteidigungsministerin Christine Lambrecht (SPD) bietet Polen daraufhin Patriot-Batterien an. Anfang 2023 übernimmt die Bundeswehr zudem die »Very High Readiness Joint Task Force« (VJTF), die schnelle Eingreiftruppe der NATO, die innerhalb von 48 bis 72 Stunden einsatzbereit sein muss.

Der Schutz des Bündnisgebietes erhält neue Priorität. Außerdem sollen die Streitkräfte wieder in die Lage versetzt werden, das Land zu verteidigen. Dafür wurde die Bundeswehr 1955 aufgestellt. Doch Anfang 2022 ist sie auf intensive Gefechte mit gleichwertigen oder gar überlegenen Gegnern nicht vernünftig eingestellt. Der Munitionsvorrat reicht bei einigen zentralen Waffensystemen nur für wenige Tage. Auf 20 Milliarden Euro wird der Bedarf an Geschossen und Raketen geschätzt. Außerdem hat die Flugabwehr so große Lücken, dass ein Großteil des Landes und militärische Verbände ohne Schutz sind. »Der Ist-Zustand ist relativ mager«, sagte Gustav Gressel, Forscher am »European Council on Foreign Relations« im Video-Interview mit »Zeit Online«. Gegenwärtig »würde gar keine Stadt geschützt werden. Da braucht man nicht mehr wählen, ob ich Berlin, München oder eine andere Großstadt schützen will«.

Die Strukturen der Bundeswehr sind so stark auf Auslandseinsätze ausgerichtet worden, dass die Abwehr eines Angreifers im Inneren wohl bereits an der Organisation scheitern würde. »Die Politik hatte Bedarf an kleinen Kontingenten leichter Infanterie, nicht aber an Großverbänden mit schweren Waffen«, schreibt Björn Müller in der Fachzeitschrift »Loyal«, die vom Reservistenverband der Bundeswehr herausgegeben wird. »Die Antwort der deutschen Militärplaner: Organisationsbereiche schaffen, die die schrumpfenden Ressourcen bündeln und diese dosiert dorthin verteilen, wo sie am dringendsten gebraucht werden.«

So entstand 2000 die Streitkräftebasis, die unter anderem Spezialpioniere, Feldjäger und Logistiker führt. Dazu kommt der zentrale Sanitätsdienst, der die medizinische Versorgung der gesamten Bundeswehr organisiert. Die Teilstreitkräfte wie Heer, Marine und Luftwaffe verlieren immer mehr den Zugriff auf wichtige Unterstützungsleistungen, die sie brauchen, um Verbände und Einheiten ins Gefecht zu entsenden. Für Auslandseinsätze reicht diese Struktur aus. Denn das 2001 geschaffene Einsatzführungskommando stellt die Kontingente beispielsweise für Mali aus verschiedenen Einheiten zusammen. In der Einsatzvorbereitung trainieren diese dann gemeinsam, um für wenige Monate einen funktionierenden Verband zu bilden. Nach der Rückkehr kehren sie dann wieder zu ihren eigentlichen Divisionen und Brigaden zurück.

Rainer Glatz, General a. D. und bis 2013 Befehlshaber des Einsatzführungskommandos in Potsdam, fordert 2020 gemeinsam mit Hans-Peter Bartels, die Großverbände in die Lage zu versetzen, eigenständig agieren zu können. Dafür muss ihnen wieder der Nachschub und das Sanitätswesen unterstellt werden, dazu Fernmelder und IT-Spezialisten: »Der Grundsatz, Verantwortung, Kräfte und Mittel in eine Hand zu geben, ist oberstes Gebot. Er darf auch angesichts der heutigen Komplexität von Streitkräften nicht durchbrochen werden.« Beide Fachmänner wissen aber auch, wie unbeliebt bei der Bundeswehr mittlerweile strukturelle Veränderungen sind. »Im Bewusstsein vieler altgedienter Soldatinnen und Soldaten verbinden sich mit den diversen Reformen nach 1990 vor allem Stichworte wie Schrumpfen, Auflösen und Umstationieren, permanent wechselnde Führungsstrukturen, Frühpensionierungsprogramme, Finanznot und materieller Mangel«, schreiben Bartels und Glatz.

Im Oktober 2022 richtet das Verteidigungsministerium eine weitere übergeordnete Stelle ein. Das »Territoriale Führungskommando« ist nun für die Landesverteidigung und die Amtshilfe bei Katastropheneinsätzen zuständig. In den vergangenen Jahrzehnten wurden beide Aufgaben von Politik und auch von der militärischen Spitze vernachlässigt. Den Kampf gegen gleichwertige Gegner hielten sie für unwahrscheinlich. Zudem steht Deutschland unter dem Schutz der NATO und die amerikanischen Streitkräfte sind immer noch mit mehr als 35 000 Soldaten in der Bundesrepublik aktiv. Allerdings hat die Präsidentschaft des wankelmütigen und unberechenbaren Donald Trump gezeigt, dass es nicht ratsam ist, sich allein auf die Vereinigten Staaten zu verlassen. Außerdem erwarten die Partner der Nordatlantischen Allianz von Deutschland, das wirtschaftlich so stark ist, sich angemessen an den Lasten des Bündnisses zu beteiligen.

Zwar hat die Bundeswehr mit der Landes- und Bündnisverteidigung wieder Aufgaben, die Soldaten und der Bevölkerung sinnvoll erscheinen, gut zu vermitteln sind und von der Weltlage offensichtlich auch begründet werden. Aber es fehlen ihr derzeit die Mittel und Strukturen, um diese auch erfüllen zu können. Dennoch bietet die Zeitenwende eine große Gelegenheit für die Armee. Denn so im Mittelpunkt der politischen Debatte stand sie schon lange nicht mehr. Und fast alle Parteien im Bundestag, mit Ausnahme der Linken, wollen mehr in die Streitkräfte investieren, um sie fit für die Landes- und Bündnisverteidigung zu machen.

Auch das »freundliche Desinteresse«, das die deutsche Bevölkerung viele Jahre lang gegenüber der Bundeswehr an den Tag legte, wie 2005 der damalige Bundespräsident Horst Köhler klagte, findet zumindest vorübergehend ein Ende. 83 Prozent der Deutschen geben in einer 2022 veröffentlichten Umfrage des Zentrums für Militärgeschichte und Sozialwissenschaften der Bundeswehr an, eine positive Einstellung zu ihrer Armee zu haben. Ein Höchstwert. 88 Prozent vertrauen der Bundeswehr als staatlicher Institution, sogar mehr als der gesetzlichen Rentenversicherung (77 Prozent) oder der Bundesregierung (73). Die Umfragen privater Meinungsforscher decken sich mit den Zahlen der Bundeswehrsoziologen. Solch positive Werte hat die Truppe seit dem Ende des Kalten Krieges nicht mehr verzeichnet.

»Ende der achtziger Jahre befürworten 38 Prozent der Westdeutschen, dass der Verteidigungsetat sinken muss. Mit der Wiedervereinigung verdoppelt sich diese Zahl fast«, sagt Matthias Rogg, Oberst und Professor der Geschichtswissenschaft im Gespräch. »Die höchste Zustimmung zur Bundeswehr wird in Westdeutschland kurz vor und unmittelbar nach dem Ende des Kalten Krieges gemessen. Fast 90 Prozent gaben damals an, dass die Bundeswehr durch ihre Existenz den Frieden sichere.«

Nun beweist Russlands Angriff auf die Ukraine, dass Landesverteidigung kein Begriff aus den Geschichtsbüchern ist. Die Invasion verändert die globale Sicherheitsarchitektur schlagartig. Die Machthaber im Kreml um Wladimir Putin haben sich offensichtlich verspekuliert, der Westen gibt diesmal nicht nach, unterstützt die Ukraine nicht nur verbal, sondern investiert hunderte Milliarden Euro, um dem angegriffenen Land zu helfen. Schweden und Finnland, die den ganzen Kalten Krieg hindurch und in der Zeit danach neutral geblieben sind, stellen 2022 Aufnahmeanträge für die NATO. Die Vereinigten Staaten, die sich unter Präsident Barack Obama auf den Pazifikraum konzentrierten und unter seinem Nachfolger Trump, der dem westlichen Bündnis keine bedeutende Rolle mehr zusprach und tausende Soldaten aus Deutschland abziehen wollte, sind nun militärisch so präsent in Europa wie schon lange nicht mehr. Dazu steigen in allen Staaten des Nordatlantischen Bündnisses die Verteidigungsetats deutlich.

Deutschland scheint mit dem Bereitstellen des Sondervermögens von 100 Milliarden Euro voranzugehen. Das klingt nach einer enormen Summe, aber damit allein werden die Probleme der Bundeswehr nicht gelöst. Denn obwohl Scholz das Sondervermögen bereits Ende Februar angekündigt hat, ermöglicht der Bundestag erst im Juni das Aufstellen des Sonderfonds. Mitte Dezember gibt der Haushaltsausschuss daraus die ersten 13 Milliarden Euro für Bestellungen frei. Damit hat die Bundeswehr viele Monate verloren, in denen die Energie- und Rohstoffpreise gestiegen sind und die Auslastung der Rüstungsindustrie hoch ist. Denn immer mehr Staaten ordern neue Waffensysteme, Russlands Angriffskrieg hat überall im Westen die Nachfrage nach Flugabwehr, Panzern und Kampfflugzeugen steigen lassen – und damit auch die Preise.

Deshalb sind es nicht 100 Milliarden Euro, die von der Bundeswehr ausgegeben werden können, Inflation, Zinsen und Steuern senken die Summe auf vermutlich nur noch 80 Milliarden, schätzen Experten. Der Bundesrechnungshof rügt bereits die Pläne des Ministeriums. Christine Lambrecht muss einige Beschaffungsvorhaben streichen. Denn ihr Ressort hat zu viel Geld verplant. »Viel Zeit, wenig Wende«, wird bereits in der Truppe gespottet. Ihr Nachfolger Boris Pistorius fordert weitere Milliarden für die Truppe. Und mit dieser Forderung steht er nicht allein.

Aufgerüstet wird die Bundeswehr eigentlich nicht, es werden bestehende Lücken gefüllt. Über Jahrzehnte hinweg waren die Streitkräfte unterfinanziert. Nun braucht die Bundeswehr viel neues Material und weiteres Personal. Für beides benötigt sie steigende finanzielle Mittel. Selbst mit dem 100 Milliarden Euro schweren Sondervermögen wird der Verteidigungsetat insgesamt zwei Prozent des Bruttoninlandsproduktes nicht übersteigen. Diesen Wert innerhalb von zehn Jahren zu erreichen hatten allerdings die damals 28 NATO-Mitglieder im September 2014 auf dem Gipfel in Wales vereinbart. Verteidigung und Abschreckung kosten eben viel Geld.

Westdeutschland hatte im Kalten Krieg bis zu 5,2 Prozent (1963) des BIP für die Streitkräfte aufgebracht, von 1955, dem Gründungsjahr der Bundeswehr, bis 1986 waren es immer mehr als drei Prozent. Danach sank der Wehretat kontinuierlich. 2013 war mit 1,2 Prozent des BIP ein Tiefpunkt erreicht, der in den kommenden beiden Jahren fortgeschrieben wurde. Nach der ersten Aggression Russlands gegen die Ukraine 2014 erhielt die Bundeswehr unerheblich mehr Mittel. 2023 sinken die regulären deutschen Verteidigungsausgaben zunächst, weil viele bereits angestoßene Rüstungsprojekte nun aus dem Sondervermögen bestritten werden. Der Wehretat beträgt dann 50,1 Milliarden Euro, 2022 waren es noch 50,4 Milliarden. Das dürfte den Partnern in der Allianz nicht gefallen.

NATO-Generalsekretär Jens Stoltenberg fordert die Mitglieder des Bündnisses seit dem russischen Angriff auf die Ukraine noch vehementer auf, mehr Mittel für ihre Streitkräfte aufzuwenden. Das Ziel, zwei Prozent des Bruttoninlandsprodukts (BIP) in die Verteidigung zu investieren, solle als Untergrenze und nicht als Obergrenze verstanden werden. Deutschland bleibt trotz der ausgerufenen Zeitenwende unter dieser Marke, selbst wenn die Mittel aus dem Sonderfonds zum regulären Wehretat dazugerechnet werden. »Aus dem Sondervermögen sind für 2023 Ausgaben in Höhe von 8,5 Milliarden Euro vorgesehen. Damit wird das NATO-Ziel nicht erreicht, sondern um 18,9 Milliarden Euro oder 0,5 Prozentpunkte verfehlt: Die deutschen Verteidigungsausgaben werden inklusive dieser Mittel nur leicht auf 1,5 Prozent des BIP ansteigen und damit bezogen auf das BIP geringfügig über dem Niveau von 2021 liegen«, stellen Experten des »Instituts der Wirtschaft« aus Köln fest.

Mit den 100 Milliarden Euro bestellt das Bundesverteidigungsministerium als Erstes persönliche Ausstattung für die Soldaten. Es ordert Schutzwesten, Rucksäcke, Gefechtshelme, Thermobekleidung und warme Socken. Und das für 2,4 Milliarden Euro. Bis 2025 sollen die Sachen spätestens bei den Männern und Frauen der Bundeswehr eintreffen, sechs Jahre früher als geplant. Das versucht die Verteidigungsministerin als Erfolg zu verkaufen. Am 15. Dezember 2022 wendet sich Lambrecht in einem »Tagesbefehl« an die Soldaten. »Sie können zudem erwarten, dass ab jetzt die persönliche Vollausstattung der aktiven Truppe mit Gefechtshelmen, Rucksäcken, Kampfbekleidungssätzen und ballistischer Schutzausstattung bei Ihnen ankommen wird«, schreiben Lambrecht und Generalinspekteur Zorn. Ohne den russischen Angriff auf die Ukraine hätten die Bundeswehrangehörigen bis 2031 auf solche einfache, aber bedeutende Ausstattung warten müssen. Politik und militärische Leitung hätten die Soldaten fast zehn Jahren auf geeignete persönliche Ausstattung warten lassen.

Dafür kann die viel gescholtene Ministerin nichts, die Beschaffungsentscheidungen wurden von ihren Vorgängerinnen aus der CDU getroffen. Aber auch Lambrecht gelingt es nur sehr bedingt, die Geschwindigkeit der internen Prozesse zu beschleunigen. Auch wenn sie versucht, beim Bundesamt für Ausrüstung, Informationstechnik und Nutzung der

Bundeswehr (BAAINBw) Reformen anzustoßen, bleibt es dabei: Kein Rüstungsprojekt läuft ohne das Beschaffungsamt. Und dort müssen die Beamten und Soldaten sich stets an die strengen Vorschriften und Vergaberegeln halten. Nur in Sonderfällen dürfen sie die Prozesse beschleunigen, etwa wenn die Truppe für ihre Auslandsmissionen etwas benötigt, »einsatzbedingter Sofortbedarf« heißt das dann. Oder auch wenn es um die schnelle Eingreiftruppe VJTF geht, die bei der Ausstattung mit funktionierender Technik Priorität besitzt. Gut 12 000 Dienststellen gibt es beim BAAINBw, von denen nicht alle besetzt sind. Lambrecht entlastet die Beamten, indem sie den Betrag erhöht, den Kommandeure selbstverantwortlich ausgeben können, ohne Prüfung des Beschaffungsamtes. Statt 1000 Euro sind es nun 5000, gut 20 Prozent der bisherigen Arbeit fällt damit weg. Mitarbeiter haben damit mehr Zeit für Großprojekte.

Lambrecht agiert dennoch meist unbeholfen. Nach monatelanger kritischer Berichterstattung tritt sie im Januar 2023 zurück. Boris Pistorius wechselt aus Hannover nach Berlin, wird vom niedersächsischem Innenminister zum Inhaber der Befehls- und Kommandogewalt über die Bundeswehr. Bei ersten Truppenbesuchen kommt er gut bei den Soldaten an. Beschaffungsprobleme bleiben sein ständiger Begleiter. An Bord der Fregatte »Hessen« berichtet ihm ein Offizier von den Spezialkräften der Marine, dass die Speedboote der Kampfschwimmer seit vielen Jahren ausgetauscht werden sollen. Seit fünf Jahren warte er auf Ersatz, da noch nichts bestellt wurde, werde es zwei weitere Jahre dauern. Pistorius hört zu, sagt, er nehme das Problem mit. Seine Liste ist lang. Nicht einmal einfache Boote mit starkem Motor, guten Funkgeräten und Halterungen für Maschinengewehre kann die Bundeswehr rasch beschaffen. Der Offizier sagt noch gegenüber Journalisten, dass er die Speedboote eigentlich gar nicht hätte einsetzen dürfen, aber beim Besuch des Ministers zeigt die Marine alles, was sie hat: ein U-Boot, Seefernaufklärer, Spezialkräfte, verschiedene Hubschrauber und Speedboote, deren Einsatztauglichkeit fraglich ist.

Wie bitter es ist, dass die Soldaten nicht einmal mehr vernünftige Ausrüstung von ihrem Dienstherrn erhalten, zeigt ein Besuch der Wehrbeauftragten in Litauen. Die Soldaten an der Ostflanke müssen frieren, wenn sie nicht auf private Kosten ihre Ausstattung ergänzen. Denn für den Winter und kalte Temperaturen geeignete Jacken, Hosen und Unterwäsche erhalten sie nicht. Eva Högl schlägt Alarm. Die Wehrbeauftragte hat in ihrem Jahresbericht so viele peinliche Mängel bei der Armee aufgelistet, dass er sich seitenlang wie eine ungewollte Satire auf das Militär liest. So können die Deutschen mit ihren Verbündeten in Osteuropa während Manövern kaum kommunizieren. Die Alliierten verwenden modernen Digitalfunk. Die Heeresangehörigen greifen auf alte analoge Geräte zurück. Högl schreibt, dass die Deutschen bei internationalen Übungen als das schwächste Glied in der Kette gelten. Unter anderem wegen des Funks. Auch nach der Zeitenwende bleibt das fast zehn Monate lang so, ohne dass Politik und Verteidigungsministerium Abhilfe schaffen. Erst im Dezember 2022 bewilligt der Bundestag die notwendigen Mittel für den Kauf von digitalen Geräten.

Die Zeitenwende läuft für viele Männer und Frauen der Bundeswehr quälend langsam. »Bei einigen Soldaten kommen zumindest warme Socken an. Ich sage das ganz ohne Ironie: Es ist gut, wenn die Truppe merkt, dass sich etwas bewegt«, sagt Högl im Interview mit »Zeit Online«. Högl hat kurz vor dem Gespräch das Panzergrenadierbataillon 411 in Mecklenburg-Vorpommern besucht, das gerade aus Litauen zurückgekommen war. Dort erfuhr die Wehrbeauftragte von zahlreichen Mängeln. Der Kommandeur, Oberstleutnant David Andrä, sagt, es sei »nicht hinnehmbar, dass wir keine geeigneten Funkgeräte, in Teilen veraltetes Material oder unzweckmäßige persönliche Ausrüstung haben. Das hat auch Auswirkungen auf die Motivation der Soldaten«. So zitiert ihn die »FAZ«. Allwetterkleidung, Nachtsichtgeräte und ABC-Schutzausstattung, die sie erst kurz vor dem Abmarsch ins Baltikum erhalten hatten und deswegen damit kaum üben konnten, mussten die Panzergrenadiere bei ihrer Rückkehr wieder abgeben.

Die Beschaffung steht seit vielen Jahrzehnten in der Kritik. Geändert hat sich wenig zum Positiven. So gibt es für die deutschen Soldaten nicht genug Kälte- und Nässeschutz, gibt die Wehrbeauftragte an. Das Problem hat bereits ihr Vorgänger Hans-Peter Bartels im Jahresbericht 2018 beschrieben. »Ein Grundübel sind viel zu lange Beschaffungsprozesse, nichts geht wirklich schnell. Im gesamten Beschaffungswesen hat sich eine Absicherungsdoktrin etabliert, die nachhaltig lähmt«, stellte Bartels fest, der sich nach seiner politischen Karriere nun als Präsident der Gesellschaft für Sicherheitspolitik engagiert. »Dabei geht es im Gegensatz zu den großen Beschaffungsprogrammen bei der persönlichen Ausstattung nur noch darum, die Dinge anzuschaffen. Die Phasen der Entwicklung, Erprobung und Zertifizierung sind abgeschlossen.« Jahrelang hat der SPD-Politiker mehr Tempo bei den Reformen der Bundeswehr gefordert. Aber noch immer ist der Apparat starr und unbeweglich.

2018 warnte das Heer sogar, dass bestehende System gefährde die deutsche Sicherheit. »Die bisher bestrittenen Wege zur Beschaffung von Ausrüstung führen schon heute zu nicht voll einsatzbereiten Landstreitkräften«, hieß es in einem Thesenpapier, das vom Kommando Heer präsentiert wurde. Dieser Bericht mit dem harmlosen Titel »Rüstung digitalisierter Landstreitkräfte« kritisierte in ungewohnt deutlichen Worten die überkomplexen Vorgaben des Beschaffungsprozesses, der die handelnden Akteure überfordere, viel zu lange dauere und am Bedarf der Streitkräfte vorbeilaufe. Die gelieferte Technik sei bereits bei der Einführung in der Truppe oft wieder veraltet.

Der Sozialdemokrat Bartels und der Generalleutnant a. D. Glatz beschreiben in einer Analyse für die »Stiftung Wissenschaft und Politik« 2020 die Probleme: »Alle bisherigen Reparaturversuche am System der Mangelwirtschaft durch Sonderorganisationen, Ad-hoc-Arbeitsgruppen und zusätzliche Personalzusagen haben sich als nur begrenzt wirksam erwiesen. Wechselseitige Schuldzuweisungen der beteiligten Akteure – behördlicher Rüstungsbereich, Streitkräfte, Ministerium und Industrie – führen nicht weiter. Zentralisierung, Privatisierung, Verrechtlichung und Verantwortungsdiffusion lauten die eingeübten Prinzipien der Gegenwart, deren Gültigkeit nun ganz grundsätzlich auf den Prüfstand gehörten.« Die Probleme sind bekannt. Abhilfe wird es keine geben, zumindest nicht kurzfristig.

Denn größere neue Strukturreformen sind aktuell nicht geplant, dafür viele kleine Schritte. Dennoch soll die Beschaffung effektiver und schneller laufen. Dafür setzt das Bundesverteidigungsministerium auf gesetzliche Regelungen. So beschließt der Bundestag im Juli 2022 ein Gesetz, mit einem monströsen, komplizierten Namen, das aber für mehr

Geschwindigkeit beim Kauf von Waffen und Ausrüstung für die Streitkräfte sorgen soll: »Bundeswehrbeschaffungsbeschleunigungsgesetz«.

Vor allem sollen mehr marktverfügbare Systeme erworben werden, also fertig entwickelte und erprobte Waffen, die bereits bei befreundeten Armeen im Einsatz sind. »Von der Stange zu kaufen«, wie die Militärs das nennen, bietet der Truppe mehrere Vorteile. Sie kann das bestellte Gerät rasch einsetzen, oft werden die Soldaten der Kunden gleich bei den Alliierten, die solche Waffensysteme bereits verwenden, ausgebildet. Es ist leichter, Ersatzteile zu beschaffen, da die Verbündeten diese auf Lager haben. Allerdings bringen Beschaffungen, etwa in den Vereinigten Staaten, auch Nachteile mit sich. Die US-Industrie liefert die Technik meist als »Black Box«. Die Kunden erfahren nicht bis ins letzte Detail, was sie gekauft haben, so sollen Innovationen geschützt werden. Gleichzeitig bleiben die Käufer aber auch abhängig von den Herstellern, die meist Wartung und Reparaturen übernehmen. Und die deutsche Rüstungsindustrie beklagt Beschaffungen im Ausland. Das gefährde die Forschung hierzulande, damit auch den Status Deutschlands als Hoch-Technologie-Standort und letztlich Arbeitsplätze.

In so manchem Bereich sind die deutschen Rüstungsunternehmen bereits abgehängt, etwa bei der Produktion von mittleren und großen Drohnen. Das liegt auch daran, dass sie vom Verteidigungsminsterium über viele Jahre kaum noch Großaufträge bekommen haben. Viele Systeme der Bundeswehr sind mehrere Jahrzahnte alt und wurden mit hohen Kosten und Ausfallraten im Einsatz gehalten. Andererseits hat die Bundeswehr mit Einzelbestellungen bei der hiesigen Industrie keine guten Erfahrungen gemacht. Das zeigt der Schützenpanzer Puma, den außer die Bundeswehr kein anderes Land gekauft hat, was zu hohen Preisen pro Stück und einem bis heute nicht ausgereiften Fahrzeug führt. Das Heer wollte aber einen absoluten High-Tech-Schützenpanzer, den besten der Welt. Solche »Goldrandlösungen«, wie sie vom deutschen Militär immer wieder seit Jahrzehnten angefordert werden, sollen nach dem Willen der Verteidigungsministerin Lambrecht ein Ende finden.

Versprechen hören die Soldaten nun viele, etwa im Sommer 2022 in Hamburg. 400 Unteroffiziere sind auf dem Sportplatz der Helmut-Schmidt-Universität angetreten. Sie werden an diesem heißen Tag zu

Offizieren ernannt. Lambrecht hält eine Rede zum Beförderungsappell. Sie lobt sich selbst und die Regierung für die große Investition in die Truppe, verspricht den jungen Frauen und Männern vor sich, dass sie in einer neuen, moderneren Bundeswehr dienen werden. Die Soldaten haben sich für den Dienst verpflichtet, als noch Frieden in Europa war. Als sie zu Offizieren befördert werden, läuft der russische Angriffskrieg gegen die Ukraine bereits seit mehr als 110 Tagen. Wenn sie fertig ausgebildet sind und selbst Soldaten führen werden, dann, so verspricht es die SPD-Politikerin, werden sie endlich die Ausrüstung haben, die sie brauchen. Die Zeit der leeren Waffenkammern, der leeren Arsenale sei vorbei. Große Versprechungen. Können diese überhaupt erfüllt werden?

Der russische Einmarsch in die Ukraine macht auf mehreren Ebenen deutlich, in welchem schlechten Zustand sich die Bundeswehr befindet – und wie wenig in der Bundesrepublik langfristig strategisch gedacht wird. Denn der völkerrechtswidrige Angriffskrieg Russlands begann nicht im Februar 2022. Bereits acht Jahre zuvor annektierte der Kreml gewaltsam die Krim. Einige NATO-Staaten zogen aus diesem Überfall unmittelbar ihre Schlüsse und unterstützten die Regierung in Kiew bei der Modernisierung ihrer Streitkräfte und Geheimdienste. Deutschland hingegen zögerte. Zwar erklärten Bundeskanzlerin Merkel und ihre Verteidigungsministerinnen von der Leyen und Kramp-Karrenbauer, dass die Landesverteidigung einen höheren Stellenwert erhalten solle, aber es passierte wenig.

»Aber auch wir hätten schneller auf die Aggressivität Russlands reagieren müssen. Deutschland hat das Zwei-Prozent-Ziel trotz Erhöhung nicht erreicht. Und auch ich habe nicht jeden Tag eine flammende Rede dafür gehalten«, sagt Angela Merkel 2022 in einem Interview mit der »Zeit« und offenbart eine Spur Selbstkritik. Damit meint sie, dass ihre Regierung nicht zwei Prozent des Bruttoinlandsproduktes für die Verteidigung ausgegeben hat. Unter ihrer Führung hatte die Bundesrepublik 2008 gemeinsam mit Frankreich die Aufnahme Georgiens und der Ukraine in die NATO verhindert. »Weder brachten die Länder die nötigen Voraussetzungen dafür mit, noch war zu Ende gedacht, welche Folgen ein solcher Beschluss gehabt hätte, sowohl mit Blick auf Russlands Handeln gegen Georgien und die Ukraine als auch auf die NATO und ihre Beistandsregeln«, erklärt Merkel. Die Vereinigten Staaten und die Anrainer der Ukraine im Westen waren für diesen Schritt gewesen. Mit ihrem Angriff auf Georgien 2008 zeigten die Machthaber in Moskau dann, was sie von einer weiteren Osterweiterung der NATO hielten, ebenso wie mit dem ersten Übergriff auf die Ukraine 2014.

Die Nordatlantische Allianz hat darauf deutlich entschiedener reagiert als die Bundesrepublik. »Seit 2014 haben wir als Reaktion auf die rechtswidrige Annexion der Krim durch Russland unsere Verteidigungsmaßnahmen verstärkt. Wir haben die größte Verstärkung unserer kollektiven Verteidigung seit dem Ende des Kalten Krieges durchgeführt«, sagt NATO-Generalsekretär Jens Stoltenberg im November 2022. Das Bündnis verdoppelt die Zahl seiner Gefechtsverbände im östlichen Teil des Bündnisses von vier auf acht. Und die Allianz versetzt mehr Truppen in eine höhere Alarmbereitschaft. Sie müssen in wenigen Tagen an die Ostflanke der NATO vorrücken können. So entschieden wie heute trat die Allianz gegenüber dem Kreml zuletzt im Kalten Krieg auf. Im Bündnis hat es einen Mentalitätswandel gegeben.

Für Deutschland lässt sich das nur bedingt feststellen. Für eine große Mehrheit der Menschen hierzulande bleibt der Krieg, der nur einige hundert Kilometer von Berlin, München oder Hamburg stattfindet, fern und abstrakt. »Viele Deutsche bewundern die Ukrainer für ihre Verteidigungsbereitschaft, sind aber nicht willens, ähnliche Schritte selbst zu unternehmen. Die Bereitschaft, selbst die Waffe in die Hand zu nehmen, steigt nicht«, sagt Matthias Rogg einige Monate nach dem russischen Angriff. »1986 wollen nur noch 22 Prozent der befragten Westdeutschen selber eine Waffe in die Hand nehmen, um Deutschland zu schützen. 1994 fällt der Wert im vereinigten Deutschland auf 13 Prozent«, sagt der Militärhistoriker und Oberst. Aktuell geben 20 Prozent der Befragten an, selbst ihr Land verteidigen zu wollen. »Dieser Wert ist in Finnland und der Türkei deutlich höher, in den Niederlanden und Belgien allerdings noch niedriger als bei uns«, stellt Rogg fest.

So hat der russische Angriff kurzfristig zu einem stärkeren Interesse von Jobsuchenden an der Bundeswehr geführt. Aber die Neugierigen sind nicht in Masse gekommen. An der Friedrichstraße im Zentrum von Berlin betreibt die Bundeswehr einen Showroom, wo sie sich als moderner Arbeitgeber präsentieren will. Drei junge Leute sitzen im Spätsommer auf Hockern. Ein Feldwebel bemüht sich, den drei Jugendlichen seinen Arbeitgeber schmackhaft zu machen. Er zeigt ihnen Filme, was sie so alles erleben können, wenn sie sich für seinen Dienstherrn entscheiden. Der Bahnhof Friedrichstraße ist nur wenige Schritte entfernt, draußen laufen Touristengruppen auf dem Weg zum Reichstagsgebäude vorbei. Drinnen wirken die beiden Frauen unentschlossen, der Mann schaut neugierig auf Hochglanzprospekte. Kampfpanzer sind auf dem Titel zu sehen und Infanteristen in Flecktarn-Uniform mit Sturmgewehren in den Händen.

Hier, in bester Berliner Lage, wirbt die Bundeswehr um neue Rekruten. Besonders imposant ist der Raum nicht, der Schuhladen nebenan ist größer, sehr viele Aufsteller mit Prospekten und Zeitschriften mit Titeln wie »BE Strong« stehen herum. Karriereberater warten hier auf Laufkundschaft oder auf Interessierte, die einen Termin vereinbart haben, wie die drei Jugendlichen. Von einer »Sammelberatung« spricht die Bundeswehr. Es geht um ein erstes Kennenlernen. Niemandem wird hier ein Vertrag in die Hand gedrückt, kein Interessent zur Unterschrift genötigt.

Ein paar Meter neben dem Showroom liegt das Karrierecenter der Bundeswehr in Berlin, wo Einzelgespräche geführt und Interessenten individuell beraten werden, welche Verwendung, welche Laufbahn für sie interessant sein könnte. Es kommen nicht genug junge Männer und Frauen. »Die Bewerbungszahlen für den Dienst in der Bundeswehr sind tendenziell rückläufig«, heißt es ganz nüchtern beim Bundesamt für das Personalmanagement der Bundeswehr. Der Rückgang sei auf die »immer spürbarer werdenden Auswirkungen der demografischen und gesellschaftlichen Veränderungen« zurückzuführen. Ein Sprecher aus dem Presse- und Informationszentrum Personal führt als Gründe sinkende Schüler- und Studienabsolventenzahlen an und auch die nachlassende körperliche Leistungsfähigkeit Jugendlicher: »Resultat ist ein sich über alle Bereiche unserer Gesellschaft auswirkender Personalmangel, insbesondere bei Fachkräften.«

Eine repräsentative Umfrage des Zentrums für Militärgeschichte und Sozialwissenschaften der Bundeswehr zeigt zwar, dass 58 Prozent der Befragten einer Personalaufstockung der Bundeswehr zustimmen. Für sich selbst sehen die meisten Teilnehmer der Studie aber keinen Anlass, zur Armee zu gehen. Von allen Befragten unter 50 Jahren wollten die Meinungsforschern wissen, wie attraktiv die Bundeswehr als Arbeitgeber auf sie wirkt. 61 Prozent gaben an, dass die Truppe für sie persönlich nicht in Frage kommt.

Wie in der Gesellschaft spielte die Bundeswehr auch in der Politik viele Jahre lang nur eine untergeordnete Rolle. Die meisten Parlamentarier mieden das Thema Verteidigung, weil es für die Menschen im Land keine Priorität hat. Die Politologin Cathryn Clüver Ashbrook beklagt in der Fachzeitschrift »Internationale Politik« im Sommer 2021, dass die deutsche Bevölkerung nicht ausreichend systematisch auf bedrohliche Fragestellung vorbereitet werde. Und Claudia Major, Leiterin der Forschungsgruppe Sicherheitspolitik bei der Stiftung Wissenschaft und Politik, bemängelt das jahrelange fehlende politische Interesse an den Streitkräften. Es brauche einen ehrlichen politischen Auftrag für die Bundeswehr, was sie eigentlich machen soll.

»Mit Sicherheitspolitik kann kein Politiker in diesem Land Wahlen gewinnen. Also neigt er dazu, am besten gar nicht darüber zu sprechen und wenn, dann oberflächlich und holzschnittartig«, sagte Tobias Lindner im Frühjahr 2018, damals noch Verteidigungsexperte der Grünen, heute Staatsminister im Auswärtigen Amt, der Zeitschrift »Loyal«. Deutschland habe zudem keine sicherheitspolitische Strategie. »Das führt dazu, dass wir Politiker den Bürgern nicht mehr erklären können, wozu Deutschland noch die Bundeswehr braucht.« Die Bundesregierung rede über Geld, über Sollstärken und Ausrüstung, ohne dass »unser Land weiß, was es mit den Streitkräften überhaupt anfangen will«.

Als Tobias Lindner das sagt, läuft in der Ukraine seit vier Jahren ein hybrider Krieg, der nicht nur mit Waffen, sondern auch mit Cyberangriffen, Desinformationskampagnen und Anschlägen geführt wird. Und der russische Krieg gegen Georgien ist keine zehn Jahre her. Söldner und Soldaten kämpfen im Auftrag des Kremls in Libyen oder Syrien. Mit der Invasion in die Ukraine durch die russischen Streitkräfte 2022 ändert sich in Deutschland die sicherheitspolitische Debatte. Nun reden viele Politiker über Themen, von denen sie wenig Ahnung haben, schwadronieren, wie dringend die Ukrainer deutsche Kampfpanzer oder Transportpanzer bräuchten, ohne zu erkennen, dass die Bundeswehr in vielen Bereichen kaum noch Material abgeben kann, ohne die eigenen Aufträge und die Ausbildung zu vernachlässigen.

Viele Politiker zeigen plötzlich Interesse an der Landesverteidigung und dem Militär. Anton Hofreiter von den Grünen spricht in der Talkshow von Markus Lanz über Kalibergrößen von Scharfschützengewehren, andere Bundestagsabgeordnete werden über Nacht zu Experten der Flugabwehr oder Panzertruppe. Der SPD-Vorsitzende Lars Klingbeil hingegen interessiert sich schon lange für die Bundeswehr. Sein Vater war Soldat, er wuchs in Munster auf, einem der größten Standorte des Heeres. Viele Jahre lang vertrat er seine Partei im Verteidigungsausschuss des Bundestages.

Im Juni 2022 hält Klingbeil auf der »Tiergartenkonferenz« der Friedrich-Ebert-Stiftung eine Rede, die für Aufsehen sorgt. »Wenn man sich in der Gesellschaft für die Bundeswehr eingesetzt hat, wurde man oft kritisch gesehen«, sagt der Sozialdemokrat. »Unsere Armee wurde immer weiter reduziert, Standorte wurden geschlossen, die Wehrpflicht abgeschafft. Die Bundeswehr rückte in der öffentlichen Debatte immer weiter nach hinten. Oftmals wurde sie nur gesehen, wenn es Skandale gab. Man hatte fast den Eindruck, manche dachten, je weniger Bundeswehr es gibt, desto geringer ist die Wahrscheinlichkeit eines Krieges. Das Gegenteil ist der Fall.«

Klingbeil wünscht sich, dass die Gesellschaft eine neue Normalität mit der Bundeswehr entwickle, dass es selbstverständlich sei, denen Respekt und Anerkennung zu zollen, die ihren Dienst für unser Land leisten. »Nicht das Reden über Krieg führt zum Krieg«, sagt der SPD-Co-Vorsitzende. »Das Verschließen der Augen vor der Realität führt zum Krieg.«

Geld steht für die Bundeswehr nun mehr als in den vergangenen 20 Jahren zur Verfügung. Gleichzeitig spielt die Truppe auch in der Politik wieder eine bedeutende Rolle. Bundeskanzler Olaf Scholz gibt Regierungserklärungen zur Sicherheitspolitik ab, erwähnt die Bundeswehr häufig in Reden, besucht Manöver und die Soldaten im Auslandseinsatz. Für die Streitkräfte könnte das die Chance einer »zweiten Gründung«

bedeuten. Für eine echte Zeitenwende reicht es aber nicht, lediglich bessere Waffensysteme zu beschaffen. Die Truppe muss neu für die Landes- und Bündnisverteidigung aufgestellt werden. Sie braucht eine nachhaltige Reform, die nicht in die nächste Strukturerneuerung übergeht. Damit neues, qualifiziertes Personal kommt, müssen die Streitkräfte attraktiver werden und dauerhaft politische Wertschätzung sowie Aufmerksamkeit erhalten. Technik, die funktioniert, ausreichend persönliche Ausstattung, Kasernen mit funktionierendem Sanitärbereich und ohne Schimmel an den Wänden, ein fairer Umgang mit versehrten Veteranen und ein klarer politischer Auftrag sind erste Schritte in die richtige Richtung. Nur zu viel Zeit für die Wende sollten sich Bundesregierung und Bundestag dabei nicht lassen. Einen besseren Zeitpunkt, um die Bundeswehr im 21. Jahrhundert ankommen zu lassen, kann es kaum geben.

Dank

Ohne die vielen Gespräche mit aktiven und ehemaligen Soldaten und Soldatinnen vom Mannschaftsdienstgrad bis zum General hätte ich dieses Buch nicht schreiben können. Den Bundeswehrangehörigen, die sich mit mir über ihren Dienst, Missstände in der Truppe, aber auch über erfüllenden Dienst ausgetauscht haben, gebührt mein besonderer Dank. Beispielhaft zu nennen ist hier Robert Sedlatzek-Müller, dessen Kampf für eine bessere Versorgung von traumatisierten Veteranen ich über Jahre begleitet habe.

Profitiert bei der Arbeit an »Spielball der Politik« habe ich erheblich von meiner journalistischen Arbeit, vor allem für »Die Zeit« und »Zeit Online« für die ich seit Jahren über die Bundeswehr berichten darf. So sind Erkenntnisse aus Recherchen im Deutschen Panzermuseum ebenso eingeflossen wie an der Helmut-Schmidt-Universität in Hamburg, im Karrierecenter in Berlin, auf der Internationalen Luft- und Raumfahrt Ausstellung, der Müncher Sicherheitskonferenz, Rüstungsmessen und anderen Veranstaltungen sowie bei Truppenbesuchen mit verschiedenen Verteidigungsministern. Dazu habe ich viel aus Interviews für »Zeit Online« mit dem Inspekteur des Heeres Alfons Mais, dem Inspekteur der Marine Jan Christian Kaack, dem Brigadegeneral a. D. Helmut Ganser, Oberst Matthias Rogg, der das Militärhistorische Museum der Bundeswehr in Dresden geleitet und intensiv zur Geschichte der beiden deutschen Armeen nach 1955 geforscht hat, mit Oberst a. D. Wolfgang Richter oder der Wehrbeauftragten Eva Högl mitgenommen.

Meinen Kolleginnen und Kollegen, vor allem aus dem Politik-Ressort von »Zeit Online« danke ich besonders für die intensive Zusammenarbeit und auch gemeinsam geführte Gespräche, zu nennen sind hier besonders Marcus Gatzke, Ileana Grabitz, Markus Horeld, Carsten Luther und Steffen Richter.

Uwe Bunzel, Moritz Gerlach, Hannah Schuh und Nils Wieruch haben das Manuskript gelesen und geholfen, es besser zu machen. Meine Familie hat, wie bereits bei vorherigen Buchprojekten, meine Arbeit erneut stark unterstützt. Mein Dank gilt im besonderen Maße Monika, Tim, Vanessa und Wolfgang Cruse sowie Deike Friederichs für Hilfe aller Art, vor allem das gründliche Gegenlesen und die zahllosen Gespräche über Bundeswehr und Rüstung, die meine These geschärft haben.

Martina und Jonathan Friederichs haben abermals sehr viel Geduld mit dem oft abwesenden Autor bewiesen. Ohne die beiden wäre dieses Buch nicht erschienen. Peter Friederichs hat mir viel von seiner Bundeswehrzeit erzählt, die ihn in den Norden geführt hat, wo er meine Mutter kennenlernte. Noch Jahrzehnte später weiß er viele Details von seinem Wehrdienst.

Auf dem Schleudersitz: Die Verteidigungsminister der Bundesrepublik

7. Juni 1955–16. Oktober 1956 Theodor Blank (CDU), ausgeschieden aus dem Amt wegen Problemen beim Aufbau der Bundeswehr

16. Oktober 1956–30. November 1962 Franz Josef Strauß (CSU), offiziell abberufen wegen einer Kabinettsumbildung, tatsächlich wegen der »›Spiegel‹-Affäre« und auf Druck der FDP

10. Januar 1963–1. Dezember 1966 Kai-Uwe von Hassel (CDU), verliert nach einer Kabinettsumbildung seinen Posten

1. Dezember 1966–22. Oktober 1969 Gerhard Schröder (CDU), muss das Amt nach Übernahme der Regierungsgeschäfte durch SPD und FDP verlassen

22. Oktober 1969–7. Juli 1972 Helmut Schmidt (SPD), bleibt im Amt, bis er das Superministerium für Wirtschaft und Finanzen übernimmt

7. Juli 1972–16. Februar 1978 Georg Leber (SPD), zurückgetreten wegen einer Abhöraffäre beim MAD

17. Februar 1978–1. Oktober 1982 Hans Apel (SPD), verliert das Amt nach Regierungsübernahme von Union und FDP,

1. Oktober 1982–18. Mai 1988 Manfred Wörner (CDU), verlässt Regierung, um NATO-Generalsekretär zu werden

18. Mai 1988–21. April 1989 Rupert Scholz (CDU), wird bei einer Kabinettsumbildung nicht mehr berücksichtigt

21. April 1989–31. März 1992 Gerhard Stoltenberg (CDU), stürzt über eine illegale Panzerlieferung in die Türkei und tritt zurück

1. April 1992–27. Oktober 1998 Volker Rühe (CDU), Amtsende durch Abwahl der Regierung

27. Oktober 1998–18. Juli 2002 Rudolf Scharping (SPD), zurückgetreten wegen der »Hunzinger-Affäre«

19. Juli 2002–22. November 2005 Peter Struck (SPD), Ende der Amtszeit nach Regierungsübernahme durch Union und FDP

22. November 2005–28. Oktober 2009 Franz Josef Jung (CDU), bei Kabinettsumbildung zum Arbeitsminister berufen. Tritt dann wegen des Luftangriffs auf Tanklaster bei Kundus zurück

28. Oktober 2009–3. März 2011 Karl-Theodor zu Guttenberg (CSU), zurückgetreten wegen falscher Angaben zu seiner abgeschriebenen Doktorarbeit

3. März 2011–17. Dezember 2013 Thomas de Maizière (CDU), wechselt im neuen Kabinett als Bundesminister zurück in das Innenressort

17. Dezember 2013–17. Juli 2019 Ursula von der Leyen (CDU), geht als EU-Kommissionspräsidentin nach Brüssel

17. Juli 2019–8. Dezember 2021 Annegret Kramp-Karrenbauer (CDU), verliert nach der Regierungsübernahme der Ampel-Koalition ihr Amt

8. Dezember 2021–16. Januar 2023 Christine Lambrecht (SPD), Rücktritt wegen »medialer Fokussierung« auf ihre Person

19. Januar 2023–Redaktionsschluss Boris Pistorius (SPD)

Dienstgrade
(Heer und Luftwaffe / Marine)

Mannschaftsdienstgrade:

- Matrose, Jäger, Panzergrenadier, Flieger etc.
- Gefreiter
- Obergefreiter
- Hauptgefreiter
- Stabsgefreiter
- Oberstabsgefreiter
- Korporal
- Stabskorporal

Unteroffiziere:

- Unteroffizier / Maat
- Stabsunteroffizier / Obermaat

Unteroffiziere mit Portepee:

- Feldwebel / Bootsmann
- Oberfeldweber / Oberbootsmann
- Hauptfeldwebel / Hauptbootsmann
- Stabsfeldwebel / Stabsbootsmann
- Oberstabsfeldwebel / Oberstabsbootsmann

Offiziere:

- Fähnrich (Anwärter)
- Oberfähnrich (Anwärter)
- Leutnant
- Oberleutnant
- Hauptmann / Kapitänleutnant
- Stabshauptmann / Stabskapitänleutnant

- Major / Korvettenkapitän
- Oberstleutnant / Fregattenkapitän
- Oberst / Kapitän zur See

Generäle und Admiräle

- Brigadegeneral / Flottillenadmiral
- Generalmajor / Konteradmiral
- Generalleutnant / Vizeadmiral
- General / Admiral

Struktur der Verbände und Einheiten:

- Trupp (2 bis 8 Soldaten)
- Gruppe (8 bis 12 Soldaten)
- Zug (12 bis 60 Soldaten)
- Kompanie (60 bis 250 Soldaten)
- Regiment [nur bei den Luftlandetruppen] (1800) / Bataillon (450–1000)
- Brigade (4500 bis 5500 Soldaten)
- Division (12 000 bis 18 000 Soldaten)

Glossar

Asymmetrische Bedrohung Gefahr durch Angriffe von nichtstaatlichen Akteuren wie Terroristen und Piraten

Cruise Missile Marschflugkörper

Einzelplan 14 Deutscher Wehretat, in dem alle Ausgaben für die Streitkräfte erfasst sind, auch Aufwendungen für Personal und Pensionen

Eiserner Vorhang Von Winston Churchill geprägter Begriff für die Grenze zwischen den Blöcken in Ost und West

Generalinspekteur Höchster deutscher Soldat, militärischer Anführer der Bundeswehr

INF-Vertrag Zunächst scheitern die Verhandlungen zwischen NATO und UdSSR über die Reduzierung von Intermediate Range Nuclear Forces (INF) – nukleare Mittelstreckenraketen-Systeme. Das führt zur weiteren Stationierung von Nuklearwaffen in Westeuropa. 1987 schließen die Blöcke dann doch den INF-Vertrag und vereinbaren eine umfassende Abrüstung

Kalter Krieg Bezeichnung für den Konflikt zwischen den NATO-Staaten und den Mitgliedern des Warschauer Paktes der ohne direkte Angriffe aufeinander geführt wird und vom Ende des Zweiten Weltkriegs bis zur Unterzeichnung im November 1990 der »Charta von Paris« dauert, mit der beide Seiten erklären, sich nicht mehr als Gegner zu betrachten

NATO Verteidigungsbündnis westlicher Staaten, das 1949 entsteht und bis heute existiert

Out-of-area Militärmissionen außerhalb des eigenen Bündnisgebietes, auch als Auslandseinsätze bezeichnet

Parlamentsarmee Bezeichnung der Bundeswehr, die vom Bundestag in Auslandseinsätze geschickt, deren Mittel vom Haushaltsauschuss freigegeben werden müssen und die vom Verteidigungsausschuss begleitet wird

Perestroika 1985 kündigt der neue sowjetische Generalsekretär Michail Gorbatschow politische Reformen in der UdSSR an. Er setzt auf Perestroika (Umbau) und Glasnost (Öffentlichkeit)

Staatsbürger in Uniform Konzept der »Inneren Führung« der Bundeswehr, Soldaten sind nicht nur stumpfe Befehlsempfänger, sondern mündige Bürger mit Rechten und der Pflicht, die Demokratie zu verteidigen

UdSSR Die Union der Sozialistischen Sowjetrepubliken entsteht 1922 nach der bolschewistischen Revolution im russischen Zarenreich. Zur UdSSR gehörten heute unabhängige Staaten wie die Ukraine und Belarus. Der Staat zerfällt 1990/91

Warschauer Pakt Bündnis von kommunistischen Staaten, in dessen Zentrum die UdSSR steht

Wehrbeauftragter Eine Art Ombudsmann, der vom Bundestag gewählt wird, Ansprechpartner für die Soldaten ist und über besondere Kontrollfunktionen gegenüber der Bundeswehr verfügt

Zwei-plus-vier-Vertrag 1990 verhandeln die beiden deutschen Staaten mit den Siegern des Zweiten Weltkriegs – USA, UdSSR, Frankreich und Großbritannien – über die Wiedervereinigung

Abkürzungen

ABC	atomar, biologisch und chemisch
ABM	Anti-Ballistic Missile
a. D.	Außer Dienst
AK	Automat Kalaschnikow (Bezeichnung für sowjetische Kleinwaffe)
AK-47	Sowjetisches Sturmgewehr
AKW	Atomkraftwerk
ANA	Afghan National Army
APO	Außerparlamentarische Opposition
APuZ	Aus Politik und Zeitgeschichte (Zeitschrift der bpb)
BAAINBw	Bundesamt für Ausrüstung, Informationstechnik und Nutzung der Bundeswehr
BGS	Bundesgrenzschutz
BMVg	Bundesverteidigungsministerium
BND	Bundesnachrichtendienst
bpb	Bundeszentrale für politische Bildung
BRD	Bundesrepublik Deutschland
ca.	circa
CDU	Christlich Demokratische Union
CIA	Central Inteligence Agency (US-Auslandsgeheimdienst)
CSU	Christlich-Soziale Union
DBwV	Deutscher Bundeswehrverband
DDR	Deutsche Demokratische Republik
DM	Deutsche Mark (auch D-Mark)
DNA	Desoxyribonukleinsäure
Do 27	Dornier 27, einmotoriges Mehrzweckflugzeug
DP	Deutsche Partei
Eloka	Elektronische Kampfführung
EU	Europäische Union
EUCOM	Europäisches Kommando der Vereinigten Staaten

EuGH	Europäischer Gerichtshof
EUTM	European Union Training Mission
EVG	Europäische Verteidigungsgemeinschaft
F-104	Starfighter (Kampfjet der Lockheed Corporation)
F-104G	Flugzeug des Typs Starfighter (aus deutscher Lizenzproduktion)
Fa.	Firma
Fallex	Fall Exercise
FAZ	Frankfurter Allgemeine Zeitung
FDP	Freie Demokratische Partei
Fibag	Finanzbau Aktiengesellschaft
Flak	Flugabwehrkanone
G	Germany
G3	Gewehr 3 (Sturmgewehr der Bundeswehr)
GASP	Gemeinsame Außen- und Sicherheitspolitik (der EU)
Gestapo	Geheime Staatspolizei
GSG9	Grenzschutzgruppe 9
HS	Hispano-Suiza (in der Schweiz ansässiges Rüstungsunternehmen)
HS 30	Schützenpanzer der Firma Hispano-Suiza (HS)
HVA	Hauptverwaltung für Ausbildung
INF	Intermediate Range Nuclear Force (nukleares Mittelstreckenraketensystem)
ISI	Inter-Services Intelligence (pakistanischer Geheimdienst)
Jak-11	Flugzeug des Herstellers Jakolew
k/mh	Kilometer pro Stunde
KGB	Komitet Gosudarstvennoj Bezopastnosti (Komitee für Staatssicherheit, sowjetischer Geheimdienst)
KFOR	Kosovo Force, Friedensmission der NATO auf dem Balkan
KMW	Krauss-Maffei Wegmann
KVP	Kasernierte Volkspolizei der DDR
m	Meter
M47	Medium Tank 47 (Mittlerer Panzer)
M48	Medium Tank 48 (Mittlerer Panzer)

MAD	Militärischer Abschirmdienst
MANTIS	Modular, Automatic and Network capable Targeting and Interception System
MARS	Mittleres Artillerieraketensystem
MedEvac	Medical Evacuation (Medizinische Evakuierung)
MfS	Ministerium für Staatssicherheit der DDR
MG	Maschinengewehr
MiG	Mikojan Gurewitsch (sowjetische Bezeichnung für Kampfflugzeuge)
Minusma	Multidimensionnelle Intégrée des Nations Unies pour la Stabilisation au Mali
mm	Millimeter
MRTT	Multi-Role Tanker Transport
Nasmo	NATO Starfighter Management Office
NATO	North Atlantic Treaty Organization
NDR	Norddeutscher Rundfunk
NH90	NATO-Hubschrauber 90
NKWD	Volkskommissariat für innere Angelegenheiten
NPD	Nationaldemokratische Partei Deutschlands
Nr.	Nummer
NS	Nationalsozialismus / nationalsozialistisch
NSDAP	Nationalsozialistische Deutsche Arbeiterpartei
NVA	Nationale Volksarmee
NWDR	Nordwestdeutscher Rundfunk
OEF	Operation Enduring Freedom
OKW	Oberkommando der Wehrmacht
OP	Observation Post (Beobachtungsposten)
PDS	Partei des Demokratischen Sozialismus
PS	Pferdestärke
rd.	rund
SA	Sturmabteilung der NSDAP
SALT	Strategic Arms Limitation Talks
SBZ	Sowjetische Besatzungszone
SDS	Sozialistischer Deutscher Studentenbund
SED	Sozialistische Einheitspartei (Staatspartei der DDR)

SFOR	Stabilization Force, Friedensmission der NATO auf dem Balkan
SPD	Sozialdemokratische Partei Deutschlands
SS	Schutzstaffel der NSDAP
SS-4	Sowjetische Mittelstreckenrakete
SS-5	Sowjetische Mittelstreckenrakete
StVo	Straßenverkehrsordnung
t	Tonne
UCK	Ushtria Çlirimtare e Kosovës
UdSSR	Union der Sozialistischen Sowjetrepubliken
UN	Vereinte Nationen
UNAMA	United Nations Assistance Mission in Afghanistan
UNOSOM	United Nations Operation in Somalia
UNPROFOR	United Nations Protection Force
USA	United States of America (Vereinigte Staaten von Amerika)
VJTF	Very High Readiness Joint Task Force«
WEU	Westeuropäische Union
ZDF	Zweites Deutsches Fernsehen

Literatur und Quellen

Dokumente

BArch BW1/285.652
BArch BW9/3119
BArch RW-44-I/37 (Der Kapitulationstext in deutscher Übersetzung für das OKW.)
BMVg: 15. Bericht des Bundesministeriums für Verteidigung zu Rüstungsangelegenheiten, Teil 1, Berlin, Juni 2022.
BMVg: 16. Bericht zur materiellen Einsatzbereitschaft der Hauptwaffensysteme der Bundeswehr, Teil 1, Berlin, Dezember 2022.
BMVg: Bericht zur materiellen Einsatzbereitschaft der Hauptwaffensysteme der Bundeswehr, Berlin II/2021.
BMVg (Hrsg.): ZDv A-2600/7 »Extremismus – Vorbeugung und Bekämpfung«, Januar 2015.
Deutscher Bundestag, Drucksache V/450
Deutscher Bundestag, Drucksache V/1135
Deutscher Bundestag, Drucksache V/1745
Deutscher Bundestag, Drucksache V/4527
Deutscher Bundestag, Drucksache 8/4472
Deutscher Bundestag, Drucksache 9/978
Deutscher Bundestag, Drucksache 14/1485
Deutscher Bundestag, Drucksache 17/4620
Deutscher Bundestag, Drucksache 17/14650
Deutscher Bundestag, Drucksache 18/1296
Deutscher Bundestag, Drucksache 19/27345
Deutscher Bundestag, Drucksache 20/1976
Deutscher Bundestag, 2. Legislatur, 92. Sitzung, Montag, den 27. Juni 1955, Nr. 5213.
Mais, Alfons: Inspekteurbrief. 29. März 2022.
Presse- und Informationsamt der Bundesregierung (Hrsg.): »Frieden und Entwicklung in Afghanistan – Sicherheit für uns«, Berlin 2008.
Unterrichtung durch den Wehrbeauftragten Jahresbericht 2019 (61. Bericht), Berlin 2020.
Unterrichtung durch den Wehrbeauftragten Jahresbericht 2020 (62. Bericht), Berlin 2021.

Unterrichtung durch den Wehrbeauftragten Jahresbericht 2021 (63. Bericht), Berlin 2022.
Wissenschaftliche Dienste des Deutschen Bundestages: Aktueller Begriff. 60 Jahre Bundeswehr, Berlin 2015.
Wissenschaftliche Dienste des Deutschen Bundestages: Bundeswehr und Gesellschaft. Wahrnehmungen im Wandel, Berlin 2021.
Wissenschaftliche Dienste des Deutschen Bundestages: Entwicklung der Militärausgaben in Deutschland von 1925 bis 1944 und in der Bundesrepublik Deutschland von 1950 bis 2015 im Verhältnis zur gesamtwirtschaftlichen Leistung, Berlin 2017.
Wissenschaftliche Dienste des Deutschen Bundestages: Politische und Zivilgesellschaftliche Akzeptanz von Atomwaffen. Deutschland, Belgien, Niederlande, Italien – Sonderfall Frankreich, Berlin 2020.
Wissenschaftliche Dienste des Deutschen Bundestages: Regelung des Luftsicherheitsgesetzes bei sogenannten Renegate-Flugzeugen. Gesetzliche Möglichkeiten des Abschusses von Flugzeugen, die von Terroristen gekapert wurden und als Waffe genutzt werden sollen, Berlin 2016.

Artikel:

Augstein, Rudolf: »HS 30 – Oder wie man einen Staat ruiniert«, in: DER SPIEGEL, 44/1966, 23. Oktober 1966.
Binder, Sepp: Jedes Wort ein Hieb, in: DIE ZEIT, Nr. 19/1971, 7. Mai 1971.
Blesin, Michael / Komander, Florian: »Der Ernstfall hat eine ganz andere Qualität«, in: Luftwaffe, Nr. 5/1999, S. 2–5.
Carstens, Peter: Auf der Suche nach der »Zeitenwende«, in: https://www.faz.net/aktuell/politik/die-bundeswehr-im-mangel-gefangen-zu-besuch-beim-panzerbataillon-18474773.html
Carstens, Peter: Kampfschwimmer in der Wüste, in: https://www.faz.net/aktuell/politik/ausland/bundeswehr-in-niger-klappt-was-in-mali-scheiterte-18431871.html
Chaussy, Ulrich: »Die unbekannte Hand«, in: DIE ZEIT, Nr. 37/2010, 9. 9. 2010.
Dietrich, Werner: »Das Oktoberfestattentat und die Kontinuität rechten Terrors«. Impulsreferat zur Podiumsdiskussion vom 26.9.20 in München, Rathaus, Landeshauptstadt München, Fachstelle für Demokratie 2020.
Feilcke, Kim: Umsetzung der Fähigkeitsforderungen des Schützenpanzers Puma in das System Panzergrenadier, 8/2020.
Franke, Dieter / Hollunder, Heike: »Zur Aufrechterhaltung der Staats- und Regierungsfunktionen«, in: Bevölkerungsschutz, Nr. 2/2022, S. 29–31.
Friederichs, Hauke: »Der Krieg der anderen«, in: DIE ZEIT, Nr. 3/2013, 10. Januar 2013.

Friederichs, Hauke: »Deutschland erlebt jetzt sein Vietnam«, für: ZEIT ONLINE, 19. August 2021, https://www.zeit.de/gesellschaft/2021-08/bundeswehr-veteran-afghanistan-einsatz-kabul-taliban/komplettansicht

Friederichs, Hauke: »Die Menschen wollen Frieden«, für: ZEIT ONLINE, 17. Februar 2011, https://www.zeit.de/politik/ausland/2011-02/afghanistan-bundeswehr-wiederaufbau

Friederichs, Hauke: »Die Soldaten stehen bereits mit zwei Beinen im Gefängnis.« Interview mit Matthias Hartwig, für ZEIT ONLINE, 14. Januar 2010, https://www.zeit.de/politik/ausland/2010-01/afghanistan-rechtsgrundlage/komplettansicht

Friederichs, Hauke: »Falsche Erfolgsmeldungen aus Afghanistan«, für ZEIT ONLINE, 19. Dezember 2012, https://www.zeit.de/politik/ausland/2012-12/afghanistan-bundeswehr

Friederichs, Hauke: »Im Leopard 2 hat man die größte Distanz zur Bevölkerung.« Interview mit Winfried Nachtwei, 8. April 2010: https://www.zeit.de/politik/ausland/2010-04/ausruestung-nachtwei

Friederichs, Hauke: »Unser Kundus«, für ZEIT ONLINE, 5. Oktober 2015, https://www.zeit.de/politik/ausland/2015-10/kundus-eroberung-taliban-bundeswehr/komplettansicht

Friederichs, Hauke / Grabitz, Ileana: »Wie soll ein Frieden mit dem System Putin überhaupt aussehen?« Alfons Mais zum Ukraine-Krieg. https://www.zeit.de/politik/2022-07/alfons-mais-ukraine-krieg-bundeswehr

Friederichs, Hauke / Widmann, Marc: »Historisches Versagen«, in: DIE ZEIT, 31. Januar 2022.

Gerste, Margrit: »Der Truppe erster General (w)«, in DIE ZEIT, Nr. 16/1994, 15. April 1994.

Hemicker, Lorenz: »Zeitenwende ade?«, in: Loyal, Nr. 12/2022, S. 16–19.

Müller, Björn: »Bessere Aufstellung«, in Loyal 2/2021, S. 10–19.

Naumann, Michael: »Wie sicher ist Deutschland?«, in: DIE ZEIT, Nr. 41/1980, 3. Oktober 1980.

o. A.: »Tiefste Gangart«, in: DER SPIEGEL 46/1963 (12. November 1963).

Seliger, Marco: »Helikopter, Gefechtsstände und Unterhosen«, in: Loyal 10/2019, S. 8–19.

Seliger, Marco / Egleder, Julia: »Wozu brauchen wir die Bundeswehr?«, in: Loyal 5/2018, S. 16–25.

Sommer, Theo: »Rudel ohne Resonanz«, in: DIE ZEIT, Nr. 9/1958, 27. Februar 1958.

Szymanski, Mike: »Die Truppe muss für Frauen attraktiv sein«, in: Süddeutsche Zeitung, 11. September 2020, S. 6.

Weigelt, Julia: »Als Hamburg die Bundeswehr schätzen lernte«, in: Loyal, Nr. 2/2022, S. 36–41.

Weigelt, Julia: »Deutschlands Helden zweiter Klasse«, in: Loyal, Nr. 11/2021, S. 18–23.
Weigelt, Julia: »Verhalten optimistisch«, in: Loyal, Nr. 1/2021, S. 8–16.

Fachbücher und Aufsätze:

Abenheim, Donald: Bundeswehr und Tradition. Die Suche nach dem gültigen Erbe des deutschen Soldaten, [Beiträge zur Militärgeschichte; 27], R. Oldenbourg Verlag, München 1989.
Altrichter, Helmut: Stalin. Der Herr des Terrors. Eine Biografie, C.H. Beck, München 2018.
Bald, Detlef: Militär und Gesellschaft 1945–1990. Die Bundeswehr der Bonner Republik, [Militär und Sozialwissenschaften; 13], Nomos Verlagsgesellschaft, Baden-Baden 1994.
Bartels, Hans-Peter / Glatz, Rainer L.: »Welche Reform die Bundeswehr heute braucht – ein Denkanstoß«, SWP-aktuell, Nr. 84/2020.
Baudissin, Wolf Graf von: Soldat für den Frieden. Entwürfe für eine zeitgemäße Bundeswehr, Piper, München 1969.
Baumann, Marc / Langeder, Martin / Much, Mauritius / Obermayer, Bastian / Storz, Franziska (Hrsg.): Feldpost: Briefe deutscher Soldaten aus Afghanistan, Rowohlt, Reinbek 2011.
Biermann, Rafael: »Der Weg in Krise und Krieg (1989–1998)«, in: Chiari, Bernhard / Keßelring, Agilolf (Hrsg.): Kosovo. Wegweiser zur Geschichte, [Im Auftrag des Militärgeschichtlichen Forschungsamtes], 3. Aufl., Schöningh, Paderborn / München / Wien / Zürich 2008, S. 73–83.
Blankenhorn, Herbert: Verständnis und Verständigung. Blätter eines politischen Tagebuchs 1949 bis 1979, Propyläen, Frankfurt am Main 1980.
Blasius, Dirk: Weimars Ende. Bürgerkrieg und Politik 1930–1933, Vandenhoeck & Ruprecht, Göttingen 2005.
Bode, Hans-Günter: Rüstung in der Bundesrepublik Deutschland. Organisation, Verfahren und Management im Rüstungsbereich, [Die Bundeswehr. Eine Gesamtdarstellung; 10], Walhalla u. Praetoria Verlag, Regensburg 1978.
Bohr, Felix: Die Kriegsverbrecherlobby. Bundesdeutsche Hilfe für im Ausland inhaftierte NS-Täter, Lizenzausgabe der bpb, Bonn 2019.
Bolik, Gerd: NATO-Planungen für die Verteidigung der Bundesrepublik Deutschland im Kalten Krieg, Miles-Verlag, Berlin 2021.
Bonin-v. Ostau, Fabian / Feldmeyer, Karl / Greiselis, Waldis: Bundeswehr im geschichtlichen Niemandsland? Zum Verhältnis der Bundeswehr zu Wehrmacht und Reichswehr, v. Hase & Koehler, Mainz 1986.
Bredow, Wilfried von: Demokratie und Streitkräfte. Militär, Staat und Gesellschaft in der Bundesrepublik Deutschland, Westdeutscher Verlag, Wiesbaden 2000.

Bredow, Wilfried von: Die Geschichte der Bundeswehr, Palm Verlag, Berlin 2017.

Brehm, Maybritt / Koch, Christian / Ruf, Werner / Strutynski, Peter:
Armee im Einsatz. 20 Jahre Auslandseinsätze der Bundeswehr, VSA, Hamburg 2012.

Brüggemann, Adolf: Als Offizier der Bundeswehr im Auswärtigen Dienst. Meine Erinnerungen als Militärattaché in Seoul (Republik Korea) 1981–83 und in Prag (Tschechoslowakei/Tschechien) 1988–93, Miles-Verlag, Berlin 2015.

Brüggemann, Jens: Männer von Ehre? Die Wehrmachtsgeneralität im Nürnberger Prozess 1945/46. Zur Entstehung einer Legende, [Krieg in der Geschichte; 112], Ferdinand Schöningh, Paderborn 2018.

Buchholz, Frank: Strategische und militärpolitische Diskussionen in der Gründungsphase der Bundeswehr 1949–1960, Peter Lang Verlag, Frankfurt am Main 1991.

Bücking, Hans-Jörg / Heydemann, Günther: Streitkräfte im Nachkriegsdeutschland, [Schriftenreihe der Gesellschaft für Deutschlandforschung; 101], Duncker & Humblot, Berlin 2011.

Budde, Hans-Otto: »Gleiche Rechte und Pflichten – Die deutsche Beteiligung an SFOR«, in: Goebel, Peter (Hrsg.): Von Kambodscha bis Kosovo. Auslandseinsätze der Bundeswehr, Report Verlag, Frankfurt am Main / Bonn 2000, S. 166–173.

Chlewnjuk, Oleg: Stalin. Eine Biographie, Siedler, München 2015.

Clair, Johannes: Vier Tage im November. Mein Kampfeinsatz in Afghanistan, Ullstein, Berlin 2021.

Clement, Rolf: »Bürgerbundeswehr«. Essay, in: APuZ, 21/2005, 23. Mai 2005, S. 3–5.

Clement, Rolf / Jöris, Paul Elmar: 50 Jahre Bundeswehr 1955–2005, Verlag E.S Mittler & Sohn, Hamburg 2005.

Dau, Klaus: »Auslandseinsätze zwischen Politik und Verfassungsrecht«, in: Goebel, Peter (Hrsg.): Von Kambodscha bis Kosovo. Auslandseinsätze der Bundeswehr, Report Verlag, Frankfurt am Main / Bonn 2000, S. 21–30.

Defrance, Corine / Pfeil, Ulrich: »Ein schwarzer Tag für Europa? Idee und Scheitern der Europäischen Verteidigungsgemeinschaft (1950–1954)«, in: Echternkamp, Jörg / Mack, Hans-Hubertus (Hrsg.): Geschichte ohne Grenzen? Europäische Dimensionen der Militärgeschichte vom 19. Jahrhundert bis heute, De Gruyter, Berlin / Boston 2017, S. 245–254.

Dörfler-Dierken, Angelika: Ethische Fundamente der Inneren Führung. Baudissins Leitgedanken: Gewissensgeleitetes Individuum – Verantwortlicher Gehorsam – Konflikt- und friedensfähige Mitmenschlichkeit, Sozialwissenschaftliches Institut der Bundeswehr, Strausberg 2005.

Echternkamp, Jörg: Die Bundesrepublik Deutschland 1945/1949–1969, Schöningh, Paderborn 2013.

Echternkamp, Jörg: Soldaten im Nachkrieg. Historische Deutungskonflikte und westdeutsche Demokratisierung 1945–1955, [Beiträge zur Militärgeschichte; 76], Oldenbourg Wissenschaftsverlag, München 2014.

Echternkamp, Jörg / Mack, Hans-Hubertus: »Europäische Militärgeschichte in zwei Jahrhunderten – transnationale Beziehungen, internationale Bündnisse und nationale Bilder«, in: Dies. (Hrsg.): Geschichte ohne Grenzen? Europäische Dimensionen der Militärgeschichte vom 19. Jahrhundert bis heute, De Gruyter, Berlin / Boston 2017, S. 3–23.

Ehlert, Hans: »Abgewickelt – Die Nationale Volksarmee der DDR im Vorfeld der deutschen Einheit«, in: Müller, Christian Th. / Rogg, Matthias (Hrsg.): Das ist Militärgeschichte! Probleme – Projekte – Perspektiven, Ferdinand Schöningh, Paderborn et. al. 2013, S. 173–190.

Engelmann, Joachim: »Außerparlamentarische Opposition und Bundeswehr 1968«, in: Wehrwissenschaftliche Rundschau, 19. Jg., Heft 7, 1969, S. 362–387.

Evers, Roger: »Transportflieger im humanitären Auftrag«, in: Goebel, Peter (Hrsg.): Von Kambodscha bis Kosovo. Auslandseinsätze der Bundeswehr, Report Verlag, Frankfurt am Main / Bonn 2000, S. 86–100.

Finger, Stefan: Franz Josef Strauß. Ein politisches Leben, Olzog, München 2005.

Fleckenstein, Bernhard: »50 Jahre Bundeswehr«, in: APuZ, 21/2005, 23. Mai 2005, S. 5–14.

Franke, Dieter: »Ein Haus im Wandel der Zeit«, in: Bundesamt für Bevölkerungsschutz und Katastrophenhilfe (Hrsg.): 50 Jahre Zivil- und Bevölkerungsschutz in Deutschland, 2008, S. 10–29.

Fraps, Peter K.: »Unter dem blauen Barett«, in: Goebel, Peter (Hrsg.): Von Kambodscha bis Kosovo. Auslandseinsätze der Bundeswehr, Report Verlag, Frankfurt am Main / Bonn 2000, S. 73–85.

Fröhlich, Elke: Der Zweite Weltkrieg, Lizenzausgabe für die Bundeszentrale für politische Bildung, Bonn 2014.

Ganser, Helmut W. (Hrsg.): Technokraten in Uniform. Die innere Krise der Bundeswehr, Rowohlt, Reinbek 1980.

Gasteyger, Curt: Europa zwischen Spaltung und Einigung, Lizenzausgabe für politische Bildung. Darstellung und Dokumentation 1945–2005. Überarb. Neuaufl., Bonn 2005.

Greiner, Bernd: Made in Washington. Was die USA seit 1945 in der Welt angerichtet haben, C.H. Beck, München 2011.

Goebel, Peter: »Von der Betroffenheit zur Selbstverständlichkeit«, in: Ders. (Hrsg.): Von Kambodscha bis Kosovo. Auslandseinsätze der Bundeswehr, Report Verlag, Frankfurt am Main / Bonn 2000, S. 11–20.

Götz, Markus: »Hier ist Krieg«. Afghanistan-Tagebuch 2010, [Bundeswehr im Einsatz; 4], Vandenhoeck & Ruprecht, Göttingen 2021.

Graf, Timo: Zeitenwende im sicherheits- und verteidigungspolitischen Meinungsbild. Ergebnisse der ZMSBw-Bevölkerungsbefragung 2022, Forschungsbericht 133, (hrsg. vom: Zentrum für Militärgeschichte und Sozialwissenschaften der Bundeswehr), Potsdam 2022.

Guth, Ekkehart: »Der Soldatenberuf im Wandel der Jahrzehnte 1870–1970«, in: Walle, Heinrich (Hrsg.): Von der Friedenssicherung zur Friedensgestaltung. Deutsche Streitkräfte im Wandel, Verlag E. S. Mittler & Sohn, Herford / Bonn 1991, S. 35–64.

Hammerich, Helmut R.: »Stets am Feind!« Der Militärische Abschirmdienst (MAD) 1956–1990, Vandenhoeck & Ruprecht, Göttingen 2019.

Hammerich, Helmut R. / Schlaffer, Rudolf J. (Hrsg.): Militärische Aufbaugenerationen der Bundeswehr 1955 bis 1970. Ausgewählte Biographien, Oldenbourg Wissenschaftsverlag, München 2011.

Hammerich, Helmut R. / Kollmer, Dieter H. / Rink, Martin / Schlaffer, Rudolf J. (Hrsg.): Das Heer 1950 bis 1970. Konzeption, Organisation, Aufstellung, R. Oldenbourg Verlag, München 2006.

Hartmann, Uwe (Hrsg.): Lernen von Afghanistan. Innovative Mittel und Wege für Auslandseinsätze, [Standpunkte und Erorterungen; 3], Miles-Verlag, Berlin 2015.

Hartmann, Volker: »Erdbebenhilfe in Agadir 1960 – Wie alles begann«, in: Wehrmedizin und Wehrpharmazie 4/2019, erschienen: 06.01.2020.

Hechelhammer, Bodo (Hrsg.): Mitteilungen der Forschungs- und Arbeitsgruppe »Geschichte des BND«: Der Bundesnachrichtendienst und die Kuba-Krise, [Dokumente aus den Akten des BND; 3], 2. Aufl., Berlin 2015.

Heidenreich, Ronny: Die DDR-Spionage des BND. Von den Anfängen bis zum Mauerbau, [Veröffentlichungen der Unabhängigen Historikerkommission zur Erforschung der Geschichte des Bundesnachrichtendienstes 1945–1968; 11], Ch. Links Verlag, Berlin 2019.

Hein, Bastian: Die SS. Geschichte und Verbrechen, C.H. Beck, München 2015.

Heinemann, Winfried: »Bündnisse, die Hauptakteure des Kalten Krieges. Die NATO und der Warschauer Pakt«, in: Echternkamp, Jörg / Mack, Hans-Hubertus (Hrsg.): Geschichte ohne Grenzen? Europäische Dimensionen der Militärgeschichte vom 19. Jahrhundert bis heute, De Gruyter, Berlin / Boston 2017, S. 255–267.

Helmecke, Chris: »Gefallen und verwundet im Kampf. Deutsche Soldaten im Karfreitagsgefecht 2010«, in: Militärgeschichte, 2/2018, Sonderdruck, S. 2–7.

Herzfeld, Hans: »Adolf Heusinger – Soldat im »Widerstreit« der Geschichte«, in:

Sicherheit und Entspannung. Zum siebzigsten Geburtstag von General a. D. Adolf Heusinger, Markus-Verlagsgesellschaft, Köln 1967, S. 7–19.

Hieck, Leonie: Die Bundeswehr im Spannungsfeld von Bundespolitik und Landespolitik. Die Aufstellung der Streitkräfte in Schleswig-Holstein, Verlag für Regionalgeschichte, [IZRG-Schriftenreihe; 19], Bielefeld 2021.

Höhne, Benjamin: »Nein, aber: Anschaffung und Einsatz bewaffneter, unbemannter Luftfahrzeuge im Spiegelbild der Öffentlichkeit«, in: Forster, Fabian / Vugrin Sascha / Wessendorf, Leonhard (Hrsg.): Das Zeitalter der Einsatzarmee. Herausforderungen für Recht und Ethik, [Wissenschaft & Sicherheit; 8], BWV, Berlin 2014, S. 17–25.

Hoffenaar, Jan: »Die Logik des Kalten Krieges: Fähigkeiten, Absichten, Wahrnehmungen«, in: Echternkamp, Jörg / Mack, Hans-Hubertus (Hrsg.): Geschichte ohne Grenzen? Europäische Dimensionen der Militärgeschichte vom 19. Jahrhundert bis heute, De Gruyter, Berlin / Boston 2017, S. 69–78.

Hoffmann, Peter: »Oberst i. G. Henning von Tresckow und die Staatsstreichpläne im Jahr 1943«, in: Vierteljahreshefte für Zeitgeschichte, 2007, Jg. 55, Heft 2, S. 331–364.

Hulin, Rüdiger (Hrsg.): 50 Jahre Bundeswehr, German Defence Mirror Verlag, Bonn 2004.

Jäger, Uli: »Bundeswehr und Friedensbildung«, in: APuZ 44/2013, S. 30–35.

Jertz, Walter: »Einsatz der Luftwaffe über Bosnien«, in: Goebel, Peter (Hrsg.): Von Kambodscha bis Kosovo. Auslandseinsätze der Bundeswehr, Report Verlag, Frankfurt am Main / Bonn 2000, S. 136–153.

Kaack, Ulf: Die Marineflieger der Bundeswehr. Piloten und ihre Maschinen, Mittler, Hamburg 2018.

Kammerhoff, Holger: »Unterm Blauhelm am Horn von Afrika«, in: Goebel, Peter (Hrsg.): Von Kambodscha bis Kosovo. Auslandseinsätze der Bundeswehr, Report Verlag, Frankfurt am Main / Bonn 2000, S. 120–135.

Karst, Heinz: Das Bild des Soldaten. Versuche eines Umrisses, Harald Boldt Verlag, Boppard am Rhein 1964.

Kastner, Klaus: Die Völker klagen an. Der Nürnberger Prozess 1945–1946, Theiss, Darmstadt 2015.

Keßelring, Agilolf: Die Organisation Gehlen und die Neuformierung des Militärs in der Bundesrepublik, [Veröffentlichung der Unabhängigen Historikerkommission zur Erforschung der Geschichte des Bundesnachrichtendienstes 1945–1968; 6], Ch. Links Verlag, Berlin 2017.

Keßelring, Agilolf: »Kriegsverbrechen im Kosovokrieg«, in: Ders. / Chiari, Bernhard (Hrsg.): Kosovo. Wegweiser zur Geschichte, [Im Auftrag des Militärgeschichtlichen Forschungsamtes], 3. Aufl., Ferdinand Schöningh, Paderborn / München / Wien / Zürich 2008, S. 215–217.

Kielinger, Thomas: Winston Churchill. Der späte Held. Eine Biographie, C.H. Beck, München 2017.

Kilian, Dieter E.: Politik und Militär in Deutschland. Die Bundespräsidenten und Bundeskanzler und ihre Beziehung zu Soldatentum und Bundeswehr, Miles-Verlag, Berlin 2011.

Klaeden, Eckart von: »Rückbesinnung auf den verfassungsrechtlichen Auftrag und die internationale Verfassung Deutschlands«, in: Bücking, Hans-Jörg / Heydemann, Günther: Streitkräfte im Nachkriegsdeutschland, [Schriftenreihe der Gesellschaft für Deutschlandforschung; 101], Duncker & Humblot, Berlin 2011, S. 99–106.

Klein, Paul / Huber, Axel Rosendahl / Franz, Wolfgang: Zwei Jahre Deutsch-Niederländisches Korps. Eine Begleituntersuchung 1995–1997, Strausberg 1999.

Knelangen, Wilhelm / Irlenkaeuser, Jan C.: Die Debatte über den Einsatz der Bundeswehr im Inneren, Kieler Analysen zur Sicherheitspolitik Nr. 12, Kiel 2004.

Kobe, Gerd: Wie die Bundeswehr entstand. Erlebnisse mit dem Konzept der Ausbildung, Biblio Verlag, Osnabrück 1985.

Koch, Bernhard: »Es ist an uns. Zur sozialethischen Abwägung bei bewaffneten Drohnen und ihren normativen Implikationen«, in: Forster, Fabian / Vugrin Sascha / Wessendorf, Leonhard (Hrsg.): Das Zeitalter der Einsatzarmee. Herausforderungen für Recht und Ethik, [Wissenschaft & Sicherheit; 8], BWV, Berlin 2014, S. 37–S. 54.

König, Helmut: Die Zukunft der Vergangenheit. Der Nationalsozialismus im politischen Bewusstsein der Bundesrepublik, Fischer Taschenbuch Verlag, Frankfurt am Main 2003.

Korff, Fritz von: »Das deutsche Kontingent in einer Führungsrolle«, in: Goebel, Peter (Hrsg.): Von Kambodscha bis Kosovo. Auslandseinsätze der Bundeswehr, Report Verlag, Frankfurt am Main / Bonn 2000, S. 174–182.

Krieger, Wolfgang: Die deutschen Geheimdienste. Vom Wiener Kongress bis zum Cyber War, C.H. Beck, München 2021.

Kriemann, Peter: Der Bosnienkrieg – Der Weg in die Stabilisierungseinsätze der Bundeswehr, Bundesverteidigungsministerium, Gespräche am Ehrenmal, Berlin 2022.

Kriemann, Peter: Der Kosovokrieg 1999, [Kriege der Moderne], Reclam, Ditzingen 2019.

Krüger, Fritz J.: Augen geradeaus! Aus den Anfangsjahren der Bundeswehr, Eigenverlag, Braunschweig 2021.

Lambertz-Pollan, Ruth: Auf dem Weg zu Souveränität und Westintegration (1948–1955). Der Beitrag des Völkerrechtlers und Diplomaten Wilhelm Grewe, Nomos, Baden-Baden 2016.

Lang, Gerhard: Hubschrauber und Propellerflugzeuge der Bundeswehr seit 1955, [Typenkompass], Motorbuch Verlag, Stuttgart 2012.

Leber, Georg; Vom Frieden, Seewald Verlag, Stuttgart 1979.

Lehmann, Kai: »Der Luftkrieg der NATO und die deutsche Beteiligung am Einmarsch in das Kosovo 1999«, in: Chiari, Bernhard / Keßelring, Agilolf (Hrsg.): Kosovo. Wegweiser zur Geschichte, [Im Auftrag des Militärgeschichtlichen Forschungsamtes], 3. Aufl., Ferdinand Schöningh, Paderborn / München / Wien / Zürich 2008, S. 85–93.

Maddrell, Paul: »Im Fadenkreuz der Stasi: Westliche Spionage in der DDR. Die Akten der Hauptabteilung IX«, in: Vierteljahreshefte für Zeitgeschichte, 2/2013, (Jg. 61), S. 141–172.

Maier, Klaus A. / Uberschär, Gerd R.: Kräfte, Tendenzen, Strömungen im Militär, in: Hirschfeld, Oswald (Hrsg.): Auf dem Weg ins Dritte Reich, bpb, 2. Aufl., Bonn 1982, S. 177–202.

Maizière, Ulrich de: »Bundeswehr und der 20. Juli 1944«, in: Horst, Max: Soldatentum und Kultur. Festschrift zum siebzigsten Geburtstag von Hans Speidel, Propyläen Verlag, Frankfurt am Main 1967, S. 178–196.

Maizière, Ulrich de: »Der erste Generalinspekteur«, in: Sicherheit und Entspannung. Zum siebzigsten Geburtstag von General a. D. Adolf Heusinger, Markus-Verlagsgesellschaft, Köln 1967, S. 35–42.

Maizière, Ulrich de: »Eine eindrucksvolle Persönlichkeit, ein bedeutender Soldat«, in: Bereitbleiben zur Tat. Zum siebzigsten Geburtstag von General a. D. Dr. Hans Speidel, Markus Verlagsgesellschaft, Köln1967, S. 31–41

Mettelsiefen, Marcel / Reuter, Christoph: Kunduz, 4. September 2009. Eine Spurensuche, Rogner & Bernhard, Berlin 2010.

Meyer, Georg-Maria: Armee im Umbruch. Soziale Deutungsmuster von Bataillonskommandeuren der Bundeswehr, Sozialwissentschaftliches Institut der Bundeswehr, Berichte, Heft 56, München 1991.

Möllers, Heiner: »Das Ringen um Kompetenzen in der Systemkrise der Luftwaffe 1966. Anmerkungen zum Handeln von General Johannes Steinhoff«, in: Müller, Christian Th. / Rogg, Matthias (Hrsg.): Das ist Militärgeschichte! Probleme – Projekte – Perspektiven, Ferdinand Schöningh, Paderborn et. al. 2013, S. 156–172.

Molt, Matthias: Von der Wehrmacht zur Bundeswehr. Personelle Kontinuität und Diskontinuität beim Aufbau der deutschen Streitkräfte 1955–1966, Dissertation an der Philosophischen Fakultät der Ruprecht-Karls-Universität Heidelberg, Heidelberg 2007.

Müller, Rolf-Dieter / Ueberschär, Gerd R.: Kriegsende 1945. Die Zerstörung des Deutschen Reiches, Fischer Taschenbuch, Frankfurt am Main 1994.

Münch, Philipp: Strategielos in Afghanistan. Die Operationsführung der Bundeswehr im Rahmen der Internationalen Security Assistance Force, Stiftung Wissenschaft und Politik, Berlin 2011.

Nägler, Frank: Der gewollte Soldat und sein Wandel. Personelle Rüstung und Innere Führung in den Aufbaujahren der Bundeswehr 1956 bis 1965/65, [Sicherheitspolitik und Streitkräfte der Bundesrepublik Deutschland; 9], R. Oldenbourg Verlag, München 2010.

Naumann, Klaus: Generale in der Demokratie. Generationsgeschichtliche Studien zur Bundeswehrelite, Hamburger Edition, Hamburg 2007.

Neitzel, Sönke: Deutsche Krieger. Vom Kaiserreich zur Berliner Republik – eine Militärgeschichte, Propyläen, Berlin 2020.

Niemetz, Daniel: »Das feldgraue Erbe. Wehrmachtseinflüsse im DDR-Militär«, in: Bücking, Hans-Jörg / Heydemann, Günther: Streitkräfte im Nachkriegsdeutschland, [Schriftenreihe der Gesellschaft für Deutschlandforschung; 101], Duncker & Humblot, Berlin 2011, S. 107–124.

Olshausen, Klaus: »Die Bundeswehr – Bündnisarmee in der Allianz / Nato und EU«, in: Bücking, Hans-Jörg / Heydemann, Günther (Hrsg.): Streitkräfte im Nachkriegsdeutschland, [Schriftenreihe der Gesellschaft für Deutschlandforschung; 101], Duncker & Humblot, Berlin 2011, S. 67–81.

Philippi, Nina: Bundeswehr-Auslandseinsätze als außen- und sicherheitspolitisches Problem des geeinten Deutschland, [Europäische Hochschulschriften, Reihe XXXI, Politikwissenschaft; 318], Peter Lang Europäischer Verlag der Wissenschaften, Frankfurt am Main 1997.

Pyta, Wolfram: Hitler. Der Künstler als Politiker und Feldherr. Ein Herrschaftsanalyse, Siedler, München 2015.

Range, Clemens: Die Generale und Admirale. Der Bundeswehr, Verlag E. S. Mittler & Sohn, Herford / Bonn 1990.

Reeb, Hans-Joachim / Többicke, Peter: Lexikon Innere Führung, 2. Aufl., Walhalla Fachverlag, Regensburg / Berlin 2003.

Reinfried, Hubert / Schulte, Ludwig: Die Sicherheit der Bundesrepublik Deutschland. Aspekte und Perspektiven, [Die Bundeswehr. Eine Gesamtdarstellung; 1], Walhalla u. Praetoria Verlag, Regensburg 1985.

Reiter, Heiko: Der konstitutive Parlamentsvorbehalt und die Verwendung der Bundeswehr im Lichte des Wandels internationaler Sicherheitssysteme, [Verfassungsrecht in Forschung und Praxis; 118], Verlag Dr. Kovac, Hamburg 2015.

Rink, Martin: Die Bundeswehr 1950/55 bis 1989, [Beiträge zur Militärgeschichte – Militärgeschichte kompakt; 6], De Gruyter Oldenbourg, Berlin / Boston 2015.

Rogg, Matthias: Armee des Volkes? Militär und Gesellschaft in der DDR, [Militärgeschichte der DDR; 15], Ch. Links Verlag, Berlin 2008.

Rogg, Matthias: Kompass Militärgeschichte. Ein historischer Überblick für Einsteiger, 2. Aufl., Rombach, Freiburg / Berlin / Wien 2014.

Roth, Günter: »Die beiden Weltkriege und die deutsche Frage«, in: Walle, Heinrich (Hrsg.): Von der Friedenssicherung zur Friedensgestaltung. Deutsche Streitkräfte im Wandel, Verlag E. S. Mittler & Sohn, Herford / Bonn 1991, S. 65–138.

Roth, Günter: Vorwort, in: Walle, Heinrich (Hrsg.): Von der Friedenssicherung zur Friedensgestaltung. Deutsche Streitkräfte im Wandel, Verlag E. S. Mittler & Sohn, Herford / Bonn 1991, S. 5–10.

Rothfels, Hans: »Der Lebensweg eines deutschen Generals«, in: Bereitbleiben zur Tat. Zum siebzigsten Geburtstag von General a. D. Dr. Hans Speidel, Markus Verlagsgesellschaft, Köln 1967, S. 7–21.

Rosenträger, Stefan: Die NS-Zeit im Geschichts- und Traditionsverständnis der Bundeswehr. Eine Auswertung ihrer periodischen Veröffentlichungen (1955–1972), wvb, Berlin 2015.

Sasse, Gwendolyn: Der Krieg gegen die Ukraine. Hintergründe, Ereignisse, Folgen, C.H. Beck, München 2022.

Schilling, Daniel: Die Rudel-Affäre 1976. Genese, Wirkung und Folgen eines politischen Skandals, [Schriften zur Geschichte der Deutschen Luftwaffe; 11], Miles-Verlag, Berlin 2020.

Schmidt, Wolfgang: Die Führungsakademie der Bundeswehr als historischer Ort. Ein geschichtlicher Streifzug durch 100 Jahre, KJM, Hamburg 2020.

Schmidt, Wolfgang: Integration und Wandel. Die Infrastruktur der Streitkräfte als Faktor sozioökonomischer Modernisierung in der Bundesrepublik 1955 bis 1975, R. Oldenbourg Verlag, München 2006.

Schustereit, Hartmut: Deutsche Militärverwaltung im Umbruch, Oberbaum, Berlin / St. Petersburg 2000.

Schwan, Heribert / Steininger, Rolf: Die Bonner Republik 1949–1998, Propyläen, Berlin 2009.

Sedlatzek-Müller, Robert: Soldatenglück. Mein Leben nach dem Überleben, Edel, Hamburg 2012.

Sedlmayr, Sebastian: Die aktive Außen- und Sicherheitspolitik der rot-grünen Bundesregierung 1998–2005, VS Verlag für Sozialwissenschaften, Wiesbaden 2008.

Seiffert, Anja: »Generation Einsatz«, in: APUZ 44/2013, S. 11–16.

Seliger, Marco: Das Afghanistan Desaster – Warum wir am Hindukusch gescheitert sind, Mittler, Hamburg 2022.

Seliger, Marco: Sterben für Kabul. Aufzeichnungen über einen verdrängten Krieg, Mittler, Hamburg / Berlin / Bonn 2011.

Speidel, Hans: Aus unserer Zeit. Erinnerungen, Propyläen, 4. Aufl., Frankfurt am Main 1977.

Speidel, Hans: »Gedanken zur Verteidigung Europas – ein Nachwort«, in: Höpker, Wolfgang: Wie rot ist das Mittelmeer? Europas gefährdete Südflanke, Seewald Verlag, Stuttgart-Degerloch 1968, S. 145–154.

Speidel, Hans: Zeitbetrachtungen. Ausgewählte Reden, v. Hase & Koehler Verlag, Mainz 1969.

Thoß, Bruno (Hrsg.): Vom Kalten Krieg zur deutschen Einheit. Analysen und Zeitzeugenberichte zur deutschen Militärgeschichte 1945 bis 1959, R. Oldenbourg Verlag, München 1995.

Timmermann-Levanas, Andreas: Die reden – Wir sterben: Wie unsere Soldaten zu Opfern der deutschen Politik werden, Frankfurt am Main / New York 2010.

Vogelsang, Thilo: Kurt von Schleicher. Ein General als Politiker, [Persönlichkeit und Geschichte; 39], Musterschmidt-Verlag, Göttingen / Frankfurt am Main / Zürich 1965.

Selvage, Douglas / Herbsttritt, Georg (Hrsg.): Der »große Bruder«. Studien zum Verhältnis von KGB und MfS 1958 bis 1989, [Analysen und Dokumente; 58], Vandenhoeck & Ruprecht, Göttingen 2022.

Siebenmorgen, Peter: Franz Josef Strauß. Ein Leben im Übermaß, Pantheon, München 2017.

Steininger, Rolf: Deutschland und die USA. Vom Zweiten Weltkrieg bis zur Gegenwart, Lau-Verlag, Reinbek / München 2014.

Strohmeier, Gerd: »Berufs(un)zufriedenheit in den Streitkräften. Zusammenfassung und Bewertung der wesentlichen Ergebnisse der Mitgliederbefragung des Deutschen BundeswehrVerbandes«, in: Bücking, Hans-Jörg / Heydemann, Günther: Streitkräfte im Nachkriegsdeutschland, [Schriftenreihe der Gesellschaft für Deutschlandforschung; 101], Duncker & Humblot, Berlin 2011, S. 179–191.

Ulrich, Uwe: Beteiligung in der Bundeswehr. Eine Funktionsanalyse im Rahmen der Inneren Führung, [Forum Innere Führung; 15], Nomos Verlagsgesellschaft, Baden-Baden 2002.

Uzulis, André: Die Bundeswehr: Eine politische Geschichte von 1955 bis heute, Mittler, Hamburg 2014.

Varwick, Johannes: »Auf dem Weg zum Weltpolizisten?«, in: APuZ 15–16/2009.

Vollmer, Günter: Die Streitkräfte, [Die Bundeswehr. Eine Gesamtdarstellung; 8], Walhalla u. Praetoria Verlag, Regensburg 1978.

Walle, Heinrich: »Tradition – Floskel oder Form? Neue Wege zu alten Werten«, in: Ders. (Hrsg.): Von der Friedenssicherung zur Friedensgestaltung. Deutsche Streitkräfte im Wandel, Verlag E. S. Mittler & Sohn, Herford / Bonn 1991, S. 233–304.

Weisswange, Jan-Philipp: Handwaffen und Panzerabwehrhandwaffen der Bundeswehr. Geschichte – Taktik – Technik, E. S. Mittler & Sohn, Hamburg / Berlin / Bonn 2011.

Wenzke, Rüdiger: Nationale Volksarmee. Die Geschichte, Bucher, München 2014.

Wenzke, Rüdiger: Ulbrichts Soldaten. Die Nationale Volksarmee 1956 bis 1971, [Militärgeschichte der DDR; 22], Ch. Links Verlag, Berlin 2013.

Wette, Wolfram: Die Wehrmacht. Feindbilder, Vernichtungskrieg, Legenden, Fischer Taschenbuch Verlag, Frankfurt am Main 2005.

Winkler, Heinrich August: Deutsche Geschichte vom Ende des Alten Reiches bis zum Untergang der Weimarer Republik, Sonderausgabe für die bpb: https://www.bpb.de Bonn 2000.

Wolf, Thomas: »Die Anfänge des BND. Gehlens Organisation – Prozess, Legende und Hypothek«, in: Vierteljahrshefte für Zeitgeschichte, 64, Jg., 2016, Heft 2, S. 191–225.

Würich, Sabine / Scheffer, Ulrike: Operation Heimkehr. Bundeswehrsoldaten über ihr Leben nach dem Auslandseinsatz, Lizenzausgabe, bpb, Bonn 2014.

Zander, Otto-Eberhard: Bundeswehr und Nationale Volksarmee. Traditionen zweier deutscher Streitkräfte, 2. Aufl., trafo, Berlin 2014.

Zander, Ulrike: »Die erste »Generalin«. Vor 25 Jahren macht Verena von Weymarn als »Frau Generalarzt« Karriere bei der Bundeswehr«, in: museums magazin 2/2019, S. 30–32.

Zimmermann, John: Ulrich de Maizière. General der Bonner Republik 1916–2006, Oldenbourg Wissenschaftsverlag, München 2012.

Filme

NDR Doku / Panorama 3: Die letzten Tage von Kabul, 30.6.2022.

Register